安徽师范大学文学院学术文库

王明居美学文选

WANG MINGJU MEIXUE WENXUAN

王明居 著

安徽师范大学出版社
ANHUI NORMAL UNIVERSITY PRESS
·芜湖·

图书在版编目(CIP)数据

王明居美学文选 / 王明居著. — 芜湖: 安徽师范大学出版社, 2021.1
(安徽师范大学文学院学术文库)
ISBN 978-7-5676-4530-1

Ⅰ. ①王… Ⅱ. ①王… Ⅲ. ①美学—文集 Ⅳ. ①B83-53

中国版本图书馆CIP数据核字(2019)第301916号

安徽师范大学文学院高峰学科建设经费资助项目

王明居美学文选 王明居◎著

责任编辑: 李克非
责任校对: 房国贵
装帧设计: 丁奕奕
责任印制: 桑国磊
出版发行: 安徽师范大学出版社
芜湖市北京东路1号安徽师范大学赭山校区 邮政编码:241000
网 址: http://www.ahnupress.com/
发 行 部: 0553-3883578 5910327 5910310(传真)
印 刷: 江苏凤凰数码印务有限公司
版 次: 2021年1月第1版
印 次: 2021年1月第1次印刷
规 格: 700 mm × 1000 mm 1/16
印 张: 25.75
字 数: 418千字
书 号: ISBN 978-7-5676-4530-1
定 价: 109.00元

如发现印装质量问题,影响阅读,请与发行部联系调换。

作者简介

王明居（1930—2014），安徽省天长市人。1957年毕业于北京师范大学中文系，长期从事美学教育、研究工作。先后任教于哈尔滨师范学院、合肥师范学院，曾任安徽省文学美学研究会会长、安徽师范大学文学院教授、中国文艺理论学会理事、中华全国美学学会会员。有文学美学论著多种，论文一百五十余篇。主要作品有：《通俗美学》《唐诗风格美新探》《模糊艺术论》《模糊美学》《文学风格论》《唐代美学》《叩寂寞而求音——周易符号美学》《先秦儒道美学》《徽派建筑艺术》《国外旅游寻美记》等。

总　序

安徽师范大学文学院的前身是1928年建立的省立安徽大学中国文学系，是安徽省高校办学历史最悠久的四个院系之一。1945年9月更名为国立安徽大学中文系，1949年12月更名为安徽大学中文系，1954年2月更名为安徽师范学院中文系，1958年更名为合肥师范学院中文系，1972年12月更名为安徽师范大学中文系，1994年10月更名为安徽师范大学文学院。这里人才荟萃，刘文典、陈望道、郁达夫、朱湘、苏雪林、周予同、潘重规、宗志黄、张煦侯、卫仲璠、宛敏灏、张涤华、祖保泉、余恕诚等著名学者都曾在此工作过，他们高尚的师德、杰出的学术成就凝成了我院的优良传统，培养出了一大批出类拔萃的各类人才。

文学院现设有汉语言文学、秘书学、汉语国际教育、戏剧影视文学等4个本科专业，文学研究所、安徽语言资源保护与研究中心、辞赋艺术研究中心、传统文化与佛典研究中心等4个研究所（中心）。拥有中国语言文学博士后科研流动站，中国语言文学一级学科硕士学位点、博士学位点；设有学科教学（语文）、汉语国际教育两个专业硕士学位点；有1个安徽省一流学科（中国语言文学，2017），安徽省A类重点学科（中国语言文学，2008），3个安徽省B类重点学科（中国古代文学、汉语言文字学、中国现当代文学）；有1个国家级特色专业建设点（汉语言文学专业），1个国家级教学团队（中国古代文学），3门国家级精品课程；1个教育部卓越教师培养计划改革项目；主办1种省级刊物（《学语文》）。

文学院师资科研力量雄厚，现有在岗专任教师77人，其中教授26人，副教授32人，博士52人。至2019年末，本学科在研省部级以上科研项目119项，其中国家社科基金项目93项（含重大招标项目2项和重点项目3项）；近两年获得省部级以上奖励17项。教师中，有国家首届教学名师1人，享受国务院特殊津贴12人，皖江学者2人，二级教授8人，5人入选省级学术和技术带头人，6人入选省级学术和技术带头人后备人选。

走过九十年的风雨征程，目前中文学科方向齐全，拥有很多相对稳定、特色鲜明的研究领域。唐诗研究、古代文论研究、儿童语言习得研究、古典诗歌接受史研究等，在全国居于领先地位或在学术界有较大影响。特别是李商隐研究的系列成果已成为传世经典，国务院学位委员会委员、北京大学教授袁行霈先生说，本学科的李商隐研究，直接推动了《中国文学史》的改写。

经过几代人的薪火相传，中文学科养成了严谨扎实的学术传统，培育了开拓创新的学术精神，打造了精诚合作的学术团队，形成了理论研究与服务社会相结合、扎根传统与关注当下相结合、立足本位与学科交融相结合、历代书面文献与当代口传文献并重的学科特色。

21世纪以来，随着老一辈学者相继退休，中文学科逐渐进入了新老交替的时期，如何继承、弘扬老一辈学者的学术传统，如何开启中文学科的新篇章，成了摆在我们面前的迫切任务。基于这一初衷，我们特编选了这套丛书，名之为“安徽师范大学文学院学术文库”，计划做成开放式丛书，一直出版下去。我们认为，对过去的学术成果进行阶段性归纳汇集，很有必要，也很有意义，可以向学界整体推介我院的学术研究，展现学术影响力。

文库已经出版四辑，安徽师范大学出版社建议从中遴选一部分老先生的著作重新制作成精装本，我们认为出版社的提议极富创意，特组编这套精装本，作为“安徽师范大学文学院学术文库”编纂的阶段性总结。

我们坚信，承载着九十年的历史积淀，文学院必将向学界奉献更多的学术精品，文学院的各项事业必将走向更远的辉煌！

储泰松

二〇一九年岁末

自　序

一九五七年夏，我毕业于北京师范大学中文系，被分配到哈尔滨师范学院中文系文艺理论教研室教授文学概论。一九五八年十一月，我被调回安徽。当时，省人事局拟将我调到教育厅。我提出了重操旧业——教书的要求，于是便分配我到合肥师范学院中文系教授文学概论达十余年之久。我深深感到，这门课很不容易教好，因为当时受到“阶级斗争”总形势的影响，课程内容都要和“阶级斗争”挂钩，如文艺要为特定阶级的政治服务，因而具有阶级性，连山水诗、花鸟画都不例外，否认这一点，便会犯超阶级的人性论的错误。特定阶级作家世界观必然要反映到创作方法上来，创作方法必然要表现特定的阶级性。古典文学作家大都出身于剥削阶级，他们的作品归根结底是为巩固剥削阶级的统治而服务的，其揭露剥削阶级的描写是小骂大帮忙，其同情人民的描写是麻痹人民的毒药，如此等等。后来，阶级斗争之火越烧越旺，发展到“文革”之际，衍成燎原之势，古人、死人被当成批判的靶子，而宣扬古典作家作品的一些人士也几成为斗争的对象。“文革”以后，经过拨乱反正，才逐渐转到正确的轨道上来，教学秩序才得到恢复。这时，教学安排中增添了美学课，命我去承担教课任务。我是愉快地应命的，因为二十世纪五十年代初、中期，我在北京学习过美学，目睹了美学争鸣实况。当时，著名美学家、作家黄药眠教授，是我们的业师，为我们讲授美学课，我们受到良好的美学教育。他邀请美学界三大派代表性人物朱光潜、蔡仪、李泽厚分别来北京师范大学讲学。朱光潜先生是北京大学西方语言文学系教授，宣扬美的主观论（后易为美的主客观统一论）；蔡仪先生是中国科学院文学研究所研究员，提倡美的客观论，认为自然美的根源在于自然物的本身属性；李泽厚先生是中国科学院哲学研究所研究员，主张美的社会性，认为自然美的根源不在于自然物的属性，而在于人的社会性。三大派的争鸣，在全国美学界掀起了一股热潮，《文艺报》编辑部和《新建设》编辑部推出了六本美学讨论集，客观地介绍了争鸣的盛况。当时，我虽是观潮者，但美学大潮的冲击波对我是有影响的。它对我后来从事美学教育提供了承上启下的契机与氛围，在我的心田中撒下了美学的种子，培养了我的兴趣，为我研究美学奠定了初步的基础。

我在课堂上对三大派的美学观均作了介绍，并肯定了他们的优长，但对其缺失也予以指出，且提出自己的见解。我逐渐发现，他们对自己的优长，竭尽全力维护，使之固若金汤；但对自己的缺失，却百般回避，讳莫如深。然而对方所攻击的往往是自己的缺失，自己在掩饰自己的缺失时，又常常露出了马脚，以致被对方抓住了尾巴，对方便以子之矛，攻子之盾，使自己陷于被动的处境。如朱光潜先生的美的公式：物甲（客观）+美感（主观）=物乙（即主客观统一的美），朱先生认为这一美的公式是辩证唯物主义的。批评者则说朱先生把主观美感当作成客观美的决定因素，依然是唯心主义的主观论。与朱先生相反，蔡仪先生是提倡美的客观论的，但他又说美是典型。于是反对者诘问道：典型的跳蚤美不美？典型的癌细胞美不美？这就不好回答了。与蔡先生相左的还有李泽厚先生。他否认美的自然性，强调美的社会性。他误把国旗说成“一块红布，几颗黄星本身并没有什么美”，而只承认它本身的社会性质、社会意义才是美的（见李泽厚：《美学论著》，上海文艺出版社1980年版，第62页）。他肯定国旗之美的社会性，这是对的；但却否定国旗图案物性特质的美，则是错的。何况国旗并非纯粹的自然物，而他居然以之比附为自然美，则更是不妥的。对此，著名作家何其芳就曾著文予以严肃批评。

当然，三大美学流派并非中国仅有。国外纷纭复杂、五光十色的美学流派，归根结底，也跳不出主观派、客观派、主客观统一派的圈子。

怎样才能入乎流派之内，又超乎流派之外，以他人之酒浇自己块垒，亦此亦彼、相互圆融，达到超越的美学境界呢？这当然不是一蹴而就的，而是要经过长期磨合的艰苦的历程。我深深体会到，我们首先应该从老祖宗那里得到启示，从优秀的传统文化长河中淘出金子来。中国古典美学范畴，如太极、阴阳、刚柔、动静、有无、虚实、美丑、恍惚、悲喜、情采、显隐、黑白、大小、繁简、浓淡、意象、方圆等，都是相反相成、对立统一的；在互渗的过程中，经过变易、转化，你中有我，我中有你，亦此亦彼，具有不确定性。老子在《道德经》中所说的混成、恍惚、大音希声、大象无形、美丑、善恶、无中生有等，均显示出这种特性。如此特性，正是中国文化经典中模糊论的滥觞。我曾就此观点，写成讲稿，传授给文艺美学研究生，后敷衍成论文，投给有关杂志发表。

此外，便是从外国哲学美学经典中汲取营养。我曾学习过德国古典美学家康德的《纯粹理性批判》《实践理性批判》《判断力批判》，在三大批判中，尤其热衷于学习《判断力批判》。我将学习心得写成《康德的美学思想》讲稿，在课堂上为研究生讲授，并形成三篇论文在《文艺理论研究》上发表。康德所说的"模糊的认识""模糊的概念"（《判断力批判》上卷第15节，宗白华译，商务印书馆1985年版，第66、67页），就是具有启迪意义的。继康德之后的黑格尔，在《美学》《精神现象学》，尤其是《小逻辑》中，对于审美过渡中亦此亦彼的模糊性作了辩证的论述。至于马克思主义创始人之一的恩格斯，则在《自然辩证法》一书中对于中介过渡亦此亦彼的不确定的模糊性，更作了科学的论证。这都加深了我对模糊论的认知，但还没有形成系统。一直到二十世纪八十年代，随着科学大潮的普遍高涨，随着生产力的迅速发展，各种学科涌入海内，汇成湍湍激流，浩浩荡荡，势不可挡，形成大回旋、大融合的态势。美学也深受影响，模糊美学除了受到物理化学中耗散结构论影响外，更得到模糊数学的启迪。我在《文艺研究》《文学评论》《文艺理论研究》等刊物上发表的许多论文，就是如此。其中，《审美中的模糊思维》一文，得到国学大师、北京大学资深教授季羡林先生的充分肯定并援引了文中的模糊分析与模糊综合的概念。在古为今用、洋为中用的实践中，我所撰写的模糊美学系列论文，为整合成专著中的系统序列提供了前提。《模糊美学》和《模糊艺术论》两书的推出，就是在许多论文的观点、材料的基础上，经过提炼与概括的结果，也受到季羡林先生的肯定。

在模糊美学观点的影响下，我在观照美的对象与文艺现象时，往往热衷于从总体上进行宏观的把握，从微观上予以具体的分析，将形而上与形而下结合起来研究。因此，在考察中外文艺作品时，我喜欢从风格入手。风格即人，是作家、艺术家鲜明独特的创作个性在作品中的集中升华和最高境界，是作品的思想内容和艺术形式的总特点。它具有整体性、混沌性、流动性，它说不清、道不明、难以传达。风格不同，犹如人面；然不同风格之间的边界是极其模糊、交叉互渗的。我认为，在教学研究中，应把握风格的精髓，才可真正领悟作品的艺术价值。因此，我写过几十篇关于风格的论文在杂志上发表，并进行加工、提炼，写成专著《唐诗风格美新探》《唐诗风格论》《文学风格论》，既作为教材发给学生，又推向社会，并产生过较好的效应。

孔子说："三人行，必有我师焉。择其善者而从之，其不善者而改之。"（《论语·述而》）杜甫说："别裁伪体亲风雅，转益多师是汝师。"（《戏为六绝句》）我所撰写的美学论文，不过是师从先贤和学习今人美学经典后的心得体会，肯定有不妥之处，尚祈方家赐教为感。

王明居

二〇一四年六月八日于上海

目　录

第一编

第二编

第三编

第一编

一项跨入新世纪的暧昧工程

——谈模糊美学与模糊美

一、一把启动美的奥秘之门的钥匙——模糊美学

只要你翻开美学史，就可知道，历代美学家都在穷尽毕生精力，探索美的奥秘，很多人在美的定义的诠释方面绞尽了脑汁，总想把飘忽不定的美固定在概念的框子里。各个学派对于美的定义总是陷入无休止的争论之中。但是，美，这个调皮的精灵，却不愿在定义的框子里跳舞；当你煞费苦心把它捉住捺进定义中时，它却从容地冲破一切束缚，跃进无限的自由的海洋中。这就告诉人们：美，是流动的，变易的，不确定的；我们不能被定义的绳索捆住手脚，不能局限于用静止的确定的方法去探究美，而应该用动态的辩证的方法去寻找打开美的奥秘之门的钥匙。这里有一把钥匙，便是模糊美学。

模糊美学既承认美的确定性、明晰性，又承认美的不确定性、弗晰性。它避免了只追求确定不变的美的定义的偏颇，旨在探究隐藏在确定性、清晰性肩傍的不确定性、弗晰性的模糊美。可见模糊美学的出现，是为了适应美学研究的需要，适应消解美学困境的需要，适应美学事业发展的需要。

但是，模糊美学为什么不在二十世纪五六十年代出现呢？为什么偏偏到二十世纪八十年代才跻身美学讲坛呢？其中一个直接原因，就是由于诞

生了模糊数学。模糊美学的出现与模糊数学有关。

模糊数学引发了模糊美学。1965年，美国著名数学家查德（L.A. Zadeh）发表了《模糊集合》一文，把模糊的系列概念运用到数学领域，使模糊与数学接轨，将模糊集合论中的不确定论作为数学的灵魂，从而在人类数学史上创立了模糊数学，查德便成为模糊数学的奠基人。此后，在模糊数学的带动下，出现了许多模糊学科，如模糊思维学、模糊语言学、模糊逻辑学、模糊心理学、模糊美学等。

模糊美学引入了模糊集合论，用模糊集合论去阐释、解析美学。模糊集合论认为，在0与1之间，有0.1、0.2、0.3、0.4、0.5、0.6、0.7、0.8、0.9等中间环节，它们相互撞击，彼此过渡，你中有我，我中有你，亦此亦彼。这种现象便是模糊集合中的不确定性，研究此种不确定的现象乃是模糊集合论的任务。就美的范畴而言，有优美、崇高、悲剧、喜剧等明晰的范畴，但也有亦美（优美）亦高（崇高）、亦悲亦喜等弗晰范畴：后者的亦此亦彼现象，便是一种模糊集合。模糊美学除了承认前者的明晰状态外，还要着重研究后者的弗晰状态。模糊美学认为：美，是明晰与弗晰的统一，是静态与动态的统一，是确定性与不确定性的统一；但其明晰、静态、确定性是相对短暂的，其弗晰、动态、不确定性则是绝对的永恒。

模糊数学虽然启发了模糊美学，但模糊美学并不隶属于模糊数学，二者的区别还是非常明显的。模糊数学属于自然科学范畴，其研究的对象是真；模糊美学属于哲学社会科学范畴，其研究的对象是真善美。此外，模糊数学研究的对象是理性的、抽象的；模糊美学研究的对象则是感性的、形象的。因此，模糊美学虽然晚生于模糊数学，但二者是并列关系而不是从属关系[①]。然而，模糊数学的诱导性却是不可低估的。在模糊数学未进入美学领域之前，虽然存在着模糊现象和模糊理论，但并未实现模糊与美学的接轨，因而还不会形成模糊美学。当模糊集合论进入美学领域以后，才实现模糊与美学的接轨，遂诞生模糊美学。

---

① 王明居：《模糊美学和模糊数学》，《文艺理论研究》1991年第2期。

模糊美学的出现，还同交叉学科的发展繁荣有关，特别与耗散结构论的促进有关。当今时代，科学技术飞速发展，文化学术日益昌隆，各种科学门类之间相互渗透，在相似、相近、相同的交叉边缘地带，各自取长补短，相互过渡，相互圆融，在流动不止的变易中发展自己，绝不用不变的定义去束缚自己，而是着重于科学发展过程的特质的研究，这种特质永远处于同外界物质对象的有机联系中，永远处于不确定的变动之中。正如诺贝尔奖奖金获得者、比利时著名科学家普里戈金（Ilya Prigogine）所说："在我们的宇宙中，稳定的、永恒的、规则的安全性似乎一去不复返了。我们正生活在一个危险的和不确定的世界中。"[①]这种科学本身内在特质与外在物质运动相联系的变化发展的不确定性，正是耗散结构论的特性，也是科学的开放系统的根本特征。模糊美学正是在这种开放性系统的大背景之下形成的。

开放性系统的形成，交叉性边缘科学的发达，不是一蹴而就的，而是有个历史过程的。长期以来，由于科技发展水平的限制，各门科学之间，缺乏互渗性，所以交叉性的边缘科学不是很发达。科学上对于非线性、不确定性系统的研究，还没有现代这样普及，因而模糊美学赖以孕育的条件还不够成熟。到了二十世纪七八十年代，现代科学以惊人的速度迅猛发展，系统论、控制论、信息论形成了高度综合化、普遍化发展的大趋势；各种科学门类对于非线性、不确定性的理论研究，在整体上已拧成一股绳，形成锐不可当之势，向着封闭的、僵化的思维模式和学术体系进行猛烈的冲击。这就为模糊美学的诞生提供了适宜的气候与土壤。对于自然、社会、艺术中出现的美的不确定状态，定义式的确定的美学观念，已远远无法解释。这在客观上就亟须出现一种能解决这种难题的美学，这就是模糊美学。

如果说，模糊美学、耗散结构论等学科为模糊美学的形成提供了自然科学理论参照系的话，那么，唯物辩证法则为模糊美学的产生提供了哲学

① 伊·普里戈金、伊·斯唐热：《从混沌到有序》，曾庆宏、沈小峰译，上海译文出版社1987年版，第373页。

理论基础。它们从各自角度放射出不确定论的光束。

黑格尔说："有生活阅历的人决不容许陷于抽象的非此即彼，而保持其自身于具体事物之中。"[①]局限于非此即彼论，就看不到具体事物的中介性，"因为中介性包含由第一进展到第二，由此一物出发到别的一些有差别的东西的过程"[②]。对立的双方，在中介领域中，"都在直接的过渡里扬弃其自身：一方过渡到对方"[③]。这种自我扬弃的过程，就是对一系列中间环节的否定过程。"对各环节之间的差别的否定，和对它们的中介过程的否定，构成它们的自为存在"[④]，这就可获得了"同一性"[⑤]。黑格尔还据此观点分析康德美学，并得出如下结论："通常被认为在意识中是彼此分明独立的东西其实有一种不可分裂性。美消除了这种分裂，因为在美里普遍的与特殊的，目的与手段，概念和对象，都是完全互相融贯的。"[⑥]以上论点，强调对立的事物在中介领域的过渡性、互渗性、亦此亦彼性，显然是合乎辩证法的。但是，黑格尔却将此结论纳入上帝和理念的说教中，这就给他的辩证法蒙上了唯心主义迷雾。

在哲学上，抛弃黑格尔的唯心主义，吸取其辩证法的合理内核，赋予亦此亦彼以唯物主义解释的乃是恩格斯。他在《自然辩证法》中指出："辩证法不知道什么绝对分明的和固定不变的界限，不知道什么无条件的普遍有效的'非此即彼'，它使固定的形而上学的差异互相过渡，除了'非此即彼'，又在适当的地方承认'亦此亦彼'，并且使对立互为中介；辩证法是唯一的、最高度地适合于自然观的这一发展阶段的思维方法。"[⑦]非此即彼，是形而上学的；亦此亦彼，是辩证法的。以康德在《判断力批判》中常举的火山为例，当火山爆发、形态壮观、不危及人类安全时，便

① 黑格尔：《小逻辑》，贺麟译，商务印书馆1981年版，第176页。

② 黑格尔：《小逻辑》，贺麟译，商务印书馆1981年版，第189页。

③ 黑格尔：《小逻辑》，贺麟译，商务印书馆1981年版，第294页。

④ 黑格尔：《小逻辑》，贺麟译，商务印书馆1981年版，第370页。

⑤ 黑格尔：《小逻辑》，贺麟译，商务印书馆1981年版，第370页。

⑥ 黑格尔：《美学》（第三卷上册），朱光潜译，商务印书馆1979年版，第146页。

⑦ 《马克思恩格斯选集》（第三卷），人民出版社1972年版，第535页。

可目之为美。反之，当它对人类安全造成威胁乃至酿为灾害时，便可目之为丑。它的美和丑的“差异互相过渡”，其中间环节便是是否具有生活的肯定性。它除了非美即丑、非丑即美（非此即彼）的一面以外，还有亦美亦丑（亦此亦彼）的一面，前者是形而上学的二值的（二者必居其一）确定的，后者是辩证法的多值的模糊的。亦此亦彼，对立统一，是辩证法的核心。模糊美学正是以这种亦此亦彼的模糊美为研究对象的。所以，亦此亦彼、对立统一的辩证法，乃是模糊美学的哲学理论基础[①]。

黑格尔所说的不确定性，是从确定性出发并归结为确定性的，他的逻辑思路是：确定性—不确定性—确定性；而对上帝、理念、绝对精神的崇拜，则是他的出发点与归结点，所谓“上帝是自己扬弃中介、包含中介在自身内”[②]云云，便是把亦此亦彼的不确定性纳入永恒的确定不变的天国中的呓语。

但是，唯物辩证法却迥然不同。它从不确定性出发，并归结为不确定性；其逻辑思路是：不确定性—确定性—不确定性。个中的确定性是相对的、短暂的、而不确定性则是绝对的、永恒的。可见，唯物辩证法与黑格尔的辩证法虽有继承性，但二者的决策方向是逆反的。

唯物辩证法诞生于一百多年前，它的出现促进了各门科学的发展，但各门科学的发展并不都与唯物辩证法的诞生同步；科学具体门类的出现，还必须具备其他条件。一直到了二十世纪七八十年代涌起交叉边缘科学大潮后，模糊美学才随着模糊数学、耗散结构论等学科脱颖而出，这是历史时代的必然，科学发展的必然。

从以上论析中，似可对模糊美学的内涵作出如下简括：模糊美学是以模糊美为研究的主要对象的美学新学科。模糊美学出现的原因在于：时代的召唤，美学发展的需要；模糊数学和耗散结构论的引发；交叉学科的诱发；唯物辩证法的指导。模糊美学引进了模糊数学中的模糊集合论，实现了模糊与美学的自觉的接轨；引进了耗散结构中关于非平衡宇宙不确定

① 王明居：《模糊美学》，中国文联出版公司1998年版，第112页。

② 黑格尔：《小逻辑》，贺麟译，商务印书馆1981年版，第109页。

论，作为学科理论参照系，并以唯物辩证法中的亦此亦彼论作为哲学根据，从而完成了对自己理论体系框架的建构。它是打开美的奥秘之门的一把钥匙，也是美学的一个分支，是一门前景光明的未来美学。

二、一个飘忽不定的美的精灵——模糊美

模糊一词，在英语中为Fuzzy。我国有人译为“弗晰”“乏晰”“勿晰”。模糊有美有丑，大凡与美相联系并突现美者，始可称为模糊美。模糊美是模糊美学研究的主要对象。模糊美学是理性的、逻辑的，模糊美则是感性的、形象的。在自然界、社会界、艺术界，古往今来，都存在着模糊美；但模糊美学的出现，却在当代。模糊美学中的亦此亦彼论、不确定论，是对模糊美显示的相应现象的理性概括。因此，模糊美学中的亦此亦彼论、不确定论，与模糊美中的亦此亦彼现象、不确定现象是对应的。亦此亦彼、不确定性的用语，既可用于理性的论析，又可用于感性的描述。二者可视实际需要而无拘无束地进入理论领域或现象领域。

从亦此亦彼、不确定现象这一总的态势中去观照模糊美，则见模糊美的本质、特征、范畴、形态表现在如下方面：

（1）模糊美的本质。

前面在论析模糊美学时，从模糊理论方面阐述了不确定性；现在再从模糊现象上谈谈模糊美的不确定性。不确定性是针对确定性而言的。确定性在捕捉这一个，然而当它快要接触到这一个时，这一个却不慌不忙地换装易态，变成了那一个。当你说此刻是正午时，正午却从你眼前飞驰而过；当你说现在时，现在却变成了过去。从这简单的例子中，可以看出确定性是暂时的、相对的，不确定性才是永久的、绝对的。当人们评价确定性的稳定状态时，乃是从静止的角度去观照的；当人们评价不确定性的不稳定状态时，乃是从运动的角度去观照的。静止地观照确定性时，略去了确定性本身存在着的一系列不确定的中间环节，而只是把目光放在一个凝

聚点上；辩证地观照确定性时，就不仅是把目光停留在一个点上，而是看见了确定性本身隐藏着许多中间环节。这些中间环节，是运动着的。它们之间，不断地撞击，不断地被扬弃，而扬弃本身又被扬弃，这就是否定之否定的流动过程。这就是形成不确定性的根本原因。黑格尔说："生命的发展过程包含如下诸环节。它的本质是扬弃一切差别的无限性，是纯粹的自己轴心旋转运动，……这个普遍的流动性具有否定的本性，只由于它是许多差别的扬弃。"[①]从中可以看出：流动性的根本特质就是否定。但这种否定却含有肯定的环节，这种肯定的环节在流动中又会被扬弃而进入另一个否定的环节之中。这种现象正如恩格斯所说："一切差异都在中间阶段融合，一切对立都经过中间环节而互相过渡"[②]；如此中介领域的融合、过渡现象，正是辩证运动中所常见的不确定的流动状态。在流动中，事物不断变化，美也是如此。某些美诞生了，某些美消逝了。花开花落，新陈代谢，就是个典型的例子。康德有言："花是自由的自然美。"[③]但是，花的自由美，也是处于流动之中的。当它式微凋零、枯萎衰败之时，它就失去了美的光泽。然而，在特定情境中，它又可朝相反方向转化，形成另一种美的风韵。"留得枯荷听雨声"（李商隐），如此枯荷，虽云衰败，难道不含美吗？在大自然中，美的不确定性，岂止于花？潮汐的涨落，海浪的滚动，惊雷的轰鸣，山体的凹凸，总是呈现出交叉、参差、重叠、错综、回旋、纠缠、显隐、明暗等等复杂现象。这难道不是大自然中的不稳定性、不确定性的表现吗？难道不显示出流动的模糊美吗？

美的流动，总是在绵延的时空中实现的。德国著名美学家菲希尔说，"美具有活动性"，"美总是转瞬即逝的"，"风景的绮丽光辉，有机体的生命的青春时代，都不过是一个瞬间。"[④]由此可见，美是飘忽的、不确定

① 黑格尔：《精神现象学》，贺麟、王玖兴译，商务印书馆1979年版，第133页。

② 《马克思恩格斯选集》（第三卷），人民出版社1972年版，第535页。

③ 康德：《判断力批判》（上册），宗白华译，商务印书馆1987年版，第67页。

④ 引自车尔尼雪夫斯基：《生活与美学》，周扬译，人民文学出版社1957年版，第35—36页。

的。就人的形体而言，美女可以变为丑妪，而在艺术大师罗丹手中，欧米哀尔（老妓）雕像又丑得如此精美。这些都告诉我们，阳光下面没有永恒的不变的东西。

在现实生活中，在艺术作品中，真善美和假恶丑在斗争中相互影响、彼此消长；其中，既有模糊美，也有模糊丑。“莎士比亚笔下的李耳王、奥赛罗，曹雪芹笔下的薛宝钗、王熙凤，就是美丑互渗、亦美亦丑、或美多于丑、或丑多于美的人物。这就显示出不确定的模糊性。”[①]莎士比亚在《马克白斯》（又译《麦克白》）中，通过三女巫之口所说的“丑即是美，美即是丑”的哲理就体现出这种美丑交叉的模糊状态。老子在《道德经》中说：“美之与恶，相去几何?”（二十章），“天下皆知美之为美，斯恶矣；皆知善之为善，斯不善矣。”（二章）这都表明了美丑善恶相生相克的不确定性；而模糊美，正是以不确定性为其根本特性（本质）的，从这个根本特性出发，可以衍发出许多具体特征。

（2）模糊美的特征。

第一，清晰与弗晰相依。

这是着重就主体视觉观照和客体色泽而言的。蓝色骑士派画家保尔·克莱（1879—1940）说：“我必须在那里有伟大的朋友，明朗的，但也要晦暗的。”[②]在这里，明朗与清晰，晦暗与弗晰（模糊），在意思上有相同、相似、相近之处。只有明朗、清晰，没有晦暗、弗晰，或只有晦暗、弗晰，没有明朗、清晰，就往往感到美中不足，甚至有时感到不美。黄山奇松、怪石、云海，在明暗交替中，时而显示出清晰状态，时而显示出弗晰状态。前者一目了然，后者扑朔迷离。北海俊石“梦笔生花”，在云雾缭绕中若显若隐，时明时暗。置身此境，仿佛梦中。若无云雾飘忽，就会一览无余。可见，清晰兮弗晰所倚，弗晰兮清晰所伏。黄山之所以美不胜收，其重要原因就是拥有无限丰富的模糊美。李商隐写的许多无题诗，可

① 王明居：《模糊美学与美学的模糊》，《文艺研究》1994年第2期。

② 瓦尔特·赫斯：《欧洲现代画派画论选》，宗白华译，人民美术出版社1980年版，第129页。

谓深情绵邈，委曲朦胧，仿佛是描写爱情的，又不能断言是描写爱情的，显示出意象的不确定性和形象的模糊美。如果文学作品只有明晰，没有模糊，那么，就会丧失应有的艺术魅力。有的文学作品，没有波澜起伏的情节，没有扣人心弦的悬念，没有复杂多样的人物性格，没有给读者、观众留下思考的期待视野，人们一见开头，就知结尾。其中一个重要原因，就是缺乏模糊美。当然，缺乏明晰，也是有损于模糊美的表现的。李金发的一些诗，就是如此。

第二，具象与抽象互渗。

这是着重就审美客体的造型而言的。在文学艺术中，具象与抽象的互渗，表现得非常显著。文学艺术，既是具象的，又是抽象的。脱离具象，作品便成为干枯的骨架而没有血肉，这就失去抽象的依据，也无从进行抽象。脱离抽象，作品就停止在粗糙的未加工状态，而显得杂乱无章。在艺术形象中，具象与抽象是相互渗透的，二者统一于美。《伊索寓言》《克雷洛夫寓言》，其抽象的哲理总是离不开具象的描述，具象的描述总是离不开抽象的意蕴的。抽象眷念形象的模糊，具象喜爱形象的清晰。它们各有千秋，或并驾齐驱，或互有轩轾。左拉的《饕餮的巴黎》，巴尔扎克的《高老头》，偏重于具象的描绘；意识流小说，象征派诗歌，则偏重于抽象的描述。

抽象，有抽有象。抽，意味着概括、提炼、简化，包括上升到意象、意念；象，意味着形态、状貌。在创作过程中，即使创作抽象性很强的作品（如音乐），也受着形象思维的制约。如果抛弃形象思维，也就抛弃了形象，从而失去艺术的形象性。

在艺术创造过程中，艺术家从具体物象出发，不断地剔除物象的细部，超越其具体性，从整体意象上把握其结构状态，也就是要予以抽象化。抽象的结果是：既改变了具象的原貌，又保留了具象的形象特质，形成了具象的抽象性、抽象的具象性。这种亦此亦彼的现象，显隐着不确定的模糊美。诗歌中的象外之象、景外之景、韵外之韵、味外之味，就显示出具象（象、景、韵、味）与抽象（象外、景外、韵外、味外）的互渗性和不确定性，表现出意境的模糊美。至于小说、电影中的悬念，戏剧中的静场、哑场、潜台词，也含有类似特点。

第三，整体与部分圆融。

这是着重就审美客体的结构而言的。整体显示出事物内部与外部有机统一的联系，它与七拼八凑、机械相加毫无共同之处。瑞士心理学家皮亚杰说：“这些规律把不同于各种成分所有的种种性质的整体性质赋予作为全体的全体。”[①]于此可以得知，整体是各部分组合而成的。整体是产生整体性的母体，整体性是整体的表现程度。

德国古典美学家谢林（1755—1854）说：“唯有整体才是美的。”[②]模糊美便是富于整体性的。整体中各个部分所形成的互渗状态、运动不止，具有活泼泼的生命力，象征着万物的生成。这种生成状态，有时呈放射型，有时呈浓缩型（凝聚型）。放射型表现为以一生万，浓缩型显示为寄万于一。作为组成太极的阳爻（—）与阴爻（--）的辩证运动，可以生成为六十四卦的美，而六十四卦（三百八十四爻）的美，又莫不归于一（太极）。许多著名的典型，如孙悟空、猪八戒、阿Q、阿巴公、奥勃洛摩夫、冉阿让等，都属于一，然而在他们身上，却是诸多人的性格特征的概括、提升，是模糊集合的体现。

如果说，整体与部分之间的运动是从结构上体现模糊美，那么，与整体相交叉的混沌就是从气势上显示模糊美。混沌必然是整体的，而整体则未必都是混沌的。混沌显示出浩瀚、磅礴的气势和旋转的运动状态，而整体则不尽然。当然，混沌与整体经常是二而一的。老子所说的“道”“一”，意大利哲学家布鲁诺（1548—1600）所说的“太一”，就是如此。杜甫所称道的“篇终接混茫”“齐鲁青未了”，气势雄伟，浑然一体，充分显示了以混沌性、整体性为特征的模糊美。

混沌神象恍惚，气概恢宏，可使人的精神世界得到提升。寂寥无际的

① 皮亚杰：《结构主义》，倪连生、王琳译，商务印书馆1984年版，第3页。

② 北京大学哲学系美学教研室编：《西方美学家论美和美感》，商务印书馆1981年版，第189页。

大漠，高古苍凉的群山，神秘莫测的星空，极目千里的海洋，无不突现出气象的混沌美。司空图在《诗品·雄浑》中所说的“具备万物，横绝太空，荒荒油云，寥寥长风”，就是对此类境界的描绘。

老子《道德经》四十二章中所说的“混成”“恍惚”，就是指混沌。《易传·系辞下》中所说的“天地氤氲，万物化醇”，也是指混沌之气的衍化运动。恩格斯在《自然辩证法·导言》中说：“在希腊哲学家看来，世界在本质上是某种从浑沌中产生出来的东西。”[①]这些都是从哲学上论述混沌的。它对认知美学上的混沌是有启示作用的。石涛说：“笔与墨会，是为氤氲。氤氲不分，是为混沌。辟混沌者，舍一画而谁耶？”（《苦瓜和尚画语录·氤氲章》）这里，将混沌引入绘画，强调“一画”对表现混沌的重要性，实现了混沌与“一画”的圆融，显示出“一画”的混沌美，这种混沌美与整体美又是二而一的。可见，对于体积巨大、气势雄伟的景象，均可目之为混沌美、整体美。这类美，显示出整体中各个部分之间的过渡、圆融，具有亦此亦彼的模糊性。

第四，相对与绝对转换。

这是着重就审美主客体的时空变易而言的。法国美学家狄德罗（1713—1784）说：“美，相对词。”[②]美，随着具体的时间和空间的运动而不同。这种不同时空中美的具体规定性，便是美的相对性。可见，美的流动性和具体规定性，乃是美的相对性的核心。17世纪荷兰哲学家斯宾诺莎（1632—1677）说：“最美的手，在显微镜下看，也会显得很可怕。”[③]菲希尔说：“在美的部分当中有不美的部分，而且每一个对象中都有不美的部分。”[④]这就表明，丑就在美的旁边。这种美丑变易的现象，使美显示出不确定的模糊性。可见，

---

① 《马克思恩格斯选集》（第二十卷），人民出版社1971年版，第365页。

② 北京大学哲学系美学教研室编：《西方美学家论美和美感》，商务印书馆1981年版，第129页。

③ 北京大学哲学系美学教研室编：《西方美学家论美和美感》，商务印书馆1981年版，第87页。

④ 引自车尔尼雪夫斯基：《生活与美学》，周扬译，人民文学出版社1957年版，第39页

美的相对性乃是造成模糊美的一个原因。那么，美的相对性产生的原因又是什么呢?

自然物的二重性，是产生美的相对性的一个原因。“履虎尾，咥人。”（《易经·履》）这里表现了老虎的凶残丑。“举头为城，掉尾为旆。”(李贺）这里表现了老虎的气魄美。可见，老虎具有美与丑的二重性。

自然丑转化为艺术美，艺术美中显现出自然丑，是产生美的相对性的又一原因。自然形态的蛇是丑的，电影《白蛇传》中由白蛇变成的美女白素贞则属于美。柳宗元《捕蛇者说》中的蛇，却是丑的。可见，自然丑在艺术品中，有的是美的，有的是丑的。

社会生活的二重性，是产生美的相对性的第三个原因。莎士比亚的作品，就充分地反映了社会生活的复杂性。他笔下的奥赛罗，为国屡建战功，故美；但听信谗言，怀疑爱妻不忠，遂成为杀妻凶手，故丑。

总之，在现实世界中，“一切差异都在中间阶段融合，一切对立都经过中间环节而互相过渡”[①]，因而必然出现相互转化、有同有异、亦此亦彼的相对性。美，也不能摆脱这种现象，模糊美就是如此。

和美的相对性相联系的是美的绝对性。英国美学家哈奇生（1694—1747）把“绝对的美”称之为“本原的美”[②]。久恒的美，稳定的美，在特定的时空中流逝得较为缓慢，可在人的视网膜上作较长的停留，故具有美的绝对性。

美的绝对性与美的相对性是相互渗透的。离开了美的绝对性，美就会被任意附会，歪曲；离开了美的相对性，美就会被视为凝固不化的东西，但二者在相互过渡过程中，表现方式却是多样的。有的美的形态，其相对性与绝对性都能得到充分的展现，如大海波涛，既有惊涛裂岸的壮观，又有浊浪排空的恐怖，它时美时丑，变化不定；然而在相对性中又表现出它那气势浩瀚的美的绝对性。其次，有些美的形态，其相对性较强，其绝对

① 《马克思恩格斯选集》(第三卷)，人民出版社1972年版，第535页。

② 北京大学哲学系美学教研室编:《西方美学家论美和美感》，商务印书馆1981年版，第98页。

性颇弱。如人的服装，千姿百态，五彩缤纷，特定时空，穿者如云；蓦然之间，又更迭尽净，令人眼花缭乱，不知所从。再次，有些美的形态，其美的绝对性非常明显，其美的相对性比较隐晦，如屈原《离骚》、文天祥《正气歌》的美，是绝对的。但毕竟是彼时彼地的，具有某种局限性的，显示出它所蕴含的美的相对性。总之，在美的相对性与美的绝对性的互渗、过渡、转化、变易中，必然显示出它那不确定的状态，这便是模糊美赖以生存的所在。

以上从主体视觉、客体造型、结构气势、时空变易四个角度，分别论析了清晰与弗晰、具象与抽象、整体与部分、相对与绝对的交融，是以不确定性为本质特征的，这便是模糊美的本质特征。它规定了模糊美的范畴也具有此种特性。

（3）模糊美的范畴。

在通行的美学论著中，都把美的范畴分为优美、崇高、悲剧、喜剧四种；根据模糊美的本质探究，这四大范畴除了有确定的一面以外，还有其不确定的一面，这就是：亦美（优美）亦高（崇高）、亦悲亦喜等。

第一，亦美亦高。李大钊有《美与高》一文，即指优美与崇高。优美是阴柔之美，崇高是阳刚之美。在优美与崇高之间，有许许多多因素，有的接近优美，有的接近崇高。接近优美者，不乏崇高的因素，接近崇高者，不乏优美的因素，致使优美与崇高的界限就因淡化而变得模糊起来。如浩渺无垠的星空，以体积之大为特点，堪称崇高；但每颗明星闪动不停，放射出银白色的光辉，柔和纯净，堪称优美；它们仿佛是宇宙宏观体系中无数珍珠与装饰品，因而又是融入崇高的。再如牡丹、芍药，色泽娇艳，婀娜多姿，十分优美。当她们在丫山（安徽南陵境内）之巅迎风怒放、同山连成一体时，则因体积巨大，优美与崇高，兼而有之。

第二，亦悲亦喜。亚里士多德在《诗学》中，认为悲剧要一悲到底，不可有喜；喜剧要一喜到底，不可有悲。这是以非此即彼的确定论区分悲与喜的。然而，由于现实生活的复杂性，人物性格心理状态的变易性，悲喜交融，有悲有喜，乃是经常发生的。悲剧的主题是美的毁灭。主人公虽以失败而告终，但却是真善美对假恶丑的否定，也是真善美对真善美自身的肯定，这里隐含着哲学意味的喜。在喜剧中，掺入悲，则人们在讽刺假恶丑时，又为真善美受到伤害而痛心，所谓“寓哭于笑”，就是亦悲亦喜的表现。俄国作家冈察洛夫在《迟做总比不做好》一文中，在评论果戈理的讽刺喜剧《钦差大臣》时说：“他在逗人发笑和‘自己笑着的时候，心里却暗暗地在哭’。”[①]可见，笑中有哭，哭中有笑，是肯定与否定的转换，是真善美与假恶丑的较量。美国符号论美学家苏珊·朗格说：“喜剧与悲剧这两种重要节奏，存在着根本区别这一事实，并不意味着二者是彼此对立、水火不容的两种形式。”[②]明代吕天成在《曲品》中称赞高则诚的《琵琶记》“苦乐相错”，陈洪绶评点明末孟称舜的《娇红记》“悲喜并至”，都表明了悲喜互渗、亦悲亦喜的现象。这些都是模糊美的显示。

模糊美的范畴除了亦美亦高、亦悲亦喜以外，还有：亦美亦丑，有无相生，知白守黑（含计白当黑），明暗掩映，不似之似，等等。它们都是从不同方向、不同角度显示出来的对立现象，在相互过渡中，构成各自的品类。

（4）模糊美的形态。

如果说，模糊美的范畴是对模糊美的质的分类的话；那么，模糊美的形态则是对模糊美的量的分类。前者尚可划分为许多形式，后者则可谓纷纭挥霍、形难为状[③]，试略举如下：

第一，视知觉模糊美。看得见的模糊美，谓之视觉模糊美，如月色朦胧，日星隐曜。意识到的模糊美，谓之知觉模糊美，如此时无声胜有声。

第二，对应模糊美。这是指两种对应的模糊现象，显示出美的呼应、照应等相关状态，如虚与实、显与隐、出与入、藏与露、动与静等过渡状态所表现出来的变易性的美。

---

① 《古典文艺理论译丛》（第一册），人民文学出版社1961年版，第183页。

② 苏珊·朗格：《情感与形式》，刘大基等译，中国社会科学出版社1980年版，第419页。

③ 王明居：《模糊艺术论》，安徽教育出版社1998年版，第19页。

第三，残缺模糊美。这是不全之全的美。不全，是指残缺；全，是指通过想象、补足残缺，使成整体，如维纳斯雕像的美。

第四，递进模糊美。这是指逐层递进、由表及里、层层深入、意境深邃的美。晚唐著名诗人李商隐喜欢用典。他的许多诗篇，往往一篇中有许多典故，甚至大典故中套着小典故，典故与典故之间密切沟通，意蕴缠绵，丝丝入扣，逐层递进，意象朦胧，恍兮惚兮，韵味无穷。

第五，重叠模糊美。这是指相同、相似、相近的模糊现象处于某一特定方位上的美。它们相互渲染，彼此呼应，在参差、覆盖中加深美的浓度，突现美的魅力。所谓建筑是凝固的音乐，音乐是流动的建筑，二者之间既确定又不确定的美，便是如此。米颠山水的点点互加、片片相染，也是如此。

第六，符号模糊美。符号是合目的性的事物的表征，但它又不等于目的、事物。它与目的、事物存在着距离。由于距离的间隔，无论是视觉表象，还是知觉心理，都存在着模糊性，其中的美，也是模糊的。如文学语言符号，绘画色彩符号，雕塑物质符号，舞蹈动作符号等，由于表现手段的局限性，在描绘现实生活时，必然要舍弃大量的细节，而采取简缩、象征性的手段去显示美，这种美，必然是模糊的。

模糊美的海洋，浩瀚无垠；模糊美学对它的观照，仅仅是开始。对模糊美的本质、特征、范畴、形态等问题的探索，也处于起步阶段。在模糊领域中，模糊美感、模糊思维等理论矿藏，也亟待开掘。本文所述，乃一隅之见，企图起点引玉之砖的作用。

[原载《文学评论》2000 年第 4 期]

审美中的模糊思维

一、模糊思维的机制与类型

现代科学表明，人的神经细胞主要遍布在大脑皮质上，大脑皮质上神经细胞的数目约有150亿之多。它们之间形成了极其复杂的联系网络，彼此沟通，相互影响。每个细胞与其他细胞可产生两千多种联系。当代美国著名医学理论家、心理学家、美学家S.阿瑞提，在引述伯恩斯的著作时，对于神经细胞的相互联系及信息传播功能十分重视，不仅肯定了神经细胞的稳定性，而且也肯定了神经细胞的不稳定性：

> 他在他那本非凡而博学的书里不仅写了脑皮层神经细胞所具有的稳定性，还写了它们所具有的不确定性反应。实际上，他给他的书就起了个很有意味的名字《不确定的神经系统》。①

这种不确定性，正是大脑皮层神经细胞信息传递的根本特点，它是模糊思维的生理机制的产生渊源。换句话说，大脑皮层神经细胞的不确定性，乃是模糊思维的生理基础。

大脑皮层神经细胞的不确定性，也就是海森伯格所提倡的“测不准原

① S.阿瑞提：《创造的秘密》，钱岗南译，辽宁人民出版社1987年版，第500页。

理”。对于这一原理产生的生理机制，海森伯格作了十分精辟的论述。他认为这是神经细胞（神经元）上的突触传递中含有递质的小泡的不确定性所决定的。生物学家埃克尔斯对于海森伯格的这一学说极其赞赏，他评价道：含有递质的小泡“是那样微小，以至于按照海森伯格（Heisenberg）的测不准原理来看，由于它们存在的时间只有一毫秒那么短暂，因而具有相当大的不确定性”[①]。这就清楚地告诉我们，含有递质的小泡是构成不确定性的物质基础。小泡运动的短暂性（只有一毫秒），是产生不确定性的根本原因。这种突触小泡，数量众多，它不断涌现，又不断消失，忽显忽隐，时出时没，若浮若沉。这种不确定性，必然使人的大脑思维出现断续状态，产生亦此亦彼的模糊现象。可见，含有递质的突触小泡短暂闪现的不确定性，是模糊思维的生理机制。S.阿瑞提说：

> 脑皮层器官的这种结构与一般的尤其是创造的心理过程当中那种范围不确定的特点是相符合的。并非一切高级心理机能都可以通过我们对脑皮质的了解而加以预测……也就是说，海森伯格的测不准原理或类似的其他什么原理在某种程度上也适用于脑皮质。[②]

从这段论述中，我们可以得到这样的启示：模糊思维过程中的不确定性与神经细胞突触传递时含有递质的突触小泡运动的不确定性有关。前者是后者的结果，后者是前者的根源；没有后者，也就没有前者。据神经电生理学家王伯扬研究，“从电子显微镜下观察到的所谓‘突触小泡’，可能就是一个单位的乙酰胆碱”[③]。当乙酰胆碱释放之时，就出现含着乙酰胆碱的突触小泡。这种小泡与受体结合后能分泌出环一磷酸腺苷。它呈现出流动的不确定状态，因而便造成模糊思维的不确定性，成为模糊思维的生理机制。

① S.阿瑞提：《创造的秘密》，钱岗南译，辽宁人民出版社1987年版，第500页。
② S.阿瑞提：《创造的秘密》，钱岗南译，辽宁人民出版社1987年版，第501页。
③ 王伯扬：《神经电生理学》，高等教育出版社1982年版，第119页。

模糊思维的类型是复杂多样的。下面所谈的几种类型只涉及美的领域。

（1）向心型。分布在大脑皮质上的神经元群中，有许许多多细胞体。当刺激物作用于细胞体时，细胞体便由抑制状态转入兴奋状态，并释放出生物电波。这种向心型电波传播方向不是由内而外的，而是由外向内的；不是离心传递，而是向心传递；不是拓展型的，而是压缩型的。这种脑电波释放活动具有很强的凝聚性。它对于模糊思维起着制约作用，使模糊思维也具有相应的凝聚性。庄子所说的“天下莫大于秋毫之末”，其体积就是无法测定的，异常模糊的，然而却是庄子思维过程中逐渐由大而小所凝结、浓缩到一点上的结晶。我们可以推测，当庄子进行如此富于高度哲理的模糊思维时，他的脑电波是从广漠状态逐渐变为聚合状态的，也就是向心型的。王昌龄在《芙蓉楼送辛渐》中所说的“洛阳亲友如相问，一片冰心在玉壶”，李商隐在《无题》诗中所说的“春心莫共花争发，一寸相思一寸灰”，把丰富的不可言传的情思分别压缩在“玉壶”“一寸灰”中，其思维类型也是向心型的。

（2）辐射型。大脑皮层上的神经元中分布在四周的细胞体，受到外物的刺激时，便立即活跃起来，而出现放电现象。但这种放电现象却是外向型的，它呈现出辐射状态。脑电波由点及面，向外扩散。这种辐射型脑电波活动也制约着模糊思维活动，使模糊思维的时空均出现辐射型。李白诗云：“仰天大笑出门去，我辈岂是蓬蒿人。”（《南陵别儿童入京》）这种情感激流，由内向外，倾泻无余。显然，不可计量的模糊情思，是呈辐射型的。“噫吁嚱，危乎高哉，蜀道之难难于上青天！”这是李白《蜀道难》中的名句。这里表现的情感，是喷发型的、外溢型的、冲刺型的，是无法测定的。李白彼时彼地的脑电波扩散活动，呈现出辐射型的状态。

（3）曲线型（迂回型，波浪型）。大脑皮质上的神经细胞，由外物的刺激而兴奋，在兴奋灶上出现放电现象，但其电波却是曲线型：或迂回曲折，或波澜起伏。如此现象，也影响那进行着的模糊思维。岑参的“山回路转不见君，雪上空留马行处”（《白雪歌送武判官归京》），陆游的“山重水复疑无路，柳暗花明又一村”（《游山西村》），都是古典诗歌中的绝唱。它表明：诗人在进行创作时，情感回旋，思绪万千，脑电波处于舒缓、低回、暗转的状态。就岑参来说，送别友人，能不依依？加之白雪皑皑，空留马迹，天地茫茫，后会无期，怀念之情，尤为深切。它必然要激活神经元中的细胞体，使之出现兴奋灶而产生放电现象。但这种放电现象不是像李白那样呈冲击型的爆发状态，而是节奏舒缓、迂回曲折。它无法用容器装载，也不可用尺子衡量，却令人丢不掉、放不下，因而这种离情别绪是模糊的。创作这类作品时，所进行着的思维，也必然是模糊思维。王维的“劝君更尽一杯酒，西出阳关无故人”（《渭城曲》），李煜的“剪不断，理还乱，是离愁，别是一般滋味在心头”（《乌夜啼》），都是如此。

细胞体的放电现象，不仅出现迂回型，而且出现波浪型。它的出现和现实中存在着的波浪状态有关。山脉的绵延，河流的波澜，均呈波浪型。英国美学家荷迦兹把波浪线、蛇形线称为美的线。因为这种线可以引导眼光作变化无常的追逐，它不使眼光落在某一固定的点上，而是跟踪着流动不居的曲线，不停地变换位置，不停地接受新的刺激，从而不停地获得新鲜的美感。这种波浪线，可以形成视觉上的流动性和不确定性，也就是模糊性。艺术家在创造美的过程中，由于接受这种波浪线的刺激，因而细胞体必然产生接受刺激后的放电现象。这种放电现象的形式必然和他的思维模式发生联系。就京剧艺术来说，花旦在舞台上走的台步，经常高下起伏呈波浪型，她那优美的身段，婆娑的舞姿，每每呈蛇形线。她彼时彼地的思维模式和她大脑皮质上的神经细胞体放电现象，就存在着对应关系。她那脑神经细胞体的放电形式，必然同她在特定时空内所选择的思维模式相契合。这就是说，她在表演时所进行着的思维如果是表现蛇形线、波浪线的，那么，她那脑细胞体的放电形式也必然是适应蛇形线、波浪线的。

（4）直线型。当信息刺激细胞体时，细胞体释放出来的电波呈垂直状态或水平状态，谓之直线型。这种直线型的脑电波也制约着艺术家创作时的思维活动，从而使其艺术思维的角度、方位、形态均呈直线，并在其艺术品中得到不同程度的固定。埃及的金字塔，纽约的摩天大楼，黄山的“梦笔生花”，均呈不同程度的直线。艺术家在以这些直线型的物体为题材进行艺术构思时，其思维模式当然不能排除它们的直线型，而这种思维模式又不可能不和艺术家脑神经细胞体放电的形式有关。例如，“飞流直下三千尺，疑是银河落九天”（李白《望庐山瀑布》），“大漠孤烟直，长河落日圆”（王维《使至塞上》），这些诗句的构思过程，都不可能与直线无关，都不可能与诗人脑神经细胞体电波释放形式无关。

（5）点状型。点，在思维的过程中，是飘忽不定的精灵。点，似乎是固定的；但却又变动不居，没有定形。点，似乎很小，甚至小得不可思议；但却又能不断扩张，不断积聚成块。

点，是物质与精神的高度浓缩，是此岸的起始、彼岸的终结。万事万物，都要在点上立足、回旋、生存。千里之行，始于足下。点若无存，焉能立足？书法艺术，源远流长，若失点线，焉能流传？点，是立足的根基，过渡的桥梁，安生的处所。节奏的间隙，离不开点；语言的沉默，离不开点；激烈的冲刺，离不开点；平静的深思，离不开点。点，是独立的象征；点，是自由的元素。点啊，数不完！点啊，说不尽！点，是无边无际的宇宙的分子。一切的一，都从点出发；一的一切，都归结为点。点，是内在的质，外在的量；点，既是内容，又是形式。芭蕾舞蹈演员的脚尖，顶着坚实的点；音乐的休止符，离不开点；电影蒙太奇的淡入与淡出，也与点形影相随；戏曲中的板眼、锣鼓，要紧紧地捉住点；绘画中的焦点透视与散点透视，要从点出发；所谓画龙点睛、以目传情，岂非以点为准星？米芾的山水风景画，多为点状结构，世称米点山水。在数不胜数的米点中，却隐藏着祖国江南壮丽的大好河山的美。

点，是组成世界的基本单位。原子、中子、质子、基本粒子，哪一样不是点的化身？“斜阳外，寒鸦数点，流水绕孤村”（秦观《满庭芳》），没有寒鸦数点，哪能构成如此寂寞清冷的境界？点，在思维领域中，占据着重要地位。点，无法计量，生生不息，上下浮动，忽隐忽显，时出时没，变动不居，呈现出模糊状态，因而当它落在人的大脑荧光屏上时，也使人的思维呈现出模糊状态，这就是点状的模糊思维。它和人的大脑神经元中的细胞体所发出来的电波形式是相呼应的。这种电波形式给模糊思维朝着点状运动的通道行进，指示了趋向、轨迹。

以上，我们从几个角度，对模糊思维的类型及其和艺术创作的关系，进行了剖析，但这决不意味着说，模糊思维的类型仅仅只有这这些。模糊思维的类型是多种多样的。由于人的大脑神经细胞要接受宇宙间各种事物的刺激，便存在着各种放电现象，因而也必然对人的模糊思维产生各种影响，使模糊思维的类型出现多样化、复杂化。就写大江的诗句而言，如果说“大江东去，浪淘尽，千古风流人物”（苏轼《念奴娇·赤壁怀古》）诗句的构思过程所发生的大脑放电现象呈直线型，偏重于叙事；那么，“大江流日夜，客心悲未央”（谢朓《暂使下都夜发新林至京邑赠西府同僚》）诗句的构思过程所发生的大脑放电现象所呈现的直线型，就偏重于抒情；而“江上柳如烟，雁飞残月天”（温庭筠《菩萨蛮》）和“野旷天低树，江清月近人”（孟浩然《宿建德江》）等诗句构思过程所发生的大脑放电现象，就不见得都和直线型发生直接的联系。

此外，艺术家在模糊思维过程中所发生的脑神经细胞放电的类型，也往往不止一种，而是多种多样的。它们相互交织，彼此渗透。特别是在大型作品的创作构思中，这种现象尤其明显。就以曹雪芹、高鹗的《红楼梦》创作过程而言，虽然我们无法使二百多年前的作者复活而去实地检验他的脑电波释放现象，但如果我们根据神经电生理学的原理，去测定其脑电波释放现象，还是可以推测出作者那智慧的细胞体的放电类型的。《红楼梦》是以宝黛爱情故事为中心去展开十八世纪中国封建社会的生活画面的。书中的林黛玉虽然笃恋着贾宝玉，但自始至终她从未向贾宝玉说：“我爱你！”她的情感是含蓄、深沉的，她的性格是孤傲、冷僻、清高的。因此，她是个多情的、内向的女子。作者在构思过程中，对于林黛玉性格的刻画，是惟妙惟肖，入木三分的。为了表现她的内心世界，作者的大脑思维必然处于积极活跃的状态中，其细胞体的放电现象也自然而然地和“向心型”这一类型发生这样那样的联系。但是，林黛玉的性格是柔中有刚的，当她的爱情生活遭受重大挫折时，当薛宝钗和贾宝玉成亲时，她便毅然决然，焚稿断情，以死来表示对于封建婚姻制度的抗议。因而此时此地，她便一改她那内向的性格，而喷发出悲愤的火焰，不听任何人的劝阻。作者面对着此时的林黛玉，大脑神经元中的树突必然感受到巨大的冲击，细胞体必然通过轴突，由内向外，释放出喷发型、辐射型的脑电波。在这种脑电波的指令下，庶可进行与彼时彼地林黛玉性格相对应的形象思维活动，从而塑造出十八世纪中国封建社会中为争取爱情自由而毁灭的女性悲剧人物形象。以上，只是就林黛玉形象塑造的角度来考察作者的脑神经细胞体放电的类型的。就整个作品而言，作者在思维过程中，脑细胞体的放电类型，绝不可能止于一两种，而是呈现复杂的多种形态的。

当然，我们对于神经元细胞体放电的类型和模糊思维的类型之间的对应关系，不能偏激地理解，而必须进行辩证的分析。有时，细胞体的放电类型与模糊思维的类型之间的对应关系，是直接的、明显的。这就是说，细胞体的放电类型是什么样的（如辐射型），那么，模糊思维的类型也是什么样的（如也是辐射型）。有时，细胞体的放电类型与模糊思维的类型之间的对应关系，是间接的、隐晦的。这就是说，细胞体的放电类型虽然制约、影响着模糊思维的类型，但模糊思维的类型不见得和细胞体的放电类型完全相同；而只是在某一（或某些）点上与细胞体的特定放电类型存在着这样那样的联系。至于神经细胞体的放电类型与模糊思维的类型发生联系时，是否存在着完全相反的现象（如前者是向心型，后者是辐射型；或前者是辐射型，后者是向心型），目前尚不了然，须继续进行研究。

二、模糊思维与形象思维

模糊思维是人的大脑中所进行的富于模糊特征的思维。模糊思维往往是通过形象思维去实现的。因此，形象思维便成为模糊思维在美的领域中的主要传达方式。当然，形象思维并不等于模糊思维。因为形象思维不仅追求美和审美的模糊性，而且还要追求美和审美的明晰性。那种旨在追求美和审美的模糊性的形象思维才能转为美和审美中的模糊思维。下面所论述的形象思维主要就是指这一种。此外，就模糊思维的范围而言，也不限于形象思维。在逻辑思维中，由于闯进来模糊性，因而便有模糊逻辑的诞生；由于创造出模糊集，因而便产生了模糊数学。随着科学的发展，模糊集的原理的运用，必将越来越普遍深入。

在审美活动中，在美的创造中，必须借助于模糊思维。具体地说，就是要借助富于模糊性的形象思维和逻辑思维，但主要是要依赖具有模糊性的形象思维。

形象思维，既有它的鲜明性，又有它的模糊性。它是鲜明性和模糊性的统一。历来的文艺理论家，都强调形象思维的鲜明性。他们认为，艺术家在创作过程中始终离不开具体、感性、生动的形象，因而这就决定了形象思维的鲜明性。但是，形象思维的模糊性却被他们严重忽略了。固然，形象思维的具体感性的特点，可以导致它的鲜明性；但是，形象思维的概括性，却可以导致它的模糊性。为什么呢？因为艺术家在塑造形象时，并不是照抄具体的现实生活，而是把现实生活的源泉之水净化、浓缩为典型的人生图画，是把许许多多的个别形象，组织成为一个有机的完整的形象体系。艺术家要在尊重现实的基础上，对生活进行典型化，把丰富复杂的情思和意蕴，深深地隐藏在富于概括性的具体性之中，这种具体性背后的概括性，就潜藏着特有的模糊性。正是由于具有这种模糊性，其中的美，才能令人挖掘不尽，玩味不尽，而不是一览无余，浅尝辄止。当然，这种模糊性，决不意味着模糊不清，活不起来，也不意味着糊里糊涂，词不达意，而是指意境深邃、意义深刻，富于哲学意味。

形象思维是具有两个阶段的，把生动的直观变成脑中具体的形象的第一次飞跃，是形象思维的初级阶段。它为转化成艺术作品的形象思维准备了丰富的资料，为形象思维发展到高级阶段提供了坚实的基础。形象思维的初级阶段，虽然也显示出鲜明性和模糊性，但却是不稳定的。由于形象在大脑荧光屏上不停地跳跃，缺乏语言外壳的固定，因而它总是处于游移浮动状态，故其鲜明性和模糊性也缺乏相应的力度。换言之，在形象思维的初级阶段，其鲜明性与模糊性都是不充分的。

形象思维的高级阶段，是形象思维的主要阶段。艺术作品的主题、思想、人物、环境、情节等内容方面的诸要素和语言、结构、体裁、韵律等形式方面的诸要素，都在这个阶段组成有机的整体，而成为一幅具体感性、富于概括性的人生图画。在这个阶段，艺术家的世界观、气质、个性、才能、生活体验、艺术经验、描写技巧等，都可得到充分的表现。这一阶段，形象思维不仅更富于鲜明性，而且也富于模糊性。因为艺术家在思维的同时，又运用语言的物质外壳把自己的情思固定下来，并运用特定的符号把它传达出来，因而就更富于鲜明性了。但在鲜明性的背后，又隐藏着模糊性的特质。由于艺术家运用暗喻、明喻、借代、象征、类比等艺术手法把丰富的生活意义和活跃的情思深深地隐蔽在字里行间，因而更富于潜在的包孕性和含蓄性，具有言虽尽而意无穷的模糊特征。

在艺术美的创造中，艺术家对纷纭复杂的生活现象进行加工、筛选、提炼，使之升华为美的结晶，因此这是蓄十于一，寓无限于有限的模糊化过程。换言之，艺术家在形象思维的过程中，对于丰富多彩的现实生活进行压缩、简化、集中、概括，其结果必然显示出整体性、包孕性等模糊的特征。这种无限的美被浓缩在有限的艺术品中，是难以捉摸的，是玩味不尽的，因而审美活动也就富于浓郁的模糊性。

三、模糊思维的控制

从控制论的角度而言，形象思维的过程，既然含有模糊性，因而也是模糊化的心理控制过程。它具体表现在，它的体验、分析、综合过程，都是含有模糊性的。它既表现在艺术家的审美创造中，又表现在鉴赏者的审美观照中。

（1）模糊体验。法国作家福楼拜在《包法利夫人》一书的创作中，当描写到包法利夫人想自杀时，仿佛也尝到了砒霜的味道，这就是艺术创造过程中的一种模糊体验。在艺术创造和审美活动中，人的情感体验是模糊的，它只可意会，难以言传，所谓心领神会，心荡神驰，心旷神怡，忧心忡忡，心急如焚，都是难以传达的情感体验状态。鉴赏中的所谓仁者见仁，智者见智，就表明情感体验的不确定性。“诗家总爱西昆好，独恨无人作郑笺。”（元好问《论诗三十首》）李商隐的诗，隐僻朦胧，韵致深远，即使读起来似懂非懂，却爱不释手，不愿掩卷。这便是审美中的模糊体验在起作用。在创作过程中，进行审美时的模糊体验的例子，是俯拾即是的。且读唐代诗人崔护《题都城南庄》诗：

去年今日此门中，
人面桃花相映红；
人面不知何处去？
桃花依旧笑春风。

一个妙龄女子如桃花一样艳丽，但这是去年美好的影像啊！一年后旧地重游，往日信息，腾地泛起，然而美女的踪迹不见了，桃花依旧那样妖娆。这就更加勾起诗人的追忆、怅惘之情。但是，这种体验却是一种潜意识，它是内省的。这种情丝是剪不断的，难以捕捉的，因而是一种模糊体验。

（2）模糊分析。把事物的整体分解为许多部分的方法，叫做分析。一谈到分析，人们往往把它归结为经典分析，认为它是一种追求事物的质量的精确性的条分缕析的科学方法。因此，定性分析，定量分析，因果分析，元过程分析，等等，便成为这种分析的主要品类。

但是，随着耗散结构论和模糊学的兴起，经典科学以追求定性、定量分析为唯一方法的垄断地位被打破了。耗散结构的非线性系统论，模糊数学的模糊集合论，带来了非定性、非定量分析的方法，这就是模糊分析。它为模糊思维开拓了方法论的新途径。它告诉人们，除了追求精确性的经典分析以外，还存在着模糊性的模糊分析。

模糊分析与定性定量分析是迥然有别的。它是一种情绪分析、意念分析。换言之，它只注重情绪的估量，它把情感流、意念束作为分析事物的利器。这种情感流、意念束是无法精确统计的，因而富于不确定的模糊特征。

在形象思维过程中，模糊分析是鉴别事物性质的有力武器。作家和艺术家把自己的情感流、意念束指向所解剖的事物时，事物的本质往往能被充分地形象地揭示出来。鲁迅所写的《狂人日记》，是五四新文学运动的第一声春雷。它揭开了中国新文学运动反封建的序幕。作者是如何解剖中国封建社会腐朽的本质的呢？他并没有像政治经济学家那样，去运用二值逻辑和精确的数字去说明封建地主阶级对人民残酷的压迫与剥削状况，而是通过形象思维、运用模糊分析的方法去揭露封建社会的残酷性。具体地说，鲁迅通过狂人所见所闻所思，形象地寄托了自己的反封建思想，把自己的情感流和意念束指向封建礼教："把古久先生的陈年流水簿子，踹了一脚"，"我翻开历史一查，这历史没有年代，歪歪斜斜的每页上都写着'仁义道德'几个字，我横竖睡不着，仔细看了半夜，才从字缝里看出字来，满本都写着两个字'吃人'！"这种象征的写法，与精确的逻辑论证显然不同。作者只是把自己仇恨封建主义的怒火化作情感流、意念束，并运用模糊化的方法，通过狂人之口，去解剖封建主义"吃人"的本质，起到了精确分析所无法替代的作用。

模糊分析的方法，在审美活动中也有重要的意义。过去，有少数人在阅读文艺作品时，喜欢运用非此即彼的方法去划分人物，结果导致的结论：不是剥削阶级就是非剥削阶级，不是革命就是反革命，从而闹出了许多笑话。

（3）模糊综合。把事物的各个部分联成一气，使之变为一个统一的整体的方法，叫作综合。它所考察的不仅是事物的某一要素，而且是全部要素。此外，它还要考察各个要素之间的联系，把握一切联系中的总的纽带，从总体上揭示事物的本质及其运动规律。在经典科学中，综合总是追求精确地把握事物的全貌及其内蕴的。但是，模糊数学启迪我们：综合也有它的模糊性。以模糊性为特征的对于事物的一切要素的统一把握。可以称之为模糊综合。它是在模糊分析的基础上进行的。

在形象思维的过程中，作家和艺术家创作艺术典型是一个个性化和概括化同时进行、并在个性化的基础上体现概括化的过程，也是在分析的基础上进行综合的过程。但这种综合却是模糊的，鲁迅关于小说创作的“拼凑”说，就体现出模糊综合。他所塑造的阿Q这个典型，就运用了模糊综合的方法。在《阿Q正传》发表之初，不少人疑神疑鬼，胡乱猜测，认为是攻击自己的；其实，鲁迅哪里是专门针对一两个人？他是用模糊化的方法，概括了各种各样的落后的人群的性格特征和心理状态，综合而成为阿Q的。再如，李清照的《声声慢》词，开头连叠七个词：“寻寻觅觅，冷冷清清，凄凄惨惨戚戚”，中间描绘出“正伤心”，“憔悴损”等悲凉情景。最后归结为：“这次第，怎一个愁字了得？”李清照通过诸方面的模糊分析，最后用愁字一字概括了自己的情绪，这便是模糊综合。除创作过程中的审美以外，就审美主体对于审美客体的单纯的观照而言，也存在着模糊综合。例如，我们之所以把黄山石想象成各种禽兽的形状，固然是由于黄山石本身在某些点上与禽兽有相似之处，但更重要的是由于我们大脑中原来就重叠、贮存着许许多多禽兽的影像，而且审美主体还用自己的想象来补充黄山石的不足，什么金鸡叫天门呀，猴子望太平呀，松鼠跳天都呀，诸如此类风景，其中比拟、象征的成分，都和人的思维中的模糊综合有关。

［原载《文艺研究》1991年第2期］

模糊艺术试论

一、模糊价值论——暧昧工程

飘忽不定的模糊美，它不仅荫蔽在自然景物中，也隐藏在社会生活中。模糊是暧昧的，有弹性的。它具有流动的过渡空间，富于很大的包孕性、宽松性、中介性。它不是非此即彼，而是亦此亦彼；它不是非明即暗，而是亦明亦暗、若明若暗。这就出现了模糊。艺术家捕捉自然界和社会界中的模糊现象，用生花妙笔把它表现在作品中，就构成了艺术的模糊性和模糊美。它蕴藉含蓄，富于难以名状的魅力，具有潜移默化的效果。创造出具有模糊价值的模糊艺术，乃是暧昧工程所应完成的一项重要任务。

模糊的价值已为现代科学所证实。它不仅具有科学实用价值，而且具有艺术审美价值。随着科学技术的迅速发展，模糊创造（暧昧工程）的时代已经到来。它广泛地渗透到工业、电力、交通、医疗、建筑等领域中，形成了各自独特的模糊系统、模糊机制、模糊信息，充分地发挥了模糊控制作用，大大地促进了生产力的发展。以模糊为研究对象的模糊理论，也显示出蓬勃的生机。科技领域中的模糊理论研究，方兴未艾，它必然会对模糊艺术理论提供可以借鉴的新内容、新方法，从而促进模糊艺术论的发展，所以这种“暧昧工程”的前景是无限光明的。

模糊价值是清晰价值的逆反。

在艺术史的画廊中，清晰往往一目了然，易受观众和读者的青睐。模糊却不易被人们迅速把握、接受。其实，艺术上的清晰，也只是相对清晰，它不能绝对地排斥一切模糊；艺术上的模糊，也只是相对模糊，它不能绝对地排斥一切清晰。尽管模糊与清晰不可完全分开，但人们还是习惯于把相对清晰的艺术与相对模糊的艺术区别开来。因此，人们称文艺复兴、古典主义的艺术是清晰的；而巴洛克（也译巴罗克）、印象主义的艺术则是模糊的。古代艺术追求清晰，现代艺术追求模糊，这是历史的趋势。但对这一趋势的认识与把握则有个渐进的过程。瑞士美学家H·沃尔夫林说："每一个时代都要求清晰的艺术，称一种表现为模糊的总有些批评的意思。但是模糊这个词在十六世纪的含义，不同于后来时代的含义。对古典艺术来说，一切美都意味着形体的毫无遗漏的展现；而在巴罗克艺术中，即使在力图完美地描绘实际的画中绝对的清晰也变得模糊了。绘画的外貌不再同极度客观的清晰性相一致，而是回避它。"[①]这段话，从某个角度揭示了西方绘画艺术中清晰与模糊产生的情状。

模糊艺术的出现，不是退步，而是进步。随着社会的发展，人的生活越来越繁富复杂，生活中的美也日益多样：或缤纷夺目、目不暇接，或荫蔽潜伏、深沉默处。艺术作品不仅要表现清晰美，还要表现模糊美。光是追求清晰美，而不追求模糊美，在再现和表现生活时，就不够全面，也不符合客观事物的实际情况，更不能满足审美主体不断增长的审美需要。可见，旨在表现模糊性、模糊美的模糊艺术的产生，乃是历史的必然。在西方，醉心于表现模糊性、模糊美的艺术，也是逐步发展并走向自觉的。H.沃尔夫林说："十七世纪发现了一种在吞没形体的黑暗中的美。运动的、印象主义的风格，由于其本性的关系倾向于某种模糊性。"[②]如果说，文艺复兴以前，旨在追求明晰性的艺术，不可避免地带有某种模糊性的话，那么，也是艺术家不自觉的创作；随着社会的发展，模糊性、模糊美不断涌现，艺术家的模糊意识

① H.沃尔夫林：《艺术风格学》，潘耀昌译，辽宁人民出版社1987年版，第214页。

② H.沃尔夫林：《艺术风格学》，潘耀昌译，辽宁人民出版社1987年版，第215页。

也日趋自觉，因而便积极地以塑造模糊艺术品为己任。H.沃尔夫林说：“与巴罗克的有意识的模糊性不同的是，在前文艺复兴时代，有一种无意识的模糊性，这种模糊性显然与巴罗克有关系。”①这就表明：无意识模糊性与有意识模糊性虽然有别，但前者是后者的基础，后者是前者的发展。巴罗克、印象主义、象征主义、抽象主义、立体主义等艺术的有意识模糊性，都是以艺术史上的无意识模糊性为阶段而逐步发展、不断升华的。

二、模糊特征论——恍兮惚兮，寂兮寥兮

模糊的含义，极其广泛，具有很大的不确定性。就其形而言，有气象模糊；就其神而言，有意境模糊。前者如视觉上的混沌、朦胧；后者如听觉上的余音绕梁、三日不绝，知觉上的玄虚空灵、意在言外，等等。可见，模糊不仅表现在形成上，而且表现在内容上。

模糊的一个显著的特征，就在于它的形态混茫，神象恍惚。浩渺无垠的星空，极目无涯的海洋，烟涛汹涌的云海，辽阔苍茫的大漠，都显示出这一特点。

老子所强调的混成、寂寥、恍惚，就是对于这一特点的哲学概括。他说：“有物混成，先天地生。寂兮寥兮，独立而不改，周行而不殆，可以为天下母。吾不知其名，强字之曰道，强为之名曰大。”（《道德经》二十五章）在这里，老子把道看成是混成的物，显示出他那朴素的唯物主义观点。但他又认为混成的道比天地出现还早，这就说得玄乎其玄，不足为信了。在这里，所谓混成、寂寥，含义是广阔的，甚至是宇宙的同义语，比我们现在所说的模糊的概念要大得多。它是包含模糊、能够从特定方面体现出模糊的特点的。

对于道的混成状态，老子生动地描绘道：“道之为物，惟恍惟惚。惚兮恍兮，其中有象；恍兮惚兮，其中有物。”（《道德经》二十一章）老子

① H.沃尔夫林：《艺术风格学》，潘耀昌译，辽宁人民出版社1987年版，第238页。

用恍惚一词去形容道的状貌，并进一步指出这种恍惚不仅体现了象（外形、气象），而且包含着物（内涵、物质）。这就从形与神、形式与内容的统一两个方面论述了恍惚的哲学含义，对于我们今天理解模糊的特点也有借鉴作用。

形态混茫，神象恍惚，可以显示出大自然浩瀚的气势和无法估量的美的模糊状态，可以开拓人的视野，把人的有限兴味诱入无限之中，更加衬托出人的精神世界的美。且看《敕勒歌》：

敕勒川，阴山下。
天似穹庐，笼盖四野。
天苍苍，野茫茫，风吹草低见牛羊。

在这里，辽阔无际的草原，绵亘不断的山脉，数不清的牛羊，苍苍茫茫的景色，组成了一幅粗犷、苍劲、显示着数学的崇高的北国游牧生活图画，堪称气概恢弘、气势雄浑、气魄伟大。具有气象上的混沌美，显示了杜甫所称道的“篇终接混茫”（《寄彭州高三十五使君适虢州岑二十七长史参军三十韵》）的模糊美。司空图说：“大用外腓，真体内充，返虚入浑，积健为雄。具备万物，横绝太空，荒荒油云，寥寥长风。”（《诗品·雄浑》）这种充之于内，冲之于外的雄浑之气，弥漫在宇宙太空，随着风云的流动而呈现出特有的崇高，这难道不是一种形态混茫、神象恍惚的模糊美吗？

模糊的另一个特征，就在于它的整体性。这种整体性和混沌性（混茫性）是分不开的。唯其混沌，这就使客观事物的结构呈现出不可分割的整体状态，故形态的混沌性乃是产生结构的整体性的一个原因。恩格斯在《自然辩证法·导言》中说：“在希腊哲学家看来，世界在本质上是某种从混沌中产生出来的东西，是某种发展起来的东西、某种逐渐生成的东西。”[①]这种说法，也适用于剖析中国的老子哲学。老子把混沌（道）视为

① 《马克思恩格斯选集》(第三卷)，人民出版社1972年版，第448页。

万物之源。这种作为道的同义语的混沌，是有机的整体。这个整体，老子把它归结为“一”。老子说：“道生一，一生二，二生三，三生万物，万物负阴而抱阳，冲气以为和。”（《道德经》四十二章）这种一，虽然能产生出万物来，但万物却是离不开一的。“一”，是整体；“万物”，是部分。万物，尽管也有其各自相对独立的形态，但在极终意义上，都是隶属于“一”这个整体的。清代画家石涛深受老子哲学影响。他所提出来的“一画”论，就是老子所说的“一”在艺术领域中的运用。他说：“一画者，众有之本，万象之根；见用于神，藏用于人。”（《苦瓜和尚画语录·一画章》）又说：“笔与墨会，是为絪缊。絪缊不分，是为混沌。辟混沌者，舍一画而谁耶？……自一以分万，自万以治一。化一而成絪缊，天下之能事毕矣。”（《苦瓜和尚画语录·絪缊章》）这是石涛绘画美学思想中关于整体性的论述。

关于整体性，意大利哲学家布鲁诺（1548—1600）在《论原因·本原与太一》一书中，说得也很清楚。他认为宇宙（太一）是个完整的整体，它产生一切，包括美。没有太一，就没有一切，也没有美。他写道：

> 刚才我关于大小所说的，指的是能够道出的一切，因为，它是善，这善是可能有的任何的善，它是美，这美是可能有的所有的美；并且，除了这个太一之外，没有另外一个美的东西会是它所可能是的一切。[①]

这里所说的“太一”，近乎老子所说的“一”。它的意思虽然含糊笼统，但却突出了整体性。美，显隐在整体之中，呈现出弥漫、分散、泛化现象，这就露出模糊性，前面所提到的宇宙的渺茫美，星空的无限美，海洋的浩瀚美，就是如此。如果美不是通过它的整体显示出来，就不可能构成混沌的境界而出现特有的广泛的模糊。郭沫若在《女神》中所歌咏的一的一切、一切的一的美，就是含着整体性的模糊美。

① 布鲁诺:《论原因、本原与太一》，汤侠声译，商务印书馆1984年版，第85页。

艺术作品中的模糊美是富于整体性的。拿诗歌来说，杜甫的《望岳》就是如此。“岱宗夫如何？齐鲁青未了。”青色无边无际，纵横绵亘，超越齐鲁；泰山之高峻、阔大，突兀眼前，无法估量，若不用“齐鲁青未了”五个字从整体上囊括泰山及其周围环境的崇高美，则焉能突现出泰山雄浑、磅礴、浩瀚的气势？在诗人笔下，泰山和周围自然环境是连成一片的整体。山色青濛，视觉模糊，显示出美的整体性。再拿绘画来说，宋代画家马远，取景常取一角，其余大部分为空白，故有“马一角”之誉；而与马远齐名的宋代画家夏珪（？—1208），则喜在纸上绘半边之景，故有“夏半边”之称。他们虽然在画面上留下了大片空白，却给人以迷离恍惚的模糊美。这种美是富于整体性的。它是整个画面的有机组成部分，舍弃它，整个绘画的艺术效果就化为乌有。再拿雕塑艺术来说，古希腊的人物雕塑的美，就是带有模糊性的整体美。古希腊雕塑家认为，灵魂并不只是表现在目光上，而是遍布全身，故全身每一部分都要表现灵魂。因此，他们在艺术创作中，十分注意艺术的整体美。他们在雕塑人物眼部时，并不追求逼真的形似，而是不雕眼珠，用凹进去的“盲目”来显示人物眼部的灵魂。这样，就富于含蓄性，可让人用想象去领悟人物的精神，而玩味不尽。如果不把人物雕成“盲目”，而是把眼球圆溜溜地突现出来，那么，人物的灵魂就会集中到眼部，就会削弱人物其他部分的美，就会影响整体美之表现。关于人物雕塑艺术的整体美，黑格尔也曾作过精辟的论述：“雕刻所要达到的目的是外在形象的完整，它须把灵魂分布到这整体的各部分，通过这许多部分把灵魂表现出来，所以雕刻不能把灵魂集中到一个简单的点上，即瞬间的目光上来表现。”[①]所谓灵魂，就是指精神。它要的土、木、竹、石、金属等为物质媒介，表现在整个的人物雕塑形象中，是非常隐晦、异常朦胧的，这就显示出它那整体性的模糊美。从这一点出发，去观察古希腊人物雕塑的“盲目”，就会发现它并不盲目，而正是特殊的传神的手段。

① 黑格尔：《美学》（第三卷上册），朱光潜译，商务印书馆1979年版，第146页。

模糊还有一个特征，就在于中介的渗透性和过渡性。

中介，意即中间环节，间接联系，过渡桥梁。它是事物与事物之间联系的纽带。有了中介，事物与事物，就不是孤立的、分割的、僵化的，而是相互作用、相互影响、相互关联、活泼流动的。换句话说，事物与事物，可以通过中介桥梁，相互渗透，相互交融，相互转化，达到亦此亦彼的境界。关于这一点，德国古典哲学的成就是不能低估的。康德的《判断力批判》上卷，在分析鉴赏判断的四个契机时，深刻地揭示了美的普遍性和美感的共通性，精辟地剖析了审美的四个契机之间的中介联系。对此，黑格尔曾经给予很高的评价，认为康德的学说是研究艺术美的一个出发点。他说：

> 总之，我们在康德的这些论点里所发见的就是：通常被认为在意识中是彼此分明独立的东西其实有一种不可分裂性。美消除了这种分裂，因为在美里普通的与特殊的，目的与手段，概念和对象，都是完全互相融贯的。所以康德把艺术美也看成是特殊事物按照概念而存在的那种协调一致。①

黑格尔在肯定康德的学说时，又批评了康德把事物之间的对立统一只限于思想领域中的主观唯心主义。他在自己的哲学著作中，明确地提出了标志着事物与事物之间联系的桥梁的“中介区域”论。②

黑格尔认为：“有生活阅历的人决不容许陷于抽象的非此即彼，而保持其自身于具体事物之中。”③局限于非此即彼论，就看不到具体事物的中介性。“因为中介性包含由第一进展到二，由此一物出发到别的一些有差别的东西的过程。”④他说，“对立两方的同一”，之所以能达到，乃是由于

① 黑格尔：《美学》（第一卷），朱光潜译，商务印书馆1979年版，第75页。

② 参见黑格尔：《逻辑学》（上卷），杨一之译，商务印书馆1982年版，第45页。

③ 黑格尔：《小逻辑》，贺麟译，商务印书馆1980年版，第176页。

④ 黑格尔：《小逻辑》，贺麟译，商务印书馆1980年版，第189页。

“中介作用”，也就是“都在直接的过渡里扬弃其自身，一方过渡到对方”。[①]这种自我扬弃的过程，也就是对一系列中间环节否定的过程。“对各环节之间的差别的否定，和对它们的中介过程的否定，构成它们的自为存在”，这就获得了“同一性”。[②]

但是，黑格尔的中介论乃是客观唯心主义的。他反复声称，事物与事物之间的中介过程是在绝对精神（上帝）的领域里实现的。他说：“上帝是自己扬弃中介，包含中介在自身内”的存在。[③]这就给他那辩证法的中介论蒙上了一层宗教的迷蒙。列宁在《哲学笔记》中曾经批判过黑格尔的关于中介存在于天国中的呓语，并响亮地提出了“打倒天”[④]的口号。

然而，黑格尔的中介论，对我们理解事物的模糊性却有着重要的意义，是我们打开关于模糊性理论大门的一把钥匙。它告诉我们，客观事物的中间环节，在否定之否定的过程中，不断地实现着相互渗透、相互转化、相互过渡，而呈现出种种交叉状态，互渗现象，也就是亦此亦彼，纠缠不清的模糊状态。它揭示了客观事物的多样性，曲折性和复杂性。掌握这种模糊性的理论，对于一个艺术家来说，是非常必要的。正如席勒在1802年致歌德的信中所说的那样：“没有那种模糊的概念——强大的、总体的、发生于一切技术过程之先的概念，就不能创作富有诗意的作品”。[⑤]席勒的这一理论，在许多著名作家的创作经验中得到了充分的证明。在《雷雨》1936年序言中，曹禺深有体会地说：“在起首，我初次有《雷雨》一个模糊的影像的时候，逗起我的兴趣的，只有两段情节，几个人物，一种复杂而又不可言喻的情绪。”这种只可意会、不能言传的模糊情绪，正是作家对于生活中充满复杂矛盾的事物的渗透性、过渡性进行深入体验的结果。当它凝固在作家理性思维的框架中时，就可能转化为模糊的概念。

① 黑格尔：《小逻辑》，贺麟译，商务印书馆1980年版，第294页。

② 黑格尔：《小逻辑》，贺麟译，商务印书馆1980年版，第370页。

③ 黑格尔：《小逻辑》，贺麟译，商务印书馆1980年版，第109页。

④ 列宁：《哲学笔记》，人民出版社1956年版，第79页。

⑤ 席勒语，转引自弓戈：《美与“模糊概念”：席勒美学思想研究》，《北方论丛》1984年第4期，第56页。

它对艺术创作经常起着促进作用。

和中介的渗透性、过渡性相联系的乃是变化性、辩证性。这是模糊的另一个特征。对立的统一的规律，是宇宙的根本规律。对立的事物，在矛盾斗争中，不断发展，不断变化，不断分离，不断融合，在辨证的过程中，不断前进，最后达到和谐统一，从而形成相互交织、彼此沟通，你中有我、我中有你的模糊现象。从中，充分地体现了变化性的特点和辩证法的作用。例如：虚与实，有与无，一与多，大与小，等等，都是如此。现略述如下：

（1）虚与实。虚中见实，实中见虚，虚虚实实，虚实相生。这是中国历代文人经常谈论的创作经验。在以虚带实、以实显虚的过程中，要强调一个“变”字，注意一个“辩”字。能变幻，则虚实即可相互转化；能辩证，则虚实即可统一。清代画家恽寿平在《画跋》中说：“古人用笔，极塞实处，愈见虚灵；今人布置一角，已见繁缛。虚处实则通体皆灵，愈多而愈不厌，玩此可想昔人惨淡经营之妙。”[①]又说：“用笔时，须笔笔实，却笔笔虚，虚则意灵，灵则无滞，迹不滞则神气浑然，神气浑然则天工在是矣。夫笔尽而意无穷，虚之谓也。”[②]这种“神气浑然”“笔尽而意无穷”的境界，是难以言传的，因而是模糊的。但它却是艺术辩证法的运用过程中，善于变化的结果。北宋画家米芾在《画史》中说，董源画江南风景，“峰峦出没，云雾显晦”，“岚色郁苍，枝干劲挺”，“溪桥渔浦，洲渚掩映”。[③]这里，就充分地表现出风景的模糊美。在一出一没、一显一晦、一掩一映之间，显示出虚实相生、变化无穷的辩证法的活力。

（2）有与无。有与无和虚与实之间，是有交叉联系的。清代画家丁皋在《写真秘诀》中说：“虚者从有至无，渲染是也。实者着迹见痕，实染是也。”[④]丁皋所说的“虚者从有至无”，颇富哲理。我们也可补充一句：

① 周积寅：《中国画论辑要》，江苏美术出版社1985年版，第467页。

② 周积寅：《中国画论辑要》，江苏美术出版社1985年版，第468—469页。

③ 周积寅：《中国画论辑要》，江苏美术出版社1985年版，第467页。

④ 周积寅：《中国画论辑要》，江苏美术出版社1985年版，第473页。

实者从无至有。

关于有与无的辩证关系，黑格尔曾经作过精辟的论述。他认为："有之为有并非固定之物，也非至极之物，而是有辩证法性质，要过渡到它的对方的。'有'的对方，直接地说来，也就是无。"①又说："有过渡到无，无过渡到有，是变易的原则"。②在他看来，有与无是哲学的概念。它不是静止的、永恒的，而是处于变化发展之中的，因此，它永远遵循着运动规律。在运动中，有无相生，变化无穷。"所以'有'中有'无'，'无'中有'有'；但在'无'中能保持其自身的'有'，即是变易。在变易的统一中，我们却不可抹煞有与无的区别，因为没有了区别，我们将会又返回到抽象的'有'。"③但有与无的区别却是相对的，因此，黑格尔十分赞赏赫拉克利特的名言："一切皆在流动。"④变易，流动，使无中生有、有中生无。在有与无的辩证统一中，万物相互交织、相互消长，而呈现出极其复杂的模糊状态。老子所说的"窈兮冥兮，其中有精"（《道德经》二十一章），宗炳所说的"澄怀味象"（《画山水序》），张彦远所说的"妙悟自然，物我两忘"（《历代名画记》），刘禹锡所说的"境生于象外"（《董氏武陵集纪》），司空图所说的"象外之象"（《与极浦书》），严羽所说的"羚羊挂角，无迹可求"（《沧浪诗话·诗辨》），汤显祖所说的"生者可以死，死可以生"（《玉茗堂文之六·牡丹亭记题词》），诗"以若有若无为美"（《玉茗堂文之四·如兰一集序》），郑板桥所说的"胸有成竹""胸无成竹"（《郑板桥集·题画》），王国维所说的"有我之境""无我之境"（《人间词话》），等等美学理论，都不同程度地显示出从无到有、从有到无的变动不居状态，都可以从中领悟出这些理论的模糊性。它对创作、鉴赏都有很大的裨益。

（3）一与多。一与多是辩证统一在一起的。一，体现了事物的整体

① 黑格尔：《小逻辑》，贺麟译，商务印书馆1980年版，第192页。
② 黑格尔：《小逻辑》，贺麟译，商务印书馆1980年版，第192页。
③ 黑格尔：《小逻辑》，贺麟译，商务印书馆1980年版，第198—199页。
④ 黑格尔：《小逻辑》，贺麟译，商务印书馆1980年版，第199页。

性、概括性；多，体现了事物的个别性、具体性。一与多，紧密联系，相互渗透，表现为一中有多，多中有一。一，是多中之一；多，是一中之多。多与一，是相反相成的。黑格尔认为："多是一的对方，每一方都是一，或甚至是多中之一；因此，它们是同一的东西。"①但是，它们有相异的一面，这就是说："'一'自己排斥其自己，并将自己设定为多。但多中之每一个'一'本身就是一"②。

这个原理，在文学艺术领域也是适用的。所谓以一当十、以少胜多，寓有限于无限，或成为一与多的同义语，或成为一与多的衍化形态。阿巴公、答尔丢夫、奥勃洛摩夫、贾宝玉、林黛玉、阿Q、祥林嫂等典型性格，都是具体的"这一个"，是"一"；但是在他（她）们身上，却分别概括了许许多多活生生的现实人的特征，都寄寓着"许多个"，是"多"。由此可见，中外文学艺术画廊中许许多多典型人物的形象，仪态万千，内涵复杂，意义丰富，不同时代的读者，都可以从中挖掘出新的闪光的东西。这就显示了它们蕴贮着的美的矿藏的丰富性，复杂性。它们是深沉的、难测的，因而也是模糊的。

此外，还有大与小、长与短、高与低、远与近、浓与淡等问题。就不一一列举了。

模糊的特征，至今仍是模糊的。把混沌性、整体性、渗透性、过渡性、变化性、辩证性等作为模糊的特征，只不过是探索而已。

三、模糊现象论——纷纭挥霍，形难为状

在宇宙中，模糊现象到处存在，形状千差万别，性质多种多样，很难把它概括在固定的理论框架中。把它纳入特定的类型，往往是捉襟见肘的。下面，对一些模糊类型试作划分。

（1）视知觉模糊。用视知觉器官为标尺去衡量模糊，则有看得见的模

① 黑格尔：《小逻辑》，贺麟译，商务印书馆1980年版，第214页。

② 黑格尔：《小逻辑》，贺麟译，商务印书馆1980年版，第214页。

糊和看不见的模糊。烟波浩渺，云雾缭绕，月色朦胧，日星隐曜，是看得见的模糊；景外之景，象外之象，韵外之致，味外之旨，是看不见的模糊。看得见的模糊，谓之视觉模糊；看不见的（意识到的）模糊，谓之知觉模糊。

（2）整体模糊。整体模糊是指客体的所有方面都处于完全的不可分割的模糊状态中，它是整一的、独立的。千里冰封、万里雪飘的混茫景象，就是这种整体模糊现象。黄山云海，一片迷蒙；北国草原，莽莽苍苍，都显示出一种整体模糊美。唐代诗人张打油的《雪诗》，没有一个字提到雪，但又无一字不是写雪，它是从总体上对雪景的模糊美进行描述的绝妙好诗。

（3）对应模糊。对应模糊是指客观事物身上存在着的与明朗现象相对应的模糊现象。就特定客观事物而言，其虚与实、显与隐、出与入、藏与露、动与静、有与无之间，往往有一个过渡地带，其中必然显现出模糊状态。此外，如果说实、显、出、露、动、有，是明朗状态的话，那么，虚、隐、入、藏、静、无，则为与前者相对应的模糊状态。

（4）残缺模糊。残缺模糊是指客观对象身上存在着的部分模糊现象。它对强化整个客观对象的活力，具有难以名状的作用。例如：古希腊人物雕像中的盲目（不雕瞳人，没有眼球）；没有胳膊的维纳斯雕像；萨莫德拉克海边悬崖上耸立的胜利女神尼凯（没有头、手，只有翅膀与身子）。

（5）递进模糊。递进模糊是指存在于客观对象身上的逐层递进、由浅入深、层层深入、意境深邃的模糊状态。

晚唐诗人李商隐的诗，往往显示出递进模糊的特点。李商隐善用典，一首诗中常有几个典故。这些典故，仿佛一个个的形象世界，它们次第展现在你的眼前。你必须沿着诗人指示的方向，有序地进入这一个个的世界中漫游、玩味、领悟。然后，再把这一个个的形象世界连成一片；作整体的全面的把握。并且要突破时空的限制，由古及今，由今溯古，以古喻今，寓今于古，两两对照。这就要求你去进一步开掘原作矿藏的底蕴，揣摩诗人的寓意，揭开诗人寄托自己情思的帷幕，以便更深一层地在模糊的境界中去捕捉诗人所描绘的事物、人物的踪影。

（6）重叠模糊。重叠模糊是指相同、相近、相似的多种模糊现象处于某一特定方位上的现象。它体现为：一种模糊状态覆盖着另一种模糊状态，前后呼应，层层重叠，深浅有致，疏密相间。“米点山水”，由于不断渲染、烘托，逐渐加深浓度，所以形成了形象的模糊美。“南朝四百八十寺，多少楼台烟雨中。”（杜牧《江南春》）这里以数字入诗，寺庙历历可数，但却笼罩在茫茫烟雨中，反而显得更朦胧。“问君能有几多愁？恰似一江春水向东流。”（李煜《虞美人》）愁如江水，足见其浓，滚滚东流，更见其多，这种情感上的重叠，充分显露出心灵深处的忧伤——浓郁稠密、愁肠欲结的模糊性。“横看成岭侧成峰，远近高低各不同。不识庐山真面目，只缘身在此山中。”（苏轼《题西林壁》）在这里，庐山岭峰，远近高低，各不相同；但不同角度的景物处在同一方位，却显示出重叠后的模糊美，以至于不辨是岭是峰、是远是近、是高是低。这种美，包孕性强，内涵丰富，可以给审美者以多种多样的美的享受。

（7）符号模糊。符号是合目的性的事物的表征。如红灯标志禁戒，绿灯表示通行；橄榄枝象征和平，火、剑预兆战争；乌云表示黑暗，旭日象征光明；白色表示悲，红色象征喜；意大利首都罗马的城徽是一只母狼，有两个孩子在吸狼的乳汁；中国广州城徽是五只羊。这些符号，既要符合目的性，又要与客观事物有某种联系。只有如此，符号才有意义，才成其为符号；如果不符合目的性，又与客观事物毫无联系，那么它就没有意义，也不成其为符号，至多不过是一些干枯的躯壳而已。

但是，作为表征来说，符号与目的本身、与客观事物本身却是有显著区别的，它并不等于目的，也不同于客观事物，它只是在象征意义上与目的性及客观事物发生某种联系。因此，它同目的性及客观事物总是保持一定距离，这种距离就形成了模糊性。

（8）途径模糊。这里的所谓途径，是指艺术创作的必由之路，也就是在艺术创作过程中再现和表现生活的原则、形式、方式、手段。它具体体现为创作方法的运用。文学艺术发展史上最基本的创作方法是现实主义和浪漫主义。现实主义偏重描绘细节的真实，浪漫主义偏重描绘理想的真实。如果说前者追求精确的话，那么后者则喜欢模糊。遵循理想化的途径去净化生活现象，让它在想象的天国中翱翔，就必然以幻想来代替现实，用抽象来象征具象。这样，它所塑造的艺术形象也必然带着模糊的色彩。屈原《离骚》中所描写的“天津”（天河）、“西极”（西方的尽头），所追求的美的境界；陶渊明《桃花源记》中所描绘的恬静无争的世外桃源；郭沫若《凤凰涅槃》中所歌唱的宇宙、永生，都含有言不尽意的模糊美。当然，这并不意味着现实主义就没有模糊美，而是说浪漫主义的模糊美超过了现实主义。

特别令人瞩目的是，作家和艺术家再现和表现生活的途径愈走愈宽，模糊的艺术类型亦随之增多。诗歌中的象征主义、意象派，戏剧中的荒诞派，小说中的意识流，绘画中的印象主义、抽象主义、立体主义，往往抛开现实中原有的具体的样子，而采取变形、夸张、怪异等耸人听闻的艺术手段，去塑造形象，使形象变得抽象化。它往往体现艺术家一刹那间的或断或续的情绪、意象，所以显得恍恍惚惚、扑朔迷离，有较强的模糊性。

以上所述，仅仅是从几个角度对模糊类型作一极其粗略的划分。它远远不能囊括无限多样的模糊世界。这种划分，也是相对的，因为不同的模糊类型之间，每每互有交叉。

茫茫宇宙，焉能穷尽？

［原载《文艺研究》1992年第2期］

模糊美学与美学的模糊

——与夏之放先生商榷

拙著《模糊美学》《模糊艺术论》出版后，蒙夏之放先生关注，愿撰文评介，并提出商榷。这对贯彻百家争鸣的方针、对活跃美学界的学术空气是有益的。《文艺研究》于1993年第3期发表他的《审美观照本来就有模糊性——评模糊美学》一文。他认为：提出模糊美学是“历史的错位”“逻辑的错位”；最后强调“美学本来就是模糊的”。这些判断与我的思路，是有分歧的。它牵涉到美学中的一些重大问题。现写在下面，以就教于美学界的朋友们。

一、模糊美学的理论基础

我在《模糊美学》中曾说：“现代自然科学和社会科学综合发展中共同出现的关于物质运动的不平衡学说，为模糊美学理论的提出奠定了坚实的基础。具体地说，现代物理、化学中的耗散结构论，为模糊美学提供了科学的依据；模糊数学中的模糊集合论，为模糊美学提供了数学的依据；哲学中唯物辩证法，为模糊美学提供了科学的哲学理论基础。”对于这段文字，夏之放先生进行了重点评析。他认为：唯物辩证法是二十世纪提出来的，模糊数学是1965年提出来的，耗散结构论是1977年荣获诺贝尔奖的，为什么以上述理论为依据的模糊美学却偏偏是二十世纪八十年代出现的呢？这难道不是“一系列明显的历史时代的错位”吗？

我认为，唯物辩证法自诞生那天起，就具有强大的生命力，成为揭示客观事物发展规律的科学真理。它不仅空前地促进了当时科学的发展，而且永远地推动着以后全人类科学的发展。因此，晚于唯物辩证法的任何一个世纪产生的科学，虽不与唯物辩证法的产生同步，但却不可能不或多或少地受到它的影响。

就科学产生的具体门类来说，在时空流程上也不都是与唯物辩证法的诞生同步的。如果缺乏形成科学门类的特殊气候与土壤，那么，即使受到唯物辩证法的影响，新的学科也不会马上诞生。只有条件具备，才会瓜熟蒂落。虽然，一百几十年前已经有了唯物辩证法，但由于模糊学的理论还没有今天这样发达，多种科学纵横交叉联系、边缘模糊现象还没有今天这样普遍，因而模糊美学诞生的时机还不够成熟。但在模糊数学、耗散结构论分别于七、八十年代出现后，在一系列模糊理论问题上启发了模糊美学，因而模糊美学便在唯物辩证法的哲学理论基础上脱颖而出，成为一门新兴的科学学科。由此可见，模糊美学正是科学发展的大潮中自然而然地涌现出来的。

具体地说，模糊美学引进了耗散结构论，并加以移植制作，从而促进了本学科体系的独立创造。

首先，耗散结构论中关于不稳定性的学说，对于模糊美学的建构提供了自然科学的依据。耗散结构论的创始人普里戈金（亦译普利高津）认为：宇宙的发展具有“不稳定性”，“在所有层次上，无论在基本粒子领域中，还是在生物学中，抑或在天体物理学中（它研究膨胀着的宇宙以及黑洞的形成），情形都是如此。”[①]这就启发了模糊美学。模糊美学所研究的自然美，也不例外地具有这种不稳定性，也就是不确定性。它总是处在不稳定的活跃状态中，呈现出交叉、参差、重叠、错综、回旋、纠缠、显隐、明暗等复杂现象。潮汐的涨落，海浪的滚动，惊雷的轰鸣，山体的凹凸，难道不是大自然中的不稳定性、不确定性的表现吗？难道不显示出流

① 伊·普里戈金、伊·斯唐热：《从混沌到有序》，曾庆宏、沈小峰译，上海译文出版社1987年版，第33页。

动的模糊美吗?

其次，耗散结构论关于不确定性的原理，也启发了模糊美学对于社会、艺术的模糊美的研究。生活和艺术中的真善美与假恶丑，在斗争中相互影响、彼此消长的复杂现象，就存在着模糊性；其中，既有模糊美，也有模糊丑。莎士比亚笔下的李耳王、奥赛罗，曹雪芹笔下的薛宝钗、王熙凤，就是美丑互渗、亦美亦丑、或美多于丑、或丑多于美的典型人物。这就显示出不确定的模糊性。莎士比亚在《马克白斯》中，通过三女巫之口所说的“丑即是美，美即是丑”的哲理，就体现出这种美丑交叉的模糊状态。老子在《道德经》中说：“美之与恶，相去若何?”（二十章）“天下皆知美之为美，斯恶矣；皆知善之为善，斯不善矣。”（二章）这都表明了美丑善恶、相生相克的不确定性。它充实和丰富了哲学中的不确定性原理。但是，由于生产力发展水平的限制，它还处于朴素的辩证法阶段。即使是十八世纪德国辩证法大师黑格尔，虽然对于不确定性原理作出过巨大的贡献，但也没有摆脱绝对理念这一永恒的确定的唯心主义世界观的支配，没有摆脱经典科学永恒性、稳定性的理论的束缚，因而在观察事物的运动时，视野还不够宽广，角度还不够新颖，方法还不够灵活，更不可能像普里戈金所说把不确定性原理放在所有科学的一切层面上去分析事物运动的流向、流程、规律、特点。而耗散结构论却为人类指出了一条探索具体科学的方法论的途径。它所创立的“非平衡宇宙”[①]理论，拓展了模糊美学研究的新视野，把模糊美学对于不确定性原理的开掘，置于无限广阔的飞跃发展的自然科学背景中。

再次，耗散结构论的非线性系统的不确定性学说，促进了模糊美学的开放性系统的形成，沟通了诸学科之间的联系，在纷纭复杂的科学交叉线上引发了模糊美学，使其逐步形成了互渗性的特点。它在多种学科汇合点上安营扎寨；它吸引其他学科关于不确定的学说来丰富自己、转化为自己的营养，变成自己特殊的机制。此处，模糊美学又以本学科的理论，补

① 伊·普里戈金、伊·斯唐热：《从混沌到有序》，曾庆宏、沈小峰译，上海译文出版社1987年版，第279页。

充、丰富了其他科学的美的内容，为其他学科增添了美的魅力。它那关于模糊性、模糊美的学说，为耗散结构论关于非线性系统的不平衡、不稳定的学说，提供了佐证，并在美学领域反衬出耗散结构论的真理性。模糊美学中的有无相生、虚实结合、悲喜交融、美（优美）高（崇高）互渗、知白守黑、明暗掩映、不似之似等等，不正是说明了模糊美的过渡性与互渗性吗？不正是对耗散结构论中不确定性理论的有力反衬吗？

普里戈金不仅运用不平衡、不确定性理论论述了自然科学问题，而且还列举了庄子的"运转"论、歌德的《浮士德》及其他艺术品来阐明不确定性原理，这就在哲学社会科学上启发了模糊美学研究。他说："在一些最美的雕像中，……寻求静止与运动之间、捕捉到的时间与流逝的时间之间的接合。"①这里指出了雕塑艺术中的动与静之间的不平衡状态，显示了耗散结构论对艺术创造的影响。这些直接取之于哲学、艺术的例证，对于模糊美学研究，更富于感知性、亲和性与理论的感染力。当然，普里戈金所论述的着重是整个宇宙非线性运动中的不平衡学说，其援引的例证都是为这个总原理服务的。

以上所述，可以证明，耗散结构论引发了模糊美学，模糊美学实证了耗散结构论。其中的理论中介便是非线性运动中的不平衡、不确定性学说。模糊美学与耗散结构论正是在此坚实的理论基础上接轨的，根本不存在"历史的错位"问题。

至于模糊数学能否作为模糊美学的数学理论依据？回答是：能！

夏之放先生认为不能。其理由之一是，自然科学追求定量分析，数学也不例外；哲学社会科学中若干门类是不追求定量分析的，美学便是如此。所以，由于模糊数学的出现而想建立一门模糊美学是困难的。

我认为：自然科学有的追求定量分析，如经典数学；有的则热衷于模糊分析，如模糊数学。可见，追求模糊分析的模糊数学与追求定量分析的数学是有区别的，我们焉能把模糊数学纳入定量分析的轨道呢？既然如

① 伊·普里戈金、伊·斯唐热：《从混沌到有序》，曾庆宏、沈小峰译，上海译文出版社1987年版，第58页。

此，模糊数学便可在“模糊”理论的基础上与模糊美学接轨，因而模糊数学引发模糊美学，也是必然的。

夏先生的另一理由是：只有现实实践活动才是数学赖以建立的基础和依据。如果从数学中寻找建立模糊美学的依据，就可能把数学抽象推到极端而变成荒谬。他为了强化自己的逻辑，还引用恩格斯论述纯数学的一段话。恩格斯说：纯数学的“一切抽象在推到极端时都变成荒谬或走向自己的反面。”[①]所以对于“数学的无限”，“只能从现实来说明。”[②]我认为，对于纯数学，恩格斯并不是否定的，例如他在《反杜林论》中，就批评过杜林完全抹杀纯数学的现实的世界内容的唯心主义；他否定的只是把抽象推到极端时的荒谬的东西。这就表明，恩格斯的分析，是科学的、有针对性的。但是，这同模糊美学从模糊数学中吸取营养却是两码事。模糊美学运用模糊数学的原理（模糊集合论）来支撑自己的理论框架，同“可能把数学抽象推到极端而变成荒谬”，在逻辑上是毫无联系的。

恩格斯在论述“关于现实世界中数学的无限的原型”时说：“我们的主观的思维和客观的世界服从于同样的规律，因而两者在自己的结果中不能互相矛盾，而必须彼此一致，这个事实绝对地统治着我们的整个理论思维能力。它是我们的理论思维的不自觉的和无条件的前提。”[③]恩格斯还批评了十八世纪形而上学的唯物主义：“它只限于证明一切思维和知识的内容都应当起源于感性的经验，而且又提出了下面这个命题：凡是感觉中未曾有过的东西，即不存在于理智中。”[④]至于黑格尔的唯心主义的辩证哲学，虽然颠倒了思维和存在的关系，但“却不能否认：这个哲学在许多情况下和在极不相同的领域中，证明了思维过程同自然过程和历史过程是类似的，反之亦然，而且同样的规律对所有这些过程都是适用的。”[⑤]在这

① 恩格斯：《自然辩证法》，人民出版社1971年版，第249页。

② 恩格斯：《自然辩证法》，人民出版社1971年版，第249页。

③ 恩格斯：《自然辩证法》，人民出版社1971年版，第243页。

④ 《马克思恩格斯选集》（第三卷），人民出版社1972年版，第564页。

⑤ 恩格斯：《自然辩证法》，人民出版社1971年版，第244页。

里，恩格斯从辩证法的高度，深刻地论证了思维与存在的一致性。科学理论思维虽来源于现实世界，但它又具有巨大的主观能动性，它是指导实践、改造客观世界的强大武器。这就表明，理论思维和现实存在具有辩证的血肉联系，当我们在探索科学学科的生成原因时，决不能把理论与现实割裂开来，只承认特定科学学科产生的现实基础，不承认特定科学学科产生的理论依据；或者只承认特定科学学科产生的理论依据，而不承认特定科学学科产生的现实基础。我们也不能认为：强调了理论依据，就是抹杀了现实基础；或者强调了现实基础，就是取消了理论依据。相反，有的在强调理论依据时，正是以现实基础为根本的；有的在强调现实基础时，正是以科学的理论依据为指导的。当我们强调模糊数学可以作为引发模糊美学的数学理论依据时，并不意味着否定科学来源于现实世界这一命题。恩格斯在《反杜林论》中说："正如同在其他一切思维领域中一样，从现实世界抽象出来的规律，在一定的发展阶段上就和现实世界脱离，并且作为某种独立的东西，……纯数学也正是这样，它在以后被应用于世界，虽然它是从这个世界得出来的"。[①]模糊数学的基本规律虽然来源于现实世界，但又可作为许多学科的数学理论参照系而被广泛运用。由此可见，模糊数学的基本规律也是可以作为引发模糊美学的数学理论依据的。

列宁在《马克思主义的三个来源和三个组成部分》一文中告诉我们："马克思的学说是人类在十九世纪所创造的优秀成果——德国的哲学、英国的政治经济学和法国的社会主义的当然继承者。"[②]这是就马克思主义的思想来源和理论根据而言的。列宁的这一论断为我们探讨学科产生的理论依据提供了科学的方法论。这就是说，列宁在这里是从十九世纪德、英、法意识形态中研究马克思主义的思想来源和理论依据的；因而我们从特定科学学科中去寻找理论依据也是可以的。我们当然也可以把列宁的做法加以推广、运用，去从模糊数学中探讨引发模糊美学的数学理论依据。

夏之放先生说："如果我们要为哲学社会科学中辩证发展的分支科学

① 《马克思恩格斯列宁斯大林论科学技术》，人民出版社1979年版，第179页。

② 《马克思恩格斯列宁斯大林论评价历史人物》，人民出版社1975年版，第40页。

寻找相应的数学分支的话，那么首先应该找到研究变数数学的微积分头上。”模糊数学只是变数数学的一个分支，因而不能作为引发模糊美学的数学理论依据。他说：“在我看来，从思维方法的对应来看，所谓‘模糊美学’应该与整个变数数学相匹配。”在这里，他一方面设令模糊美学应从整个变数数学中寻找相应的理论依据，一方面又认为应从变数数学的重要部分——微积分的头上寻找相应的依据。他一方面假设：作为变数数学的分支的微积分，只能与哲学社会科学辩证发展的分支科学相匹配；另一方面又假设：作为变数数学分支的模糊数学不可以作为引发模糊美学的数学理论依据。总之，夏之放先生突出表述的是整个变数数学，而所举的例证则是变数数学的分支（微积分）；当你用变数数学的分支（模糊数学）来论述问题时，他又说要与整个变数数学相匹配。这种逻辑，不是前后二抵牾吗？

诚然，作为变数数学的微积分，的确体现了活用的辩证法，因而给哲学社会科学中的辩证法以巨大的启迪。但是，任何哲学社会科学门类的诞生，除了深受前人辩证法的影响外，还有其特殊的现实背景和具体原因。微积分虽然含有辩证法，但并没有提出、也不可能提出模糊集合论和其他一系列模糊数学范畴，因而便不存在引发模糊美学的契机和参照系。撇开模糊数学，去寻找模糊美学诞生的数学理论依据，至多也只能找到某种远因，而不能找到近因，更无法把握引发模糊美学的关节点。如果说：模糊数学与微积分都充满了辩证法，但模糊数学的出现比微积分晚，因而应从微积分那里去寻找引发模糊美学产生的数学理论依据的话，那么，早于微积分又含有辩证法的变数数学解析几何，岂非更可作为引发模糊美学的数学理论依据了吗？

夏先生在经过一番逻辑推理之后得出了这样的结论：“真正能够构成美学的理论基础的，只有唯物辩证法；舍此之外再去寻找什么物理学的、化学的、数学的理论依据，是没有必要的。”我认为，在哲学中承认唯物辩证法是理论依据，在自然科学中又否认具有唯物辩证法的耗散结构论与模糊数学可以作为理论依据，在逻辑上是难以说通的。英国科学家W·C·

丹皮尔指出："哲学现在已不能单独建立在自身的基础上；它再一次同其他的知识联系起来。"由此可以推知：数理化中的唯物辩证法可以丰富、验证哲学中的唯物辩证法，可以更有具体针对性地引发模糊美学，还正显示了唯物辩证法在其他科学学科中的活的生命力。

模糊数学引发了模糊美学，这是科学史上的事实。

首先，模糊数学的基本原理引发了模糊美学。1965年，美国著名数学家查德（L·A·Zadeh）发表了《模糊集合》一文，成功地实现了模糊与数学的结合，标志着模糊数学的诞生。查德说："元素从属于它到不属于它是一种渐近的过程"，"每一个元素都有一个介于0（不属于）与1（属于）的隶属度"，"只取1和0这两个隶属度的模糊集。"[①]这就是说，在0与1之间，存在着0.1，0.2，0.3，0.4，0.5，0.6，0.7，0.8，0.9，这些就是隶属度是模糊数学所热衷的模糊领域。这种模糊领域中许许多多的中间环节，相互渗透，彼此过渡，造成了不确定性、不明晰性，这便是模糊集合的根本特征。它对模糊美学是有启发的。例如，优美与崇高之间，有许多中间环节，存在着既属于又不属于的模糊性。由于隶属度不同，有的靠近崇高，有的靠近优美，有的则兼而有之，难分轩轾。

其次，模糊数学的一系列概念启发了模糊美学；其时代现实感与创造精神，给模糊美学注入了新的生命力。经典数学追求精确性、明晰性；即使十九世纪末叶，康托在点集论的基础上所创立的"经典集合论"也是如此。它无法解释数学中的模糊现象。然而，查德却在数学领域中引进了模糊的概念，这就打破了经典集合论一统天下的局面，开辟了模糊数学的新纪元，并启发了模糊美学。模糊美学打破了经典美学的封闭性，向经典美学的二值逻辑提出了挑战。经典美学虽然在美学史上立下了汗马功劳，但它却用有限的美的概念去界定无限的美，因而彼时彼地流动的美，便被桎梏在此时此地封闭的定义的框架中。模糊美学却在尊重经典美学历史地位的同时，另立门户，并以模糊数学为借鉴，以辩证法为动力，鼓吹模糊

① 查德：《模糊集论——展望》，《自然科学哲学问题丛刊》1981年第1期。

美论。

必须指出，模糊数学虽然引发了模糊美学，但模糊美学并不从属于模糊数学，而具有自己独特的品格。二者是并列关系，存在着明显的区别。模糊数学所研究的是数学中的模糊性，其对象是抽象的、逻辑的、推理的，属于自然科学范畴；模糊美学所研究的是美学中的模糊性，其对象是具象的、生动的、情感的，属于哲学社会科学范畴。前者考察的是真，后者考察的是美。因此，二者各有其特性。模糊数学只是引发了模糊美学，而不能替代模糊美学；模糊美学只是吸取模糊数学的根本原理，而不是机械地搬用模糊数学的一切。

以上，我们以较长的篇幅阐明了模糊美学提出的理论基础。还在此强调一句：只要世界上存在着模糊美、模糊美感、模糊艺术，就为模糊美学提供了取之不尽的研究对象，因而模糊美学绝不是凭空杜撰出来的，而是有其现实的来源的。关于这一点，我在《模糊美学》中已有详细的论述，这里就不重复了。

二、模糊美学的逻辑判断

我认为，宇宙空间的美，更富于深邃性、难测性、模糊性。以无限的宇宙而言，美的奥秘的模糊性永远不会完结。夏之放先生说：既然如此，模糊美学就应以宇宙的模糊美为开发的主要对象。然而，在《模糊美学》和《模糊艺术论》两部专著中所论述与验证的资料，都是文学艺术理论与作品。"这就势必造成论述逻辑上的严重错位"。

我认为，这种判断是站不住脚的。第一，我所强调的宇宙空间的美的模糊性和无限性是符合自然辩证法的规律的。恩格斯说："一切存在的基本形式是空间和时间"。[①]美的奥秘性与模糊性也必然存在于永恒的时间与无尽的空间宇宙中。第二，我所说的是从宏观上就美的宇宙性而言。我在

① 《马克思恩格斯列宁斯大林论科学技术》，人民出版社1979年版，第126页。

《模糊美学》中说："就人类开发宇宙的历史进程来看，这不过是刚刚起步，因而对于美的宇宙性的理论归纳，还远远未到时候。"[①]然而，夏之放先生却撇开这一前提说："顺理成章，模糊美学应从宇宙间如此深邃难测的模糊美为其开发的主要对象。"请看，我所说的前提与夏先生的推理，距离是多么遥远！焉能把这两条不同的思维轨道连接在一起？第三，我所运用的材料，除了社会生活、文学艺术外，不少来自自然界的。例如：茫茫的宇宙，浩渺的星空，朦胧的月亮，苍凉的大漠，无边的原野，巍峨的山峦，奔腾的河流，迷蒙的云海，隆隆的雷声，疾迅的闪电；其他如飞禽走兽、花草树木，等等，均为模糊美学中常用的取自自然界的材料。对此，夏先生却避而不谈。第四，我在《模糊艺术论》中所运用的资料，基本上是文学艺术范围内的。这是符合本书的特点与要求的，难道一本论述模糊艺术的专著不能采用文学艺术方面的资料吗？第五，文学艺术方面的资料是对现实（自然、社会）的描绘或概括，是人生的观照与总结。通过它，不仅可直接获得艺术的模糊美，也可间接窥及自然与社会的模糊美。因此，在论述模糊美时，完全可以引用这方面的资料。总之，从上述分析中，可以看出：夏先生所说的由资料引用失当而导致理论逻辑的错位现象，是不存在的。

夏先生在批评模糊美学时，往往把其中辩证的分析当成了论述上的前后矛盾。

第一，《模糊美学》认为，康德是从经典哲学的确定性出发去界定美的概念的；《模糊艺术论》又认为，康德的无目的的合目的性的命题，揭示了无目的与合目的之间的交叉、相参，指出了不确定性。这种分析，正说明了康德美学思想的矛盾。就总体而言，康德是追求确定性的经典美学大师，但在他的具体论述中，又不时地闪耀着不确定性的模糊论的光彩。客观地揭示出康德美学中的这种复杂矛盾，并非逻辑上的错位。夏先生在批评我的论点时，只是摘录了这些话："康德正是从经典哲学的确定性、

① 王明居：《模糊美学》，中国文联出版公司1990年版，第30—31页。

永恒性出发去界定美的概念的，因而当他遇到不确定的变动不居的美的现象时，就无法作出回答。”但是，紧接着的论述却只字不提：“如果再赋予新的解释，就必然同他原来所下的美的定义发生矛盾。当然，他也曾提到过模糊性问题，指出过美的不可言传性，但是，当他建构自己庞大的美学体系时，他那理论大厦上空飘动着的几朵模糊论的浮云，便无影无踪；他那经典哲学中确定性原则，便居于支配地位。”[①]这段话，描述了康德在寻求确定性与不确定性时的矛盾心理与摇摆状态。夏先生却把康德美学思想上的这一矛盾说成是我的论述的前后矛盾，这显然是不符事实的。

第二，夏之放先生抓住《模糊美学》中所说的“典型强调的是鲜明的‘这一个！’模糊集合强调的是模糊性”这句话，就断言我把典型论当成了“非模糊理论”；另一方面，说我在分析许多典型性格时，“却又费尽口舌说他们是模糊的”，因而就陷入了“逻辑错位造成的困境”。这些批评，我是不敢苟同的。我在论述典型与模糊集合的区别时，是在比较与相对的意义上强调典型的鲜明性的，但这并非意味着否认它所蕴藏着的模糊性，因而也就得不出把典型论当成了“非模糊理论”的结论，正因为如此，我在分析典型人物时又认为含有模糊性。在《模糊美学》中，根本没有把典型论当作“非模糊理论”，而是认为：“模糊集合涉足之处未必见到典型，典型涉足之处却有模糊集合。典型论和模糊集合论虽有交叉现象，但可相互补充，相互发明。”[②]这不是说明了典型与模糊集合的互渗、典型论与模糊集合论的交叉吗？焉能推演出“典型论被当作与模糊集合论相区别相对照的非模糊理论”这一结论呢？至于《模糊艺术论》中所说的“现实主义的模糊性，主要表现在典型环境上”，是强调决定典型性格的典型环境，不仅是指环绕人物、促使人物行动的以人为结节点的社会关系，而且着重是指这种社会关系对人的影响；同时，说明人物与人物之间可以互为环境，并非“抛开典型人物不说”。至于所援引的唐代诗人张打油的《咏雪》，与夏先生的批评更是风马牛不相及的，这里就暂置勿论了。总之，夏先生所

① 王明居：《模糊美学》，中国文联出版公司1990年版，第19—20页。

② 王明居：《模糊美学》，中国文联出版公司1990年版，第79页。

说的什么“牵强地以模糊不模糊作为判别前人资料的标准”呀，“作者在总体上考查问题的思维方法，恰恰是自己一再批评的‘二值逻辑’”呀，等等，都是臆测出来的。

此外，夏先生还把恩格斯的一段话镶嵌在自己的逻辑上。恩格斯认为：整个悟性活动，即归纳、演绎以及抽象，对未知对象的分析、综合、实验，是我们和动物所共有的。“从而普通逻辑所承认的一切科学研究手段——对人和高等动物是完全一样的。”[①]而辩证的思维，对于较高发展阶段的人，才是可能的。夏先生在大段地引了恩格斯的话以后说：“《模糊美学》所批评的‘二值逻辑’的传统美学便是属于‘对人和高等动物是完全一样’的美学，只有‘模糊美学’才可能是人的美学了！这当然是不可思议的结论。”

我认为，恩格斯所说，是就人和动物都具有生物学的共同特征而言的。如剖开果核的分析，机灵动作的综合等，但即使是本能，人与动物也是各不相同的。根据巴甫洛夫学说，第一信号系统（生物性的）人与动物都有，第二信号系统（富于语言与思维特征的）只有人才有，因而具有语言和思维特征的普通逻辑也只有人才有。恩格斯所说的“普通逻辑所承认的一切科学研究手段——对人和高等动物是完全一样的”，乃是就普通逻辑所指的那些“初等的方法”[②]（生物的，本能的，条件反射的）而言的；但是，恩格斯的意思并不是说，人和高等动物都拥有“普通逻辑”；因为“普通逻辑”和普通逻辑所承认的“初等的方法”，不是等号关系。硬说人与高等动物都有普通逻辑，就不符合恩格斯的原意。因而在误解恩格斯原意的基础上所作出的结论也不可能是正确的。

三、模糊美学与美学的模糊

夏之放先生经过一番批评之后，得出了一个结论：“美学本来就是模

① 恩格斯：《自然辩证法》，人民出版社1971年版，第201页。
② 恩格斯：《自然辩证法》，人民出版社1971年版，第201页。

糊的。完全与模糊无缘的所谓精确的、美丑分明的美学学说（并非指个别观点）实际上并不存在。所谓封闭了两千多年的‘传统美学’本身就是一个虚构。”

夏先生为了证明自己的结论，着重谈了以下理由：

“美学学科至今未能真正确立，……这件事实本身就是美学具有模糊性的首要证据。”这种说法不大符合美学史实际，因而就难以构成“首要证据”。十八世纪德国美学家鲍姆嘉通就是美学学科的创始人。这是美学界公认的事实。鲍姆嘉通以前的美学家，虽然也探索美，但却没有把美学作为一门独立的科学学科去进行研究，也没有摆脱对其他学科依附的状态。柏拉图的《理想国》只涉及美，亚里士多德的《形而上学》《物理学》《伦理学》《政治学》也只涉及美。柏拉图的《大希庇阿斯篇》，亚里士多德的《诗学》，虽系研究文艺和美的名著，但并未把美学独立出来作为一门学科去进行研究。真正第一个给美学以特定概念的却是鲍姆嘉通，第一个以美学作为自己专著名称的也是鲍姆嘉通，第一个把美学作为独立的科学门类进行研究的还是鲍姆嘉通。正由于他贡献巨大，故被誉为“美学之父”。比他小五十六岁的黑格尔（1770—1831）说：“美学在沃尔夫学派之中，才开始成为一种新的科学，或则毋宁说，哲学的一个部门。”[①]沃尔夫是德国理性主义哲学家，鲍姆嘉通是沃尔夫学派的信徒。他所创立的美学学科，就是建立在理性主义哲学基础之上的。稍后的康德、黑格尔也相继建立了庞大的美学学科体系。

当然，我们也要看到，美学中还有许多问题至今没有解决或没有完满解决，许多概念尚在探讨之中，但我们却不能以此就断定美学学科尚未真正建立。因为任何一种科学学科的建立，开始并不见得是十全十美的，也不是一成不变的；即使经过了漫长的历史过程以后，也会不断地出现新的矛盾，而要求运用新的解决方法。美学学科也是如此。它不是僵化的、凝固的。随着美学对象的不断涌现，原有的美的概念便难以包容，因而便要

① 黑格尔：《美学》（第一卷），朱光潜译，商务印书馆1986年版，第3页。

求建立新概念。

模糊美学的诞生不是偶然的。它绝不会在传统的美学中出现。

传统美学（包括经典美学）是以守恒、平衡、稳定为特征的，它孜孜以求的是美的确定性原则，它习惯于运用非此即彼的二值逻辑去界定美的本质，它总是千方百计地把飘忽不定的美牢牢地捆绑在确定的理论框架中，总是命令生机蓬勃、无限多样的美向有限的固定的概念就范。

两千多年来，尽管柏拉图通过苏格拉底之口发出了“美是难的”[①]慨叹，尽管歌德笑那些追求美的定义的美学家是“自讨苦吃”[②]，但是，习惯于在二值逻辑轨道上彳亍的美的探求者始终执着于运用确定的概念去界定不确定的美。

模糊美学的诞生，标志着美学的一次突破。它冲破传统美学的限阈，把不确定性引进美学领域，使美学成为既确定又不确定、既无序又有序的充满活力的科学。可见，模糊美学不是封闭的，而是开放的。普里戈金说：“所谓开放系统，就是与外界环境互相作用的系统。”[③]它引进外界系统中有生命力的东西，为创造本系统的机制服务；它还反作用于外界系统，对外界系统产生反冲力，从而实现外界系统对自己的嵌入。这种不同系统之间的相互吸引、相互联系、相互交融，成为开放性的重要特征。模糊美学就属于这样的开放系统。它竭力在多种科学的接壤地带去追踪模糊美的倩影，去包孕美的不确定性，因此，这就必然重视与其他科学的联系，在联系中建构自己的开放机制。

传统美学虽然也重视本学科之间的联系，但却是在稳定的领域内展开的。它热衷于非此即彼的二值逻辑判断，不愿运用不确定性原理来彻底否定自己确定的美学观念，这就决定了传统美学的封闭性。同时，正由于它

① 柏拉图：《大希庇阿斯篇》，《柏拉图文艺对话集》，朱光潜译，人民文学出版社1959年版，第195页。

② 爱克曼辑录：《歌德谈话录》，朱光潜译，人民文学出版社1978年版，第132页。

③ 伊·普里戈金、伊·斯唐热：《从混沌到有序》，曾庆宏、沈小峰译，上海译文出版社1987年版，第169—170页。

没有运用亦此亦彼的多值逻辑去建立确定性与不确定性之间的辩证的联系，因而便不可能形成自己美学系统的开放性。

在传统美学中，产生了许许多多的派别，每个派别又拥有各自的系统。由于世代相传，门徒众多，故实力雄厚，影响巨大。尤其是，他们在争鸣中，均以捍卫本派学术观点为自己应尽之天职；对于不利于本派的观点，则必坚决抨击之。他们竭力维护本派美学体系的确定性，排斥异己学派对本派的渗透。这样，他们的视野就必然带有褊狭性，他们的思想方法必然是形而上学的。长期以来，传统美学的思维定势在桎梏着人们的头脑，人们总是习惯于在确定性的轨道上行走，这是形成传统美学封闭性的重要原因，也是美学史上的实际情况，而绝非虚构！

当然，我们也要看到：有些经典美学大师（如康德、黑格尔）的哲学著作中，也闪耀着模糊论的光彩，显隐着不确定性的影子，但这并不能抵消他们美学系统的封闭性。首先，经典美学大师从确定的观点出发，去建构庞大的美学体系；但自然美、社会美和艺术美中所存在的大量模糊现象，是无法回避的。因此，在他们的理论中，也必然夹杂着对模糊现象的评论。但他们的模糊论还处于自发状态，其理论形态尚不完备，而处于受支配的地位，根本不会构成对经典美学的威胁。其次，经典美学大师在自己的美学著作中论述模糊事物时，并不执着于同精确事物的论述有机地相结合，而往往将二者分割开来，孤立地去进行研究，因而模糊论在他们美学体系中不能都起到应有的激活作用；倒是在他们的美学体系之外，模糊论却处于激活状态。具体地说，在他们的自然哲学、逻辑学中，模糊论往往作为其中的一个有机组成部分，在施展着它的机能，运转着它的机制，因而处于生气灌注的状态。例如，黑格尔在谈到确定性时，不可避免地要联系到不确定性；在谈到有限性时，必然要提到无限性；在谈到事物的互渗性时，必然牵涉到亦此亦彼，等等。这些，都作为他那庞大的哲学体系的辩证因素而在发挥作用。当然，我们也要看到，经典美学大师的模糊论毕竟没有成熟，与当代模糊论比，还处于幼稚状态，是一种潜模糊论，因而还没有形成完整的科学体系。

如果我们把传统的经典美学系统过程，表述为“确定性—不确定性—确定性”的话，那就可以看出，它是立足于确定性，以确定性为根基，并从确定性开始，最后则归结为确定性。至于不确定性，不过是其中的一些因子而已，它是从属于确定性的。因而就其基本运动状态而言，它仍然是有线性的。与此相反，模糊美学系统过程，则似可表述为“不确定性—确定性—不确定性”。它立足于不确定性，以不确定性为根基，并从不确定性开始，最后则归结为不确定性。至于确定性，不过是其中的一些因子，它是从属于不确定性的。因而就其基本运动状态而言，它却是非线性的。

形成传统美学的封闭性的另一个重要原因，是由于科学发展水平的限制。长期以来，科学技术的进步一直囿于确定的领域；各种学科之间强调独立性，缺乏互渗性，故交叉性的边缘科学不很发达。科技文化中的系统论、控制论、信息论，还没有像现在这样形成一种高度综合化普遍化发展的大趋势，自然科学和社会科学中对于不确定、不平衡的非线性系统的研究，还没有在理论上“拧成一股绳”，没有形成一种科学理论上强大的势不可挡的力，因而还无法对传统美学的封闭系统进行冲击。

但是，二十世纪的今天，情况却完全不同了，各门科学飞速发展，越来越趋于立体化、网络化，科学的触角愈来愈长，并要求突破本身的限阈，伸展到其他学科领域，因而互渗性、过渡性、不确定性越来越突出。在不同学科的相互联系、相互撞击、相互融合中，出现了许许多多交叉性的边缘科学。它们共同追求着亦此亦彼的不确定性。这就为模糊美学的诞生提供了良好的催化剂和土壤，因为模糊美学就是要吸取交叉性的科学中的不确定性的营养来发展自己的。

当今美学研究时有泛化现象。大凡古典文艺理论著作，只要有谈论美或美感者，均可获得“美学”的雅称。其中，固然有系统的美学著作，也有只涉及美或美感而并非系统地从理论上研究美学的著作。因而一律冠之以美学，则美学专著与那些仅仅涉及美和美感的论著之间的区别就会被取消。无往而不美学，看起来重视美学，实际上是扩张了美学的范围。我认为应该把严格意义上的科学的美学论著同只是涉及美与美感的论著区别开来，而不能轻易地给后者冠之以美学名称。古代文化典籍经常谈到美与美感，包括模糊美论与模糊美感论。我们可以说模糊论古已有之，但似乎不好说“美学本来就是模糊的”。

夏先生在论证自己的命题时，是以关系说为依据的。他批评《模糊美学》：“如果否定了‘关系’，否定了以人为中心，也就必然否定了美学的存在。”其实，我对狄德罗的美是关系说，是一分为二的。我认为：“美是关系说，基本上是唯物主义的”[①]，“美是关系说，运用于特定时间空间，的确发挥过良好作用，为人们寻找美的矿藏开辟了一条通道”[②]。但是，这个定义也是有局限性的。它无法把一切的美都囊括在关系网内。因为美是无限的，大自然的美，社会生活的美，文化艺术的美，科学技术的美，人们已经发现的美，人们尚未发现的美，都存在于浩瀚的宇宙之中。美，既可存在于关系之内，又可超越于关系之外。如果仅仅认为美是关系，那么，关系之外的美，难道不是美？人们尚未发现的美，难道不是美？即使把美的定义局限在关系以内，也不见得都能概括出美。夫妻关系、父子关系、朋友关系、邻里关系、人际关系等，其和谐融洽者固然符合美是关系的定义，其矛盾紧张者难道也符合美是关系的定义吗？再如：美化环境、植树造林、保护鸟类，体现了人与环境之间的关系的美，这当然是符合美是关系的定义的。但是，污染环境、乱伐森林、杀害珍禽，却体现了人与自然的紧张关系，它无论如何也不能说是美的。可见，关系有好坏美丑之别，把美和关系画等号，显然是不准确的。总之，美是关系说，只能界定部分美，而不能界定全部美。宇航员遨游太空，可以目睹光彩夺目的蓝色水晶体般的地球的美。这种直觉观照，显示了宇航员在太空中与地球之间所建立的审美关系，固然合乎美是关系的定义；然而未到太空的人，并没有和它建立目睹的直觉关系，但它并未失去蓝色水晶体般的灿烂光辉。它的美，是不受关系的约束的。

诚然，宇航员是人类的代表、宇宙的精华。他们的太空审美活动，拓

① 王明居：《模糊美学》，中国文联出版公司1990年版，第13页。

② 王明居：《模糊美学》，中国文联出版公司1990年版，第14页。

展了人类的审美视野，给人类以巨大的启示。但是，他们却不可代替未到太空的人的审美活动。我们不能以“人是类存在物”（当然，这话本身是正确的）为理由去否定审美的不可替代的直接性，也不能用人的社会性为理由去取代审美的单个性。这是因为，人除了具有类的群体性、社会性以外，还具有人本身独特的审美心理与机制。英国美学家夏夫兹博里（1671—1731）认为，审美主体具有一种审美的特殊感官即“内在的眼睛”[①]，也就是后来所说的“第六感官”。它是独特的，不可代替的。康德说：“一切鉴赏判断都是单个的判断。”[②]黑格尔说：“美却起于个别形象的显现，……美只能在形象中见出，因为只有形象才是外在的显现，使生命的客观唯心主义对于我们变成可观照，可用感官接受的东西。”[③]又说：“这形象对于我们既是一种客观存在的东西（Daseiendes），也是一种显现着的东西（Scheinendes），这就是说，有机体各个别部分的只是实在的多方面的性格必须显现于形象的生气灌注的整体里。”[④]这就告诉我们，审美者作为个体所拥有的特殊感官，乃是审美观照的物质基础；舍此，便无法进行审美。此外，美的形象是客观存在的，是审美感官观照的对象。观照美的形象时，必须通过单个人的审美感官（主要是视觉、听觉、知觉感官）进行，在审美诸感官共同协作、交互影响下所产生的美感愉悦，也是离不开人的个体性的。因此，宇航员目睹太空的地球美始终是通过他们具体的视知觉通道进行的。这样，他们才可亲身体会并享受到美的乐趣。在这个意义上，才说他们与太空地球建立了审美关系。但他们的审美感官却不能移植到未到太空的人的身上；后者的审美感官同太空地球处于远距离隔膜状态，这就不能亲身目睹它的美，因而就谈不上与它建立了审美关系。可见，审美关系不是虚无缥缈、不着边际的，也不是可以互相代替的。它永远是受审美

① 北京大学哲学系美学教研室编：《西方美学家论美和美感》，商务印书馆1981年版，第95页。

② 康德：《判断力批判》（上卷），宗白华译，商务印书馆1987年版，第52页。

③ 黑格尔：《美学》（第一卷），朱光潜译，商务印书馆1986年版，第161页。

④ 黑格尔：《美学》（第一卷），朱光潜译，商务印书馆1986年版，第162页。

感官的个体性、具体性所制约的；是受审美对象的形象所制约的，正如夏之放先生所说：在审美中，“对于形象形式的观照占有十分突出的地位，往往成为影响整体判断的关键因素，因而才被称为审美判断”。据此，宇航员目睹太空地球蓝色水晶体般的美，当然是“对于形象形式的观照”的审美判断；而未到太空的人，由于没有观照太空地球形象的形式，因而就无法构成彼此之间这种特定的“审美关系”了。

美是关系说，当然属于地球人的观点，我在批评地球人的观点时，一方面认为它的确能解决一些问题，一方面又认为它不能解决所有问题，更没有否定人的作用。所以，我在分析火山的美与丑时，乃是以“生活的肯定性”为尺度的。我认为在进行美的探索时，不要局限于地球，而要从地球扩展到宇宙，也就是放眼宇宙的意思。正因为如此，我认为“美是人的本质力量的对象化”的定义，只能界定部分美，而不能界定所有的美。所以，我是不同意把这个定义无限扩张、无限夸大的。恩格斯说：“天文学中的地球中心的观点是褊狭的，并且已经很合理地被推翻了。”①这话不仅适用于天文学，其基本精神也适用于美学。对于审美来说，放眼宇宙总比局限于地球要好。

以上，我从三个大的方面表述了对模糊美学的理解，并对夏之放先生的批评提出了一些不同的看法。不当之处，尚祈海内外美学专家匡正。夏先生的论文，对促使我去多方面地思考问题，是有启发的。在此，谨表谢意。

［原载《文艺研究》1994年第2期］

① 恩格斯：《自然辩证法》，人民出版社1971年版，第217页。

评康德的崇高论

一、美和崇高的区别

康德认为，美（指优美）和崇高的自身都是令人愉快的，对它们的判断都是审美的。但它们也有相异之处。首先，美寄植在“对象的形式”中，这种形式是有限的。如玫瑰花的美，就是寓于它那具体可感的形式之中的，是可以把握的，因而是有限的。崇高则寄植在“对象的无形式”中，这种形式是无限的。如昊昊苍天、茫茫宇宙的美，就是寓于它那超感官的混沌的无形式之中的，是无法把握的，因而是无限的。

此外，康德认为，美的分析首先从质开始，崇高的分析首先从量开始。质的标志是审美感的无利害性。当人们观照美的时候，其“对象的形式”与鉴赏判断的想象力、知解力（悟性）之间，能够自然贴合、协调一致，因而是审美的判断。至于崇高则不然。当崇高触及审美主体时，首先使人产生的是惊恐感、痛苦感（痛感），而不是作为质的标志的审美的无利害感。为什么呢？因为崇高寄植在“对象的无形式”中，它混茫无际，威力无比，不可捕捉，令人生畏；与鉴赏者的心理状态不能一拍即合，与审美判断时的主体的想象力、知解力不能立刻取得和谐一致，所以便不能在鉴赏的开始阶段就进行质的判断，而只能进行量的判断。量的标志是主观的普遍性。对于崇高的分析，首先要抓住这种主观的普遍性，去透视其中隐藏着的无形式的奥秘。换句话说，无形式的东西是超感性的，它显示出一种普遍的理性，只有发挥人的主观心意能力，在普遍的理性世界中遨游，才可窥见崇高的踪影，并从中获得愉悦（崇高感）。以上所述，着重是从审美客体方面来分析美与崇高的相异之处的。

从审美主体方面来说，在观照美和崇高时，其心理愉悦的样式也是各不相同的。首先，优美感的愉悦是直接的、积极的、活跃的、媚人的；崇高感的愉悦是间接的、消极的、严肃的、不媚人的。其次，美只会被主体吸引，而不会被主体拒绝；崇高则既会被主体吸引，又会被主体拒绝。康德说：

> 前者（美）直接在自身携带着一种促进生命的感觉，并且因此能够结合着一种活跃的游戏的想象力的魅力刺激，而后者（崇高的情绪）是一种仅能间接产生的愉快；那就是这样的，它经历着一个瞬间的生命力的阻滞，而立刻继之以生命力的因而更加强烈的喷射，崇高的感觉产生了。它的感动不是游戏，而好象是想象力活动中的严肃。所以崇高同媚人的魅力不能和合，而且心情不只是被吸引着，同时又不断地反复地被拒绝着。对于崇高的愉快不只是含着积极的快乐，更多地是惊叹或崇敬，这就可称作消极的快乐。[①]

这段论析是非常精辟的。它使我们认识到：美是和谐的、无阻碍的；崇高是冲突的、有阻碍的。优美感的愉快显示出主客体的契合；崇高感是由惊恐到惊喜、由不愉快到愉快。

康德认为，美和崇高还有一个最重要的内在的区别，即：美的形式是合目的性的，崇高的无形式是不合目的性的。具体地说，美的形式同审美主体的想象力、知解力能取得一致，因而自然而然地引起审美主体的愉快，美也成为愉快的对象。这仿佛是预先安排就绪的。据此观点去考察自然界，如行云流水、鸟语花香，本身就美在形式，与鉴赏者的兴味、想象

① 康德：《判断力批判》（上卷），宗白华译，商务印书馆1987年版，第83—84页。

力一拍即合，因而是符合审美目的性的。至于崇高，就迥然不同了。崇高是无形式的，它与审美主体的判断机能是抵触的。对于鉴赏者来说，崇高对于想象力的撞击是强暴的。它既被抗拒，又被吸引，使鉴赏者的想象始终处于激动、惊异、振荡的状态中。火山喷发，狂涛怒吼，就是如此。康德说："它们（指自然里的崇高现象）却更多地是在它们的大混乱或极狂野、极不规则的无秩序和荒芜里激起崇高的观念"[①]。又说："关于崇高只需在我们内部和思想的样式里，这种思想样式把崇高性带进自然的表象里去。这是必须预先加以注意的一点。"[②]这就是说，自然本身不存在崇高，必须把主观思想（崇高观念）加入到自然的无序（无形式）中，才可形成崇高，因而决定崇高的乃是鉴赏者的主观观念。康德干脆不加掩饰地说："自然界里的崇高美……，实际上只能把它归属于思想样式。"[③]正由于康德把崇高当成是一种观念，因而它便不可能具有自然的形式，不能像美的形式那样符合审美鉴赏判断的目的性。所以，康德断然主张："崇高的观念要和自然界的合目的性完全分开。"[④]由此便得出一个结论：美是合目的性的自然形式，崇高是不合目的性的主观观念。

康德在分析崇高时，理论上有个很大的漏洞：他不时地把崇高与崇高感混淆起来，将客体与主体相提并论；以至于他所说的崇高，也就是指的崇高感，他所说的崇高感，也就是指的崇高。这就必然形成逻辑上的颠倒和语义上的抵牾，出现了以主观取代客观、以主体取代客体、以崇高感取代崇高的主观唯心主义。

二、崇高的类型

在论析崇高的类型时，康德把崇高分为数学的崇高和力学的崇高

① 康德：《判断力批判》（上卷），宗白华译，商务印书馆1987年版，第85页。
② 康德：《判断力批判》（上卷），宗白华译，商务印书馆1987年版，第85页。
③ 康德：《判断力批判》（上卷），宗白华译，商务印书馆1987年版，第122页。
④ 康德：《判断力批判》（上卷），宗白华译，商务印书馆1987年版，第85页。

两种。

数学的崇高是以体积伟大为标志的。康德说："我们所称呼为崇高的，就是全然伟大的东西。"[①]它不是一般的大，而是无限大、绝对的大："我们对某物不仅称为大，而全部地，绝对地，在任何角度（超越一切比较）称为大，这就是崇高。"又说"崇高是一切和它较量的东西都是比它小的东西"。[②]在这里，所谓无限大，除了宇宙、星空以外，恐怕很难再找出来。就是康德经常提到的海洋、冰峰、群山，体积再大，也是有限的。康德为了堵塞理论上的漏洞，便想出另一个绝招，即认为以无限大为特征的数学的崇高，不能从自然界中寻找，只能从人们的心中寻找。他说："崇高不存在于自然的事物里，而只能在我们的观念里寻找。"[③]又说："真正的崇高只能在评判者的心情里寻找，不是在自然对象里。"[④]这就是说，数学的崇高是主观的，而不是客观的。这是为什么呢？因为感官对象即使再大，也不能构成绝对的无限大；只有主观世界才能容纳无限大，因为它具有超感性的想象力。所以，康德说："在我们的想象力里具有一个进展到无限的企图"[⑤]。据此，超感性的主观想象力所形成的无限大，便成为数学的崇高的根本特征。康德得出了这样的"公式"："崇高是：仅仅由于能够思维它，证实了一个超越任何感官尺度的心意能力。"[⑥]

康德认为，数学的崇高不是运用代数符号去对它的无限大作出判断的，它是通过想象力来表现无限大的。它是审美的。当想象力难以负荷、达到顶峰、对于大的审美估量不能再大时，就是对于大的审美观照的饱和点，也就是愉悦感的最高潮。康德说：

> 我们永远不能具有一个最初的或基本的尺度，因而也不能从一个

① 康德：《判断力批判》（上卷），宗白华译，商务印书馆1987年版，第87页。
② 康德：《判断力批判》（上卷），宗白华译，商务印书馆1987年版，第89页。
③ 康德：《判断力批判》（上卷），宗白华译，商务印书馆1987年版，第89页。
④ 康德：《判断力批判》（上卷），宗白华译，商务印书馆1987年版，第95页。
⑤ 康德：《判断力批判》（上卷），宗白华译，商务印书馆1987年版，第89页。
⑥ 康德：《判断力批判》（上卷），宗白华译，商务印书馆1987年版，第90页。

> 给予了的大具有确定的概念。所以对于基本尺度的大的估量只能建立于人们在直观里把它直接把握住并且能够经由想象力运用它来表现数概念！这就是：自然界事物的一切大小的估量最后是审美的（这就是说主观地，而不是客观地被规定着的）。[①]

为了说明这一观点，我们试以杜甫《望岳》诗为例："岱宗夫如何？齐鲁青未了。造化钟神秀，阴阳割昏晓。"这里可以看出对于泰山体积的估量。诗中所写的齐是指山之北（阴），鲁是指山之南（阳）。山南山北，郁郁葱葱，神奇秀丽，生机盎然。泰山之大，恍然在目。"荡胸生层云，决眥入归鸟。会当凌绝顶，一览众山小。"这里虽没具体说明泰山高度，但其高耸入云、巍峨雄浑的气概，却跃然纸上。这是由于杜甫在观照泰山时，充分发挥了审美想象力的缘故。按照康德的逻辑，泰山之数学的崇高美，只能是存在于诗人主观心意状态中，而与泰山本身无涉。

在观照数学的崇高时，一要把握，二要综括。康德认为，直觉的把握比较容易，主观的综括则比较困难。为了理解这一点，让我们举个例子。当我们到黄山游览，攀登到天都峰脚下时，只见巨大的山峰向你迎面扑来，大大超过了你的视力所能负荷的限度，你无法把这庞然大物完全同时纳入眼底。你只能一部分一部分地把它的影像移入眸内。当你由上而下直观时，先见到上部，逐渐见到中部，最后见到下部。当视觉把握到中部时，上部便从眼内消逝了，但它只作为影像储存在心中，当把握到下部时，中部随之也从眼底消逝，并作为影像储存在心中，且在想象的天国中与上部的影像相连接。待直观完山的底部时，整个山峰便会从视网膜上消逝，但你却可以在想象中把它综合为一个整体，从而完成对于天都峰的审美观照。你的审美感就会达到顶点。康德说："把握是没有困难的：因为它能无止境地进行着，但把握愈向前进时，综括却愈过愈困难，而不久就将达到它的最高点，即是审美地估量大的最饱和的尺度。"[②]这是康德对于

① 康德：《判断力批判》（上卷），宗白华译，商务印书馆1987年版，第90页。
② 康德：《判断力批判》（上卷），宗白华译，商务印书馆1987年版，第91页。

观照数学的崇高时，从把握到综括的审美过程的理论概括。

康德认为，在观照数学的崇高时，距离要不远不近。他以观照金字塔为例说，如距离太远，则“被把握的各部分（相互积累的石块）只是模糊地被表象着，它们的表象对于主体的审美判断不产生影响了。”[①]如距离太近，则“眼睛需要一些时间才能完成从基础到顶尖的把握，而当构象力尚未把握上面顶尖时，下层却又部分地消失掉了，全面的把握永远不能完成。”[②]此外，康德又以罗马的圣彼得大教堂为例，说明它体积巨大，令人震惊，超越想象，因而鉴赏时便“陷进一种动人的愉快里”。[③]康德的上述举例，同他的理论是有明显矛盾的。他说“崇高（壮美）不是在艺术成品（如建筑，柱子等）里指出，在那里人类的目的规定着形式的大小”[④]。然而另一方面，他又把具有明显的人类的目的的建筑艺术成品（金字塔、圣彼得大教堂）当着崇高。这种自己挖自己墙脚的做法，难道连美学大师康德压根儿也未想到吗？有人认为，这是康德受了英国美学家霍姆影响的缘故。霍姆在其《批评的原理》第四章中，曾举过金字塔和圣彼得大教堂的例子，康德便援引了。这种解释，难以令人信服。

在康德心目中，只有含着大的特点的粗糙的自然，没有人的目的，才可称为数学的崇高；否则，就应被抛弃在数学的崇高的大门之外。这种理解，太死、太窄，以至于他以有目的的金字塔、圣彼得大教堂来印证所谓无目的的崇高时，也显得前后抵牾了。

在论述崇高感时，康德也是自相矛盾的。康德认为，崇高感是一种崇敬感，它传达了主体对客体的崇敬。它是符合理性的。但审美活动却是排斥理性的，因而便产生了“不合致性”[⑤]。但是，观照崇高，乃是超感性的主观想象活动，主观想象中的无限大是具有整体性的，它和理性规律所

① 康德：《判断力批判》（上卷），宗白华译，商务印书馆1987年版，第91页。
② 康德：《判断力批判》（上卷），宗白华译，商务印书馆1987年版，第91页。
③ 康德：《判断力批判》（上卷），宗白华译，商务印书馆1987年版，第91页。
④ 康德：《判断力批判》（上卷），宗白华译，商务印书馆1987年版，第92页。
⑤ 康德：《判断力批判》（上卷），宗白华译，商务印书馆1987年版，第97页。

追求的“绝对的全体”[①]是暗暗吻合的。于是便产生了理性规律和审美想象的“合致性”[②]。不合致性，表明了理性规律与直觉感性的对立、逻辑判断与审美判断的对立；合致性，表明了理性规律与直觉感性的统一、逻辑判断与审美判断的统一。不合致性，是产生不愉快的原因；合致性，是产生愉快的原因。“所以崇高感是一种不愉快的感觉，……然而在这里同时引起一种愉快感。”[③]但康德强调的是前者：“崇高情绪的质是：一种不愉快感。”[④]这种不愉快感（痛感）正是通向愉快感（美感）的必由之路（中介），因而康德说：“这愉快却是由不愉快的媒介才可能的。”[⑤]如此苦乐交织，形成痛苦的快乐、快乐的痛苦，这是崇高感的根本特点。

所谓力学的崇高是指什么呢？

力学的崇高，是指威力巨大，无法抵御，但不会危害人类。康德说：“自然，在审美的评赏里看作力，而对我们不具有威力，这就是力学的崇高。”[⑥]在进行审美观照时，“把这一对象看做可怕的，却不对它怕”[⑦]，这是鉴赏力学的崇高时的心理特点。为什么怕呢？因为它威力巨大，令人震惊。为什么不怕呢？因为它不加害于人。怕又不怕，缺一不可。如果仅仅停留在怕上，则主体就会沉溺于自我丧失的泥沼中，即由于心理上的惊厥而损害了自己的机制，也就无法进行审美活动。例如，当游客夜登泰山听到松涛怒吼、奔瀑喧豗的声响时，遇到电闪雷鸣，乌云翻腾的景象时，不由得心中怦怦作跳，产生一种恐怖感。若惕怵不已，心理通道被恐怖感造成的障碍所堵塞，便不会出现美感。正如康德所说：“谁害怕着，他就不能对自然的崇高下评判。”[⑧]如果保持心理的平衡、自持（自我调节）状

① 康德：《判断力批判》（上卷），宗白华译，商务印书馆1987年版，第96页。
② 康德：《判断力批判》（上卷），宗白华译，商务印书馆1987年版，第97页。
③ 康德：《判断力批判》（上卷），宗白华译，商务印书馆1987年版，第97页。
④ 康德：《判断力批判》（上卷），宗白华译，商务印书馆1987年版，第99页。
⑤ 康德：《判断力批判》（上卷），宗白华译，商务印书馆1987年版，第100页。
⑥ 康德：《判断力批判》（上卷），宗白华译，商务印书馆1987年版，第100页。
⑦ 康德：《判断力批判》（上卷），宗白华译，商务印书馆1987年版，第100页。
⑧ 康德：《判断力批判》（上卷），宗白华译，商务印书馆1987年版，第101页。

态，虽害怕，又不怕，那么就会在“拒绝和吸引”[①]的快速交替中，频频获得美感愉快。

至于那些只会令人恐怖、而不令人愉快的对象（如地震、水灾），是不能构成审美对象的。正如康德所说：“对于一个叫人认真感到恐怖的东西，是不可能发生快感的。”[②]可见不含美的单纯的恐怖，不会导致崇高，也不会产生崇高感。但崇高必含恐怖，这样才使主体产生不快感（痛感），并通过克服痛感而升华到美感。

崇高中的恐怖，属于一种丑，但却是不可少的。英国美学家鲍桑葵在谈到康德的崇高论时说：“它是把表面上的丑带进美的领域中的一切美学理论的真正先驱。”[③]正由于康德在崇高中引进了丑，便开辟了崇高论的新天地，从而在美学史上作出了新贡献。康德说：

> 高耸而下垂威胁着人的断岩，天边层层堆叠的乌云里面挟着闪电与雷鸣，火山在狂暴肆虐之中，飓风带着它摧毁了的荒墟，无边无界的海洋，怒涛狂啸着，一个洪流的高瀑，诸如此类的景象，在和它们相较量里，我们对它们抵拒的能力显得太渺小了。但是假使发现我们自己却是在安全地带，那么，这景象越可怕，就越对我们有吸引力。我们称呼这些对象为崇高……[④]

这一段话，内容丰富，思想复杂，充分反映了康德的崇高论的矛盾。第一，这里所描绘的自然景象，都或多或少地带着恐怖：危壁断岩，海洋怒涛，洪流高瀑，电闪雷鸣，恐怖程度要小一些；火山肆虐，飓风横行，恐怖程度要大得多。第二，恐怖的景象有美有丑，或时美时丑，如电闪雷鸣，海洋狂澜，火山喷射。第三，恐怖的景象（如飓风肆虐）虽然威力无

① 康德：《判断力批判》（上卷），宗白华译，商务印书馆1987年版，第98页。

② 康德：《判断力批判》（上卷），宗白华译，商务印书馆1987年版，第101页。

③ 鲍桑葵：《美学史》，张今译，商务印书馆1985年版，第357页。

④ 康德：《判断力批判》（上卷），宗白华译，商务印书馆1987年版，第101页。

穷，但却是摧毁性的，它不含着美；即使人们处于安全地带，也不会获得审美愉快。何况它是看不见的东西。这就同康德所要求的对象的直观性理论发生了矛盾。康德把有丑无美的飓风看成是审美对象，显然是不妥的。第四，如果把主体处于安全地带作为衡量力学的崇高的主要尺度，那么势必把某些并不危及自己但却危及别人的自然灾祸也当成力学的崇高。第五，康德举的例子，不一定都是典型的。如危壁断岩，只在形状上显得高耸下垂，而给人以力的压迫感，实际上它还是相对静止的；因比，把它当成数学的崇高还比较贴切些。在它身上，巨大的威力体现得还不够明显。康德以它为例来说明力学的崇高，是缺乏说服力的。第六，康德把令人恐怖的自然景象视为崇高，这就必然要引导出崇高存在于物的结论，从而和他一直热衷着的崇高存在于心的命题产生了矛盾。

但是，就总体而言，康德始终没有忘记从主观世界中去寻找力学的崇高的根源。他的论证要点是：首先，主体必须借助于理性能力的帮助，认识到自己主观世界有“一种非感性的尺度”[①]，它是无限的；和它相比，“自然界中的一切是渺小的”[②]。其次，自然的威力尽管是不可抗拒的，但由于人们觉得主观上有一种超越自然的能力，因而便能在对自然的优越性上建立“自我维护”[③]。这一点深受博克的影响，但并不像博克所谓的自我保全，而是人的想象力所扩张的力量的升华。它是不屈的，活跃的，升腾的，无限的；大自然最大的力在它面前，也相形见绌，小得可怜。这就是主观的心意能力对于自然的威力的超越。力学的崇高，即寓于这种超越之中。所以，康德说：“自然界在这里称做崇高，只是因为它提升想象力达到表述那些场合，在那场合里心情能够使自己感觉到它的使命的自身的崇高性超越了自然。”[④]换言之，由于审美主体的想象力的无限扩展，实现了对自然的巨大威力的超越，因而便产生了力学的崇高。“所以崇高不存

① 康德：《判断力批判》（上卷），宗白华译，商务印书馆1987年版，第101页。
② 康德：《判断力批判》（上卷），宗白华译，商务印书馆1987年版，第101页。
③ 康德：《判断力批判》（上卷），宗白华译，商务印书馆1987年版，第102页。
④ 康德：《判断力批判》（上卷），宗白华译，商务印书馆1987年版，第102页。

在于自然界的任何物内，而是内在于我们的心里”[①]。这便是康德的论断。

康德声称，力学的崇高只限于单纯的自然势力。但他动辄又请理性的巨人来帮忙，这就不可避免地要接触到社会现实和伦理道德问题。他提到了对战士、将军、政治家的尊敬，对于神圣的战争的推崇。这一切，他都认为是崇高的。这样，他所说的崇高，就越过了自然，进入了社会，越过了感性，进入了理性；并与他在总体上所鼓吹的非理性主义发生了尖锐的冲突。

康德所指的力学的崇高，处处强调人的力量，处处维护人的尊严，时时追求人格的升华，时时追求使命的实现。基于人这一立足点，就同以前许多美学家慑于自然威力的崇高论从根本上区分开来，并突现出他那尊重人的资产阶级启蒙思想。也正是从这一根本点出发，他才强调指出：崇高感与拜倒是完全不同的。崇高感是对人的力量的尊敬，拜倒是对神的威力的慑服。宗教、迷信，叫人拜倒；而拜倒在宗教面前的人，只会产生悔恨、颓丧、无能感。拜倒在迷信前面的人，只会产生骇倒、谄媚、求恩感。他说：“在宗教里面，一般地似乎拜倒，垂头祈祷，带着悔恨和恐怖的面貌的表情是在上帝面前唯一合式的姿态。”[②]又说：“迷信不是对于崇高的敬畏，而是对于威力超越的对象的惧怕与恐怖。”[③]但不管是宗教崇拜还是迷信崇拜，都是跪在神的脚下求饶，而不是对于主观世界中人的力量的赞颂，所以，它与观照崇高所引起的崇高感是不能同日而语的。这表现了康德对于宗教崇拜的轻视，对于迷信崇拜的否定，对于人的肯定，因而在美学史上是有重要意义的。

然而，康德并没有把宗教和迷信等量齐观。他认为二者是有区别的。在迷信中，不含上帝；在宗教中，却有“宗教的崇高”“上帝的壮伟”[④]。这里，康德又把崇高赋予宗教、上帝，实际上是在肯定神；这同他在前面

① 康德：《判断力批判》（上卷），宗白华译，商务印书馆1987年版，第104页。
② 康德：《判断力批判》（上卷），宗白华译，商务印书馆1987年版，第103页。
③ 康德：《判断力批判》（上卷），宗白华译，商务印书馆1987年版，第104页。
④ 康德：《判断力批判》（上卷），宗白华译，商务印书馆1987年版，第103页。

对于神的否定，便产生了矛盾。

但是，康德对于宗教、上帝的肯定，是通过神的力量的人化、人力与神力相和谐而显示的。归根结底，还是在肯定着人的主观力量的崇高性的。

总之，无论是力学的崇高，还是数学的崇高，康德都归结为人的主观心意能力的崇高、精神世界的崇高。这种崇高论影响了许多著名人物。英国诗人托马斯·坎伯尔（Thomas Campbell，1777—1844）写的“抒情诗《最后一人》结尾的几节却把康德认为体现了崇高感的那种心理反应充分描写出来了。”[①]诗云：

怜悯之神拦住我
留在这大自然的可怕荒原上，
把这最后一杯伤心的苦酒饮尽，
这苦酒定要人加以品尝。因此，去吧，
太阳；——
去告诉遮盖了你的脸庞的夜晚，
就说你在地球的坟场上，
看见了亚当族的最后一人
向逐渐黝黯的宇宙提出挑战，
看它能不能压灭他不朽的灵魂，
看它能不能动摇在他对上帝的信仰。

这个敢于向黝黯的宇宙挑战的人，当然不是寻常的人，而是顶天立地的巨人。他有无穷的力，即使夜晚，也不能把他的灵魂之火压灭。他是崇高的象征。诗人虽然没有在形象中高谈阔论，但与康德崇高论中所宣扬的体积、力量，却是贴合的。

从康德的崇高论的庞大体系中，可以看出，他的所谓崇高，主要是指

① 鲍桑葵：《美学史》，张今译，商务印书馆1985年版，第360页。

自然界的崇高。那么，在社会生活中，是否存在着崇高呢？他没有正面回答，但却不可避免地触及道德上的善和理性的概念，因而在实际上也牵涉到社会美的崇高。至于在艺术美中是否存在着崇高问题，康德则很少触及；但在第52节中，却认为悲剧、教训诗、圣乐中可以表现崇高。特别是当多种愉快交织时的场合，这种崇高会显得更美。然而，总的看来，康德是在努力回避社会美的崇高，尽量少谈艺术美的崇高。因为只要涉及社会美、艺术美中的崇高问题，就会或多或少地牵涉到伦常道德和理论概念，而一谈到这些问题，就必然与思想内容关联，就必然降低或损害他所鼓吹的鉴赏判断的对象的纯粹性，就必然使自己的崇高说留下理论上的破绽。

康德的崇高论，深受英国美学家博克（E·Burke，1729—1797）的影响。论年龄，康德比博克还大五岁，但博克在二十七岁时，即1756年，就出版了他的美学专著《论崇高与美的两种观念的根源》（亦译《关于崇高与美的观念的根源的哲学探讨》）。过了八年，即1764年，康德四十岁时才写出《关于崇高感和美感的考察》一书。1790，他66岁时才出版了《判断力批判》。可见在美学方面，康德比博克起步要晚，而博克年轻时就成名。康德在自己著作中很少提及别人，但却不讳言博克美学所起的重要作用。

博克认为，崇高是与美德相联系的，因而是值得尊敬的。但也有某些崇高现象是令人“惧怕”的，“但我们却站在一定的距离之外尊敬他”。[①] 又说：“崇高作为崇敬的原因，总是发生在庞大而可怕的对象上”，它的“体积方面是巨大的，”给人以“痛感”[②]。这些观点，对康德的影响很深。康德认为崇高令人尊敬，体积巨大，使人恐怖，这和博克的观点不是一脉相承吗？正如鲍桑葵所言：“他的崇高说大概是博克的崇高说所引起的。”[③]但是，博克始终把崇高视为物、对象的品质，康德却始终把崇高视

① 《古典文艺理论译丛》（第五册），人民文学出版社1963年版，第54页。

② 《古典文艺理论译丛》（第五册），人民文学出版社1963年版，第56页。

③ 鲍桑葵：《美学史》，张今译，商务印书馆1985年版，第357页。

为心、观念，这就可以看出他们的根本分歧：博克的崇高论是唯物主义的，康德的崇高论是唯心主义的。

［原载《文艺理论研究》1993年第5期］

《易经》的隐形美学范畴

在《易经》中，隐藏着丰富的美。它通过神秘的卦爻而显隐着，跳动着生命的脉搏，分解着许多对立的美的元素，为中国古典美学范畴的划分提供了原始的资料和出发点。中国古典美学范畴，如太极、阴阳、刚柔、动静、意象、有无、虚实、文质、美丑、大小、悲喜、显隐、繁简、浓淡、黑白等等，都与《易经》有关，都发轫于《易经》。所以，《易经》是中国古典美学范畴的滥觞。关于阴阳、刚柔，动静、意象等范畴，论者较多，兹不赘述；现仅就人们所尠为触及的一些美学范畴，论析如下：

一、有　无

在《易经》中，有与无是经常出现的，也往往是对举的。它虽然未能推衍出庞大的明确的理论系统，但隐形逻辑却潜伏在辩证的卦爻中。我们可以看到，有无相生的变易美，仿佛远山篝火，明灭林外，隐约可辨。且看：

乾卦中所说的龙，有"潜龙"与"见龙"之分。《象上》曰："潜龙勿用，阳在下也；见龙在田，德施普也。"王弼《周易注》曰："出潜离隐，故曰见龙。"就视觉观照而言，潜龙是隐伏的、无影无踪的；见龙是明显的、有行迹的。在一潜一见之间，表现出忽无忽有的变化和亦隐亦显的美。

如果说，描述龙的形象的有无之间的变易美，还侧重于视觉观照的话，那么，在坤卦“六三”中就可挖掘出有无之间对立的哲理美：“含章可贞，或从王事，无成有终。”这就是说，终则有美成于始则无美。

乾坤二卦有无之间的变易美，在六十四卦中起着统领作用；在乾坤以下诸卦中，都或显或隐地受着乾坤的制约，而闪烁出有无之间的变易美的光彩。巽卦中所说的“无初有终”，与坤卦中的“无成有终”，不是有异曲同工之妙吗？

关于《易经》中的有无之间的变易现象，虽然未作理论的阐释，但却为中国古典美学范畴提供了一对对立统一的因子。黑格尔有一段话，对我们从理论上认知有无之间的交易原则，是很有启发的。他说：

足以表示有无统一的最接近的例子是变易（Das Werden）。

变易就是有与无的统一。[①]

在变易中，与无为一的有及与有为一的无，都只是消逝着的东西。变易由于自身的矛盾而过渡到有与无皆被扬弃于其中的统一。由此所得的结果就是定在（或限有）。[②]

由此可见，《易经》所特别强调的变易，就是有与无的对立的统一。有无相生的变易美，是这种辩证逻辑发展的必然。

但是，有无相生的变易美，只是就其生生不已、生机蓬勃的流动性而言的；有无虽然常伴随着美，但并非都伴随着美；换言之，有无的肩侧，也会潜伏着丑。因为有无只能表明美丑是否存在，并不能表明美丑本身性质。当有无与美联系时，有无就蕴含着美；当有无与丑联系时，有无就蕴含着丑。有美无丑、有丑无美、有美有丑，都是变易的结果，也就是黑格

① 黑格尔：《小逻辑》，贺麟译，商务印书馆1980年版，第197页。

② 黑格尔：《小逻辑》，贺麟译，商务印书馆1980年版，第200页。

尔所说的“定在”。因此，我们既要看到有无与美丑的联系，又要看到有无与美丑的区别。“有与无只是空虚的抽象”①。美与丑乃是定在的形象。如果把有无视为变易的环节，那么，美丑便是变易的结果。

《易经》包孕着简易、变易、不易，其中的核心在于变易，而变易是离不开有无的，故有无乃是《易经》“变易”的美学思想中不可或缺的重要的隐形范畴。《易经》中阴阳，刚柔、动静的变易，卦爻的对立统一运动，都与有无发生这样那样的联系。

在《易经》中，虽然没有专卦论无，但无的哲学却随处可见；然“大有”卦，则在特定的意义上体现了有。䷍（乾下离上）卦辞：“大有。元亨。”元，大也；亨，美也。隐蓄大美之意。《象上》曰：“火在天上，大有。君子以遏恶扬善，顺天休命。”王弼《周易注》曰：“大有，包容之象也。故遏恶扬善，成物之美，顺夫天德，休物之命。”《尔雅·释诂》：“休，美也。”孔颖达《周易正义》疏云：“遏匿其恶，褒扬其善，顺奉天德，休美物之性命。”这些都说明了大有与大美是血肉相连的，也说明了有与美的关系是非常密切的。当然，作为哲学范畴的有，并不是仅仅在“大有”中才能找到，而是体现在整部《易经》中。

《易经》所提出来的有，比西方的爱利亚（Elea）学派中的重要人物巴曼尼得斯（Par-menides，亦译巴门尼德，公元前六世纪末、五世纪初人）所提出的有要早五至六个世纪。关于这一点，黑格尔是没有看到的。他说：

> 哲学史开始于爱利亚学派，或确切点说，开始于巴曼尼得斯的哲学。因为巴曼尼得斯认“绝对”为“有”，他说：“惟‘有’在，‘无’不在”。这须看成是哲学的真正开始点，因为哲学一般是思维着的认识活动，而在这里第一次抓住了纯思维，并且以纯思维本身作为认识的对象。②

① 黑格尔：《小逻辑》，贺麟译，商务印书馆1980年版，第198页。

② 黑格尔：《小逻辑》，贺麟译，商务印书馆1980年版，第191页。

他还说：

> 东方的思想必须排除在哲学史以外。
>
> 真正的哲学是自西方开始。①

> 中国人也曾注意到抽象的思想和纯粹的范畴。古代的易经（论原则的书）是这类思想的基础。②

从上面的引述中，可以知道，黑格尔是没有看见《易经》中所潜藏着的有的范畴的，更没有看见《易经》中与有对举的无的范畴。至于把中国古代哲学排除在哲学史以外的观点，则暴露出他以西方为中心的偏见。

有无对举的哲学范畴，来源于《易经》，到老子手里，则被大大推进了、发展了。而老子生活时代却略早于巴曼尼得斯。老子在《道德经》中首先从思辨哲学高度提出了道的“无名”与“有名”问题；接着，便论述有无之间的辩证关系，并提出了“有无相生”的著名观点。这一观点的提出，绝非偶然，而是通过分析美丑善恶之间相生相克的关系才得出来的。他说：“天下皆知美之为美，斯恶已；皆知善之为善，斯不善已。故有无相生，难易相成，……”（《道德经》二章）可见，美与丑、善与恶，是相互转化、对立统一的。

有与无，在《易经》中是贯彻始终的。从《易经》的隐形逻辑中，可以得知：有与无，既关系着抽象的道，又关系着具象的器。道是指自然，社会运行的规律、原理；器是指体现道的实体、运载道的工具。道是看不见、听不到、摸不着的，因而是无形的，表现为无。器是看得见、听得

① 黑格尔：《哲学史讲演录》（第一卷），生活·读书·新知三联书店1956年版，第98页。

② 黑格尔：《哲学史讲演录》（第一卷），生活·读书·新知三联书店1956年版，第120页。

到、摸得着的，因而是有形的，表现为有。道主宰万物，统驭着器；器纷纭复杂、五光十色，但都这样那样、或多或少地体现着道。散有形之器，运载着无形之道。但是，无形之道，也不能丧失器，而必须通过器得以显示，故又表现为有。由此可见，道不仅显示为无，而且也表现为有。器不仅表现为有，而且也显示出无。道于无中生有，器于有中寓无。

关于有无与道器的关系的表述，《易经》是含而不露，《易传》是引而不发，到了孔颖达的手中则挥发得淋漓尽致。《易经》随☱（震下兑上）卦九四爻："有孚在道，以明，何咎？"里的孚字，是信的意思；道，指天地人之道。大意是说：有信存在于天地人之道，就会光明普照，这怎能犯错误呢？关于这一点，《象上》说："有孚在道，明功也。"王弼《周易注》释之为"志在济物，心存公诚，著信在道，以明其功，何咎之有？"孔颖达《周易正义》疏曰："既能著信，在于正道，是明立其功，故无咎也。"这些解剖，足以证明：《易经》对于道的把握是宏观的、整体的。至于器，《易经》虽未直接说明，但点出了一些具体的器皿、用物，如遯卦六二"执之用黄牛之革"；鼎卦九四"鼎折足，覆公悚，其形渥"等等。这些器，除了本身固有的涵义以外，还显示出特定的哲理，因而便与道产生了或多或少的联系。当然，这种联系毕竟还是隐晦的曲折的。所以，在《易经》中，对于道与器的关系网的编织是玄妙难测的；但《易经》的作者却抓住了这个玄机，并从理论上进行开掘，《系辞上》云："形而上者谓之道，形而下者谓之器。"又云："形乃谓之器。"韩康伯注："成形曰器。"（《文选，三国名臣序赞》李善注引此注作"王辅嗣曰"）孔颖达《周易正义》疏曰："道是无体之名，形是有质之称。凡有从无而生，形由道而立，是先道而后形，是道在形之上，形在道之下，故自形外已上者谓之道也，自形内而下者谓之器也。形虽处道器两畔之际，形在器不在道也。既有形质，可为器用，故云形而下者谓之器也。"这里告诉我们：道之本体，处于形外，故隐无名。器之质地，处于形内，故显有名。由于有生于无，所以有形之器乃是从无形之道衍生出来的。陈梦雷《周易浅述·卷七·系辞上传》云："卦爻阴阳皆形而下者，其理则道也。道超乎形而非离乎形，故不曰有形无形，而曰形上形下也。”超形而不离形，体现了道体有无的玄妙性。但超形终于升华为无，不离形毕竟落实为有，实际上也是显隐着有形无形的变易的。

以上论析了有无相生的变易美。有无这对范畴，源于《易经》。

二、虚　实

虚实与有无是交叉的。虚与无相通，故称为虚无。但虚并不等于无，它往往潜入有的氛围中，有与虚便结为一体，而形成领属关系，故称有虚，并与有实对举，所谓有虚有实是也。实与有有关，故称为实有。但实并不等于有，它是特定的实在，它愿意与有形成一体，并凝结为有的内涵。可见，有与实也可转为一种领属关系，可称之为有实。

虚实在《易经》《易传》中并未形成理性的概念，但却隐藏着虚实的种子。就特定的角度而言，阴爻--、阳爻—就分别含着虚实，即：阴爻中有虚空，阳爻中有实在。由阴阳爻构成的六十四卦，必然包孕着虚实相生的变易。这不仅表现在卦象、爻象上，而且荫蔽在卦爻所象征的事物的运动中。例如：

坎卦卦象为䷜（坎下坎上），是古水≈≈字的重叠。坎卦卦象象征着水，蕴蓄着深广远大的内涵与外延，不限于坎卦卦爻辞所界定的意义。水的性质不仅有柔的特点，而且有虚的特点。所谓“水性虚而沦漪结，木体实而花萼振”（刘勰《文心雕龙・情采》），就是用虚实对比的方法，去暗喻文章境界的虚空灵动的美。在这里，刘勰虽未针对坎卦而言，但却抓准了“水性虚”的特点，这同坎卦卦象是暗合的。

在《易经》中，直接出现“虚”字的，有升卦。其九三爻云：“升虚邑”。王弼《周易注》释之曰：“履得其位，以阳升阴，以斯而举，莫之违距；故若升虚邑也。”以阳升阴，九三与上六相应，自然而然，如入虚空之境。

在《易经》中，不直接出现“虚”字、但却显示出虚空之境的，如艮卦卦辞“行其庭不见其人”，丰卦上六“窥其户，阒其无人”。

在《易经》中，虚，取虚怀若谷之意，比谦谦君子，如谦卦䷎（艮下坤上）。唐朝李鼎祚《周易集解》引：“九家易曰：艮山坤地，山至高，地至卑。以至高下至卑，故曰谦也。”《易传·象上》曰：“地中有山，谦。”对于谦卦初六“谦谦君子”一词，《周易集解》引文解释道：“荀爽曰：初最在下，为谦；二阴承阳，亦为谦。故曰谦谦也。二阴一阳，相与成体，故曰君子也。”此外，六二、九三、六四爻合成之体为坎，坎为水，故谦中含着水的虚的特性，所谓谦虚是也。

在《易经》中，取虚之卦象以喻君子美德者，除谦卦外，还有咸卦䷞（艮下兑上）。咸卦除象征阴阳交感，万物化生的含义外，还有虚的情韵。《象下》曰：“山上有泽，咸。君子以虚受人。”咸卦是由艮☶（山）和兑☱（泽）构成的。山本来是高的，泽本来是低的；高山反而在低泽之下，这便是咸卦的虚的特性使然。关于这一点，《周易集解》引崔憬曰：“山高而降，泽下而升，山泽通气，咸之象也。”又引虞翻曰：“艮山在地下为谦，在泽下为虚。”

在《易经》中，虚实并举、以无实显示虚空，以虚空确证无实、而表明虚实之间辩证美者，如归妹上六“女承筐无实”。《象下》云：“上六无实，承虚筐也。”因为归妹䷵（兑下震上）上六为阴爻，无实象。

但是，在《易经》中，虚实对举之处甚少，虚实相生之美必须从体悟、玩味中获得。至于单纯表述实的品性者则寥寥可数，然而却很可贵。如颐卦卦辞“观颐，自求口实”；既济卦九五爻辞“实受其福”等，均从各自角度肯定了事物存在的实际价值。这种实，虽不一定与虚对举而在某一特定卦中同时出现，但其美的价值（真中之美、美中之真）却是不能忽视的。

在《易经》中，虚往往多于实。其对中国古典美学范畴的启示，虚显得比实更为重要。所谓虚幻、空灵、空白、无迹，都是虚的表现。例如，老子云：“天地之间，其犹橐籥乎？虚而不屈，动而愈出。”（《道德经》

五章）对此，王弼解释道："橐，排橐也，籥，乐籥也。橐籥之中空洞，无情无为，故虚而不得穷屈，动而不可竭尽也。天地之中，荡然任自然，故不可得而穷，犹若橐籥也。"橐籥，俗称风箱。老子以之比天地之虚空无为，运动不已，不可穷尽。如此之虚，肇乎自然，具有哲学宏观意义。它与《易经》中乾坤二卦所包含的虚空世界是相近的。它与《易传》中所说的"六虚"境界也是相似的。《系辞下》云："变动不居，周流六虚。"李鼎祚《周易集解》引述道："虞翻曰：六虚，六位也。日月周流，终则复始，故周流六虚。……其处空虚，故称六虚。"韩康伯沿袭虞翻之说，在其《周易注》中也认为："六虚，六位也。"六位，即六爻所处的位置。由于六爻的变动不居，形成了巨大的虚空。它像天地造化所自然形成的美妙境界。

《易经》《易传》所言之虚，不仅在宏观上给人以美学的启迪，而且在微观上也给人以美学的启迪。这就是说，虚，不仅显示宏观的道，也表现微观的器。老子所说的道器，不可能不受到《易经》的影响；《易传》所说的道器，也不可能不受到《易经》和老子的影响。老子云：

> 三十辐共一毂。当其无，有车之用。
>
> 埏埴以为器，当其无，有器之用。凿户牖以为室，当其无，有室之用。故有之以为利，无之以为用。（《道德经》十一章）

对此，王弼在《老子道德经注》中解释道：

> 毂所以能统三十辐者，无也。以其无能受物之故，故能以寡统众也。

以上所说的毂，指车轮中心部件，有可供插轴的圆孔。辐，是车轮中连接轮圈与车毂的条形木棍。埏，指以水和土。埴，是黏土。总之，车的辐辏，陶器的容纳，户牖的通透，都离不开虚无的空间。它们都是有用之器，也是具体的实在；如果它们没有虚无的空间，也就不成为器用。可见，它们的实有，是紧依着虚无的。

三、文　质

文与质，是一对美学的范畴。所谓文，是指文采绮丽、华美；所谓质，是指质地朴素、淳真。前者讲究形式，后者重视内容。刘勰《文心雕龙·情采》云："夫水性虚而沦漪结，木体实而花萼振，文附质也。虎豹无文，则鞹同犬羊，犀兕有皮，而色资丹漆，质待文也。"这里所说的文附质、质待文，表明了文质之间相互依存的辩证关系。

在《易经》中，最能显示文质对举的美学范畴的是贲䷕（离下艮上）卦。贲，是什么意思呢？《序卦》曰："贲者，饰也。"《杂卦》曰："贲，无色也。"同是属于《易传》的《序卦》《杂卦》，对于贲卦的解释却迥然有别，究竟哪个正确呢？回答是：两种解释都是正确的。一个是从文的角度，去强调贲的装饰美的；一个是从质的角度，去突现贲的无色美的；贲，既有文的装饰美，又有质的无色美。文质相彰之美，在贲卦中得到了形象的显示。

为什么说贲卦形象地显示了文质相彰之美呢？

从传达媒介来看，贲䷕卦是由艮☶和离☲构成的。《象上·离》云："离，丽也。日月丽乎天，百谷草木丽乎土。"这里的离，就是华美、绮丽，而富于文采。为什么这么说呢？因为离的传达媒介☲，乃是火。火光熊熊，通透明亮，艳而有文。艮的传达媒介☶是山。山由土石结构而成，故朴素无华，质木尠文。贲卦卦象，为山下有火，故成文；且火上有山，故成质。如果说，山下有火，意在显文，着重是突出一个美字；那么，火上有山，就是意在示质，着重突出一个真字，贲卦具有火之文，故美；又具有山之质，故真。所以，贲卦揭示了美与真的统一。

从卦爻性质上看，贲之所以具有文质相彰的美，乃是刚柔交错的结果。贲之下卦为离，离为一阴爻、二阳爻组成。根据以简济众、阴卦多阳的原则，离卦属阴，具有柔的特性，富于文的柔性美。此外，贲之上卦为艮，艮为一阳爻、二阴爻组成。根据以少总多、阳卦多阴的原则，艮卦属阳，具有刚的特性，富于质的刚性美。离、艮叠合为贲，便形成了刚柔兼济、文质相彰的美。《彖上·贲》中所说的“柔来而文刚”“刚上而文柔”“刚柔交错”，就是从卦爻性质方面揭示亦刚亦柔的文质美的。当然，它所强调的还是更偏重于文饰美。

从色彩渲染上看，贲卦之所以具有文质相彰之美，是由于有浓有淡的结果。浓，是色泽稠浓；淡，是简易平淡。贲，仿佛是一座平静的没有喷发的火山，山上平淡无奇，山下光焰万丈。由于火光的穿透、辉映，把山石树木也熏染得更加绚丽多彩了。李鼎祚《周易集解》引：“王廙（晋代书法家王羲之的叔父）曰：山下有火，文相照也。夫山之为体，层峰峻岭，峭峻参差，直置其形，已如雕饰，复加火照，弥见文章，贲之象也。”这里，从山水画的角度，透视了贲卦的雕塑美、文饰美，并把美的空间从绘画的二度（长、阔）平面扩展到雕塑感的三度（长、阔、高）立体。这是审美观照的重大发现。

陈梦雷在《周易浅述》卷三中还对贲卦由文返质的过程，进行了论述，给人以深刻的启示，他说：

> 全卦以贲饰为义。华美外饰，世趋所必至也。然无所止，则奢而至于伪，故文明而有所止，乃可以为贲也。内卦文明渐盛，故由趾而须。至于濡如则极矣，故戒以贞。文明而知永贞，则返本之渐也，故四之皤如犹求相应以成贲也。五之丘园则返朴，上之白贲则无色矣。由文返质，所谓有所止也。六爻以三阴三阳、刚柔交错而为贲，如锦绣藻绘，间杂成章。凡物有以相应而贲者，则初、四是也。有相比而渐归淡朴以为贲者，则五、上是也。盖文质相须者，天地自然之数。贲之所以成卦，而质为本、文为末，质为主、文为辅。务使返朴还淳。

从陈氏的细致分析中，我们可以看出，绚烂之极必归于平淡，乃是从文到质的发展规律。它是先浓后淡，而不是先淡后浓；是先文后质，而不是先质后文。这是什么道理呢？王弼《周易注·贲》曰："处饰之终，饰终反素。"即由绚烂之美返璞归真。陈梦雷《周易浅述》云："贲虽尚文，必以质为本。"尚文，求其华美；尚质，求其淳真。

贲卦这种由美返真、美中见真的思想，对于中国美学有着深远的影响。苏轼《与赵令畤（德麟）书》云："凡文字，少小时须令气象峥嵘，彩色绚烂，渐老渐熟，乃造平淡；其实不是平淡，绚烂之极也。"少时追求绚烂，强调美；老时追求平淡，强调真，这是由浓至淡的极致，也是返美归真的极致。

四、美　丑

美与丑，是对立的。美与善毗邻，丑与恶接壤。但丑可分为两种：一为与善相左、与恶相亲，这种丑是被否定的，因而是美的逆反。一为与善相亲、与恶相左，这种丑与美相通，是被肯定的，因而是丑的逆反。丑而不丑，丑中寓美，以丑的造型显示美的本质。这种丑是可以进入美的领域的。至于丑，则与美无涉。在《易经》中，既描写了美，又表现了丑；此外，还刻画了丑中寓美、丑中有恶的复杂意象。如《离》卦，有光明美丽之含义。但为了保存美，则必须消灭丑，故离卦上九爻云："王用出征，有嘉折首，获匪其丑，无咎。"孔颖达在《周易正义》疏中解释"有嘉折首，获匪其丑"时说："有嘉美之功，折断罪人之首。"这里，即强调嘉美，又强调除丑。只有如此，才符合离的精义——丽（美）。如果说，离卦所写的美是被肯定的、丑是被否定的；那么，睽卦所表现的丑中寓美的现象美的现象，则是被肯定的。

睽䷥（兑下离上）

《序卦》云："睽者，乖也。"从卦象上看，正如《象下》所云："火动而上，泽动而下。”又如《彖下》所说：“上火下择，睽。君子以同而异。”水火不容，故称乖异；水火相克，故可求同。可见，这里隐藏着朴素的对立统一的辩证法观点。从这一观点出发，就可引申到美丑中来。美丑本是不相容的，但又可互为表里，所以符合对立统一的辩证法。所谓丑中寄美、美中寓丑，就是如此。睽卦上九爻云：“……见豕负涂，载鬼一车，……匪寇婚媾……遇雨则吉。”这里描写了一车打扮成鬼怪一样的人。他们不是强盗，而是求婚者。鬼怪的形状，当然属于丑，但其丑的造型却显示出人们追求美好幸福的生活理想。王弼《周易注》在剖析睽卦时说：“至睽将合，至殊将通，恢诡谲怪，道将为一。”因而美丑虽分，亦可相合。这是美丑互渗、亦此亦彼的规律。

睽卦中的鬼，丑而不丑，可称为一种狞厉美。它面目狰狞，却含人性；虽然恐怖，却也善良。它是以丑的造型表现善的灵魂的美，体现出善与美的结合。钟馗的形象，也是如此。

五、大　小

在《易经》中，约有四十多卦都提到了大小。大小的涵义，非常丰富，也很驳杂。其内涵虽各有侧重，但常有交叉，而显示出多义性、不确定性。其中也含有美，但把美分离出来却是不易的。然而不易并非不能。

在《易经》卦名中有大、小者，有：小畜、大畜、大过、小过等。大小对举者，有：泰卦卦辞“小往大来”；否卦卦辞“大往小来”等。此外，也有大小不对举者。但在大小之中，言大者较多，言小者则较少。

言大者，如大人、大川、大有、大丰、大壮，与美的品质均有这样那样的联系。

在《易经》中，美与善是形成一体，并通过善而显示美的。所谓大人，就是善的化身、美的使者。在乾、讼、蹇、萃、巽等卦中，均有“利见大人”的描述。如《象上・乾》曰：“飞龙在天，大人造也。”革卦九五有“大人虎变”说，上六有“君子豹变”说。对此，《象下·革》释之曰：“大人虎变，其文炳也。君子豹变，其文蔚也。”这里不仅以虎豹状大人、君子之威，而且用炳、蔚状大人、君子文采之美。此外，与大人意思类似者，则有大君。临卦六五有“大君之宜”说。《序卦》云：“临者大也。”这种大，是指大业，也是能够完成大业的大君。大君是从事大业的知人善任者。这种大，是和高尚相联系的。

大，虽不等于高尚，但却体现高尚。有时，大与高尚乃是交叉、重叠的；有时，则是二而一的。蛊卦上九“不事王侯，高尚其事。”《象上·蛊》曰：“不事王侯，志可则也。”清朝陈梦雷《周易浅述》卷二在剖析蛊卦上九时说：“洁身高尚如子陵，功成身退如范蠡。其事高，其志可为法则矣。”所谓高尚，乃是指道德上的大善。

高尚是可以通过善的中介与崇高接轨的。当崇高与善相联系时，便是高尚。蛊卦中所说的高尚，正由于体现了善，所以也可称为崇高。关于这一点，《易传》的见解，比《易经》的认识要滞后得多。《系辞上》云：“崇高莫大乎富贵。”这里，富贵并未与善相融合，而被誉为崇高之大者，显然是儒家观点，而与《易经》不合；但其所提出的崇高的范畴的意义，却是不能低估的。如果说西方的朗吉弩斯于公元三世纪在《论崇高》中才提出崇高的话，那么，《易传》中所说的崇高，要比前者早数百年。当然，前者是美学史上显形的系统的崇高，《易传》只是初步地提出崇高一词而已。但是，《易经》的高尚说、《易传》的崇高说，是与“大”血肉相连的，而大的内涵与外延要比崇高深广得多。大者未必崇高，如大过；崇高必然有大，如乾坤。

《易经》之高尚说、《易传》之崇高说，是与人相关的，因而表现在人类社会中道德方面。此外，就其所赞美的大自然而言，就其所歌唱的自然与人的关系而言，其中也潜隐着崇高美，但它是以大的风姿与神态出现的。

这种大，表现为体积之大和力量之大。就体积之大言，坤卦六二爻有“直方大”的描述。就力量之大而言，没有比震卦显得更有威力了。所谓

“震来虩虩”，“震惊百里”“震来厉”“震苏苏”“震遂泥”“震往来厉”“震索索”，就显示了以威力之大为特点的崇高。当然，以力量之大为特点的自然界的崇高，并不见得都能使人产生惊惧的心理；因而惊惧与崇高不见得都有必然的联系。如前所述，《易经》中所列举的“利涉大川”，就给人以崇高美的感受，但并不令人恐惧。与此相反，有的东西，只会令人恐惧，而并非崇高，如履卦九四“履虎尾，愬愬”。可见，崇高未必恐惧，恐惧未必崇高。恐惧并不是崇高的重要的必具的特点。崇高的特点只能是体积之大或力量之大，而且它还要给审美主体以崇高感（赞美，赞叹，钦羡，感奋）。

当然，这并不等于说崇高是排斥所有的恐惧的；适度的恐惧，对于崇高来说，不仅没有害处，而且还可加强崇高的力度、深度。孔颖达《周易正义》在疏通震卦“震亨”含义时说：“此象雷之卦。天之威动，故以震为名。震既威动，莫不惊惧，惊惧以威，则物皆整齐，由惧而获通，所以震有亨德，故曰震亨也。”

庄子曰：“天地有大美而不言”（《知北游》）。崇高便是大美的重要类型。除了崇高以外，还有一种近乎崇高、又不是崇高的美，这就是壮美（阳刚之美）。有些壮美，特别是与大自然关系密切的壮美，也属于大美的范畴。如大壮䷡（乾下震上）。《彖下》云：“大壮，大者壮也。刚以动，故壮。”孔子曰：“雷之始发大壮始”（见《后汉书·郎凯传》），故大壮与自然界的大美有关。孔颖达在《周易正义》中疏通大壮卦义时，除了阐明正大的精神以外，还突出了一个美字，即所谓“因大获正，遂广美正大之义”是也。大壮之美与崇高美是有交叉的，二者均与自然有关，均强调一个大字；但大壮与恐惧无涉，它提倡一个正字；崇高与恐惧时或有关，它鼓吹一个险字。故大壮䷡与震䷲，虽同属大美，但同中有异，异中有同。一为壮美（大壮），一为崇高（震）。

从以上分析中可以看出，《易经》所示之大，比崇高的范围要大。大的美学范畴，对中国古典美学影响至大。老子《道德经》中所说的大、大道、道大、大成、大盈、大直、大巧、大辩、大象、大音、大白、大方、大器等，都和《易经》中所显隐着的大有关，都是由《易经》中的大衍化、发展而成的。

《易经》中所提出来的以大为特殊内涵的隐形美学范畴，虽然早于西方的崇高论，但却有它的先天不足。它具有野性思维的粗疏性、跳跃性、单一性，不像西方的崇高论那样具有严密的庞大的完备的逻辑系统。

德国古典美学大师康德在《判断力批判》上册中，把崇高的类型分为数学的崇高和力学的崇高两种。数学的崇高又称数量的崇高，它是以体积之大为特征的。至于力学的崇高，又叫做力量的崇高，它是以力量之大为特征的。《易经》中多处提到的大川，不是有巨大的体积吗？震卦所写的“震惊百里”，不是有巨大的力量吗？不是含有惊恐感吗？所谓“笑言哑哑”“不丧匕鬯”，不正是处于安全的心态中所获得的喜悦之情吗？总之，《易经》对于崇高现象的描述，是大体符合康德所概括的崇高论的；康德的崇高论，是大体能够界定《易经》所描述的崇高现象的。当然，由于中西背景不同，古今时代不同，科学发展的阶段不同，思维的方法不同，《易经》与康德不可能在同一崇高论的轨道上运转。但是，由于崇高论是人类共同的美学财富，由于崇高论是历代美学家在不断开掘中所逐渐积累而成的智慧结晶，因而人们对于崇高的认知，必有某种类似之处。康德和《易经》作者，不仅国度不同，而且相距数千年之久，但在崇高的审美趋向上却有某种一致，这说明美学上的崇高是含着超越性的。

如果说，西方美学中与崇高对举的优美是体现为柔的话，那么，《易经》中孚☴（兑☱下巽上）卦所出现的“和”字，就显示了以柔为特点的优美：“鸣鹤在阴，其子和之。”这里，鸣鹤动听的对唱，不正显示出柔顺、和谐的美吗？它那小巧玲珑的姿态，不正体现出优美的特色吗？可见，优美不仅显示为柔，而且表现为小，而这两个特点（柔，小）都显隐在中孚之内，但中孚的内涵与外延远比优美深广，其“和”的意韵也远比优美丰赡。

六、悲 喜

在《易经》中，虽然不可能明确地提出悲剧、喜剧的美学范畴，也不可能对于悲、喜的情感进行美的理论概括，但却播下了悲、喜的种子。这就为中国古典美学范畴提供了原始的悲、喜的资料。

就悲而言，最典型的莫若屯䷂（震下坎上）上六爻的描绘了："乘马班如，泣血涟如。"对此，王弼在《周易注》中解释道："处险难之极，下无应援，进无所适，……居不获安，行无所适，穷困闉厄，无所委仰，故泣血涟如。"泣血涟如，是形容悲痛之极、泪流不断。屯卦具有美学的崇高内涵，因为人处于险难之中，有险难就必然有牺牲，有险难，有牺牲，才会有崇高，这就接触到悲剧的根源。

《易经》认为，人的行动正确"无妄"，符合客观规律，就会有"喜"。如无妄䷘（震下乾上）卦九五爻："无妄之疾，勿药有喜"，就包含了这种意思。《易经》的这种传统思维方式，对于中国传统喜剧无疑是有影响的。

喜剧的根本特征是笑。《易经》也为喜剧的根本特征提供了笑的最初的质朴的元素。就社会而言，有交往时的"一握为笑"（《萃》）；就自然而言，有雷震后的"笑言哑哑"（《震》）。

尤其难能可贵的是，《易经》不仅揭示出以笑为特点的喜悦性，而且还揭示出以泣为特点的喜悦性。如中孚䷼（兑下巽上）卦六三爻："得敌，或鼓或罢，或泣或歌。"这里，描写了克敌制胜后，或鸣鼓而进、或战胜而归、或激动而流泪、或高兴而欢唱的情景。

不仅如此，《易经》还表现了悲喜相渗、亦悲亦喜的复杂心态；特别是描写了先悲后喜、先喜后悲的现象，前者如同人卦九五爻："同人先号咷而后笑"，后者如旅卦上九爻："旅人先笑后号咷"。

除此以外，《易经》还描述了其他一些复杂的情态和心理。如：愁（晋卦六二"晋如愁如"），愬（履卦九四"履虎尾，愬愬"），惕（夬卦九二“惕号”），磋（萃卦六三“萃如磋如”），等等。由于这些情感的渗透作用，便丰富了悲喜的复杂性，这对于中国古代美学范畴，也富于启迪性。

[原载《文艺研究》1995年第6期]

《易传》美学阴阳刚柔论

一、《易传》美学阴阳论

在《易经》中，虽然由阴爻和阳爻组建成卦，但并未出现“阴阳”一词，更没有出现阴阳的概念。在《易经》阐释学《易传》中，则不仅产，生了阴阳的理论，而且形成了关于阴阳的完整的哲学系统。当然，这个系统的产生，并非一蹴而就，而是在吸取先辈阴阳学说的基础上创造而成的。

孔子、孟子不谈阴阳，在儒家经典《论语》《孟子》《中庸》中，是[illegible]不到阴阳一词的。但唯独荀卿是个例外，他虽属儒家，但是《礼论》中[illegible]说：“天地合而万物生，阴阳接而变化起。”这就表明，他已超出了儒[illegible]篱，而吸取阴阳学说来充实自己了。

从《国语·周语上》中，可以窥及，以阴阳二气的消长来描述[illegible]然变动者，始于周代。西周末年，史官伯阳交，曾用阴阳学说揭示[illegible]产生的原因：“阳伏而不能出，阴迫而不能蒸，于是有地震。”从《[illegible]越语下》中，亦可窥及，范蠡亦曾运用“阳至而阴，阴至而阳”来[illegible]阴阳变异，从而透出春秋末年流行于越国的阴阳学说消息。从《道[illegible]》四十二章中，则显示出道家“万物负阴而抱阳，冲气以为和”的[illegible]。至于《庄子·天下》：“《易》以道阴阳”，《庄子·秋水》：“师阴[illegible]阳，其不可行明矣。”这些，都是战国时期道家的阴阳观。此外，战国的邹衍，则始创阴阳学派，为阴阳家之鼻祖。他深谙阴阳消息学说；在《管子》的《四时》《五行》《幼官》等篇中均可见到阴阳学派的观点。可见，道家和阴阳家的阴阳观，不可能不对《易传》产生影响。

《易传》把“阴阳”提到了一个新的哲学高度，赋予阴阳以博大精深的美的含义，认为阴阳的对立面的运动是推动宇宙事物发展的根本原因，从而使阴阳学说另具一种崭新的特质，并具有划时代的意义。

阴阳是太极的两大对立的层面，它规定着事物根本不同的特点、性质。所谓太极，就是指整一的宇宙，古人把它喻之为元气未分时的混沌状态。它由阴阳两大元素（或称之为“气”）构成，因之是合二而一的；但由于阴阳的对立、分化，它又是一分为二的。所谓“易有太极，是生两仪”（《系辞上》），就表明了这种对立的统一。《易传》的阴阳观，就是建立在这种辩证法的哲学基础之上的。同时，在对立的统一中，它更强调对立，也就是阴阳消长的变化、运动，这是宇宙万事万物发展的根本动力。《易传》始终都贯穿着这一核心思想，并把它提到“道”和“神”的高度，这就使它的阴阳观升华到一个崭新的境界。

《系辞上》云：“一阴一阳之谓道”。这可说是《易传》阴阳说的总纲和最高原则。所谓道，就是宇宙间万事万物生成、发展的根本规律，也就是《易传》中所说的天道、地道、人道，它是由一阴一阳构建的相反相成的整体。

但是，阴阳之道并非没有人间烟火味的东西，而是和人的生活息息相关的。它具有自己特殊的性情和品格，这就是《系辞上》中所说的“仁者见之谓之仁，知者见之谓之知。百姓日用而不知”。可见，阴阳之道并非高不可攀，而是具有普适性、亲和性、群众性的。

然而，这并不意味说，阴阳之道是浅薄显露、唾手可得的。它至广至大、至深至远，玄妙无比，难以捉摸，其奥秘所在，可用一个“神”字来概括。正如《系辞上》所说：“阴阳不测之谓神。”这是阴阳变化的不确定性所造成的。在从阴到阳、从阳到阴的流动过程中，有诸多中介，阴中含阳，阳中抱阴，或阴盛阳衰，或阴衰阳盛，或阴阳交错、亦阴亦阳，显示出难测的模糊性，其中也饱含着阴阳互渗的模糊美。这种模糊美是具有广大的时空领域的。《系辞上》云：“范围天地之化而不过，曲成万物而不遗，通乎昼夜之道而知，故神无方而易无体。”在神秘莫测的易的天国里，模糊美是玄之又玄、感通天地的。《系辞上》又云“易，无思也，无为也，寂然不动，感而遂通天下之故。非天下之至神，其孰能与于此。夫易，圣人之所以极深而研几也。唯深也，故能通天下之志。唯几也，故能成天下之务。唯神也，故不疾而速，不行而至。”这里所说的“无为”，如前提及，显然深受老子哲学的影响。但作者提出了一个神妙的哲学命题，这就是圣人对于易学的探奥寻秘：极深，研几。这种锲而不舍、精益求精的精神，必能感通天地，领悟易学奥妙，升华到至美至妙境界，这便是所谓“至神”了。《易传》反复强调神的境界。故《系辞上》云：“是故蓍之德圆而神”，“神以知来，知以藏往”，“是兴神物，以前民用”，“以神明其德夫”，“穷神知化，德之盛也”，等等。

但是，《易传》所说的神，并不是冥冥之中的上帝和宇宙的统治者，而是指人人喜爱、可亲可近、美妙、神秘的易的力量。《系辞上》云，“民咸用之谓之神。”《说卦》云：“神也者，妙万物而为言者也。”韩康伯《周易注》云“神也者，变化之极，妙万物而为言，不可以形诘者也，故曰阴阳不测。”可见，这个“神”字，具有不可言传的不确定性，它显示出阴阳相搏、亦此亦彼的模糊美。

总之，《易传》阴阳论的中心思想是“一阴一阳之谓道”，其最美境界是“阴阴不测之谓神”。神、道二字，构成《易传》阴阳论的精髓。对此，韩康伯说：“原夫两仪之运，万物之动，岂有使之然哉？莫不独化于大虚，欻尔而自造矣。造之非我，理自玄应，化之无主，数自冥运，故不知所以然而况之神。是以明两仪以太极为始，言变化而称极乎神也。夫唯知天之所为者，穷理体化，坐忘遗照。至虚而善应，则以道为称，不思而玄览，则以神为名。盖资道而同乎道，由神而冥于神者也。”（《周易注·系辞上注》）这里，虽然带有玄学的色彩，但却高屋建瓴，从整体上、宏观上对于神与道的玄机进行透视，作了悟性的概括。正由于《易经》从哲学思想上集中地体现了神、道，并揭示出神、道的实质，因而《系辞上》才指出“易与天地准，故能弥纶天地之道。”这是对《易经》价值的肯定与总结。

《易传》不仅从总体上论述了阴阳之道，而且从分体上辨析了阴阳之道，揭示了阴阳这对矛盾的相互依存的关系。所谓“阴阳合德”（《系辞下》）和“阴阳相薄”（《说卦》），就说明了阴阳之间对立的统一的情状。

《系辞下》云：“子曰：‘乾坤，其易之门邪?’乾，阳物也；坤，阴物也。阴阳合德，而刚柔有体，以体天地之撰，以通神明之德。”唐代李鼎祚《周易集解》卷第十六《周易系辞》引荀爽之言曰：“阴阳相易，出于乾坤，故曰门。”唐代孔颖达《周易正义》卷八“系辞下”疏曰：“若阴阳不合，则刚柔之体无从而生。以阴阳相合，乃生万物，或刚或柔，各有其体，阳多为刚，阴多为柔也。以体天地之撰者，撰，数也。天地之内，万物之象，非刚则柔，或刚柔体象天地之数也。”这里，不仅强调了阴阳相合为天地之大德，而且说明了阴阳交配乃是产生万物的根源，并将万物之象归结为刚柔二体。

阴阳既有相合的一面，又有相搏的一面。《说卦》云：“战乎乾。乾，西北之卦也，言阴阳相薄也。”清代陈梦雷《周易浅说》卷八《说卦传》云：“乾曰阴阳相薄者，九十月之交，阴盛阳微，阴疑于阳必战。”高亨《周易大传今注》卷六《说卦》注云：“薄借为搏。《说卦》以八卦配八方，乾为西北，故曰，‘乾，西北之卦也。’以八卦配四时，乾为秋末冬初四十五日之季节。此季节阴气与阳气相搏斗，故曰：‘言阴阳相搏也。’阴阳相搏斗，万物自在阴阳搏斗之中，故曰：‘战乎乾。’”这段注释是明白晓畅的。

阴阳对立，必然相搏，或阳胜阴，或阴胜阳，或阴阳纠缠、难解难分；若阴阳和谐，则美在其中。故《乾·文言》曰：“潜龙勿用，阳气潜藏。”《坤·文言》曰：“阴虽有美，含之以从王事，弗敢成也。”这里既肯定了阳的功能，又赞扬了阴的美。阴与阳，虽有相斥的一面，也有相吸的一面。从阴阳相搏到阴阳合德，便臻于美的境界。这就是《坤·文言》所说："正位居体，美在其中，而畅于四支，发于事业，美之至也。"

但是，由于客观事物是极其复杂的，在阴阳裂变，对立统一之中，阴与阳的比重也不是完全对等的，有的阴多于阳，有的阳多于阴。这在《易经》卦爻中，也可看得出来。如阳卦☳震、☵坎、☶艮，都是一阳爻、两阴爻，这叫阳卦多阴。因为这三卦的阳爻都是奇数。又如阴卦☴巽、☲离、☱兑，都是一阴爻、两阳爻，这叫阴卦多阳。因为这三卦的阳爻都是偶数。因此，《系辞下》云："阳卦多阴，阴卦多阳，其故何也？阳卦奇，阴卦耦。"韩康伯《周易注》云："夫少者多之所宗，一者众之所归。阳卦二阴，故奇为之君；阴卦二阳，故耦为之主。"这种剖析，颇富哲理。它说明了以少驭多、以一统众的规律。阳卦多阴、阴卦多阳，是符合这种规律的。

朱熹《周易本义》云："易者，阴阳之变。太极者，其理也。两仪者，始为一画以分阴阳。"这是对易之本体论的通脱的概括。阴阳就是这种本体（太极）的核心。阴阳论就是易之本体论的实际内容。

张载《正蒙》云："一物而两体，其太极之谓与！阴阳天道，象之成也；刚柔地道，法之效也；仁义人道，性之立也。"对此，王夫之注曰："成而为象，则有阴有阳；效而为法，则有刚有柔；立而为性，则有仁有义；皆太极本所并有，合同而化之实体也。故谓太极静而生阴，动而生阳。"[①]在这里，直接揭示出易之本体论，并明确地点出了"本"和"体"，而阴阳便是本体之本体。可见，王夫之对易之本体论的认知，比朱熹要深刻得多。

二、《易传》美学刚柔论

刚柔之性，迥然相异。刚乃强健之性，柔乃和顺之性。《系辞下》云：

① 张载撰，王夫之注：《张子正蒙注·卷七·大易篇》，中华书局1975年版，第242页。

“夫乾，天下之至健也，”又云：“夫坤，天下之至顺也”。可见，乾为刚健之性，坤为柔顺之性。《乾·文言》曰：“乾始能以美利利天下，不言所利，大矣哉！大哉乾乎！刚健中正，纯粹精也。”这里，突现了乾的刚健之美。《象上》云：“天行健，君子以自强不息。”这也是用刚健之性去解说乾卦的。至于《象上》在解说坤卦时，则反复强调一个顺字，即“乃顺承天”“柔顺利贞”“后顺得常”。《坤·文言》则谓：“坤至柔而动也刚”，“坤道其顺乎”。这里，突现了坤的柔顺之美。

刚与柔，是一对矛盾的范畴。《系辞上》云：

动静有常，刚柔断矣。
是故刚柔相摩，八卦相荡。
刚柔相推，而生变化。
刚柔者，昼夜之象也。

《系辞下》云：

刚柔相推，变在其中矣。
刚柔者，立本者也。
君子知微知彰，知柔知刚，万夫之望。
阴阳合德，而刚柔有体
刚柔相易。
刚柔杂居，而吉凶可见矣。

柔之为道，不利远者。其要无咎，其用柔中也。三与五同功而异位。三多凶，五多功，贵贱之等也。其柔危，其刚胜邪？

由以上引述可知，刚与柔，相生相克，相反相成。李鼎祚《周易集解》在注释《系辞》时引虞翻之言曰：“旋转称摩，薄（通搏）也。乾以二五摩坤，成震、坎、艮；坤以二五摩乾，成巽、离、兑，故刚柔相摩，则八卦相荡也。”又引虞翻曰：“刚推柔，生变；柔推刚，生化也。”明代来知德《周易集注》《系辞上传》注云：“刚柔相推者，卦爻阴阳，迭相为推也。柔不一于柔，柔有时而穷，则自阴以推于阳，而变生矣。刚不一于刚，刚有时而穷，则自阳以推于阴，而化生矣。如乾之初九，交于坤之初六，则为震，坤之初六，交于乾之初九，则为巽，此类是也。”以上，都不同程度地揭示了刚与柔的辩证关系。总之，从刚与柔的关系中，可以看到好几层意思：一是刚有刚性，柔有柔质，各有特色，不可混同，二是刚既可制柔，柔又克刚。后者与老子所提倡的柔能克刚，弱能胜强，意思相同。三是刚在转化为柔的过程中，刚性由强变弱，柔性由淡而浓：柔在转化为刚的过程中，柔性由浓变淡，刚性由弱而强。四是刚与柔，可以相互撞击，彼此渗透，刚柔相济，亦刚亦柔，形成亦此亦彼的模糊美。

在《易传·系辞》中，系统地阐述了刚与柔的关系；在《杂卦》中，则也有一些补充。如：“乾刚坤柔”；“姤，遇也，柔遇刚也”（姤，画卦作☴）；“夬，决也，刚决柔也”（夬，画卦作☱）。在《彖》《象》中，基本上是以刚柔为标准去判断每卦的意义的。高亨先生在《周易大传今注》卷首的《周易大传通说》中，在论析卦爻之象时，曾据刚柔学说将其分为刚柔相应、刚柔相胜、刚柔位当与位不当、刚柔得中、刚柔居尊位或居上位或居下位、柔从刚与柔乘刚等类，可谓言简意赅，一目了然。

三、《易传》美学阴阳刚柔关系论

在《易传》中，阴阳刚柔，往往并提，而有阳刚阴柔之说。但阴阳与刚柔是否有区别呢？阴阳是否包孕着刚柔呢？在《易传》中，虽有论述，但都比较笼统。对于阴阳与刚柔之间的关系，缺乏明确的剖析。然而，如果我们从本体论的角度，去进行宏观把握，就可透视出易之阴阳与刚柔之间，虽有交叉，但阴阳却是广泛于刚柔、刚柔却是受制于阴阳的。阴阳的包孕性至广至大，它可衍化出刚柔来，刚柔皆因阴阳的推动而变得生气勃勃。由于宇宙的运动，阴阳互变，刚柔相摩，二者交融在一起，简直分不清阴阳与刚柔的界限，干脆称之为阳刚与阴柔。在《易传》中，有时称刚柔为本，有时称刚柔为体，有时称刚柔为性，有时称刚柔为气，有时指刚柔为地（与指阴阳为天相对应），有时指刚柔为爻。总之，对刚柔的内涵与外延的阐述，具有多义性、不确定性。历代易学家，对刚柔的理解，也是见仁见智，各有千秋。

《说卦》云："立天之道曰阴与阳，立地之道曰柔与刚"。韩康伯《说卦注》曰："在天成象，在地成形。阴阳者言其气，刚柔者言其形。变化始于气象，而后成形。万物资始乎天，成形乎地，故天曰阴阳，地曰柔刚也。或有在形而言阴阳者，本其始也；在气而言柔刚者，要其终也。"《说卦传》把道与阴阳刚柔紧密地联系在一起，显然是从本体论着眼的，不过阴阳属于天道，刚柔属于地道而已。韩康伯在注释时，则基于原意，并予以变通，而不完全囿于天道为阴阳、地道为刚柔之说。这是颇为周圆的。

《说卦》又说："观变于阴阳而立卦，发挥于刚柔而生爻……分阴分阳，迭用柔刚"。可见卦爻的本体与特性，是同阳刚阴柔结合在一起并分解为对立的层面的。韩康伯《说卦注》曰："六爻升降，或柔或刚，故曰'迭用柔刚'也。"李鼎祚《周易集解》卷第十七《说卦》云："虞翻曰：'迭，递也。分阴为柔以象夜，分阳为刚以象昼。刚柔者，昼夜之象，昼夜更用，故迭用柔刚矣。"陈梦雷《周易浅述》卷八"说卦传"云："阴阳以气言，刚柔以质言。"以上论述，均从各自观点接触到阴阳刚柔的特性。

关于阴阳刚柔的概念，虽难以具体规定，但却可在体悟之中，去进行自由的把握。古人认为，阴阳是构成宇宙本体的元素（气），阴为寒气，阳为暖气。阴阳一气，统驭着万物。刚柔是万物相异的基本性质。万物之性，分刚分柔。刚为强健，柔为和顺。在《易传》中，对于阴阳刚柔的涵义的推演乃是多方面的。

就阴阳而言，天为阳，地为阴；乾卦为阳，坤卦为阴；动为阳，静为阴；刚为阳，柔为阴男为阳，女为阴；昼为阳，夜为阴；明为阳，暗为阴；白为阳，黑为阴；进为阳，退为阴；崇为阳，卑为阴；生为阳，死为阴；奇为阳，偶为阴；日为阳，月为阴；暑为阳，冬为阴；君为阳，民为阴；贵为阳，贱为阴；火为阳，水为阴；暖为阳，冷为阴。这些划分，有自然的，有社会的，虽现象繁复，但都可归为阴阳两类。它们虽不完全等于阴阳，但都或多或少地显示阴阳。从哲学上看，阴阳为少，万物为多，阴阳却可统驭万物。这叫做以一驭万、以少胜多。

就刚柔而言，阳刚阴柔乃是大化的普遍规律。万物的性质，或多或少、或显或隐地都与刚柔相联系。例如，乾性刚，坤性柔；男性刚，女性柔；动性刚，静性柔；日性刚，月性柔；火性刚，水性柔，等等。当然，我们不见得都要从每一个具体的事物身上去寻找刚柔之性，但刚柔之性的确是联系着万物的。

四、《易传》美学阴阳刚柔变易论

阴阳刚柔，为什么能够相反相成、对立统一呢？《易传》告诉我们，这是由于变化、流动所造成的。关于这一点，前面在剖析《易经》卦爻的变化时，已有论述。这里，仅就其关键之点，予以挖掘，并运用黑格尔的变易说来阐释易之变易说。

《系辞上》云："变化者，进退之象也。"李鼎祚《周易集解》卷第十三："荀爽曰：春夏为变，秋冬为化，息卦为进，消卦为退也。"来知德《周易集注》卷之十三："柔变乎刚进之象，刚化乎柔退之象。进者息而盈，退者消而虚也。"这些解释，虽各有所长，但不及韩康伯简括精要。他在《系辞上注》中说："往复相推，迭进退也。"这就表现出一个动字。强调动，是符合《易传》本义的。《易传》中对动字是十分重视的，所以反复强调："动则观其变而玩其占"，"言天下之至而不可乱也"，"其动也直"，"其动也辟"　《系辞上》；"变动不居，周流六虚"（《系辞下》）。所谓进退之象，就是变动的表现，也是变动所造成的。

《易传》不仅把变易释之为"进退之象"，而且还释之为"一阖一辟谓之变，往来不穷谓之通”，“化而裁之谓之变，推而行之谓之通”（均见《系辞上》），等等。这些提法尽管不同，但意思却基本一致，而其根本点都在于强调流动性。这种思想在唐代易学大师孔颖达那里，得到了充分发挥，并提到了一个新的哲学高度。

孔颖达在《周易正义卷首·论易之三名》时说：“变易者，谓生生之道，变而相续。”又说：“盖易之三义（指易、变易、不易），唯在于有，然有从无出，理则包无。”“易理备包有无，……形而上者谓之道，道即无也；形而下者谓之器，器即有也。故以无言之，存乎道体；以有言之，存乎器用。以变化言之，存乎其神。”这里，有好几层涵义：一，宇宙万物之所以生生不息、欣欣向荣、不断发展，是由于变易造成的。这就深刻地揭示出“生生之谓易”（《系辞上》）的根本动因。二，《易》含有无，《易》之变化、流动也是体现有无的。三，道与器的关系，显示为无与有的关系，因为道是无形的，器是有形的。这点虽未深谈，但却暗含着道器之间变易的原理。从中我们可以体悟得出：道虽为无，却要通过属于有的器才能表现，这叫无中生有；器虽为有，却要这样那样显示出归于无的道，这叫有中寓无。道与器的关系的辩证性，体现了无与有的神奇、玄妙的变易性，似可用有无相生来概括。当然，孔颖达是用“神”字来表述“变化”的精义的。道器互用、互补，有、无辩证运动；变化神奇莫测，游荡于道与器、无与有之间，诚可谓深得易之三昧矣。总之，变易既可由无变有，又能由有变无。这是孔颖达给我们的重要启示。关于有无之间的辩证观点，虽然在老子《道德经》中就可找到，但把它和《系辞》结合起来去剖析变易说，却是孔颖达的发明。刘勰在《文心雕龙》一书中虽有《通变篇》，但并非言《易》，更没有同有无的哲学范畴相联系。魏代玄学易学家王弼《周易略侧·明卦适变通爻》，虽言爻变，但却未谈有无；其《明爻通变》篇虽然提到“通乎昼夜之道而无体，一阴一阳而无穷”，但却是从《系辞上》“通乎昼夜之道而知，故神无方而易无体，一阴一阳之谓道”中衍化而来；尽管涉及“无”字，但却未从无与有的辩证法角度去剖析变易。此外，王弼在注《道德经》四十章“天下万物生于有，有生于无”时说：“天下之物，皆以有为生。有之所始，以无为本。将欲全有，必反于无也。”这里，只从哲学上解释有与无之间的辩证关系。至于王弼《老子指略》，着重论析“崇本息末”的精义，而未涉及有无之间的变易论。当然，这样说并不是苛求王弼，要求王弼的论著一定要阐明有与无的哲学命题同变易之间的辩证关系（这样要求显然是不对的）；而是意在表述：孔颖达的确是用有无的哲学观探讨《系辞》变易论的首创者。当然，这并不意味着说，孔颖达已从哲学上全面地系统地彻底地解决了有无论与变易论之间的关系问题；这一问题的完满解决的答案，可从黑格尔的著作中寻找，但黑格尔（1770—1831）比孔颖达（574—648）晚生一千一百九十六年。

黑格尔《哲学史讲演录》第一卷在论述《易经》卦爻变化时，没有涉及有无问题。但在《小逻辑》中，尽管未针对《易经》，却从宏观的哲学高度，剖析了有无与变易之间关系的命题。理解这一命题，更可深化对《易传》变易论的认知。

黑格尔在《小逻辑》中说：“有过渡到无，无过渡到有，是变易的原则，……当赫拉克利特说：‘一切皆在流动’时，他已经道出了变易是万有的基本规定。……赫拉克利特于是进一步说：‘有比起非有来并不更多一些’，这句话已说出了抽象的‘有’之否定性，说出了“有”与那个同样站不住的抽象的‘无’在变易中所包含的同一性。”[①]又说：“变易中既包含有与无，而且两者总是互相转化，互相扬弃。由此可见，变易乃是完全不安息之物，但又不能保持其自身于这种抽象的不安息中。因为既然有与无消逝于变易中，而且变易的概念（或本性）只是有无的消失，所以变易自身也是一种消逝着的东西。”[②]又说：“在生命里，我们便得到一个变易深化其自身的范畴。生命是变易，但变易的概念并不能穷尽生命的意义。”[③]在这里，黑格尔强调了变易的原则是有无相生，变易的根源在于流

① 黑格尔：《小逻辑》，贺麟译，商务印书馆1980年版，第198—200页。

② 黑格尔：《小逻辑》，贺麟译，商务印书馆1980年版，第201页。

③ 黑格尔：《小逻辑》，贺麟译，商务印书馆1980年版，第200页。

动，变易是有无的对立统一，变易是有无的消逝，变易是生命的过程。这些，是水乳交融、紧密结合的。总之，黑格尔在《小逻辑》中，以雄辩的论证，介定了有无变易的概念、性质、特征、内容，揭示了有无之间相互过渡、变化不已的中介性，充满了辩证法。这对我们理解易之有无变易说，颇有启迪作用。易之阴阳互移、刚柔相推，难道不是有无变易的表现吗?

［原载《文艺理论研究》1996年第2期］

象外之象

——无中生有

南朝刘宋的宗炳在《画山水序》中说："旨微于言象之外者，可心取于书策之内。"在这里，强调画家描绘山水时，要表现象外之旨、象外之意，而此中旨意乃是取乎书本之中的。南齐谢赫在《古画品录·张墨荀勗》中说："若拘以体物，则未见精粹；若取之象外，方厌膏腴，可谓微妙也。"这里所说的体物，是属于象内的，若刻板地描写具体的物，是不可能看到炉火纯青的景象的；如能出神入化、超以象外，则始可越过丰华肥沃之区，而臻于微妙之境。他们所提倡的象外说，在中国古代美学史上，是个了不起的创造。它影响着后代的诗歌创作和理论的发展。唐代诗人刘禹锡的著名的"境生于象外"（《董氏武陵集记》）说，就是受到前人的启发而提出来的。尤其是晚唐诗歌理论家司空图，进一步丰富和发展了前人的象外说，他在《与极浦书》中写道：

> 戴容州云："诗家之景，如蓝田日暖，良玉生烟，可望而不可置于眉睫之前也。"象外之象，景外之景，岂容易可谭哉？

在这里，司空图引用了唐代诗人戴叔伦（732—789）的话，比喻象外之象，可望而不可即，是独具慧眼的。

所谓象，就是具体的、感性的、概括的、富于魅力的艺术形象。所谓象外，即形象之外的虚空境界。这种境界，虽然虚空，但它却是依附于形象的。如果脱离了形象，虚空就变成空洞无物、没有艺术魅力的东西，也不成其为象外之象。司空图在其《诗品·雄浑》中说："超以象外，得其环中。"对此，孙联奎在《诗品臆说》中解释道："人画山水亭屋，未画山水主人，然知亭屋中之必有主人也，是谓超以象外，得其环中。"这实际上就是指：意在画外，画在意中，画外有画，意味无穷。环中，喻虚空无限之境，它不是能脱离形象图画的。它不是可有可无的，而是"象"的有机体。如果说，象是象外之象的内涵，那么，象外之象便是象的外延。以上所举的山水亭屋画，虽未画山水主人，但犹见山水主人，何则？盖山水亭屋为实，山水主人为虚，前者为后者之根据，后者为前者之表征也。如无前者，则后者亦不复存在矣。如无后者，即看不出山水亭屋中有居住之人，则前者必僵滞呆板，没有神采，而失其存在的价值。

象外之象是看不到、听不到、嗅不到、摸不到的，所以它属于无；然而又好像能看得见、听得到、嗅得到、摸得着的，所以又属于有。这叫有中寓无，无中生有。也就是黑格尔所说的"无中之有"和"有中之无"。[①]由于事物的变化莫测，可以使"无过渡到有，但有又扬弃自己而过渡到无"[②]象外之象就是寓无于有、寄有予无、有无相彰、无中生有的产物。它若隐若现，迷离恍惚，因此富于模糊性，显示出模糊美。这种模糊美从视觉角度而言，是景外之景，是可以想见的形象（意象），如李白《玉阶怨》：

玉阶生白露，夜久侵罗袜。
却下水晶帘，玲珑望秋月。

这首小诗，除诗题含怨字外，通篇二十个字，无一字提到怨字，但又无一字未写到怨。无一字点明主人身份、年龄，性别、气质、性情，但从玉阶、罗袜、水晶帘所织成的画境中，却可窥见主人是个穿着豪华、娴淑文

① 黑格尔：《逻辑学》（上卷），杨一之译，商务印书馆1974年版，第70页。
② 黑格尔：《逻辑学》（上卷），杨一之译，商务印书馆1974年版，第97页。

静、心情惆怅的年轻女子。夜凉如水，白露浓生，她独自伫立于玉阶之上，忧丝萦怀，默默无言。幽怨之情，已在言外。不知不觉，夜色渐渐深沉，露水浸湿罗袜。仍不肯离去，幽怨情思益浓。她回身入室，放下窗帘，似欲就寝，却无睡意，而是怨情暗转，对月无言，玲珑秋月更反衬出内心的幽怨，抽不尽的忧丝，只好向帘外牵扯了。“望”字一字，是寓寄着她多么深远的情思啊！在李白笔下，一个年轻女子的情思、动作和孤独的影像，被刻画得栩栩如生、惟妙惟肖。但只从画面上看，是远远不够的，必须探索它的景外之景，始可见到它的言外之意，境外之境，才可窥及画面上描绘的白露、深夜、水晶帘、秋月，不是任意涂抹的，而是衬托女主人公的幽怨孤寂的心情的。关于这一点，就景谈景，是语不及义的。只有透过景外之景，才可见到景中寓情、情寄于景、情景交融的美妙境界。

象外之象的模糊美在于两方面：一方面从听觉角度而言，是韵外之致。这种韵，是风韵、气韵、神韵。它只可意会，难以言传，看不见，摸不着，嗅不裂。唐代诗人李颀《听董大弹胡笳兼寄语房给事》诗，用“空山百鸟散还合，万里浮云阴且晴”来比喻琴声的忽散忽收，形容云天的时阴时晴；用“嘶酸雏雁失群夜，断绝胡儿恋母声”来形容琴声的酸嘶哀切，比喻文姬归汉时与胡儿诀别的情景；用“幽暗变调忽飘洒，长风吹林雨堕瓦”来形容琴声悠忽变幻，大起大落，掷地有声；用“迸泉飒飒飞木末，野鹿呦呦走堂下”来形容琴声流动飞扬、活泼跳跃的状态。读了这首诗，不觉浮想联翩，神驰漠外，仿佛听见了唐代天宝年间著名琴师董大（董庭兰）弹奏《胡笳弄》，曲情绵邈，沉着有力，一唱三叹，激荡胸臆。司空图云：“近而不浮，远而不尽，然后可以言韵外之致耳。”（《与李生论诗书》）李颀的描绘，就达到如此境界。诗人笔下的形象，恍惚迷离，绰约朦胧，有近有远。近则状如目前，若临其境，而不感到浮浅、轻薄、虚假，故聆琴声如见文姬归汉也。远则意境深邃遥远，心往神驰，可望而不可即，韵虽止而意无穷。故读李颀琴诗，有余音袅袅、不绝如缕之感。

另一方面，从味觉角度而言，是味外之味，也就是司空图所说的“味外之旨”，“而愚以为辨于味，而后可以言诗也。（《与李生论诗书》）这种味，既非酸味，又非咸味，而是味在“酸咸之外”的“醇美”之味（《与李生论诗书》）。这种味外味，当然是单纯的生理味觉所无法辨析的，它是审美心理味觉分析器过滤出来的醇美的结晶。司空图所提倡的味外之旨，发展了梁代诗论家锺嵘在《诗品序》中所提倡的“滋味”说，丰富了锺嵘的“使味之者无极，闻之者动心”的诗歌美学。司空图推崇王维、韦应物的诗“澄澹精致”（《与李生论诗书》）。味在酸咸之外。下面，且以王维的五言律诗为例。《红楼梦》第四十八回有一段香菱谈诗，她认为“大漠孤烟直，长河落日圆”中的“直”字、“圆”字，用得恰到好处，无法替换。“日落江湖白，潮来天地青”中“白”“青”二字，也不可变动。“念在嘴里，倒像有几千斤重的一个橄榄似的。”这种审美味觉，就是味外之味。非得其三味者，焉能体验得出来？

司空图所倡导的象外之象，景外之景、韵外之致、味外之旨——“四外说”，虽然角度不同，内涵有别，但其精神则一，这就是“妙在笔墨之外”（《苏东坡集》后集卷九），“言有尽而意无穷。”（严羽《沧浪诗话·诗辨》）笔外之笔，出神入化，只可意会，难以言传。不尽之意，见于言外，伸向无限，不可捉摸。它如“羚羊挂角，无迹可求”。如“空中之音，相中之色，水中之月，镜中之象”（严羽《沧浪诗话·诗辨》）。因此，它的声音，色彩、形态，是飘忽不定、撩人心弦的，是视之如得、扪之即失的，也就是说，它含有一种说不尽的模糊美。

象外之象，归根到底，也是一种象。这种象，乃是意象，而不是具象。文艺复兴时期三杰之一，意大利绘画大师拉斐尔，在给C·B.卡斯斯格里奥内的信中说：“为了画出一个美女形象，我需要亲眼看到几个美貌的女子，正因如此，才请求你务必帮我挑选几个。如果美貌的女子和有魅力的人都很难找到，我就只好利用涌现在我脑海中的某些意象去作画了”[①]。

① 鲁道夫·阿恩海姆:《视觉思维》，滕守尧译，光明日报出版社1986年版，第163—164页。

这里所说的意象，亦即“内在意象”，或“心中的图纸”“内部图画”[1]。它出现在形象思维的创作过程，凝结在艺术作品中，显现于具体画面之外。审美者在观照如此审美客体（意象）时，必须从画面入手，细心体味，精心揣摩，由内及外，领悟意象，并把这种意象和画面联系在一起，“精骛八极，心游万仞”（陆机《文赋》），进入无限，自由飞翔，上下求索，心与境偕，神用象通，则象外之象，即飘然而至。它恍在目前，又不在目前，而是处于模糊状态中，给你以无穷无尽的模糊美的享受。唐代诗人白居易在《长恨歌》中，描写杨贵妃“天生丽质难自弃”“回眸一笑百媚生”的美，就是一例。杨贵妃死于天宝十五年（756），白居易生于大历七年（772），当然不可能见到杨贵妃。白居易笔下的杨贵妃，虽然栩栩如生，形象具体，但是毕竟比彼时彼地现实生活的杨贵妃、要笼统得多，抽象得多，其感性的东西也少得多，因而便富于模糊性。他笔下的杨贵妃形象，乃是根据他的内在意象创造出来的。时间虽然经过一千多年，但今天的读者，在欣赏《长恨歌》时，仿佛看见了杨贵妃的美丽的倩影和诱人的笑貌。这就是读者的一种审美意象。这种审美意象，当然是艺术作品的内在意象本身所提供的。

意象，有意有象。它摒弃抽象的概念，保留抽象的笼统；忽略具象的板实，重视具象的生动。罗伯特·H·霍尔特在《意象，被放逐者的归来》一文中说：“这种意象，是对感觉或知觉的一种模糊不清的再现，没有多少感觉的东西，它只在清醒的意识中呈现，成为思维活动的一部分。它包括记忆意象和想象意象或许还包括视觉、听觉或其他感觉到的意象，甚至还会包括纯粹的语言意象。”[2]这种说法，虽可商榷，但却肯定了意象的模糊性。

象外之象，在不同体裁中，其表现形态也不尽相同。例如：诗歌中的

---

① 鲁道夫·阿恩海姆:《视觉思维》，滕守尧译，光明日报出版社1986年版，第163—164页。

② 转引自鲁道夫·阿恩海姆:《视觉思维》，滕守尧译，光明日报出版社1986年版，第166—167页。

此时无声胜有声，绘画中的空白、无色，雕塑人物的盲目，音乐中的休止符，戏曲中的虚拟，等等。白居易在《琵琶行》中，描绘了歌女弹奏琵琶时，声音大小错杂，如落玉盘，铿锵作响，旋转有声的绝妙境界。接着声音逐渐变小，听觉变涩（味觉），以至于“凝绝不通声渐歇”（知觉）。这也就是乐谱上的休止符吧。但它实际上并未休止，而是情感的深化和韵味的延续，是暴风雨前一刹那的宁静，对于歌女来说，则是潜情内转，迴旋激荡，愁绪万千为时刻，诗人用“别有忧愁暗恨生，此时无声胜有声”，描绘了歌女凄楚难言的隐痛，它丝丝袅袅，不绝如缕，余音绕梁，若有若无，她的愁是说不尽的，摸不着的、无法计量的，因而是模糊的。无声的语言、无声的音乐，也就是一种人生的沉默，欲说无词，欲辩无言。只觉得苦，又说不出。瓦西里·康定斯基说：“有时静的语言比高声的更强。沉默成为雄辩。”又说，“一个圆圈更静寂。”[①]歌女琵琶的沉默休止、静寂，就包孕着无限的愁情，无声的啜泣，无穷的幽怨，无尽的语言。它萦绕于怀，层层重叠，愈积愈浓，不可抑制，终于突破沉默，迸发不止。“银瓶乍破水浆迸，铁骑突出刀枪鸣”便是此一情境的描摹。但这种爆发性的情感流，并未任其扩散，而是适可而止，戛然作结。所以，紧接着描写：“曲终收拨当心画，四弦一声如裂帛。东船西舫悄无言，唯见江心秋月白。”这里，又从有声转入无声。琵琶声歇、船舫无言、江月无声又相互烘托，更显示出一种特有的虚空、静寂，同前面所写的“此时无声胜有声”，又是极好的互补。此中境界，其妙无穷，只可领悟，难以言传。再以绘画中的无色美而言，也属于一种象外之象的表现。清代画家恽寿平（南田）在《南田画跋》中，强调“笔中之笔，墨外之墨”。认为“笔墨之外，别有一种灵气，氤氲纸上。”就色彩而言，他提倡无色之色，色外之色：“盖色、光、态、韵在形似之外，故得之者鲜也。”所谓色在形似之外，也就意味着色在神韵之中。这种色，是看不见的，是画家应该追求的色的最高境界——无色美。这种独创的理论，在他的没骨花卉中，得到生

① 瓦尔特·赫斯：《欧洲现代画派画论选》，宗白华译，人民美术出版社1980年版，第139页。

动的实施。他常用水、粉、飞白，在一花一叶中留下白色，取得了“无色之色”的效果。例如《临风紫菊》中的菊花枝叶多用飞白，其色彩更鲜明、更富予层次感。《垂曼葡萄》近视点浓，远视点则淡，最远处则近全白。全白处，看似无色胜有色，堪称色外之色，色外有韵，无色有神，神在色外，韵在无中。这种色外色，更衬托了色中之色的鲜明性，显示了色外色与色中色的对比感。这是恽南田美学观点的一大创造。

这种色外色——无色美之所以出现，是画家别出心裁，善于运墨的结果。他说：“古人用心，在无笔墨外”，“古人之妙，在笔不到处”。这就是意到笔不到。无色美也是如此。

这种无色之色，虽然不等于空白，但却与空白有关，它是中国绘画艺术中的空白论在色彩学上的活用。

为什么会出现象外之象呢？

象外之象的产生和形象思维的模糊性有关。鲁道夫·阿恩海姆说：“即使那些经验丰富的人，当让他们把自己思维时脑海中进行的活动描述出来时，也感到无能为力。”[①]客观事物是复杂的变幻无常的，人的思维能力是有限的，当客观思维的影像在人的大脑荧光屏上出现时，便略去了数不清的大量的微部细节，因而便比原物要大大模糊得多。如果把头脑中的事物描绘出来，又要通过许多中间环节，如素材的选择，题材的孕育，主题的确定，形象的塑造，语言的运用，结构的安排，创作方法的选择等，此外，还要取决于艺术家世界观的指导和艺术技巧的熟练程度以及优秀民族文化素养等。可见，把头脑中的东西，再现和表现出来成为艺术形象，是要克服无数困难的。这种艺术形象尽管是栩栩如生的，但由于经过中间环节的筛选、过滤，因而和现实生活中的真实形象相比，却也是经过删节、省略的，所以便带有模糊性。这种模糊性在艺术家形象思维的过程中，始终伴随着形象，给形象掺入不确定的因素，使它体现出亦此亦彼的特点，而不是非此即彼的判断，因而便给形象添上了模糊的光圈。例如，

① 鲁道夫·阿恩海姆:《视觉思维》，滕守尧译，光明日报出版社1986年版，第167—168页。

鲁迅的小说《阿Q正传》的创作及其欣赏就是个典型的例子。鲁迅以落后的流浪雇农的生活为基本，概括了当时人民中间的落后面，即所谓“国民性”，塑造成意义极为宽泛的生动的阿Q典型，可以多方位、多角度地诱发读者的联想，去探索阿Q这一典型的深远的含义，给人以无穷的艺术感受。这是象外之象所显示出来的对于审美，主体产生积极影响的结果。当时，许多人读了《阿Q正传》后，不是认为阿Q像某某，就是认为阿Q也有点像自己。阿Q这个典型的内涵是极其丰富的，其外延也是无尽的。由于它那内涵与外延的特点，所以也使它具有概括性强、富于模糊性的特点。

象外之象的产生和艺术家进行创作时的审美心理机制有关。艺术家在塑造艺术形象的过程中，绝不拘泥于复制生活，而是集中一切手段和力量摄取生活中激动人心的物，它具有多层次多侧面的意义。艺术家在摄取时，只集中注意他最感兴味的意义，并把这种意义描绘成形象，而其未被注意到的意义则往往延伸到象外，成为象外之象。

形象是生活的缩影，艺术家在创作过程中，总要力求在有限的形象中包孕无限的生活，总要用暗示、象征、寓意等方式，在简洁的形象中，诱发出丰富的内容。凡是高明的艺术家，总是千方百计，让他所塑造的形象以一当十，以少总多，含蓄不尽，留有余地，供人玩味，这种余地，就是象外之象。

象外之象的产生和艺术家意念的升华有关。在创作过程中，艺术家的意念虽然离不开形象思维活动，但它却不断升华，达到出神入化的境界。它是从有到无的升华。在升华过程中，有的意念不时地被艺术家召唤着，有的则未被召唤而处于潜伏状态。甚至化入“虚无”。关于这一点，鲁道夫·阿恩海姆说：“既然心理意象只能由心灵积极地和有选择地召唤出来，它们的那些未被召唤出的部分（应补足的部分）就经常是‘虚无’的，换言之，我们能够觉察到它们的存在，却看不见他们。”也就是“心灵本身所具有的这种把记忆痕迹的某些部分升华到能见度之外的能力”[①]。这种能见度之外的“虚无”境界，并不是唯心主义的臆造，而是立足于“实有”的基础之上的。中国绘画艺术中的空白，就是如此。

所谓计白当黑，就是把空白当成水墨。这种空白，就不是捏造的，这种空白所显示的虚无，就不是无本之木，无源之水，而是实有的升华，是有的无迹形态。空白是艺术形象的有机体，是客观事物的特殊表现形态，是寄托艺术家主观情绪的天国。清代画家华琳在《南宗抉秘》中说：

> 白，即是纸素之白。凡山石之阳面处，石坡之平面处，及画外之水、天空阔处，云物空明处，山足之杳冥处，树头之虚灵处，以之作天、作水、作烟断、作云断、作道路、作日光，皆是此白。夫此白本笔墨所不及，能令为画中之白，并非纸素之白，乃为有情，否则画无生趣矣。[②]

可见空白，既是纸素之白，又非纸素之白。它有物、有情，情寄空外，物寓白中。所以，空白的虚，是离不开实的；空白的无，是离不开有的。这叫做有中生无，无中生有。虚虚实实，虚实相生。黑白之间，相互依赖。只黑不白，壅滞阻塞；只白不黑，空洞无物。有白有黑，黑白益彰。所以，华琳又说：“白者极白，黑者极黑，不合而合，而白者反多余韵。”[③]清代画家蒋和在《学画杂论》中说：“大抵实处之妙皆因虚处而生，故十分之三天地位置得宜，十分之七在云烟锁断。”[④]如此虚无处，即象外之象。宋代马远的《寒江独钓》图，钓翁藏于船内，船儿半露于外，从垂钓的动势中，可以见出江水浩荡、烟波杳渺的虚无境界，堪称表现象外之象的妙品。清代画家闵贞（1730—1788）的《太白醉酒图》，所绘李太白，

① 鲁道夫·阿恩海姆:《视觉思维》，滕守尧译，光明日报出版社1986年版，第175页。

② 周积寅:《中国画论辑要》，江苏美术出版社1985年版，第428页。

③ 周积寅:《中国画论辑要》，江苏美术出版社1985年版，第429页。

④ 周积寅:《中国画论辑要》，江苏美术出版社1985年版，第427页。

头靠酒坛，侧身半卧，酣然入梦，醉态可掬。寥寥数笔，约占全幅三分之一，余三分之二处，乃一片空白。它迷离扑朔，恍如梦境，其中隐藏着无穷意味。它是画中酣态的延伸和扩展。如果没有这样的空白，则太白形象就局促不伸，失去气度，至多不过是个酩酊大醉的酗酒之徒，而不会使人感受到他是个伟大的浪漫主义诗人，更不会联想起“李白一斗诗百篇，长安市上酒家眠”（杜甫《饮中八仙歌》）的豪迈飘洒的风度。可见，这一空白，是隐藏着多少说不尽的诗情画意啊！瓦西里·康定斯基说：“虚的画布是奇异的——比某些画面更美。”[①]这和中国绘画艺术的空白说，有异曲同工之妙。

如果说空白是象外，那么墨黑就是象内（形象）了。空白与墨黑，关系至为密切。它们共同肩负着画面构图任务，而结构成黑白画。保尔·克莱说：“黑白画的元素是：点、线、面、空间性能力。”[②]它不仅表现在绘画中，也显示在诗歌中。“斜阳外，寒鸦数点，流水绕孤村。”（秦观《满庭芳》）这里由圆点、曲线结构而成的空间，和冬日傍晚时分的气氛，烘托出一幅寂寞、清冷的境界。画面的构图，不仅有墨黑，而且有空白。如无墨黑的反衬，空白之处焉能和盘托出？

以上，我们就艺术家的创作过程中形象思维的特点、心理机制及其在艺术作品中的反映等方面论析了象外之象产生的原因，下面我们再从接受美学的角度谈谈象外之象产生的原因。

接受美学认为，象外之象的出现和审美主体进行审美观照时的格式塔心理状态有关。格式塔一词，系德文Gestált的译音。英文作form，意即形式，或作Shape，意即形状。中文则译为“完形”。它特别强调形的整体性。格式塔心理学认为，任何一个完形，都是一个格式塔。这种完形，不是客体本身固有的，而是主体的审美心理知觉所建构的产物。例如，当我

---

① 瓦尔特·赫斯：《欧洲现代画派画论选》，宗白华译，人民美术出版社1980年版，第141页。

② 瓦尔特·赫斯：《欧洲现代画派画论选》，宗白华译，人民美术出版社1980年版，第123页。

们看见雕塑维纳斯缺少两只胳膊时，我们就产生一种强烈的欲望，积极地发挥视知觉的功能，通过想象补充她身体的不足部分，赋予她两只胳膊，使她成为完形。再如，在垂钓图中只画钓竿，不画渔翁，但从钓竿的动态中，却可联想起渔翁的形象。这种联想，我们是在心理感知场上建构完形（格式塔）。这种由心理感知所建构而成的补充部分，就是属于象外之象。

必须指出，并非所有不完全的客体，都可成为刺激物以启发主体的积极思维、去补充残缺的部分、而实现完形创造的。那些拙劣的、一般化的作品，即使形象不完整，也不可能引起你补足的欲望，因为它那残缺的形体中，不存在美，没有激发你的联想的刺激物。至于那些具有美的魅力的不完整的艺术作品，就迥然不同了。它那不完整的核心部分，必含着一种特有的动势和张力，它向外拓展，促使你的审美心理向完形过渡。这种从不完整向完整过渡的心理状态之所以产生，是以不完整的艺术形象的美为根据的。白石老人所画的《蛙声十里出山泉》就是个典型的例子。作家老舍以清代诗人查初白的诗“蛙声十里出山泉”为题，去请齐白石作画。在白石老人笔下，三五成群的蝌蚪，沿着山间汩汩而出的清溪泉水，顺流而下，活泼跳动，生机盎然，大自然欣欣向荣的景象，如在目前。通过想象、联想，在视觉与听觉之间，架起一座通感的桥梁，从蝌蚪的各种情态中，我们听到了蛙声，从泉水的流势中，我们看见了十里山泉空间背景。我们用格式塔心理学的方法，去补充画面上见不到、知觉上却可以感受到的东西，并和画面联系在一起，去建造完形。可见，不完整的完整，不全之全，乃是格式塔的重要特征。白石老人的《蛙声十里出山泉》虽然未画青蛙，未写声音，但却采取了虚空的方法，把蛙声隐藏起来，让你看见蝌蚪顺流而下的动势就激起大脑神经系统脑电波扩散活动，赋予蝌蚪以蛙声的想象，这种审美心理活动，便是格式塔（完形的）。从不完整到完整的过渡空间，就审美主体而言是模糊的，不确定的，正因为如此，才可激起主体不断探求的好奇心，仿佛猜谜一样，总想捕捉到它的底细，这种底细便是象外之象。鲁道夫·阿恩海姆说：“在中国风景画中，这无限的空间是在画面之内表现出来的，它是视线瞄准的目标，但眼睛却看不到它。而在中心透视中，这个无限的空间却是在一个有限的空间的某一个精确的位置上自我矛盾地呈现出来的。这个精确的位置就是它的集聚点”[①]。它立于有限之上，伸入无限之中，寓无限于有限，可望而不可即。它具有“模糊意义”，它“或是干脆把这一关键的区域画成空白，再不然就是将这一点置于绘画的边界线之外（这个处于边界线之外的位置是由透视结构的整体暗示出来的，但它仍然是不可及的）”[②]。

［原载《文艺理论研究》1989年第1期］

① 鲁道夫·阿恩海姆:《艺术与视知觉》，滕守尧、朱疆源译，四川人民出版社1984年版，第403页。

② 鲁道夫·阿恩海姆:《艺术与视知觉》，滕守尧、朱疆源译，四川人民出版社1984年版，第404页。

中和与和谐的中西比较研究

一、中和的美学思考

（1）中和的哲学渊源与美学创造。中和，是中华民族文化的特有概念，是中国优秀的传统精神。早在《周易》中，已隐含着中、和，但尚未连接为“中和”一词。春秋战国时，群雄蜂起，百家争鸣，学术繁荣。尤其是儒学，影响最大，最适合国家大一统的需要。于是，适应大一统需要的中和之道论，也应运而生。

《中庸》第一章：“喜怒哀乐之未发，谓之中；发而皆中节，谓之和。中也者，天下之大本也；和也者，天下之达道也。致中和，天地位焉，万物育焉。”对此，朱熹在注释中说：“喜、怒、哀、乐，情也。其未发，则性也，无所偏倚，故谓之中。发皆中节，情之正也，无所乖戾，故谓之和。大本者，天命之性，天下之理皆由此出，道之体也。达道者，循性之谓，天下古今之所共由，道之用也。”（《中庸章句》注）这是对孔子之孙子思所宣扬的中和之道和阐释、赞颂，其中和体用观（中为道体，和为道用）显然是服从于道的，是对儒道的总体把握。换句话说，中和乃是儒道的灵魂。它体现在天地万物中，显隐在性情、道理中。可见，无论是子思所言，还是朱熹所注，都是从哲学的宏观高度去认识中和之道的。

在中国古代美学史上，用中和之道来说明音乐艺术并进行系统论证的

第一部音乐美学专著，乃是《乐记》："故乐者，天地之命，中和之纪，人情这所不能免也。"如此将中与和结合为"中和"，并融化于音乐理论中，进行总体的美的把握，既是对《周易》中中和思想的继承，又是对儒家中和之道的发扬，更是对中和范畴的美学创造。

尤其要指出的是，在中和之间，更强调和的作用，把泛指之和转化为特指之和，全面地完成对于和的艺术改造，并对和的价值进行系统的美学估量，当首推《乐记》。

"乐以和其声"，这就揭示出音乐的艺术本质；"大乐与天地和"，"乐者，天地之和也"，这就揭示出音乐的自然规律；"合生气之和，道五常之行，使之阳而不散，阴而不密，刚气不怒，柔气不慑，四畅交于中而发于外，皆安其位而不相夺也。"这就揭示出音乐的畅达美；"顺气成象，而和乐兴焉。"这就揭示出音乐的柔顺美；"八风从律而不奸，百度得数而有常，小大相成，终始相生，倡和清浊，迭相为经。"这就从不同角度揭示出音乐相反相成的辩证性；"和顺积中，而英华发外，唯乐不可以为伪。"这就揭示出音乐美的真实性；"乐极和，礼极顺，内和而外顺，则民瞻其颜色而勿与争也"，这就揭示出音乐的感化作用；"乐在宗庙之中，君臣上下同听之，则莫不和敬；在族长乡里之中，长幼同听之，则莫不和顺；在闺门之内，父子兄弟同听之，则莫不和亲。故乐者，审一以定和。"这里，逐层揭示音乐和敬、和顺、和亲的作用，三次强调音乐的同听功能，从而深刻地论析了音乐的共同美。总之，以上所述，都是以乐和为中心的。和，成为联系音乐的内容与形式之间的关系的纽带；和，成为音乐的本质、规律、特性的核心；和，成为音乐美的根本。

但是，《乐记》所言音乐之和，并非源，而流。《易经》才是乐和论的源头。中孚卦九二爻辞："鸣鹤在阴，其子和之。我有好爵，吾与尔靡之。"这便是明显的例证。《易经》中的阴阳、刚柔、动静观念及直接以"中""和"出现的思想，都为乐和论奠定了理论基石。当然，实现中和的哲学涵义向美学涵义转换，并通过音乐门类确立中和的美学地位的，还是始于《乐记》。我们似可这样理解：《易经》是哲学上中和论的滥觞，《乐记》则是创造中和艺术论的音乐美学专著。

（2）中和的价值特征。执中公允，谐和变通，谓之中和。中和比分散的中、和更具有丰富的内容；因为它集合了中、和的各自优势，转化为一种新的力量、新的价值。这就是：全面，变通，公正，融洽。

第一，全面。《论语·子罕》："子曰：'吾有知乎哉？无知也。有鄙夫问于我，空空如也，我叩其两端而竭焉。'"朱熹注曰："叩，发动也。两端，犹言两头。言终始、本末、上下、精粗，无所不尽。"（《论语集注》卷五）所谓叩其两端，就是全面地看问题，要两点论，不要一点论，一点论容易导致片面。对《易经》中的既济卦与未济卦，就要用叩其两端的态度看待。《易传·序卦》云："有过物者必济，故受之以既济。物不可穷也，故受之以未济。"这就是两点论的态度。

第二，变通。由于中和执其两端，用其中于物，故可避免偏执、同执、拘泥、死板、僵化、保守。由于中和蕴含深厚、丰赡，加之包孕性强，回旋余地广，故可纵横驰骋，自由自在。它可化淤塞，疏阻滞，改变执一不二的偏颇。因此，它具有调节性和变通性。

第三，公正。在屈原《惜诵》中，就高唱"明五帝以折中"的赞歌了。折中，不偏不倚也。即公正、平衡。《论语·雍也》："中庸之为德也，其至矣乎！"程子曰："不偏之谓中，不易之谓庸。中者，天下之正道；庸者，天下之定理。"（《论语集注》卷三）这里所强调的中庸之道，当然是打上儒家思想烙印的，是为封建阶级服务的。但是，如果我们抛弃其为封建阶级服务的观念，去正确地阐释公正的涵义，去协调人际关系的美，去协调人与自然之间的关系美，那么，中和云云，还是十分需要的。

第四，融洽。情感协调，趣味相投，叫做融洽。它不仅表现在人际关系中，而且显示在艺术作品中。美学上的中和论，则要从哲理的高度去揭示人与人、人与自然、人与艺术的融洽。《论语·尧曰》，通过尧禅位时对舜的告诫，教育舜要"允执其中"，以搞好君民关系．又通过问答，颂扬了孔子的"五美"观，即："君子惠而不费，劳而不怨，欲而不贪，泰而不骄，威而不猛。"这实际上是孔子对于尧的中和之道的发挥。

二、中和与和谐的相同点:相反相成

中国古典美学史上的中和，与西方古典美学史上的和谐，既有相同之处，又有相异之点。

无论是中和，还是和谐，都强调相反相成，认为对立的统一是形成中和、和谐的根本原因，造就把中和、和谐的理论建立在辩证的基础之上。

公元前六世纪末，古希腊毕达哥拉斯学派早就提出了．“和谐起于差异的对立”的学说。他们从数学观出发，认为“数的原则是一切事物的原则”，“整个天体就是一种和谐和一种数”，“美是和谐与比例”，“身体美确实在于各部分之间的比例对称”“音乐是对立因素的和谐的统一，把杂多导致统一，把不协调导致协调。”[①]古希腊哲学家、辩证法的创始人之——赫拉克利特（前540—前480）也说：“互相排斥的东西结合在一起，不同的音调造成最美的和谐；一切都是斗争所产生的。”[②]又说：“相反者相成：对立造成和谐”[③]，“音乐混合不同音调的高音和低音、长音和短音，从而造成一个和谐的曲调”[④]此外，赫氏还明确指出了和谐与同类的区别：“由联合对立物造成最初的和谐，而不是由联合同类的东西。艺术也是这样造成和谐的”[⑤]。这与中国古代“和与同异”（《左传·昭公二十年》）、“君子和而不同”（《论语·子路》）的观点，不是有异曲同工之妙吗?

古希腊哲人的和谐论，一直支配、影响着西方美学。柏拉图认为心灵

---

① 北京大学哲学系美学教研室编:《西方美学家论美和美感》，商务印书馆1980年版，第13—l4页。

② 北京大学哲学系美学教研室编:《西方美学家论美和美感》，商务印书馆1980年版，第15页。

③ 北京大学哲学系美学教研室编:《西方美学家论美和美感》，商务印书馆1980年版，第16页。

④ 北京大学哲学系美学教研室编:《西方美学家论美和美感》，商务印书馆1980年版，第15页。

⑤ 北京大学哲学系美学教研室编:《西方美学家论美和美感》，商务印书馆1980年版，第15页。

美与身体美的和谐一致是最美的境界；意大利中世纪末美学家圣·托马斯·阿奎那把和谐看成是美的三要素之一；德国古典美学大师黑格尔则认为“和谐是从质上见出的差异面的一种关系……各因素之中的这种协调一致，就是和谐。”[①]这些理论，不仅界定了和谐的概念，而且说明了产生和谐的原因。

在中国古典美学中，对于中和却有自己独特的表述方式。老子《道德经》四十二章：“万物负阴而抱阳，冲气以为和。”这里告诉人们：和是由阴阳二气冲成的，光是阴气、而无阳气，或只有阳气、而无阴气，都不可能形成冲和之气，所以，相反的不同的阴阳之气冲击，乃是形成和的原因；相成的冲和之气，则是阴阳二气相搏的结果。可见，中和既有相反、不同的一面；又有相成、一致的一面。(道德经）四十一章：“有无相生，难易相成，长短相较，高下相倾，音声相和，前后相随。”方以智《东西均·反因》：“凡相因者皆极相反。”这些都为中和的形成提供了哲学理论依据。

但是，必须指出：从相反，到相成，并不是一蹴而就的，而是经历一个中介过程的。在这一中介过程中，对立的事物，不断撞击，不断冲突，相互作用，彼此影响，从而产生互渗相融现象，出现你中有我，我中有你的重新组合，这就转化为亦此亦彼的相成。由此可见，从相反到相成的中介，可用相渗二字来概括。即为：相反——相渗——相成。

相渗包含两大因素：一是变易，一是运动。变易是运动的结果，运动的是变易的原因。没有运动，就没有变易，从而也不会出现从相反到相成的转化。所以，运动是转化的根本动力，也是相渗的根本原因。

由此出发，去进行观照，就可站在哲学高度，透视出形成中和与和谐的共同哲理。西方美学中的部分与整体、个性与共性，特殊与一般、杂多与统一，中国美学中的阴阳相抱、刚柔相济、动静相养，虚实相生、方圆相参、知白守黑等，无不是相反、相渗、相成的结果。

① 黑格尔：《美学》（第一卷），朱光潜译，商务印书馆1979年版，第180页。

三、中和与和谐的不同点

（1）中和强调群体共性，和谐强调个体个性。由于中西文化背景不同，历史条件不同，地理环境不同，审美心理不同，中国古代中和论与西方古代和谐论也存在着不同。

中国古代中和论立足于群体，故强调共性；西方古代和谐论立足于个体，故强调个性。前者突出客观事物的普适性和主观意识的认同；后者突出客观事物的特殊性和主观意识的专注。因此，中国自古以来就盛行的天人合一的思想，就是立足于群体、强调共性的中和之道。《易传》中“保合大和”（《彖上・乾》）的天道，《论语・学而》中“和为贵”的人道，均如此。可见，天（自然）与天、天与人、人与人之间的关系各自调节、整合、平衡、畅和，都必须遵循各自普适的规律和共识。当个体与这种普适的规律和共识（如儒家的中和之道）产生抵触的时候，则必须放弃己见，牺牲自己的个性，而服从于群体（如儒家）的共识。

然而，西方古代的和谐论却迥然不同。它虽然也主张各种关系（人与自然、人与人等）的和谐，但绝不会抛弃个体、个性，而是植根于个体，从自身出发，竭力张扬个性；使个体、个性与客观事物取得协调一致；而不是首先从群体、共性的需要出发，使个体个性向群体共性就范。黑格尔说：“一切成乐调的声音虽以和谐为基础，却具有较高较自由的主体性，而所表现的也正是这种较高较自由的主体性。”[①]这种自由的主体性，也正是个体个性的表现。莎士比亚笔下的罗密欧与朱丽叶：都是活生生的个性，都有鲜明的主体性，他们为了爱情自由而冲破封建家族对立的屏障，和谐地结合在一起，以死殉情，而绝不屈服于封建家族群体的压力，绝不向封建意识（封建思想共性）妥协。因而他们的爱情自由的和谐美，是以美的毁灭的悲剧性为代价的。他们以突出个体个性为特征的追求自由爱情

---

① 黑格尔：《美学》（第一卷），朱光潜译，商务印书馆1979年版，第181页。

的和谐美，与汤显祖笔下的柳梦梅、杜丽娘追求爱情的和谐美是有所区别的，后者只能在梦中实现其美的价值；在现实生活中，他们虽有一定的反抗性，而散发出某种个性的光辉，但从主导方面而言，他们仍然没有摆脱作为群体的封建势力的束缚，也没有摆脱作为共性的封建意识的羁绊。温柔敦厚的诗教，不抗不争的中和之道，对他们仍然具有深远的影响。因此，莎士比亚与汤显祖虽然是同代人，但在创作实践中对于和谐的认知不同，所以他们笔下人物所显示的和谐也就不同，而在评价他们的作品时，对于和谐的理解亦各有别。

（2）中和强调内容善，和谐强调形式美。西方古代美学注重和谐的形式，中国古代美学注重中和的内容。一般而言，西方的和谐是着眼于数学的比例美的，如毕达哥拉斯学派最早提出了黄金分割的学说，就是以数的符合比例为和谐美的尺度的。新毕达哥拉斯派哲学家和数学家尼柯玛赫（公元前二世纪）在其著作《数学》中就援引过希腊数学家斐安的话，从形式美的角度论述“和谐是杂多的统一，不协调因素的协调”[①]。柏拉图通过苏格拉底之口提倡“有秩序的”美[②]。亚里士多德则声称：“一个美的事物——一个活东西或一个由某些部分组成之物——不但它的各部分应有一定的安排，而且它的体积也应有一定的大小”[③]。即使像黑格尔那样的美学大师，在《美学》第一卷中，也是把和谐放在“抽象形式的美”“抽象的外在因素”之下去论述的。当然，这样说并不等于否定西方美学史上和谐论的内容；而是说他们尤为强调和谐的形式罢了。

如果与中国古代美学史上的中和论相对照，则就更为清楚。中和之道的本身，就是立足于内容的。《易经》中孚卦，就是提倡内心诚信的中和之道的。《乐记》所说的“内和而外顺”“喜则天下和之”，都是强调内容

① 北京大学哲学系美学教研室编：《西方美学家论美和美感》，商务印书馆1980年版，第14页。

② 北京大学哲学系美学教研室编：《西方美学家论美和美感》，商务印书馆1980年版，第24页。

③ 亚里士多德：《诗学》，罗念生译，人民文学出版社1962年版，第25页。

的中和的。

不仅如此，中和还强调善，提倡教化功能，因而具有明显的功利性；而西方的和谐，则强调美，提倡审美功能，因而具有明显的超功利性。由于西方的和谐论是建立在数学的比例美的基础之上的，所以带着形式美的特殊性。它与善是疏远化的，对功利性是淡漠的，乃至超越于内容之外。而中国古代的中和论则非常重视命运、道德、伦理、行为的善和艺术的教育作用。《易经》中对于中和之道吉、利的判断，就显示着功利性，后来，由于儒教的介入、渗透，就使中和之道染上了浓郁的儒家色彩。这是中国美学的中和论所特有的，也是西方美学的和谐论所没有的。

（3）中和强调味、知觉心理，和谐强调视、听觉功能。中国古代的中和论，善于用生理味觉体味心理知觉；西方古代的和谐论，善于调动视觉的积极性。《易经》噬嗑卦卦辞“噬嗑”，是口中咀嚼食物的意思，《易传·序卦》解释道：“嗑者，合也。”王弼《周易注》云：“噬，齧也。嗑，合也。凡物之不亲，由有间也；物之不齐，由有过也，有间与过，齧而合之，所以通也。”意即：上下牙各自上下咬嚼食物，经过一番分而合之、相反相成的运作，就可以将食物吞咽下去。所以，王弼下了这样的判断：“颐中有物，齧而合之，噬嗑之义也。”（《周易注》）这是对《彖下》“颐中有物，曰噬嗑”的注释。噬，指分解，有相反的意思；嗑，指和合，有相成的意思。重点在于强调一个嗑字。其中和的涵义，已不言而明。将此生理现象，加以比附，运用到心理活动的描述中，则可大大地拓展其涵义。《左传》昭公二十年，描述了晏婴把生理味觉比之为心理感觉的中和论：“和中如羹焉”“齐之以味”，“先王之济五味，和五声也，以平其心，成其政也。声亦如味，一气，二体，三类，四物，五声，六律，七音，八风，九歌，以相成也。清浊，小大，短长，疾徐，哀乐，刚柔，迟速，高下，出入，周疏，以相济也。君子听之，以平其心。心平德和。”这是以满足生理食欲需要的羹和，味和，比附心理感知上的心和，并进一步证明国家的政和、人之品格修养上的德和；且辩证地指出：这是事物之间相异、相反与相成、相济所造成的结果表明。

至于《乐记》，则高出一筹。它虽从味觉出发，但却超越味觉，并认为不能用味觉之和取代中和之道："大飨之礼，尚玄酒而俎腥鱼，大羹不和，有遗味者矣。是故先王之制礼乐也，非以极口腹耳目之欲也，将以教民平好恶，而反人道之正也。"这里，启迪人们：音乐所显示的中和之道，具有教化作用，是生理味觉之和所远远不能企及的。

至于西方的和谐论，则喜用视觉、听觉的感官，去进行探究。毕达哥拉斯，柏拉图，亚里士多德等古希腊美学大学师，都善于以视觉艺术（如绘画、雕塑、建筑等）和听觉艺术（如音乐、诵诗等）为例，去证明和谐美。这在西方美学史上产生了深远的影响，形成了一种论证和谐美的格式和动势。如：意大利文艺复兴时期的美学家瓜里尼（1538—1612）在《悲喜混杂剧体诗的纲领》（1601）一文中说："绘画，它是诗的堂兄弟，它不就是各种颜色的多种多样的混合，此外不用什么其他媒介吗？音乐也是如此，它是诗的同胞弟兄，不也是全音和半音以及半音和半音以下的音的混合，组成哲学家所说的和谐么？"[①]这种视听觉和谐论，直到一千几百年后的黑格尔都在沿袭着："人们常谈形状颜色、声音等等的和谐，就是采取这个意义。"[②]

当然，我们说西方的和谐善于调动视听觉的积极性，并不是意味否认知觉的功能。实际上，心理感知和想象理解在和谐的认识领域中也是不可缺少的。但是，正如圣·托马斯·阿奎那所说："与美关系最密切的感官是视觉和听觉"[③]，和谐论在西方美学史上之所以重视视听觉效应，其奥秘即在于此。

以上，将中国古代的中和与西方古代的和谐作了一个对比。这种对比，只是相对的。因为无论是前者，还是后者，它们都有相似、相近、相

---

① 伍蠡甫、蒋孔阳、程介未编《西方文论选》（上卷），上海译文出版社1988年版，第191页。

② 黑格尔：《美学》（第一卷），朱光潜译，商务印书馆1979年版，第181页。

③ 北京大学哲学系美学教研室编：《西方美学家论美和美感》，商务印书馆1980年版，第67页。

同之处；它们的内涵与外延，都有互渗、交叉之点。它们都具有相反相成、对立统一的特征，但它们更注重相成、统一，因为相成、统一是和谐、中和追求的最后目标，而相反、对立只是达到相成、统一的途径与手段。

中和与和谐都追求谐和，因而是二而一的，可以说，在共同追求谐和这一根本点上，它们是等号关系。另一方面，由于上述种种相异，它们又不是等号关系。如果将它们进行多角度多方位的比较，则又可发现：中和和范畴大于和谐的范畴。换言之，中和之和，可与和谐相埒；中和之中，则是对和谐的超越。

当然，对于中和与和谐的关系，不可看得太死，而必须进行辩证。如果说，中和以强调内容而广泛于和谐的话；那么，和谐却以强调形式而广泛于中和了。可见，中和与和谐的区分，也是相对的。二者是各具特色、各有千秋的。

[原载《文艺理论研究》1997年第1期]

太极之美

一、太极的无极美

在《易经》中，未见太极一词；在《易传·系辞上》中则有“易有太极”的理论。那么，最早提出太极的究竟是谁呢？出自何书呢？

北京大学朱伯崑先生在《易学哲学史》上册第二章中认为：“‘太极’一辞在先秦的文献中，仅见于《庄子·大宗师》：‘在太极之先而不为高，’……而《系辞》则是借用庄文的‘太极’解释筮法。”[①]显然，这是把《系辞》看成是晚于《庄子·大宗师》的作品。陈鼓应先生在《〈易传·系辞〉所受老子思想的影响——兼论〈易传〉非儒家典籍，乃道家系统之作》一文中，也认为“《系辞》中的‘太极’概念便来自《庄子》。”[②]张岱年先生在《论易大传的著作年代与哲学思想》一文中，则认为“《系辞》的基本部分是战国中期的作品，著作年代在老子以后，惠子庄子以前。”所以《系辞上》中的“太极”说“应在《庄子·大师宗篇》之前。”[③]他们的说法，见仁见智，各有所本；但都认为与老子有关。

---

① 朱伯昆：《易学哲学史》（上册），北京大学出版社1986年版，第49页。

② 刘大钧主编：《大易集成》，文化艺术出版社1991年版，第141页。

③《周易研究论文集》（第一辑），北京师范大学出版社1987年版，第416—417页。

老子在《道德经》二十八章中说："知其白，守其黑，为天下式。为天下式，常德不忒，复归于无极。"王弼分别注曰："式，模则也。""忒，差也。""不可究也。"可见，知白守黑乃是范式、常德，它复归于不可穷尽的无极。换言之，无极即不可穷尽之意，如果与《道德经》的基本思想相联系，就是指博大精深、运转不息的道；而知白守黑即是以黑白阴阳作为道的把握的核心与认知的精髓的，道家的弟子们把黑鱼白鱼作为阴阳相抱、乾坤旋转的象征，就是以道的力量为源泉的。这也是无极的真谛。所以，无极就是不可穷尽的道、道的不可穷尽性。尽管《道德经》并未明确地说道即无极，但却可体悟出个中道理。

宋代周敦颐《太极图说》云："无极而太极。太极动而生阳，动极而静，静而生阴，静极复动。一动一静，互为其根。分阴分阳，两仪立焉。……阴阳一太极也，太极本无极也。"朱熹《太极图说解》云："上天之载，无声无臭，而实造化之枢纽，品汇之根柢也，故曰无极而太极，非太极之外复有无极也。"朱熹把太极视为天地万物之根，阴阳之本体，没有形状，却含道理，无中有有，有中有无，因而亦可称为无极。总之，周、朱这两位理学家都把无极与太极看成是一个东西，他们在论述时，并没有孤立地只是诠释名词，而是和《周易》的阴阳太极说结合在一起的。这种以无极解析太极的学说，对我们认知老子的无极说与《易传》的太极说，都是有益的。

老子所说的无极，是否等于太极呢？老子是否直接提出过太极呢？

张岱年《论易大传的著作年代与哲学思想》一文中认为：老子所说的道、大、即太。太字下面加个极字，就是太极。《易传》中的太极，即从老子所说的大字衍化而来。为了了解张先生的这个推论，兹录如下：

> 老子最先提出了"道"德范畴，认为道"先天地生""可以为天下母"，又说："吾不知其名，字之曰道，强为之名曰大。"这个大字应读为太。……《易大传》的太极，当是受老子影响而略变其说。太极之太是从老子所谓太来的，而添上一个极字，创立了另一个最高

范畴。[①]

张先生认为《易传》太极说受了老子影响，是有道理的；但又认为老子所说之“大”即“太”，似有斟酌的必要。如果我们细读《道德经》关于“大”的系统论述，再参阅王弼《老子道德经注》中关于“大”的阐释，就可知道老子在这里所说的“大”并非“太”的同义词。现将老子有关论述与王弼有关注释抄录于下，以便对照。

吾不知其名，

名以定形。混成无形，不可得而定，故曰“不知其名”也。

字之曰道，

夫名以定形，字之称可。言道取于无物而不由也，是混成之中，可言之称最大也。

强为之名曰大。

吾所以字之曰道者，取其可言之称最大也。责其字定之所由，则系与大。夫有系则必有分，有分则失其极矣，故曰“强为之名曰大”。

大曰逝，

逝，行也。不守一大体而已，周行无所不至，故曰“逝”也。

逝曰远，远曰反。

远，极也。周行无所不穷极，不偏于一逝，故曰“远”也。不随于所适，其体独立，故曰“反”也。

故道大，天大，地大，王亦大。

天地之性人为贵，而王是人之主也，虽不职大，亦复为大。与三匹（指道、天、地三者相匹配）故曰“王亦大”也。[②]

① 《周易研究论文集》（第一辑），北京师范大学出版社1987年版，第416—417页。

② 楼宇烈：《王弼集校释》（上册），中华书局1980年版，第63—64页。

由上述引证可知，从老子所讲的“大”字推断就是“太”字，并与太极相埒，在逻辑上是难以说通的。

老子所说的“大”，即大小之大。它大到什么程度呢？有没有极限呢？从《道德经》中，我们可以体悟出来，这种大，是无止境的，因而可用无极二字来概括。

无极具有无限性，它包孕着无止境的美。“无极而太极”，是周敦颐的解说；我认为，也可反过来解说：“太极而无极”。这里含太极的无极美。如前所说，王弼曾用“不可穷也”来阐明无极的原理。太极就体现了不可穷尽的无极美。

如果说，“无极而太极”着重强调不可穷尽的太极；那么，“太极而无极”则着重强调太极的不可穷尽。

老子与王弼，都是强调以无为本的，故老子云：“无名天地之始”（《道德经》一章），王弼云：“凡有皆始于无，故未形无名之时，则为万物之始”（《道德经》一章注）。此外，王弼在《老子指略》中说：“夫物之所以生，功之所以成，必生乎无形，由乎无名。无形无名者，万物之宗也。”[①]据此推衍，无极便是无形之极，它同有形之极是相反地。王弼说：“有形之极，未足以府万物。是故叹之者不能尽乎斯美，咏之者不能畅乎斯弘。”[②]显而易见，只有无形之极始可囊括万物；而咏叹之人方能尽情畅抒襟怀，充分传达无极的美和大。可见，王弼对无极美的理解，是奠定在无的哲学理论基础之上的。

无极美具有无形、玄妙、无限等特点。《道德经》四十一章中所说的“大音希声，大象无形，道隐无名”等，都是看不见、听不到、摸不着的。正如王弼《老子指略》所云：“听之不可得而闻，视之不可得而彰，体之不可得而知，味之不可得而尝，故其为物也则混成，为象也则无形，为音也则希声，为味也则无呈。故能为品物之宗主，包通天地，靡使不经也。”这些，都体现了无形美，它是受无极美所统御的。

---

① 楼宇烈：《王弼集校释》（上册），中华书局1980年版，第195页。

② 楼宇烈：《王弼集校释》（上册），中华书局1980年版，第196页。

此外，无极美是玄妙莫测的。《道德经》一章云："玄之又玄，众妙之门。"王弼注曰："玄者，冥默无有也。……众妙皆从玄而出，故曰众妙之门也。"

此外，无极美是无限的，因为它是无穷的。它的无穷性显示出多面性、立体性。王弼《老子指略》说得好："夫道也者，取乎万物之所由也；玄也者，取乎幽冥之所出也；深也者，取乎探赜而不可究也；大也者，取乎弥纶而不可极也；远者也，取乎绵邈而不可及也；微也者，取乎幽微而不可睹也。然则'道''玄''深''远'之言，各有其义，未尽其极者也。然弥纶无极，不可名细；微妙无形，不可名大。"这里所说的"不可究""不可极""不可及""不可睹见""未尽其极""弥纶无极"等，均从不同方面集中地突现出无极的不可穷尽。

无极，无穷无尽，体现出发展过程中的无限。"这种无限进展乃是互相转化的某物与别物这两个规定彼此交互往复的无穷进展。"[①]此外，"当某物过渡到别物时，只是和它自身在一起罢了。而这种在过渡中、在别物中达到的自我联系，就是真正的无限。"[②]无限，是无极的过程；无极，是无限的根本。无极并不等于无限，但无限却伴随着无极。

二、太极的混沌美

孔颖达《周易正义》卷七"系辞上"疏曰："太极，谓天地未分之前，元气混而为一，即是太初、太一也。故老子云：道生一。即此太极是也。"这种解析是抵牾的。太极既然是指天地未分之前混而为一的元气，那么就是针对自然（宇宙）而言。在这里，自然便是至高无上的太极。根据老子"道法自然"的理论，道应在自然之下，亦即在太极之下。但是，孔颖达又把低于道的"一"说成是太极，这样，就必然得出结论：自然＞道＞一（太极）。自然比太极高两个层次，这种太极难道还能称之为太初、太一

① 黑格尔：《小逻辑》，贺麟译，商务印书馆1980年版，第207页
② 黑格尔：《小逻辑》，贺麟译，商务印书馆1980年版，第207页

么？可见，孔颖达对太极的解释，是自相矛盾的。但他却简要地揭示了太极的混沌美，所谓“元气混而为一”是也。元气未分，浑然一体，气势浩瀚，气魄雄伟，气概恢宏，具有无限大的体积与力量，难道这不是混沌美吗？

当然，首先认知太极的混沌美的并不是孔颖达。老子在《道德经》二十五章中说：“有物混成，先天地生，寂兮寥兮，独立不改，周行而不殆，可以为天下母。”王弼分别注曰：“混然不可得而知，而万物由之以成，故曰‘混成’也。不知其谁之子，故先天地生”；“寂寥，无形体也。无物匹之，故曰独立也。返化终始，不失其常，故曰不改也”；“周行无所不至而不危殆，能生全大形也，故可以为天下母也。”这里谈的是指混沌无形的道，但它和无极往往是二而一的。换言之，在老子论说中，他们有时虽显示出歧义、交叉，但更多是相同、一致的。

如前所述，无极、太极并无多大区别。因而无极的混沌美，亦即太极的混沌美。

所谓混沌，并非清浊二气相杂，亦非昏暗不明，而是太极未分的无形状态，所以，它是立足于玄之又玄的“无”的。晋代韩康伯《周易·系辞上》注云：“夫有必始于无，故太极生两仪也。太极者，无称之称，不可得而名，取有之所极，况之太极者也。”可见，太极的混沌美，是深广远大、奥妙神奇、妙不可测的。玄学家们对混沌美的认知，尽管虚无缥缈、难以捕捉，但却把它提升到至高无上的境界，显示了古人对世界模式的体察与把握的哲学深度。

三、太极的辐射美

除了《易传》提出了太极说以外，《庄子·大宗师》也提出了太极说。但庄子认为太极子在道之后，道在太极之先，这是一种独特的观点，也是与《道德经》的“道法自然”的无极有歧义的地方。庄子说：“在太极之先而不为之高，在六极之下而不为深，先天地生而不为久，长于上古而不为老。”这当然是指道德威力、作用。郭象注曰：“言道之无所不在也，故在高为无高，在深为无深，在久为无久，在老为无老，无所不在，而所在皆无也。”[①]唐代成玄英疏曰：“太极，五气也。长于古，不为耆艾。言非高非深，非久非老，故道无不在而所在皆无也。”[②]这里讲的虽是道，但也可指太极。因为太极并非都像庄子理解的那样是在道后，也不是所有玄学都确认道为太极之先；太极与道并无原则的区别，而往往是被视为同样的东西。

无论是主张道先于太极，或主张道即太极，其基点都是立足于无的。这是老庄哲学的共识，也是玄学家的共识。太极的辐射美，便是从无出发，无中生有，生生不已，向外扩散的。所谓“易有太极，是生两仪。两仪生四象，四象生八卦”（《系辞上》），直至八卦相重，而为六十四卦，就反映了太极的辐射现象。所谓“大衍之数五十，其用四十有九”（《系辞上》），也描述了这种辐射现象。对此，“王弼曰：演天地之数，所赖者五十也。其用四十有九，则其一不用也。不用而用以之通，非数而数以之成，斯易之太极也。四十有九，数之极也。夫无不可以无明，必因于有，故常于有物之极，而必明其所由之宗也。”[③]这里，王弼把一视为太极的象征，为无；把四十有九视为万物的象征，为有。无中生有，由少而多，不断发展，通过象数的演变，显现万物的繁茂。这种变易，不是呈平面状态的，而是多面的、立体的、呈辐射型的。它是无形之形、无有之有，显隐出太极的辐射美。所谓“道生一，一生二，二生三，三生万物”（《道德经》四十二章），所谓“参伍以变，错综其数”（《系辞上》），莫不与太极大衍之数的辐射性有关。

王弼对大衍之数的探究，极其精辟。他在推衍大衍之数的裂变时，始终是抓住宇宙生成的太极本体的。他说：

① 郭庆藩：《庄子集释》（第一册），中华书局1982年版，第248页。

② 郭庆藩：《庄子集释》（第一册），中华书局1982年版，第248页。

③ 楼宇烈：《王弼集校释》（下册），中华书局1980年版，第547—548页。

> 玄，物之极也。（《道德经》十章注）
>
> 一，数之始而物之极也。（《道德经》三十九章注）
>
> 万物万形，其归一也。何由致一？由于无也。由无乃一，一可谓无？已谓之一，岂得无言乎？有言有一，非二如何？有一有二，遂生乎三。从无之有，数尽乎斯，过此以往，非道之流。故万物之生，吾知其主，虽有万形，冲气一焉。……以一为主，一何可舍？愈多愈远，损则近之。损之至尽，乃得其极。（《道德经》四十二章注）

如此从无到有、由一到万、生生不已的全方位的繁荣景况，非太极之辐射美而何？

王弼如此探究，绝非异想天开，而是符合《易传》本义的。《系辞上》云："通其变，遂成天下之文；极其数，遂定天下之象。"王弼深谙极数之说，便以玄学的观点加以分析，遂形成了自己独创的见解。

太极的辐射美是从无到有的哲学基础出发，阐释世界模式的生成与万物发展的图景的；它又是以数的符号作为传达工具的。

令人感到非常有趣的是，关于数的本源说，在公元前五世纪左右，居然在中西方不同的国度有着惊人的巧合之处。我国《易传》成书之时，正是希腊毕达哥拉斯学派繁荣之日。亚里士多德在《形而上学》中评价毕达哥拉斯学派时指出："这些哲学家显然是把数目看作本原，把它既看作存在物的质料因，又拿来描写存在物的性质和状态。他们把数目的元素描述为奇和偶，认为前者是有限的，后者是无限的；一这个数目他们认为是由这两个元素合成的（因为它既是奇数又是偶数），并且由一这个数目产生出其他一切数目，整个的天只不过是一些数目。"[①] 又据第欧根尼·拉尔修《著名哲学家的生命和学说》介绍，毕达哥拉斯学派认为："万物的本原是一。从一产生出二，二是从属于一的不定的质料，一则是原因。从完满的

① 转引自《西方哲学原著选读》（上卷），商务印书馆1981年版，第19页。

一与不定的二中产生出各种数目”[①]。他们虽然没有提出太极说，但与中国玄学中的太极生两仪（阴阳）的学说是相通的。关于这一点，黑格尔在论述《易经》哲学时说：

> 那两个基本的形象［按：即两仪—译者］是一条直线（一，阳）和一条平分作二段的直线（--，阴）；第一形象表示完善，父，男，一元，和毕泰戈拉派所表示的相同，表示肯定。第二个形象的意象是不完善，母，女，否定。这些符号被高度尊敬，他们是一切事物的原则。[②]

在这里，黑格尔把阴爻--的涵义说成是“不完善”“否定”，显然是执着的、片面的，因为他没有看到阴爻也有完善和肯定的一面。但是，他却找到了毕达哥拉斯学派与《周易》关于数的本原说的一致。当然，由于中西环境不同，《周易》中数的本原说与毕达哥拉斯学派的数的本原说也有不同；前者强调宇宙本体的变易，后者强调自然物体的和谐；前者重视卜筮占数，后者重视几何级数。但由于人类都有认识自然的能力，都从事社会实践活动，因而不同国度素不往来的人们都能站在各自一方揭示出科学的同一奥秘或奥秘的若干方面。

《周易》的数学符号，不仅使中国历代易学家为之着迷，而且也令西方哲人惊叹不已。十七世纪德国美学家、数学家莱布尼茨（1646—1716）在给鲍威特的信中，声称他有个重要的发现。他于1678年发明了数学二进位制序列。他于1703年看见传入西方的北宋邵雍的先天易卦图。他赞叹二者有惊人的相似之处。前者以0，1为数之根本，后者以阴阳为卦之基元。0，1逐层推衍、递进，与六十四卦序列相对应。莱氏用热情的调子，颂扬了中国古老的文化。当然，莱氏是在新的数学科学起点上创立二进位制

① 转引自《西方哲学原著选读》（上卷），商务印书馆1981年版，第20页。

② 黑格尔：《哲学史讲演录》（第一卷），北京大学哲学系外国哲学史教研室译，生活·读书·新知三联书店1956年版，第121页。

的，而邵雍则是根据《周易》的太极说去绘制阴阳图的。邵雍在《皇极经世书》卷七中说："道为太极。"可见，他所绘制的先天图中太极阴阳说与数学科学二进位制毕竟是不同的。

必须指出：太极的辐射美是有独特性的。它不仅具有放射功能，而且具有回收功能。唯其具有放射功能，故可以一生万；唯其具有回收功能，故可万归于一。前者体现为一的一切的美，后者体现为一切的一的美。如此之美，亦即太一之美。在古代哲学家眼中，太一即太极，黑格尔在《小逻辑》第201页中曾经提及。李鼎祚《周易集解》卷第十三"周易系辞"注引："虞翻曰：太极，太一也。分为天地，故生两仪也。"虞翻是汉代著名象数派易学大师，他把太极当作太一乃是有所本的。

庄子《天下》篇中有"主之以太一"之说。唐代成玄英疏云："太者广大之名。一以不二为称。言大道旷荡，无不制围，括囊万有，通而为一，故谓之太一也。建立言教，每以凝常无物为宗；悟其指归，以虚通太一为主。"[①]这里，论述了无与有、一与万之间的辩证关系。所谓无、一，就是指太一（太极）的本体的虚空性、凝聚性；所谓有、万，就是指太极（太一）的本体的生发性、扩散性。前者体现出收，所谓万取一收、终返于无是也；后者体现出放，所谓一以生万、无中生有是也。如此能放能收、一放一收，显示了太极辐射美的辩证性和变易性，这也是太极辐射美的特色。

关于太极的辐射美的能放能收的特色，我们还可以从苏轼、司马光的论述中体悟得出来。苏轼《东坡易传》卷七"系辞传上"云："太极者，有物之先也。夫有物必有上下，有上下必有四方，有四方必有四方之间，四方之间立而八卦成矣。此必然之势，无使之然者。"这里，显然是指太极的放射性。其《东坡易传》卷八"系辞下传"云："极则一矣；其不一者，盖未极也。四海之水，同一平也。胡越之绳墨，同一直也。"这里，虽然是针对"天下同归而殊途"而言，但却饱含归于太极的思想。关于这一点，我们可以同

① 郭庆藩：《庄子集释》（第四册），中华书局1982年版，第1049页。

司马光的有关论述结合起来研究，就更能知其底蕴。《温公易说》卷五“系辞上”云：“太极者一也。物之合也，数之元也。引而伸之，触类而长之，则算不能胜也，书不能尽也，口不能宣也，心不能穷也。掊而聚之，归诸一；析而散之，万有一千五百二十未始有极也。”这里，既论述了太极之合聚为一的集束美，又阐明了太极之散析为万的放射美。

四、太极的动静美

太极之道，有无相生，亦阴亦阳，一动一静。动为运动、变易，静为静谧、休止。

在动静的关系中，要一张一弛，一动一静。光动不静，则躁而不宁；光静不动，则伏而死寂。但动静有致之时，亦各有侧重之处，有时应强调动，有时该强调静。老子是强调以静制动的，在《道德经》中经常突出静的功率。“致虚极，守静笃，万物并作，吾以观复。”（十六章）王弼注曰：“以虚静观其反复。凡有起于虚，动起于静，故万物虽并动作，卒复归于虚静，是物之极笃也。”[①]这里，强调虚静制动，是深得老子精义的。老子云：“静胜热，清静为天下正”（四十五章），“我好静而民自正”（五十七），“牝常以静胜牡，以静为下”（六十一章）。这些，都是深得静的真谛的言论。但老子并没有舍弃动字，而是在以静制动的前提下谈到动字，所谓“反者，道之动”（四十章）是也。王弼注曰：“高以下为基，贵以贱为本，有以无为用，此其反也。动皆知其所无，则物通矣。故曰：‘反者，道之动’也。”[②]静之所以能够制动，动之所以起于虚静，是由于虚静终归于无。这便是以无为本来解释以静制动的玄学思想。

在《易传》中，也吸取了老子的部分动静观，但却没有全部吸取老子的动静观。如果说，老子强调静，则《易传》却强调动。换言之，《易传》对老子的动静观进行了改造，在重视动静有致之时，更侧重于突现动。之

① 楼宇烈：《王弼集校释》（上册），中华书局1982年版，第36页。

② 楼宇烈：《王弼集校释》（上册），中华书局1982年版，第109—110页。

所以如此，是同《易传》十分突出地关注变易的思想息息相关的。且读《系辞长》："动静有常，刚柔断矣"；"君子居则观其象而玩其辞，动则观其变而玩其占"；"夫乾，其静也专，其动也直，是以大生焉。夫坤，其静也翕，其动也辟，是以广生焉"；"言天下之至动而不可乱也"；"以言者尚其辞，以动者尚其变。"再读《系辞下》："天下之动，贞夫一者也"；"爻也者，效天下之动者也"；"变动不居，周流六虚。"这些说法，显然与老子的提法有别。但在表现亦动亦静的辩证法方面，《易传》与老子又异中有同，从而显示出二者相通的脉络。

《庄子·天下篇》云："飞鸟之景未尝动也，镞矢之疾而有不行不止之时"。"飞鸟"句，成玄英疏曰："过去已灭，未来未至，过来之外，更无飞时，唯鸟与影，嶷然不动。是知世间即体皆寂，故《肇论》云，然则四象风驰，璇玑电卷，得意豪微，虽迁不转。所谓物不迁者也。"至于"镞矢"句，成玄英疏曰："镞，矢端也。夫机发虽速，不离三时，无异轮行，何殊鸟影。[轮]既不碾不动，镞矢岂有止有行！亦如利刀割三条丝，其中亦有过去未来见在之者也。"[①]这些，都形象地描述了动静相生的原理。

宋代理学家周敦颐吸取了《易传》和道家的思想，对于其中的动静观进行改造，创立了太极图，表现阳动静阴、万物化生、肇自太极的思想；并撰写《太极图说》，宣扬"动极而静，静而生阴；静极复动，一动一静，互为其根，分阴分阳。"朱熹对此说也大为赞赏，并注入了自己的理学观。至于王夫之，则对周敦颐的动静生阴阳说持有异议。其《周易内传发例》云：

> 刚之性喜动，柔之性喜静，其情才因以然尔。而阳有动有静，阴亦有静有动。则阳虽喜动而必静，阴虽喜静而必动，故卦无动静而筮有动静。故曰："乾，其静也专，其动也直"；"坤，其静也翕，其动也辟。"阴非徒静，静亦未即为阴；阳非徒动，动即未必为阳，明矣。

① 郭庆藩：《庄子集释》（第四册），中华书局1982年版，第1109—1110页。

> 《易》故代阴阳之辞曰“柔刚”，而不曰“动静”。阴阳刚柔，不倚动静，而动静非有恒也。周子曰：“动而生阳”，“静而生阴。”生者，其功用发见之谓。动则阳之化行，静则阴之体定尔，非初无阴阳，因动静而始有也。阴阳必动必静，而动静者阴阳之动静也。

这里告诉人们，阴阳是产生动静的母体，动静乃是阴阳化生，是阴阳生动静，而不是动静生阴阳。显然，这同周敦颐的阳生动、阴生静的观点是截然相反的，实质上是对周氏的太极阴阳动静论的挑战，不过语气稍稍和缓而已。此其一；王氏认为，阳不仅生动，而且生静；阴不仅生静，而且生动；但阳尤其喜动，阴尤其爱静。这种看法，比之于周氏，要辩证得多。此其二；王氏的立论根据本乎《周易》。乾卦属阳，有动有静；坤卦属阴，有静有动。据此类推，则阴阳之卦，均各含动静。可见，周氏之动静生阴阳说是违背易理的。这就从哲学理论上否定了周氏的观点。此其三。

通过以上论述。可以看出：太极动静美的哲学，发轫于老子《道德经》，经过《易传》的改造、庄子的补充、理学的阐释、明清学者的发挥，不断得到充实、丰富。直至今天，太极图阴阳鱼的一静一动、旋转不已的情状，仍然感染着万千哲人，去为寻觅太极之美而尽心尽力。

这里，特别要提出的是，诺贝尔奖获得者、丹麦原子物理学家N·玻尔就深受太极论的启示。他所设计的玻尔家族族徽，就镶嵌着以阴阳鱼的旋转运动为轴心的太极图，象征着他所毕生追求的“并协原理”（意即：互斥互补，相反相成），且将此原理以拉丁文CONTRARIA SUNT COMPLEMENTA写于族徽上方。由于他贡献巨大，1947年丹麦国王特授予他一枚荣誉勋章，上面装饰着中国古代阴阳鱼太极图。

可见，太极图的运动哲学早已跨出了国界，飞向了世界，并永远以其不可磨灭的美的魅力吸引着后代的人们。

［原载《周易研究》1997年第1期］

周易方圆论

一、方圆本质论

方与圆，是对古老的美学范畴。其根本特性是不确定的、模糊的。它既可指客观世界，又可指主观世界；即可指作为对象的客体，又可指作为自我的主体；即可指形而上的道，又可指形而下的器；即可以是无形的，又可以是有形的；即可以是无限的，又可以是有限的；既可以是抽象的，又可以是具象的；既可以诉诸视觉，又可以诉诸思维。人，可以凭借自己的视知觉，对于方圆符号进行美的把握，从而挖掘出以间接性、简洁性、象征性为特征的方圆符号中的潜在意蕴。

方圆符号，从数学的角度看，不过是几何图形；用哲学的眼光体察，它岂但是事物简练、概括的形状，而且寄寓着无穷的哲理。它是客观事物形态的抽象化，又是主观思想情感的抽象化。他驰骋的领域，无边无际；大至宇宙，小至尘埃，均有它的轨迹。有时，它被理解为法则、范式，所谓没有规矩不成方圆；有时，它被理解为形状、面积，如九州方圆；有时，则被理解为人的不同性情、品格。如“凿臣方心，归以大圆。”（柳宗元《乞巧文》）

方，是由直线构成的，它的四个拐角各呈90度直角。它意味着挺拔、高耸、险峻、紧张、劲直、突兀、奇崛、险怪。

圆，是由直线构成的，呈360度。它意味着流畅、运动、柔润、舒展、活泼、轻松、平和。

关于方与圆的哲学理论产生渊源，在中国古代典籍中早有记载。《易经》乾卦，虽未出现圆的概念，但卦爻辞中对于龙的腾飞情状的描述，却间接地显示了它那左旋右转、上下游动的曲线美。《易传·说卦》："乾为天，为圜（圆）。"骋目环顾，则见天呈圆形；壮美之感，不禁油然而生。

至于方，《易经》坤卦六二爻云："直，方，大，不习，无不利。"对此，《易传·象上·坤》释之曰："六二之动，直以方也。不习无不利，地道光也。"这里虽未提到大字，但地道光大的涵义却不言自明。同时，它还具有直与方的特色。王弼在《周易注·上经·坤》中解析道："居中得正，极于地质。任其自然，而物自生；不假修营，而功自成，故不习焉，而无不利。"又云："动而直方，任其质也。"就方而言，这里强调了方的自然而然的特性。

《易传·坤文言》："坤至柔而动也刚，至静而德方。"对此，王弼释之曰："动之方直，不为邪也；柔而又圆，消之道也；其德至静，德必方也。"王弼不仅将方与圆进行比较分析，而且将方的自然性和社会性结合在一起研究，因此，他对方的人格美是很重视的，并援引了《坤文言》中的这几句话："直，其正也；方，其义也。君子敬以直内，义以方外，敬义立而德不孤。直、方、大，不习无不利，则不疑其所行也。"这里显然是从道德伦理的角度去论述人的直、方、大的品格美的，王弼也是称颂、认同的。

把方与圆紧密地联系在一起去论述卦爻的精神实质的，则为《系辞上》所云："是故蓍之德圆而神，卦之德方以知。"韩康伯《周易·系辞上注》："圆者，运而不穷；方者，止而有分。言蓍以圆象神，卦以方象知也。唯变所适，无数不周，故曰圆。卦列爻分，各有其体，故曰方也。"这是从义理角度剖析方圆的。孔颖达在《周易正义·系辞上》的解疏中进一步发挥了这种思想。他说：

> 神以知来，是来无方也；知以藏往，是往有常也。物既有常，犹方之有止；数无恒体，犹圆之不穷。故蓍之变通则无穷，神之象也；卦列爻分有定体，知之象也。知可以识前言往行，神可以逆知将来之事，故蓍以圆象神，卦以方象知也。
>
> 圆者运而不穷者，谓团圆之物，运转无穷已，犹阪上走丸也。蓍亦运动不已，故称圆也。言方者止而有分者，方谓处所，既有处所，则有止而有分，则是止而有分。且物方者，著地则安。其卦既成，更不移动，亦是止而有分，故卦称方也。

以上所述，涵义丰富，剖析深刻。它对易学方圆的概念、特性、功能、关系，均作了界定。

所谓圆，乃是指蓍占的旋转运动。它是无穷的、无限的，因而是玄妙神奇的。其突出功能是可以预测未来，《系辞上》中所说的“神以知来”，就是这个意思。当然，这种神，并非虚无缥缈的东西，更非天上的神仙，而是离不开聪慧的人的。《系辞上》云：“神而明之存乎其人”，“民咸用之谓之神。”如此之神，是与人血肉相关的，是人的智能的最高而集中的表现，因而它虽然具有深广远大、玄妙神秘、变化莫测的特点，但却是可亲的，具有普适性的。所以，《系辞上》一方面指出“阴阳不测之谓神”，另一方面则指出“民咸用之谓之神”，这就从玄秘性和普适性两个角度全面而完整地论析了神的内涵与外延。

所谓方，乃是指卦的安定静止。它是有常的、有限的，因而是智慧的结晶。其显著的功能是记述以往，《系辞上》中所说的“知以藏往”，就是这个意思。韩康伯《周易注·系辞上》云：“明蓍、卦之用同神知也。蓍定数于始，于卦为来；卦成象于终，于蓍为往。往来之用相成，犹神知也。”这就从两个方面说明了神和知的作用。

所谓圆者至方，也就是大圆至方，亦方亦圆。它是方圆合一、相互融通的结果，是方圆美的至高境界。

圆者至方的另一说法是方者至圆，也就是大方至圆。它和老子《道德经》四十一章所说的“大方无偶”有异曲同工之妙。

大方无隅是大方有隅的逆反。从表层看，方必有角，故称有偶；从深层看，方角已化入圆中，与圆浑然一体，既能保持方的刚健、正直的本性，又汲取了圆的柔和、委曲的特点，故能刚柔相济、曲直互补。它是无隅之方，也是有隅之圆。无隅之方离不开圆，故必刚中有柔，直中寓曲；有隅之圆离不开方，故必柔中寓刚，曲中寓直。方中之刚，可以克柔，而不割柔；圆中之柔，可以克刚，而不割刚。由此推之，则大方虽有刚直之性，却只可引导、规范万事万物，而不能屠宰（割）万事万物，故无裸露的拐角，这就是大方无隅。王弼《老子道德经注》四十一章云：“方而不割，故无隅也。”又五十八章注云：“以方导物，令去其邪，不以方割物。所谓大方无隅。”

大方无隅（无隅之方）和大圆有隅（有隅之圆）的相互参差、交融，构成了至方至圆、亦此亦彼的模糊美。这种美，是符合易学之道的。《系辞上》云：“子曰：‘夫易何为者也？夫易开物成务，冒天下之道，如斯而已者也。”正是在此前提下，去阐发圆神方知的精义的。

关于圆神方知论，历代易学家十分重视。王弼、韩康伯、孔颖达等人对其注疏、解析，向被后代学者奉为圭臬。他们或绍介，或引用，或发挥，兴味至浓。例如：司马光在《温公易说》卷五中，就引用过韩康伯的“圆者，运而不穷；方者，止而有分”的注释；陈梦雷在《周易浅述》卷七中，就引用过朱熹在《周易本义》卷七中所说的“圆神，谓变化无方；方知，谓事有定理。”至于苏轼则云：“夫物圆则好动，故至静所以为方也。”（《东坡易传》卷一）又云：“蓍有无穷之变，故其德圆，而象知来之神；卦蓍已然之迹，故其德方，而配藏往之智。以圆适方，以神行智，故六爻之义，易以告也。”（《东坡易传》卷七）这些，都丰富了易学方圆论的知识宝库。

《易传》方圆论，吸取了儒道二家的思想成果。

老子的道，广大深邃，无所不包。“迎之不见其首，随之不见其后”（《道德经》十四章）。它必然包孕着玄之又玄的理。韩非《解老篇》：

“凡理者，方圆短长粗靡坚脆之分也；故理定而后物可得道也。”所谓方圆之理，当然是体现着道的，道当然也是蕴含着方圆之理的。但由于“道法自然”（《道德经》二十五章）是道的最高标准，因而方圆之理必须服从自然之道的运行规律。这和儒家所要求的以人道为依归是迥然不同的。

儒家认为，作为体道的方圆与人类社会是紧密相关的。人根据社会的需要，去化裁自然. 把客观自然纳入主观情思之中，以铸方熔圆。这就是王夫之在《周易内传发例》中所说的“域大化于规圆矩方之中。”这种方圆，必然打上了人的社会烙印。《论语·为政》：“七十而从心所欲，不逾矩”；《孟子·离娄章句下》：“立贤无方”（朱熹注：“方，犹类也。”）；《孟子·尽心章句下》：“动容周旋中礼者，盛德之至也”；《孟子·离娄章句上》：“圣人既竭目力焉，继之以规矩准绳，以为方员（同圆）平直”；《孟子·尽心章句下》：“梓臣轮舆，能与入规矩，不能使人巧”；《礼记·深衣》：“袂圆以应规，曲袷如矩以应方，负绳及踝以应直，下齐如权衡以应平。故规者，行举手以为容；负绳、抱方者，以直其政、方其义也。故《易》曰：“坤‘六二之动，直以方也。’下齐如权衡者，以安志而平心也。”这些，分别从心灵、行为、道德、法则、技艺、仪容等方面，接触到方圆的社会性。

由此可见，就方圆之道而言，儒家侧重于有为的人类社会，道家侧重于无为的自然大化。而《易传》则儒道并蓄，共铸方圆。即在方圆之中，既体现人道，又体现天地之道。蓍与卦，正由于在天地人三才所集中显示的道的统驭下，能够充分发挥通志、定业、断疑的作用，所以才被誉为圆神方知的。

二、方圆中介论

《易传》中所说的圆神方知，是水乳交融、相互依存的。明代易学家来知德《周易集注》卷十三在解析这种现象时指出：“易者一圆一方，交易、变易，屡迁不常也。”由此可见，方圆是具有差异性、相关性、运动性的。

在方圆碰撞的过程中，或圆中纳方，或方中纳圆。当方圆互纳之时，必然出现一个中间地带，这就是中介领域。在这一中介领域，方与圆，相互过渡，彼此渗透，呈现出亦此亦彼的模糊美。兹剖析如下：

第一，方圆相交，必有交点。这种交点，既是方的直线所经由之点，又是圆的曲线所经由之点。因而它体现着方圆相容、曲直互渗。这是从数的角度理解方圆相交的。此外，还有从哲学、伦理学、心理学的角度理解方圆相容的。易学家杭辛斋在《易学藏书》中谈到“圆方互容”时说：“圆为心体，寂然不动，湛然圆融”，又说：“圆为心，圆内容方，以一涵四。人以心为主，心体无为无不为，……而官体听命焉，此圆容方之象也……心之本体，仍安然若无事，如未动也，此方又容圆之象也。”此说的缺点在于：把圆仅仅当成心，而与物无涉，因而不无片面性；对于圆方互容的内涵未能准确把握，且论述比较笼统、空泛。但瑕不掩瑜，其可贵之处在于揭示了方圆之间的内在联系，符合他论及“乾易坤简”时所总结出来的“方圆奇偶，阴阳互根”的哲理。此外，《关尹子 · 九药》篇“圆道方德”，《淮南子 · 主术训》“智圆行方”，唐代李泌《咏方圆动静》“方如行义，圆如用智”等说，均涉及伦理、心理。

古老的太极图与八卦图的相互浑融现象，也可证明：古人对于方圆之间内在的联系，早就有了初步的认识。太极图中黑白鱼的旋转、游动，成为曲圆；八卦图中阴阳相交、曲直互生，成为方圆。太极产生八卦，八卦以太极为轴心，但八卦却具有相对独立性。它围绕着太极运行，故表现为圆；然又保持其直，故表现为方；但这种方，隶属于太极所辐射的范围，故又表现为圆中之方。古人对于太极与八卦之间的关系的描述，虽然简易、拙朴，但却揭示了方圆相交的真理。陈梦雷《周易浅说 · 卷四 · 杨道声方圜合图说》云：“天圜于外，圜则运行而不息；地方于内，方以相交而成功。”这就显示出天外地内、方圆相抱的动态美。

第二，方圆互变，必有中介。黑格尔指出：“当赫拉克利特说‘一切皆在流动’时，他已经道出了变易是万有的基本规定。”[①]可见事物的流动、运动，乃是变易的根本原因。就方圆而言，方可以变成圆，圆也可以变成方。但这种变是有条件的，这就是要经过特定的中间环节。方是由直线构成的，圆是由曲线构成的。光曲不直，无以成方；光直不曲，无以成圆。故方变圆，必须通过曲线；圆变方，必须通过直线。这样，直线就成为由圆变方的中介；曲线就成为由方变圆的中介。

由方变圆的过程，也就是由直线逐渐转化为曲线的过程，即直线改变了自己水平或垂直状态，逐渐偏离直线，同时进入曲线。随着直线的消失、曲线的显示，方的形态也就慢慢消逝，圆的形态也就得到显示。反之，由圆变方的过程，也就是由曲线逐渐转化为直线的过程。

至于方到什么程度，圆到何种地步，主要取决于曲直。若四边百分之百地直，就是成块的方；若周围百分之百地曲，就是成环的圆；若曲直的围合达不到百分之百，也就不会全方尽圆。换句话说，四面围合，虽呈直线，但不全直，却含着曲，故不能全方；一周环绕，虽呈曲线，但不尽曲，却含着直，故不能尽圆。清代易学家胡煦在《周易函书约存》中，曾列“方圆相生图”。对于方圆互变现象，作了这样表述：方圆交而生方生圆；为方之形，出而变圆，圆中之方，图如◎：为圆之形，出而变方，方中之圆，图如◯；一分方，二分圆，为一定之圆；一分圆，二分方，为一定之方。为什么会出现这种现象呢？胡煦没有回答。但从黑格尔那里，就可找到科学答案。黑格尔从辩证法的高度，揭示了事物互变的中介原理。他说：“中介性包含由第一进展到第二，由此一物出发到别的一些有差别的东西的过程。”[②]又说：“通过自身否定，以自身为中介和自己与自己本身相联系，因而正是经历了中介泣程。”[③]由此可见，方圆互变，也正是通过曲直互变的中介过程而实现的。

第三，方圆互用，离方遁圆。李鼎祚《周易集解》卷第十三引：“崔

① 黑格尔：《小逻辑》，贺麟译，商务印书馆1981年版，第199页。

② 黑格尔：《小逻辑》，贺麟译，商务印书馆1981年版，第189页。

③ 黑格尔：《小逻辑》，贺麟译，商务印书馆1981年版，第239页。

憬曰：蓍之数，七七四十九，象阳，圆其为用也，变通不定，因之以知来物，是蓍之德圆而神也。卦之数，八八六十四，象阴，方其为用也，爻位有分，因之以藏往知事，是卦之德方以知也。”崔憬是唐代易学家，主张通过象数探讨易理，受到李鼎祚的重视。关于这段方圆之用的论述，颇为精到。它是通过蓍卦象数所代表的阳阴动静去突出用方用圆的易理的。

至于以阴阳动静互变说来论析方圆互用的易理的，是以王夫之的易学最为详细。其《周易外传》卷五云：“动流而不滞，故为圆；静止而必齐，故为方。”又云：“阳函阴，动有静，以圆纳方，……天行地中，施其亘化，以方纳圆，……天固包地，尽地之用，地道无成，竭其功化以奉天，以圆纳方。”如此方圆互纳的根本原因就在于一个变字。

方圆互变的易学思想，对于艺术创造也具有深刻的影响。南宋词人姜夔在《续书谱·方圆》中说：“真贵方，草贵圆。方者参之以圆，圆者参之以方，斯为妙矣。然而方圆、曲直，不可显露，直须涵泳一出于自然。如草书尤忌横直分明，横直多则字有积薪、束苇之状，而无萧散之气。时参出之，斯为妙矣。”这段话，虽然是针对书法而言，但却适用于所有艺术。它的意思，可分三个层次：其一，方圆尽管有别，但却可以互补。方圆相参，能发挥各自优势，避免彼此不足。其二，方圆相参，必须融为一体，了无痕迹；只有方圆的风采、神韵，没有方圆的拼凑状态。这就臻于自然的妙境。这就如张仲素《鉴止水赋》所云：“随方圆以见，意在清通。”其三，若方圆乱投，杂乱无章，就损害了方圆的美。西汉杨雄《太玄·门致》云：“圆方杌棿（音乌涅，不安貌），其内窾（音款，空也）换（同‘涣’，散也）。测曰，圆方杌棿，内相失也。”方圆冲突，激荡不安，导致内部的空虚、涣散，既损害了方，也损害了圆。这是方圆互用的逆反。

明代书法家项穆《书法雅言》云：“方圆互用，犹阴阳互藏。所以用笔贵圆，字形贵方，既曰规矩，又曰之至，是圆乃神圆，不可滞也；方乃通方，不可执也。”从这个标准出发去评价书法艺术，则见锺繇、王羲之的字既方且圆，“会合中和”；张旭、怀素的字则“既方更圆”。据此，项穆严厉地批评了斫伤方圆的越轨现象。那种大小不齐、强合勾连、相排相纽、突缩突伸的梅花体，就是方圆互用的逆反，是不足取的。他总结道："圆而且方，方而复圆，正能含奇，奇不失正，会于中和，斯为美善。"

方圆互变的丰硕成果是"离方遁圆"。晋代陆机《文赋》："虽离方而遁圆，期穷形而尽相。"唐代著名书法理论家张怀瓘在《书议》中说："夫行书，非草非真，离方遁圆，在乎季孟之间。"所谓"离方遁圆"，并非无方无圆，而是圆中有方，方中有圆，曲中有直，直中有曲，相反相成，不协调的协调，这是和谐美的表现。黑格尔说："和谐一方面见出本质上的差异面的整体，另一方面也消除了这些差异面的纯然对立，因此它们的互相依存和内在联系就显现为它们的统一。"①方与圆，在本质上是有差异的；但由于方圆互变、离方遁圆，便消除了方圆之间的对立，并转化为方圆之间的相互依存，从而形成了方与圆的和谐统一。

第四，方圆互渗，亦方亦圆。这点与上点具有血肉的联系，其实是二而一的，之所以分开来谈，不过是反复强调它的内涵的丰富性、多侧面性和外延的广阔性与远大无边罢了。如上所说，方与圆是对立的，但它们在运动中，通过中介，相互影响，彼此融合，就可亦方亦圆。《庄子·天下》云："矩不方，规不可以为圆。"规矩本呈方圆，但由于变异，却不方不圆，此非方圆互渗之象乎？《易传》中所说的圆神方知，就是方圆互渗的至高境界。八卦之蓍运而圆、爻分是方，就是亦方亦圆的显示。这对艺术创造，颇具启迪意义。西晋书法家卫恒在《四体书势》中说："方者使圆，圆者使方"，"不方不圆"；唐代书法家张怀瓘在《评书药石论》中说："方而有规，圆不失矩"；清代周星莲《临池管见》云："究竟方圆，仍是并用，以结构言之，则体方而用圆；以转束言之，则内方而外圆；以笔质言之，则骨方而肉圆。"康有为《广艺舟双楫·缀法第二十一》云："妙处在方圆并用，不方不圆，亦方亦圆，或体方而用圆，或用方而体圆，或笔方而章法圆，神而明之，存乎其人矣。"以上虽系针对书法而言，但却是符

① 黑格尔：《美学》（第一卷），朱光潜译，商务印书馆1986年版，第180—181页。

合辩证法的。这就是说，它与“亦此亦彼”的哲学原理是相通的。黑格尔说：“无论在精神界或自然界，绝没有象知性所坚持的那种‘非此即彼’的抽象东西。无论什么可以说得上存在的东西，必定是具体的东西，因而包含有差别和对立于自己本身内的东西。”[①]又说：“所谓对立面一般就是在自身内即包含有此方与其彼方，自身与其反面之物。”[②]这是“由于每一方都是对对方的扬弃，并且又是对它自己本身的扬弃。”[③]这种判断，为我们理解《易传》的方圆论提供了科学的理论依据。方与圆，是对立面的此方与彼方，在彼此过渡中，相互吸引，相互扬弃，由此及彼，由彼及此，彼此互渗，亦此亦彼。易卦的方圆相参、亦方亦圆，便是如此。黑格尔曾以一方形的圆为例，说明一个多角的圆形和一个直线的弧形本身所存在着的方与圆的对立的同一性。这就在理论上提出了方圆的矛盾的统一的哲学依据。黑格尔的这种见解，难道不适于阐释卦爻方圆之象吗？

三、方圆殊相论

方圆殊相，各呈风采。方圆虽有共同点，但毕竟不是一个东西。“圜者，一中而共长也”（《墨子》）。圜即圆，自中心起，到周围任何一点，距离相等。它不露棱角，丰满无缺，婉转滑润，委曲柔和，融通灵敏，流动畅达。佛学所谓圆妙、圆觉、圆通、圆寂、圆光，都与圆有关。庄子所说的“枢始得其环中，以应无穷”（《齐物论》），更充分地描述了圆的功能。至于方，则另具一番风韵。其为人也，则谨严方正，刚直不阿，这是品性之方；其为态也，则平稳庄重，安定沉着，这是仪容之方；其为形也，则棱角分明，突兀峥嵘，这是体式之方。司空图《诗品·委曲》云：“道不自弃，与之圆方。”这是从哲学美学上描述方圆的各自功能的。屈原《离骚》云：“何方圆之能周兮，夫孰异道而相安！”这是从愤懑的心情出

① 黑格尔：《小逻辑》，贺麟译，商务印书馆1981年版，第258页。

② 黑格尔：《小逻辑》，贺麟译，商务印书馆1981年版，第259页。

③ 黑格尔：《小逻辑》，贺麟译，商务印书馆1981年版，第259页。

发去倾吐方圆之音的。白居易《君子不器赋》云："若止水之在器，任器方圆。"这是描写水性的灵活性的。柳宗元《与杨晦之再说车敦勉用和书》云："方其中，圆其外。"这是通过方圆格局去显示方的坚挺与圆的通变的。苏轼《送张道士序》云："陶者能圆而不能方，矢者能直而不能曲。"这是写方圆的各自特性的。王夫之《思问录外篇》云："绘太极图，无已而绘一圆圈尔，非有匡郭也。如绘珠之与绘环无以异，实则珠环悬殊矣。珠无中边之别，太极虽虚而理气充凝，亦无内外虚实之异。……此理气遇方则方，遇圆则圆，或大或小，絪缊变化，初无定质，无已而以圆写之者，取其不滞而已。"这是分析太极的方圆理气随机变化的流动状态的。周星莲《临池管见》云："古人作书，落笔一圆便圆到底，落笔一方便方到底，各成一种章法。《兰亭》用圆，《圣教》用方，二帖为百代书法模楷，所谓规矩方圆之至也。"这是从书法上去区分方圆的。元代书法家郑杓在《衍极·卷四·古学篇》中说："圆有方之理，方有圆之象。"与郑杓同时的刘有定注曰："引一而绕合之，方则为□，音围。圆则为○，音星。至○则环转无异势，一之道尽矣。"这些，都深刻地说出了方圆曲直的异同。

方和圆，既有有形的，又有无形的；既有视觉的，又有非视觉的；既有宏观的，又有微观的；既有具象的，又有抽象的；既有心灵的，又有感官的；既有人工的，又有天然的。王夫之《思问录外篇》云："圜而可规，方而可矩，皆人为之巧，自然生物未有如此者也。易曰，'周流六虚，不可为典要。'可典可要，则形穷于视，声穷于听，即不能体物而不遗矣。唯圣人而后能穷神以知化。"这里，指出了方圆有人工与自然的区分，说明了方圆出神入化的变易性，并印证了圆神方知的易理。

方圆虽殊，互渗则同，相反相成，各尽其妙。方为圆之骨，圆为方之肉。方为圆之筋，圆为方之髓。圆外之方，方外之圆，相互参差，变动不居，但必须达到"超以象外，得其环中"（司空图《诗品·雄浑》）的境界，始可曲尽其美。

但在方与圆的关系上，圆比方往往显得更为重要。太极之圆，就是如此。王夫之《周易内传发例》云："太极，大圆者也。"又云："要之絪缊升降、互相消长盈虚于大圆之中，则乾坤尽之。"这是从宏观上强调太极大圆的。在方圆相参的过程中，方经常是从属于圆的。古希腊毕达哥拉斯学派美学家认为："一切立体图形中最美的是球形，一切平面图形中最美的是圆形。"[①]钱锺书在引述孔密娣论文"考希腊哲人言形体，以圆为贵"时，发挥道："窃尝谓形之浑简完备者，无过于圆。"[②]这是从形的方面突现圆的风采的。至于白居易《求玄珠赋》，则从神的方面歌咏圆的情致："察之无形，谓其有而非有；应之有信，为其无而非无。故立喻比夫至宝，强名为之玄珠。……以不凝滞为圆，以无瑕疵为美。"这里，白居易以神奇的笔触，描绘了玄珠的圆美，并把圆美提到玄的哲理境界，这同"黑格尔以哲学比圆"[③]，都很精彩！

在文艺理论中，对于语言艺术所表现的圆美，至为重视。刘勰《文心雕龙》多次赞圆。如《论说》："义贵圆通，辞忌枝碎"，《体性》："沿根讨叶，思转自圆"；《定势》："圆者规体，其势也自转；方者矩形，其势也自安；文章体势，如斯而已"；《风骨》："思不环周，索莫乏气，则无风之验也。……若风采未圆，风辞未练，而跨略旧规，驰骛新作，虽获巧意，危败亦多"；《熔裁》："故能首尾圆合，条贯统序"；《声律》："凡切韵之动，势若转圜，讹音之作，甚于枘方"；《丽辞》："必使理圆事密，联璧其章"；《指瑕》："而虑动难圆，鲜无瑕病"；《比兴》："诗人比兴，触物圆览"；《时序》："枢中所动，环流无倦"；《知音》："凡操千曲而后晓声，观千剑而后识器；故圆照之象，务先博观。"《明诗》："然诗有恒裁，思无定位，随性适分，鲜能通圆。"这些，分别对诗文的意蕴、情思、体势、风采、结构、韵致、义理、视界等等，作了圆的点化。日僧空海《文镜秘府论》中的诗文方圆论，深受《文心雕龙》的影响。其《论文意》中所提到的

① 北京大学哲学系外国哲学史教研室：《古希腊罗马哲学》，生活·读书·新知三联书店1957年版，第36页。

② 钱锺书：《谈艺录》，中华书局1984年版，第111页。

③ 钱锺书：《谈艺录》，中华书局1984年版，第112页。

"圆文"，其《论体》中所云"理贵于圆备"，其《论对属》中所谓"圆清着象，方浊成形"，都是明显的例证。

尤其是诗歌艺术所显示的圆美，更受到文人的青睐。《南史·王筠传》引谢朓语云："好诗流美圆转如弹丸。"《文心雕龙·声律》："则声转于吻，玲玲如振玉；辞靡于耳，累累如贯珠矣。"司空图《诗品·流动》："若纳水辖，如转丸珠。"德国诗人歌德说："诗人赋物，如水掬在手，自作圆球之形。"[①]这种立意于圆的精巧构思，观察世界整体性的能力，驱使艺术精灵的奇妙方法，均在圆的运作中。

当然，这并不是说艺术可以不要方。有圆无方、有方无圆，都是文学艺术的大忌；但方多圆少、或圆多方少，则是常见的。李耆卿《文章精义》云："文有圆有方，韩文多圆，柳文多方，苏文方者亦少，圆者多。"但在方圆比重上，艺术家每每重圆。白居易《荷珠赋》："在圆而圆，得水之本性。"又《胡旋女》："弦鼓一声双袖舞，回雪飘摇转蓬舞。左旋右转不知疲，千匝万周无已时。……臣妾人人学圜转。"这就是重圆的例子。舞蹈（尤其是芭蕾）的旋转，戏剧的圆场，歌声的圆润，绘画的曲线，杂技的圆巧，亲人的团圆，都离不开一个圆字。

圆，就学科的微观意义而言，它有始有终，有头有尾。它由特定的起点出发，慢慢弯曲，延伸到360度，回到原来的起点，这也就成为它的终点，形成了起点与终点的叠合。明镜之圆，月亮之圆，球状之圆，就是如此。这些，乃是就其物理性质而言的。

就其哲学的宏观意义而言，圆，无始无终，没有开头，没有结尾，无穷无尽，流动不息，万古不灭。神秘莫测的太极，就是如此。

圆，是有限与无限的结合。它用哲学的整体性规范着艺术的具体性，使艺术的具体性的轨道上也回旋着哲学的整体性的光轮。它既有确定的明朗性，又有不确定的模糊性。在运动变化中，高低向背，明暗掩映，从而影响着艺术，使艺术时而出现明朗美，时而显示模糊美。

---

① 钱锺书：《谈艺录》，中华书局1984年版，第114页。

圆，具有超越之美。在方圆互渗中，圆不断变化，不断获得新的特质，而出现突破，遂实现对原来之圆的超越；另一方面，又在本身不断自转、不断增值的基础上，实现自我的超越。司空图《诗品·雄浑》："超以象外，得其环中。"邱光庭《纪道德》诗："可以越圆清方浊兮，不始不终。"这些，都显露出圆的超越美。究其易学渊源，是同"变动不居，周流六虚"（《系辞下》）的观念紧密相连的。阴阳变化，刚柔相推，动静互生，卦爻易位，都是通过曲圆的轨道运行的。

老子的《道德经》，也是以圆作为循环体系的。它"九九"八十一章，象征着道的生生不息、变动不已、周行不止，所谓"周行而不殆，可以为天下母"（二十五章）是也。韩非在《解老篇》中评析老子思想时所说的"用其周行，强字之曰道"，就明显地揭示了道的循环状况。这种圆的结构，可谓"玄之又玄"。"九九"八十一章，相互勾连。每个九，均有相对独立性，但都离不开道。道，永远运动，周而复始，不断重复，始终在圆的轨道上旋转。这种思想逻辑，虽然是简古、拙朴的，但却为古代哲学中圆的理论播下了种子，为人们探索玄妙的圆的本源提供了线索。

圆之所以具有动人的风采，除了它那流动美以外，和圆的曲线的自由性有关。英国美学家荷迦兹认为曲线是最美的线。为什么呢？因为曲线所分布的点很多很多，在审美观照中，视知觉不可能限定在一个固定的点上，而是不断地变换角度，不断地向新的点投射，因而不断地可以获得新的美感。此外，由于圆含有无限的活力，因而它是生机蓬勃的、永不枯竭的，从而表现出无拘无束的自由性。由此可见，圆的流动性和自由性乃是形成其诱人的美的根本原因。

以上所谈的方与圆，是就其美好意义而言的。阮籍《通易论》云："方圆有正体，……八卦居方以正性，龟圆通以索情。"如此肯定方圆，是符合《周易》精神的。

然对方圆，亦有微词。即以方为僵、为犟、为死，以圆为滑、为刁、为乖。所谓梗方，即僵硬而不能变通；所谓奸圆，即狡黠而能全曲。

但在斥责声中，责方者较少、较轻；斥圆者较多、较重。

在方圆对比中，一般以方为正、以圆为邪。所谓“万俗皆走圆，一身独学方”（孟郊《上达奚舍人》）是也。

对于圆的否定，一般是针对社会丑而言。那些追求个人利益、走歪门邪道、善于逢迎的人，就是圆人。唐代诗人元结，对于这样的圆是进行鞭挞的，因而写了不少文章去赞扬正气、斥责邪气。在《恶圆》中，元结通过对话、反语，说道：“宁方为皂，不圆为卿，宁方为污辱，不圆为显荣，……吾恶天圆，……教儿学圆，且陷不义，躬自戏圆，又失方正。”在《恶曲》中，通过他人之口道：“吾辈全直。三十年来，未尝曲气以转声、曲辞以达意、曲步以便往、曲视以回目”，并严厉地批判了大曲的“奸邪凶恶”。在《汸泉铭》中，歌颂了“方以全道”“学方恶圆”的思想。在《漫泉铭》中，唱出了一曲“直而不曲”的赞歌。尤其是《自箴》一文，元结拒绝了“君欲求权，须曲须圆”的劝告，并针锋相对地提出了“处世清介”“必方必正”的主张。这是元结严于自律的座右铭。当然，恶圆、恶曲，只是对于社会丑的抨击，只是就其特定范围、角度而言；我们不能乱加引申，从而得出元结否定所有之圆的结论。

对于方圆的否定意味，与《周易》方圆论并无直接联系，而是后人赋予它相反的意义加以比附的结果。虽然老子早有“曲则全，枉则直”（《道德经》二十二章）之说，但未见贬义。如果用二律背反的观点分析，则知方圆内部始终存在着肯定与否定的矛盾运动，既有方与圆的对立，又有方自身的对立和圆自身的对立。这种种对立存在于方圆的自然状态与物理性能中。把此一原理移植到社会生活、科学文化土壤中，就会赋予方圆以人的品格，给方圆铸以美或丑的特性，使方圆穿上美或丑的外衣，这便产生了对于方圆的褒贬现象。言方为原则性，言圆为灵活性，就是对方圆的肯定；说方为执拗，说圆为狡猾，就是对方圆的否定。

肯定方圆者，与《周易》方圆论的传统一脉相承；否定方圆者，则是人们对于方圆的社会涵义的主观引申，也是人们在正面认识易学方圆论的基础上，对于方圆的负面意义的理论开拓。

但是，我们也要看到，方圆毕竟是特定的符号，通过符号去表现丰富、深邃的哲学思想，是困难的。这是为什么呢？因为符号是在比喻、象征的意义上去传达思想的，比喻、象征只是传达思想的特殊媒介，它只能在符号本身所局限的范围内进行，所以，它不可能把哲学的精义、思想的底蕴完全地表现出来。黑格尔说：

> 比喻不能完全适当地表达思想，它总附加有别的成分。由于缺乏能力把思想表达成思想，于是乃借助于感性的形式来表达。
>
> 另有一表现普遍内容的方式：即用数、线条、几何图形来表现。数、几何图形等是形象的，但又不像神话那样具体地形象化。譬如，我们可以说：永恒是一圆形——一条自己咬着自己尾巴的长蛇，这是一个形象。但精神不需要这类的象征。它有语言作为它的表现工具。有许多民族仍停留在这种象征的表现方式里。但这类的表现方式并不能达到好远。①

由此可以想见，《周易》中的以蓍、卦形象为标志的方圆符号，虽然能够表现一定的哲学思想，但总是有局限性的。

［原载《周易研究》1997年第4期］

① 黑格尔：《哲学史讲演录》（第一卷），北京大学哲学系外国哲学史教研室译，生活·读书·新知三联书店1956年版，第86—87页。

易经生命美学密码研究

当代，生命科学研究越来越受到人们的关注。在自然科学领域中，人们以浓厚的兴致，在努力探索生命生成、发展、繁殖、衰亡的过程，在潜心研究遗传基因的发生、合成、分解、移植的途径；在人文科学领域中，人们也以极大的热情、旺盛的精力，在寻找生命的内涵、特征和价值，对于《易经》中所隐藏着的生命符号密码的破译，就是其中典型的例证。

一、《易经》生殖崇拜说质疑

试图破译《易经》中的生命符号密码者，何止一人？自诩已经破译者，又何止一人？可以说，大凡探讨《易经》奥秘者，都在殚精竭虑，千方百计地寻觅《易经》中生命符号密码的踪迹，但是，在众多学者中，已完美地破译者，能有几人？有的是译而未破，有的是点滴破译，有的是部分破译，有的虽未破译，但却在为破译创造条件。凡此种种，均显示出学人对《易经》中生命符号密码破译的浓厚兴趣。

其中，有一种学说在广泛流行，这就是：把《易经》中生命符号译为生殖。据此，推演到美学领域中，就是把《易经》中的生命美归结为生殖美；换言之，也就是把个中所揭示的生殖观念当成是生命美学。他们在生命与生殖中间画上了等号：生命=生殖。

他们的理论根据是：《易经》中的阴阳爻变。就是男女交感的象征。

它揭示出生命的本原及两性合欢、繁衍后嗣的生殖机能。这是宇宙万物赖以生存的关键所在。整部《易经》所阐释的核心问题，是以生殖崇拜为特征的生命美。据此，他们认为，《易经》中的乾、坤、咸、泰四卦，正由于是以揭示男女生殖为中心的，因而便成为《易经》的骨髓。具体地说，乾为男，属阳；坤为女，属阴。乾、坤相交，则成泰（乾下坤上），这是男女交欢的结晶。至于成（艮下兑上），其生殖特征尤为明显，所谓“初六，咸其拇”“六二，咸其腓”“九三，咸其股”“九五，咸其晦”“上六，咸其辅、颊、舌”，分别是指两性之足大指、腿肚子、生殖器、背部肉和脸、颊、舌部的相互交感，其关键部位为九三爻所指的生殖器。这是整个成卦的重点。如果说，泰卦是表现两性交通；那么，咸卦就是表现男女感通。除了乾、坤、泰、咸四卦外，贲、姤、归妹、大过、睽、遁等卦均为表现男女交欢者，故《易经》实乃阴阳配合之经也。

持上述观点者，除以《易经》作为原始文本根据以外，还以最早解释《易经》的著作《易传》中的有关论述作为论据，来维护自己。《系辞上》云：“乾道成男，坤道成女。”又云：“生生之谓易。”《系辞下》云：“天地氤氲，万物化醇；男女构精，万物化生。”如此等等，足以证明《易经》是一部古老的生殖学。

此外，持上述观点者，还从古今易学家的论述中寻找生殖学的论据，来铺陈自己的学说。例如：孔颖达在《周易正义》中认为，“生生，不绝之辞。”来知德《易经集注序》认为，“乾坤者万物之男女也，男女者一物之乾坤也。……盈天地间莫非男女，则盈天地间莫非易矣。”钱玄同在《答顾颉刚先生书》中认为，“易卦，是生殖器崇拜时代底东西，‘乾’‘坤’二卦即是两性底生殖器底符号。”如此等等，都被用来作为强化自己的易学生殖学的佐证。

一言以蔽之，《易经》是以生殖作为生命之本的，生命亦即生殖，这便是他们的结论。

这种结论是建立在纯生物学观点的基础之上的，带有认识论的偏颇。它仅仅注意到《易经》中所包孕着的生物价值，并把生物性价值看成是

《易经》所揭示的价值的全部，因而就犯下了片面性的错误。由于以生殖的观念涵盖《易经》的一切，这不仅否定了《易经》的丰富性复杂性，歪曲了《易经》真实的内涵，缩小了《易经》的价值范畴；而且也损害了生物性的生殖观念本身，因为它无限夸大了生殖作用，无限膨胀了生物系数，强使生殖的力量载体负荷着无法承担的体重。这就扭曲了《易经》中所显示的生物性价值的面貌。

二、《易经》生命美学密码破译

其实，《易经》中所蕴藏着价值是多种多样的，既有重要的自然科学价值，又有重要的人文科学价值。生物性和生殖价值，不过是自然科学价值中的一种。生命价值不能仅仅从生殖价值中寻找，而应该从《易经》所揭示的所有一切价值的总和中去寻找。生殖价值只是构成其中生命价值的生物基元。生殖只是构成生命的生物基元。

人，是宇宙的精华，万物的灵长。人的生命，既有物质方面的，又有精神方面的。就物质方面而言，人的生命离不开生殖、繁衍等生物性；就精神方面而言，人的生命离不开语言、思维等社会性。一般的生物，虽有生命，但仅仅只限于生物性，只具有纯本能的第一信号系统；而人，除了具有第一信号系统外，还具有以思维、语言为根本特征的第二信号系统。正是由于人具有第二信号系统，才同一般动物从根本上区别开来，才不仅具有生物学、生理学上所说的生命，而且还具有人文社会科学上所说的生命。也正因为如此，在长期的社会实践中，人才逐渐形成了与思维、语言密切相关的精神活动和意识形态。如果人仅仅具有生物学所说的以生殖为标志的生命，而没有以思维、语言为特质的精神活动，则人与动物何异？

《易经》的生命意识，并不局限于生殖崇拜，而是包含着至广至深的内容。生殖观念仅仅是《易经》中生命意识的一个组成部分。《易经》的生命意识，渗透在对万物的体悟、描述中；而这种体悟、描述，又是以人为中心的。人为万物之灵，又以万物作为审美对象，并按照美的规律和人的尺度去塑造万物，因而人与万物具有密切的亲和关系。《易经》所揭示的生命之美，就表现在以人为中心的与万物的联系中。《易传·系辞上》曰：。易与天地准．故能弥纶天地之道。”又曰：“夫易，广矣大矣，以言乎远则不御，以言乎迩则静而正，以言乎天地之间则备矣。”《系辞下》曰：“夫易，彰往而察来，而微显阐幽。”又曰：“易之为书也，广大悉备。有天道焉。有人道焉，有地道焉。”这里所说的天地之道，即指自然万物之道，它是以人道为中心的。故《系辞上》曰：“子曰：易其至矣乎。夫易，圣人所以崇德而广业也。知崇礼卑，崇效天，卑法地，天地设位，而易行乎其中矣。”

《易经》的生命意识，似可以表显示：

生命 { 物质个体（生殖、繁衍）——人相同于动物
精神个体（思维、语言）——人区别于动物

人，是物质个体与精神个体的有机组合。人的生命之美，集中地表现在一点上，就是生机蓬勃、流动不息。

三、《易经》生命美学密码的运筹

《易经》符号美学告诉我们：人的生命之美，显隐在发生、发展、创新、升华等一系列完整的过程中。

第一，发生。发生是指事物的发端、起因。人的生命之美，是与天地运行、阴阳交感相合拍的。所谓“生生之谓易”（《系辞上》），不仅是指人的自然生殖，而且是指人的社会实践；不仅是指生物学、生理学、生态学的生，而且是指社会学、心理学、哲学、美学上的生。如果把“生生之谓易”中的生，仅仅归结为生殖，则必阉割了生的深邃而广袤的内涵。当然，“生生之谓易”之生，除了人以外，还指万物。因而生命之美，既是指人的生命之美，又是指其他事物生命之美。总之，是指所有一切生命之

美。这是符合天道、地道（自然之道）和人道的运行规律的。

但是，在《易经》中，对于生命的原发状态的描述却是隐晦莫测的。它深深地荫蔽在画卦阴爻阳爻的复杂组合中。《系辞上》中所说的“一阴一阳之谓道”，所谓“六爻之动，三极（指天地人）之道也”，就蕴含着生命的原生意义。它的本原，应从一中寻觅。这种一，就是太极。不管是一阴，还是一阳，都本原于一；无论是两爻、三爻、四爻、五爻、六爻，都来源于一。这种一，便是原生的生命因子活动的渊薮，也是生命的最初来源。万物生命之美的发生本根，即深植其中。

此外，在《易经》中，对于生命的原发状态的论述，还表现在卦爻辞的逻辑判断中。乾、坤、屯、大有、随、升等卦辞，均突现了“元亨”的生命哲学。泰卦卦辞，显示了天地相交、阴阳互合、“小往大来，吉亨”的生命原动美。对以上诸卦生命生成要义，在《易传·彖上》中均有精辟的论述。例如：

“大哉乾元，万物资始，乃统天。”这里所谓的“资始”，不是指万物生命凭借乾元的律动而发生的原初情景吗？

“至哉坤元，万物资生，乃顺承天。”这里所谓的“资生”，不是指万物生命凭借坤元的厚泽而诞生的原初状态吗？

一个是统天，一个是承天。这就把乾坤顺接、阴阳交感的现象活脱脱地表现出来了。从而生动地描述了生命的发生美。

“屯，刚柔始交而难生。”这里，一方面表现出生命的始发状态，一方面又透露出获得生命的艰难。

“泰，‘小往大来，吉亨。’则是天地交而万物通也，上下交而其志同也。”这里，用了两个“交”字，就把阴阳交感、万物化通、生命之美得以生成的情状，挥发得淋漓尽致。

《彖上》的以上判断，切中肯綮，是帮助我们打开《易经》生命美学中美的发生论的玄秘之门的一把钥匙。

第二，发展。发展是指事物的拓展、变化过程。生命的发展，也是具有完整的过程的。《说卦》云：“昔者圣人之作易也，将以顺性命之理。”

又云："穷理尽性以至于命。"韩康伯《说卦注》云："命者，生之极，穷理则尽其极也。"由此可见，生命的发展，是个由发生到终极之间的过程。在《易经》中，于生命之美的发展过程，是用暗线勾勒的，因而是隐晦曲折的，似乎可从以下几个方面加以说明：

从宏观上说，《易经》所揭示的生命之美，有完整的、系列的、流动的发展过程。六十四卦的有序排列组合，就是宇宙大化合规律性的发展流程的象征。《易传·序卦》对《易经》六十四卦的排列次序及其因果关系，进行了详细的阐释："有天地，然后万物生焉。盈天地之间者唯万物，故受之以屯。屯者，盈也。屯者，物之始生也。物生必蒙，故受之以蒙。蒙者，蒙也，物之稚也。物稚不可不养也，故受之以需。……物不可穷也，故受之以未济。终焉。"六十四卦以乾卦始，以未济卦终，生生不息，循环不已；流程曲折，波澜迭起；生命之美，显隐其中。

从质量上分析，《易经》所揭示的生命之美，体现了质量互变的流程的不确定性，显隐着玄妙的模糊美。在量变到质变的过程中，量中含质，质中含量，质量互补，不断充实，有质有量。如果以"一"表示质量的基元，则多于一的数便是含有一定质的量。前者为少，后者为多；前者为本根，后者为衍生。《系辞上》云："易有太极，是生两仪。两仪生四象，四象生八卦。"八卦相重，则为六十四卦。所谓太极，即老子在《道德经》中所说的"一"，也就是指宇宙的本体。它是万物的根本。万物虽姿态各异，尽得风流，但都是从一衍生变化而来，都流动着一的"血液"，灌注了一的精华，故老子恪守着一生二、二生三、三生万物的信条。作为宇宙大化的一的量，虽然是呈现出至高至强的浓缩、混沌状态，但其质却是坚挺无尚、永无穷尽的。万物只是从自我不同角度、不同层面这样那样地体现着一的质的某些因素，并显示出自我存在的特定的量。故一以驭万，由万归一，体现了宇宙万物生命之美的辩证运动。《易经》卦爻的千变万化、不一而足，就是万物生命相互撞击、相互拥抱、相互转化的象征，其中也闪耀着模糊美的光影。

关于一与多的辩证运动和发展规律，我们可以从黑格尔那里找到理论的科学根据，这对我们正确认识《易经》所揭示的生命之美的流程是有裨益的。黑格尔说："一就是自身无别之物'因而也就是排斥别物之物。"[①]又说："'一'显得是一个纯全自己与自己不相融自己反抗自己的东西，而它自己所竭力设定的，即是多。我们可以用一个形象的名词斥力来表示自为存在这一方面的过程。'斥力'这一名词原来是用来考察物质的，意思是指物质是多，这些多中之每一个'一'与其余的'一'，都有排斥的关系。我们切不可这样理解斥力的过程，即以为'一'是排斥者，'多'是被排斥者；毋宁有如前面所说的，'一'自己排斥其自己，并将自己设定为多。但多中之每一个'一'本身都是一，由于这种相互排斥的关系，这种全面的斥力便转变到它的反面——引力。"[②]由此可见，一是多中之一，多是一中之多。由于斥力的作用，使一分解为许许多多的一。它们相互排斥，相互否定，各自独立；但它们并非毫不相关，而是相互吸引、彼此渗透的，因而它们又可逐渐靠拢，最后使多融合为一。这就是由于引力的作用造成的。这种引力与斥力的矛盾对立与和谐统一，促使了一与多的相互转化，显示出一中寄多、多中寓一的辩证运动，表现了你中有我、我中有你的不确定性和模糊性。以此观点去透视《易经》，则更有助于我们理解《易经》中的一爻与六爻（包含一爻本身）之间的变化与卦爻内在的辩证关系，从而窥及生命之美发展流程中欣欣向荣的景象。

从《易经》的中心卦爻（乾、坤）分析，其所揭示的生命发展流程之美，既广且大，汪洋恣肆，一泻千里。《系辞上》云：

> 夫易，广矣大矣，以言乎远则不御以言乎迩则静而正，以言乎天地之间则备矣。夫乾，其静也专，其动也直，是以大生焉。夫坤，其静也翕，其动也辟，是以广生焉。广大配天地，变通配四时，阴阳之义配日月，易简之善配至德。子曰：易，其至矣乎。

① 黑格尔：《小逻辑》，贺麟译，商务印书馆1981年版，第211页。

② 黑格尔：《小逻辑》，贺麟译，商务印书馆1981年版，第214页。

这里论述了广大的涵义、原因、作用。唐代李鼎祚《周易集解》引虞翻曰："御，止也。"不御，不止之意。即指《易经》广漠浩瀚，没有止境。其乾卦指天，天呈圆形，可复盖万物，是为大生。专通团，意即圆。许慎《说文》："团，圆也。"坤卦指地。李鼎祚《周易集解》引宋衷曰："翕犹闭也。"许慎《说文》："辟，开也。"地载万物，动静有致，有开有团，运转不息，是为广生。此《易经》生命流程之所以至广至大者也。

清代易学家陈梦雷《周易浅述》卷一云："有天地，而后万物生焉。万物莫尊乎天，《周易》所以首乾也。"又云："归藏首坤，其义未知所取。周易以坤继乾，以地承天，万物之父母也。"这就突现出乾坤二卦在《易经》中的中心地位。这中心地位的坐标，就是以万物的生命为记号的。它刻画了生命之河奔腾不息的流动美。

第三，创新。《易经》的生命哲学揭示了生命发展的流动美，透视了万物生生不息、推陈出新的创造性，显示了自然、社会物质财富和精神财富的充足性和新颖性。这一切，都表现出生命的创造活力与新奇之美。例如："枯杨生稊""枯杨生华"（大过），不显示出推陈出新的美吗？"大有，元亨"与"大车以载"（大有），"大畜，利贞，"与"利涉大川"（大畜），"大壮，利贞"（大壮），"丰，亨"（丰），不是创造的丰硕成果吗？

如果我们从总体上进行把握，就可知道，创新的思想不仅是显隐在一些具体的卦爻之中的，而且是贯串在整体的《易经》的流动哲学之中的。

生命在于运动。宇宙大化的运动，是生命的发生、发展、创新的动力。六十四卦的运作不息；阴爻阳爻的矛盾统一，吉凶善恶的相互对立，否极泰来的循环往复，都起伏着生命的运动。生命之河，在流动中卷起无数的浪花、波涛、急湍、狂澜、暗流、旋涡，它们相互撞击，彼此融合，在新的基础上形成了新的结构、体积、力量、状态，这就出现了新的生命之河与生命之河的日新月异、不断创新。《易经》正是在创新的意义上去透视生命的流动状态的。因而八八六十四卦的旋转不息，均有各自独创的新的价值；它们在相互碰撞中，不断闪现新的光辉。从而产生新的意蕴。这是《易经》对宇宙大化的生命创造进行体悟和把握的结果。如果没有宇宙大化的生命流动，也不可能出现认知生命流动之美的《易经》的流动哲学。

第四，升华。生命的发展．从低级阶段到高级阶段。当臻于高级阶段的顶峰以后。即可实现对高级阶段的超越，而出现升华的景象。《易经》就概括地描述了生命之美的升华景象。除了既济与未济的循环上升、妙无止境以外，从观、升二卦中，也透露出生命之美不断升华的消息。

观卦（坤下巽上）。六三爻云："观我生，进退。"对此，《象上》释之曰："观我生进退，未失道也。"王弼在《周易注》中分析道："居下体之极，处二卦之际，近不比尊远不童观，观风者也。居此时也，可以．观我生，进退也。"此指六三爻处于内外卦之间，近不靠九五之尊（九五爻），远不与初六童观为邻。故可上可下，能进能退，十分自由，十分惬意。此人生境界之升腾也。在这里，王弼的见解与《象上》是一致的，即我生进退必须符合道的法则，也就是要遵循自然之道（天道、地道）和人生之道（人道）的运行规律。可见，这种"生"，不仅是自然的、生物的，而且是社会的、人文的。它是一个涵义深广、富于哲学意味的概念。生命之美就是沉浮在"生"的海洋之中的。生命之美从必然的王国到自由的王国的不断升华，不断超越，就可到达美妙的境界。九五爻所说的"观我生"，上九爻所说的"观其生"，都唱出了生命哲学的赞歌。它赞美的已远远超越了个体肉体的具体生命的存在，而是升华到生命的精神领域，特别是人的灵魂世界。肉体的超越，灵魂的升华，这就是生命之美的真谛。王弼《周易注》在分析观卦上九爻时说："观我生，自观其道者也；观其生，为民所观者也。不在于位，最处上极，高尚其志，为天下所观者也。处天下所观之地，可不慎乎？故君子德见，乃得无咎。生，犹动出也。"这里所强调的道、德、志，这里所赞扬的君对民的观照、体察，难道不是对于生命的精神的肯定吗？难道不是对于生命的道德升华现象的歌颂吗？可见，生命之美的升华是以个体生命为基础并跨入至高的精神世界为根本特征的。升卦，从特定角度而言，与生命之美的升华也是息息相关的。

升卦（巽下坤上）。卦辞有"升，元亨"的判断；其爻辞中亦云："初六，允升，大吉”；“九三，升虚邑”；“六五，贞吉，升阶”；“上六，冥升，利于不息之贞。”这些，都是咏升之辞。《象下》云：“地中生木，升。君子以顺德，积小以高大。”这里，既歌咏了升的生命的自然美，又赞颂了升的生命的人文美。但就其要义而言，集中到一点上，就是歌颂了人生道路上生命价值的升华。孔颖达《周易正义》疏云：“升者，登上之义。升而得大通，故曰：升，元亨也。”这是符合《易经》中升的涵义的。又云：“地中生木，始于细微以至高大，故为升象也。……地中生要，始于毫末，终至合抱。君子象之以顺行其德，积其小善以成大名。”这是符合《易传》中升的涵义的。此后易学家对于升的阐释，亦与上说相同。其意虽着重指升阶，指人生道路的畅达，实际上也是指人的生命的积极耗散与生命之美的实现、完善。

黑格尔说：“生命本质上是活生生的东西，而且就它的直接性看来，即是这一活生生的个体。”[①]又说：“生命的概念是灵魂，而灵魂则以肉体作为它的实在或实现。”[②]《易经》的生命哲学，既重视生命之个体的发生、发展、繁衍，又重视个体之灵魂的净化、升华。人，就是在不断实行自我个体的超越中而不断提升自己并达到美的境界的。

但是，在实践自我超越的过程中，不见得都是一帆风顺的，艰难险阻，经常挡住去路；暗礁恶浪，往往就在脚前；生命之美，时时受到丑恶势力戕害，《易经》中的困卦，就表述了这种景况。

困卦（坎下兑上）。清代易学家陈梦雷《周易浅述》卷五云：“困卦，下坎上兑。以二象言之，水在泽下。枯涸无水，困乏之象。以二体言之，兑阴在上，坎阳在下。以卦画言之，上六在二阳之上，九二限=阴之中，皆以阴掩阳，故为困。”一个困字。概括了人生旅途中所遇到的种种困扰、艰辛、险阻。实现生命之美，是要付出多少代价啊！

此外，在睽、蹇等卦中，也描述了生命的艰难历程。

睽卦（兑下离上）。初九出现了“见恶人”的险象，上九出现了“载

① 黑格尔：《小逻辑》，贺麟译，商务印书馆1981年版，第404—405页。

② 黑格尔：《小逻辑》，贺麟译，商务印书馆1981年版，第405页。

鬼一车”的恐怖场面。蹇卦（艮下坎上）。卦辞记述了“不利东北”的情况。易大传《序卦》云：“睽者，乖也。乖必有难，故受之以蹇。蹇者，难也。”陈梦雷《周易浅说》卷四云：“睽卦，下兑上离。火炎上而泽润下，二体相违，睽之义也。”又云：“蹇卦，下艮上坎。险在前而止不能进也，故为蹇。”这些，都表明了人生道路是坎坷不平的。生命之美的实现，是历尽艰辛的。有时，它要经过生与死的考验。履卦六三爻中所说的“履虎尾，咥人，凶。”与九四爻所说的“履虎尾，愬愬，终吉”，难道不是明显的例证吗？难道不足以说明生命之美就是克服困难吗？

以上，我简要地论析了《易经》的生命美学，透视了其中潜藏着的生命之美，发现了生命之美的价值，并为《易经》中所隐伏的生命价值观而讴歌。对于《易经》所隐藏的生命之美的价值观，必须不断地进行开掘、提取、储存、释放，从而更好地创造性地继承这一份美学遗产。

［原载《江海学刊》1996年第1期］

第二编

风格四题

一、作家个性和作品风格

（1）什么是风格？

风格问题，是美学中的重要问题。它的概念，极其复杂。有时代风格、阶级风格、民族风格、流派风格、语言风格、作家风格、作品风格。这和我们所讲的风格，有联系，又有区别。我们所说的主要是指文学作品的风格。

风格不是神秘莫测的，而是可感、可亲，具有魅力的。它是作家的风度、品格、才华在作品中的表现，也就是指作品的风采、情调、韵味。它不仅表现在作家某一部作品中，而且表现在作家一系列或全部作品中。因此，它不仅是指作家某一部作品总的特色，而且是指作家一系列作品或全部作品总的特色。这种总的特色，仿佛是聚光点。它是作家全部热情的升华，它是作品艺术魅力的凝聚。它是创造者心血的结晶、气质的沉淀。作家的浑身解数都要在风格上显现出来。没有风格的作家，谈不上是优秀作家，没有风格的作品，称不上是成熟的作品。可见，风格是作家的艺术生命，也是作品的生命。这种生命，是作家在艺术实践中经过长期的磨炼、砥砺而成的。它是作品中稳定的反复出现的独创的品质。这种稳定性、反复性和独创性，乃是风格的重要特征。所谓稳定性，乃是指作家所积累的成熟的艺术经验、技能技巧等表现在作品中惯见的风味和情致，它不是飘忽不定、稍纵即逝的，而是可以捉摸的稳定的实体。所谓反复性，乃是指作家的艺术生命力在一系列作品中的跳跃。这种跳跃的脉搏的频率大体是一致的。它既在一部作品中出现，又在一系列作品中出现，因而具有它的反复性。但这种反复性不是简单的循环，而是在重复中不断出现新的色调与情采。每一次反复都有每一次的新意，然而在每一次的新意中又显示出作家在作品中逐渐积累起来的气质、精神、才力与老练精纯的艺术技巧。所谓独创性，乃是指作家显示在作品中的独一无二的与其他作家、其他作品完全区别开来的特异性。它是鲜明生动形象的“这一个”，它和千人一面、千部一腔是根本对立的。

在具体作品中，风格的稳定性、反复性和独创性是有机地结合在一起的。在三者的统一中，独创性是最主要的。它是决定作品是否存在风格的根本标志。如果没有独创性，所谓稳定性云云，就会成为固定的套子和僵死的模式；所谓反复性云云，也就会成为令人生厌的累赘。

风格的稳定性、反复性、独创性，不仅表现在作品的思想内容上，而且也表现在作品的艺术形式上。它是寓之于内而形诸于外的。

杰出的文艺理论家布封，正是从思想内容和艺术形式的有机结合上去解释风格的。他说：“风格是应该刻划思想的”，“它仅仅是作者放在他的思想里的层次和调度。”这就清楚地说明：风格既离不开思想，又离不开艺术的层次和调度。他又说：“只有意思能构成风格的内容，至于词语的和谐，它只是风格的附件，”“笔调不过是风格对题材性质的切合，一点也勉强不得；它是由内容的本质里自然而然地产生出来的”。[①]这又清楚地表明：作为属于形式范畴的词语、笔调等，是受内容所制约的，因而在思想内容和艺术形式相结合所凝成的风格中，思想内容是起着主导作用的。

作家总是在自己的作品风格中寄托着自己的个性特点的，因此，布封说：“风格却就是本人”（亦译“风格即人”）。这就一语揭示了风格的奥

① 布封：《论风格》，《译文》，1957年9月号。

秘。歌德说："如果想写出雄伟的风格，他也首先就要有雄伟的人格。"[①] 这是对风格即人的名言的最好补充。

《一瓢诗话》云："畅快人诗必潇洒，敦厚人诗必庄重；倜傥人诗必飘逸，疏爽人诗必流丽，寒涩人诗必枯瘠，丰腴人诗必华赡，拂郁人诗必凄怨，磊落人诗必悲壮，豪迈人诗必不羁，清修人诗必峻洁，谨敕人诗必严密，猥鄙人诗必委靡。"这就告诉我们：有什么样的人品，就有什么样的诗品，有什么样的人格，就有什么样的风格。这和风格即人、文如其人是一个意思。

（2）作家的个性和作品的风格。

但是，我们对风格即人、文如其人的观点，必须从精神实质上予以把握，而不是片面地用理解，这才不会产生错误。我们认为，作家的个性特点，必然要在他的作品中这样地或那样地流露出来，然而，这并不等于说，作家个性的一切方面都必然在他的作品中显现无遗。作家的个性，是指作家独特的气质、兴趣、爱好、嗜好、习惯、经历、遭遇、教养等同其他人区别开来的个人特点。作家在创作时，必然要把自己的情感、体验熔铸到作品中去。但是，作家在把自己的个性转变成作品的个性时，是要经过特定的中间过渡环节的。他要通过观察、体验、分析、研究，经过由此及彼、由表及里、由浅入深的改造制作，运用典型化的方法，去塑造出栩栩如生的艺术形象，在形象中艺术地显示自己的个性。这种个性，就不是赤裸裸的，而是有血有肉的。它是作品中风格的精髓，但它并不是作家个性的全部。它或者是作家个性的核心部分，或者是作家个性的某些突出之点。

由于作家个性的丰富性和复杂性，其作品风格也呈现出丰富、复杂的状态。有的作家（如梅里美）外柔内刚，其为人也温文尔雅，而其作品却刚毅峻烈；有的作家（如李清照）外刚内柔，其为人也刚毅爽朗，而其作品则委曲柔媚；有的作家（如苏轼）刚柔相济，故其作品亦有刚有柔；有

① 爱克曼辑录：《歌德谈话录》，朱光潜译，人民文学出版社1978年版，第39页。

的作家（如杰克·伦敦）外刚内亦刚，故其作品也刚健强悍。由此可见，作家的个性虽然制约着作品的风格，但某些作家的个性中的某些特点，有时同其作品风格也有不一致的地方。《蕙风词话》云："晏同叔赋性刚峻，而词语特婉丽。蒋竹山词极秾丽，其人则抱节终身。"这种分析，是符合事实的。

但是，这同"风格即人"的命题并不矛盾。有的作家的个性，同他作品风格之间虽然存在着对立，但却不是完全对立，只是部分对立，也就是他那个性中的某种因素同其作品中某种风格的对立；而其个性中的其他方面，同其作品风格之间却是一致的。这种一致，当然也是"风格即人"的表现。因此，有些个性刚烈的作家，虽然也写出过婉约的作品，但这种婉约的风格并不是从天上掉下来的，而是隐藏在他那刚烈的个性背后的某种柔和的性格的突出表现。这种柔和的性格，同其作品中的婉约风格，当然是一致的。

布封关于风格即人的观点，得到黑格尔、马克思、威廉·李卡克内西的推崇。我国梁代的刘勰，虽然在《文心雕龙》中没有提过"风格即人"的字眼，但是，却提到了"风格"（见《议对》《夸饰》），特别是：同"风格即人"相似的话，他是说得不少的："吐纳英华，莫非情性。是以贾生俊发，故文洁而体清；长卿傲诞，故理侈而辞溢；……安仁轻敏，故锋发而韵流；士衡矜重，故情繁而辞隐"（《体性》）。刘勰是说：这些作家各有各的个性，因而他们的作品也各有各的风格。这和"风格即人"的说法，不是有异曲同工之妙么？何况比布封还早一千多年呢？

作品的风格同作家的个性，是既有密切的联系又有明显的区别的。作品的风格体现作家的个性。正是在这一意义上，我们才说"风格即人"。但作品的风格又不等于作家的个性。为什么呢？因为作品的风格除了要反映作家的个性以外，还要再现客观现实生活的真实。生活的真实是极其复杂的，它固然存在着和作家的个性一致的一面，也存在着不一致的一面。这种不一致的一面，如果出现在作品中，就会产生作家本人个性同客观现实中生活的真实的某种矛盾。这种矛盾，必然也会给作品的风格带来影响，而使作品风格呈现出复杂状态。优秀的作家，总是非常善于处理他的个人性格与作品风格之间的关系的。当作品中所反映的生活的真实同作家的爱好、兴趣、气质、描写技巧、惯用语汇发生矛盾时，他很善于控制自己，使自己的个性能够巧妙地适应他的作品风格。绥拉菲摩维奇关于长篇小说《铁流》的创作经验，很能说明这个问题。他对高加索山脉雄伟壮丽的景色，陶醉不已。灰色的悬崖，嵯峨的山谷，夏日的浮云，炫目的雪峰，炙人的暑气，浩瀚的云海，起伏的山峦，蔚蓝的天空，迷人的山踯躅花和筱藤树，烟雾弥漫的深谷中的流水声，茂密苍翠的森林，在作家的形象思维的网上，织成了一幅幅绮丽动人的画面。在写作《铁流》时，它时时浮现出来。它经常凭借作家个性的偏爱而自动地走进作品。作者说："要描写山间景色，我总可以写上好几页。我也确实写了不少，可是后来我又毫不留情地给删去了，以免为了'绮丽'而妨害了美。只是在事件的发展，人物行为的说明和解释上绝对不可缺少的景色，我才选用了进去。"[①]因为《铁流》是描写农民、士兵的集体斗争过程的，必须用粗犷的风格、激越的调子、快速的节奏、精炼而确切的语言去表现，所以，必然不能采用"绮丽"作为作品的基调；而从作家的个性来看，"绮丽"却是他在创作中特别喜爱的风格。在这种情况下，作家避免了自己所喜爱的绮丽风格的滥用，而是有控制地使用它，即在服从作品基调的前提下，适当地采用绮丽，这样，就把作家风格的个人特点和作品所反映的生活的真实有机地结合起来，从而使作家的个性和作品风格达到了高度的统一。

作家的个性是作品风格的灵魂。只有把个性渗透到作品中去，才有可能培育出风格的花朵。佐拉曾经称赞圣西门"是一个蘸着自己的血液和胆汁来写作的作家"，"句子都是生命的跳跃，墨水被热情灼干"，因而"一下就得到最高的风格"。司汤达的风格，则如"表面冻结""内部沸腾的大湖"。而巴尔扎克却"写出了精雕细琢的篇章"，他"也和风格搏斗过，而

① 高尔基：《论写作》，人民文学出版社1955年版，第131页。

每次总是他得胜而归”[①]。这些话，形象地说明了作家个性和作品风格的血肉联系，是值得我们珍视的。

但是，必须指出：并不是所有作家个性中的任何特质都能构成作品风格的。作家的个性变成风格的独创性的有机组成部分，是有条件的。首先，作家必须舍弃自己个性中那些和生活的真实相抵触的成分；否则，自己个性中的杂质就会和生活的真实格格不入，就会给独创带来损害。好像演员陶醉在观众的掌声中想多露一手而变成卖弄一样，“作者在文章里把这种浅薄的、浮华的才调放得愈多，则文章愈少筋骨，愈少光明，愈少热力，也愈没有风格”[②]。其次，作家必须把自己的个性和作品中所描绘的客观事物中闪光的东西，帖然无间地结合在一起，并把它变为作品的血肉，使之成为作品的个性。这种个性，既能表现作家的独特性，又是生活的真实的揭示；既可见到时代的脉搏的跳动，又可听到人民群众的呼吸和声音。它不是普通的个性，而是体现了共性的个性。它是黑格尔老人所讲的“这一个”！

二、风格的时间性和空间性

（1）风格的时间性和空间性的涵义。

时间和空间是物质存在的形式。风格总是存在于一定的时间和空间之中的。时间是连续的，无止境的。在这绵亘的时间长河中，时代在交替，事物在发展，人类在演进，作家及其作品风格的车轮，也在随着时代的步伐而前进。刘勰在《文心雕龙·时序》中，早就指出了“时运交移，质文代变”和“文变染乎世情，兴废系乎时序”的时代性，并详细地论述了唐虞到南齐的时代演变和作品风格之间的关系。在人类艺术史上，越是时代风格就越经得起时间的考验，就越有生命力；而那些逆乎时代潮流、违背

① 左拉：《论小说》，《古典文艺理论译丛》（第八册），人民文学出版社1964年版，第122、129页。

② 布封：《论风格》，《译文》，1957年9月号。

历史发展规律的东西，将会被无情的时间洪流所淹没。

风格之花，决不辜负时间老人的辛勤栽培。它是作家在漫长的岁月中劳动汗水所凝成的结晶。随着生产力的发展和人的认识能力的增强，作家对生活的理解水平和表现技巧也随之提高，艺苑中的风格品种也就不断增多，其色彩更加鲜艳夺目，其滋味也更为浓郁芳香。

风格的空间性是指特定时间内风格所占的位置、处所。它鲜明地表现在具体作品中。由于文学是以语言为媒介来塑造艺术形象的，它缺乏建筑、雕塑、绘画等视觉艺术那种明显的直观性，因而它往往吸取视觉艺术的直观性这个特点来弥补自己的先天不足。具体说来，建筑是利用金石竹木等材料营造的供人们工作、学习、娱乐、休息、瞻仰、纪念的场所。它极富于空间的立体感和比例的外形美，并能反映特定历史时代的社会经济生活和物质文化水平。它是特定社会里人的审美观点和功利目的的表现。东方古代埃及奴隶主专制时代建造的金字塔，威严、巍峨，其严整的几何图形和庞大的体积，使人看了以后，将会产生沉重的精神压力。它暗示着奴隶制的稳固性，反映了奴隶主的审美情趣。而古希腊雅典的帕特农神殿的宏伟、欢快、明朗的风格，则表现了雅典奴隶主民主政治时代人民的乐观主义精神，反映了自由民的美学理想。

在文学作品中，经常把建筑艺术中的立体感、雕塑感、直观性、比例美等吸取进来，以强化文学风格的空间美和时间美。从王勃的《滕王阁序》和杜牧的《阿房宫赋》中就可窥见一斑。

> 层峦耸翠，上出重霄。飞阁流丹，下临无地。鹤汀凫渚，穷岛屿之萦回。桂殿兰宫，列冈峦之体势。披绣闼，俯雕甍。山原旷其盈视，川泽纡其骇瞩。闾阎扑地，钟鸣鼎食之家；舸舰弥津，青雀黄龙之轴。云销雨霁，彩彻区明。落霞与孤鹜齐飞，秋水共长天一色。

这是《滕王阁序》中的句子。我们可以从中窥见滕王阁的华丽、铺张。作者为了再现它的本来面貌，运用了绮丽的风格。而《滕王阁序》的绮丽风格，也正是滕王阁的豪华气派的反映。至今，时越一千余年，滕王阁虽然早无踪影，但当我们诵读《滕王阁序》的时候，滕王阁的形象就飞动在你的眼前。作者可以把你引导到唐高祖的儿子元婴——当年的洪州刺史——在江西南昌所建造的滕王阁中去神游一番。“落霞与孤鹜齐飞，秋水共长天一色。”这千古传诵的名句所描绘的特定情景，又会重新闪现。在王勃的笔下，绮丽的姿态、色彩，不是平面地涂抹出来的，而是立体地描绘出来的。它具有强烈的雕塑感，这就充分表现了它那风格的空间美。此外，它的绮丽风格，又是彼时彼地的，而不是此时此地的；是封建社会的，而不是资本主义社会的；是东方中国古典式的，而不是西方中世纪式的，因而它除了具有特定的空间性以外，又具有时间性。

再看《阿房宫赋》中的一段：

> 六王毕，四海一，蜀山兀，阿房出。覆压三百余里，隔离天日。骊山北构而西折，直走咸阳。二川溶溶，流入宫墙。五步一楼，十步一阁。廊腰缦回，檐牙高啄。各抱地势，钩心斗角。盘盘焉，囷囷焉，蜂房水涡，矗不知乎几千万落。长桥卧波，未云何龙？复道行空，不霁何虹？高低冥迷，不知西东。歌台暖响，春光融融。舞殿冷袖，风雨凄凄。一日之内，一宫之间，而气候不齐。

这里，把阿房宫的雄伟、壮丽、曲折，刻画得栩栩如生，跃然纸上。细细玩味，它给人的立体感同《滕王阁序》相比，是不一样的。由于它所尽情描绘的是秦始皇所建造的宫殿，其气魄比寻常的建筑描写要大得多。滕王阁毕竟是一阁，而阿房宫则“五步一楼，十步一阁”。其格局，其规模，其气势，远非阁所能比拟。杜牧选用了雄伟、瑰丽、流动的风格去描写它，这就充分地衬出了它的立体感和空间美。它所描写的建筑风格，也反映了秦始皇统一六国时的那种魄力。它所描绘的，同齐梁以后专以堂皇富丽见长的建筑风格，同五代时皇室的玲珑剔透的建筑风格相比，也是迥然不同的，可见它也反映了秦帝国的时代色彩，因而具有它的时间性。

（2）风格的时间性和空间性的产生。

通过上述分析，可以看出，文学风格的时间性和空间性，是深受建筑艺术的影响的。建筑艺术的空间性和时间性，给文学风格带来了空间美和时代感。建筑艺术的直观美、立体美、错落美、参差美、匀称美、对照美、飞动美、婆娑美，为文学风格增添了美的存在的空间形式和时间形式。

关于这一点，雕塑、绘画、音乐等艺术对文学风格的空间性和时间性所发生的良好影响，同建筑艺术对文学风格的空间性和时间性所发生的良好影响相比，几乎是一致的。雕塑艺术的浮雕美，线条清晰美，动作凝练美；绘画艺术的色彩明暗美，光线强弱的掩映美，着墨浓淡的层次美；音乐艺术的旋律回环美，音调的抑扬美，节奏的徐疾美，休止符的间歇美，等等，都从不同角度、不同程度地影响着文学风格，强化着文学风格的立体感、浮雕感、流动感（空间美）和延续感、不可重复性（时间美）。

以上谈的是其他艺术的空间性和时间性对文学风格的影响。当然，文学风格之所以具有空间性和时间性，其最主要的原因，应该从文学所反映的社会生活中找寻，应该从文学本身反映社会生活的特殊性上去找寻。社会现实生活中的一切事物，都以特定的空间为存在的形式，都具有它的发生、发展、结局的时间过程。文学是社会现实生活的形象写照，它必然要描绘客观事物的空间性和时间性。这样，就决定了它的情调和氛围也必然具有空间性和时间性。特别是，文学是以语言来雕塑以人为中心的艺术形象的，人在无穷无尽的历史画廊中活动着，其他一切事物都要环绕着人行动，因而人的活动的空间性最大，时间性最长。文学是语言的艺术。它在表现时间和空间方面，具有极大的自由。它如果忽略了表现具有支配空间性和时间性的最大自由的人，那就是舍本逐末，而不成其为文学。杜牧的《阿房宫赋》仅仅是在描写阿房宫吗？如果他只是照镜子般地再现阿房宫，那就不可能深刻地揭示这一历史画卷的思想意义。作者既写了物，又写了人；既写了阿房宫的瑰丽宏伟，又写了秦始皇的骄纵、奢华；更重要的是，通过描写阿房宫，深刻地揭露了秦始皇。

> 明星荧荧，开妆镜也。绿云扰扰，梳晓鬟也。渭流涨腻，弃脂水也。烟斜雾横，焚椒兰也。雷霆乍惊，宫车过也。辘辘远听，杳不知其所之也。一肌一容，尽态极妍。缦立远视，而望幸焉。有不得见者，三十六年。……奈何取之尽锱铢，用之如泥沙。使负栋之柱，多于南亩之农夫。架梁之椽，多于机上之工女。钉头磷磷，多于在庾之粟粒。瓦缝参差，多于周身之帛缕。直栏横槛，多于九土之城郭。管弦呕哑，多于市人之言语。使天下之人，不敢言而敢怒。独夫之心，日益骄固。

作者极善于把秦始皇的魄力、骄态同阿房宫的宏伟、堂皇的描写结合在一起。最后，以项羽一炬、阿房宫化为焦土，点明秦的灭亡，并反复告诫后人，要引以为鉴。这样，秦之灭亡在于骄纵的原因，即在描写之内、而又在言外之中。这就给读者提供了极其广阔的思索空间和时间。可见，风格的空间性和时间性不仅表现在作品的客观描写对象上，而且集中地表现在作品情调的思想价值和艺术价值上。作品的情调具有深刻的思想性和魅人的感染力，它就可以带领读者到广阔的艺术太空去尽情地漫游，从而使人们获得巨大的认识作用、美感作用、教育作用。杜牧的《阿房宫赋》就取得了这样显著的艺术效果。所以，风格的空间性和时间性是有限的风格实体的存在形式，又具有高度的概括性和典型性，因而它是有限和无限的统一。这样，它在有限的空间和时间中才可获得无限悠久的永不枯萎的生命力。

风格的空间性和时间性还表现在描绘客观事物时，投影的角度、方位、比例上。有的作品只是在特定的时间内，把某一富于特征性的景象摄入镜头，但它却是具有代表性的，用一句话来概括，就是其景小，其境大。正如中国园林艺术中的假山、盆景一样，格局虽小，却是大自然的缩影。中国的山水诗画，也是小中见大的，所谓咫尺之遥寓大千世界，尺幅之中写百里之景，就是这一情景的写照。“尤工远势古莫比，咫尺应须论万里。焉得并州快剪刀，剪取吴松半江水。”（杜甫《戏题王宰画山水图歌》）王宰的一幅山水画，包含着巨大的空间，故使大诗人杜甫惊叹不已。“清辉澹水木，演漾在窗户。”（王昌龄《同从弟南斋玩月忆山阴崔少府》）这是诗人从小小的窗户中所见到的荡漾着的月亮光辉。“窗含西岭千秋雪，门泊东吴万里船。”（杜甫《绝句》）“檐飞宛溪水，窗落敬亭云。”（李白《过崔八丈水亭》）透过窗户这个小小的空间，极目远游，则窗外佳景，尽收眼底。“轩楹高爽，窗户邻虚，纳千顷之汪洋，收四时之烂漫。”这是明代人计成在《园冶》中关于立足窗户、放眼四季的生动写照。晋代的左思说得好：“八极可围于寸眸，万物可齐于一朝。”（《三都赋》）这是对小中见大的形象描述。

小中见大，不只是要从小空间看到大空间，还要时刻注意透过大空间看到更大的空间。杜甫的《茅屋为秋风所破歌》就是这样一首脍炙人口的诗。他先由自己的破茅屋想到天下穷人的破茅屋，再联想到如果能得到千万间广厦给天下的寒士居住，即使自己无处可住，甚至被冻死，也是心甘情愿的。这首诗的空间境界，就是如此随着杜甫达观济人的思想而逐步扩大的。

总之，小中见大的作品，其描绘的具体空间小，而其概括的空间大。因而它的风格虽然丰富多彩，但都是极其凝练的。

另一种是大中见小。人行如蚁，黄河如带，这是登高俯瞰时的感觉。杜甫的《望岳》诗，描绘了登泰山而小众山的情景。这是大中见小的典型例子：

岱宗夫如何？齐鲁青未了。
造化钟神秀，阴阳割昏晓。
荡胸生层云，决眦入归鸟。
会当凌绝顶，一览众山小。

胸中生云，目中入鸟，凌绝顶而处泰山之巅，心旷神怡，空间开阔不已，环视之，则众山必小。这是由于登高时，投影的角度向下，视觉改换了位置，心中的境界扩大了，仿佛眼中的一切，脚下的万物都变小了，因而处在大的空间的人，反而觉得其他东西都是处身在小空间了。

一般地说，描写登高的作品，不论是小中见大也好，还是大中见小也好，其风格或多或少地含有豪迈、雄浑的气势。这大概是由于作家胸中的空间扩大了，豪气和魄力增强了的缘故。“衔远山，吞长江，浩浩荡荡，横无际涯。朝晖夕阴，气象万千。”这是宋代范仲淹《岳阳楼记》中的名句。“塔势如涌出，孤高耸天宫。登临出世界，蹬道盘虚空。突兀压神州，峥嵘如鬼工。”这是唐代诗人岑参在《与高适薛据登慈恩寺浮图》一诗中所写的名句。这些作品中所写的开阔空间，和雄浑、豪迈的风格是紧密地联系在一起的。

不管是小中见大，还是大中见小，其描绘的空间，都必须符合生活的真实，而不能随心所欲，任意地扩大或缩小。

小中见大，大中见小，是辩证的。《西游记》中孙悟空手中的金箍棒，能大能小。大，可上顶三十三天，下抵十八层地狱；小，就像绣花针那样，可藏在耳朵里。斯威夫特的《格列佛游记》中所写的小人国小人，可在正常人的手指尖上跳舞。李汝珍《镜花缘》中所写的大人国大人，躺在地上翻个身，就碰着了苍天。这种夸张的笔墨，把空间领域忽而伸张，忽而缩小，使读者能自由地在广阔无垠的空间神驰。这种变幻莫测的空间，往往要用浪漫的豪迈的风格去表现。

三、风俗和体裁

（1）体裁对风格的制约性。

俗话说，一娘生九子，九子不相同。对于文学作品的体裁来说，其风格也是丰富多彩、各不相同的。如果生硬地给自己规定某种体裁只能采用某种风格，而不能采用其他风格，这无异作茧自缚。我们应该看到，每一种体裁都可以采取多样化的风格去表现。这是因为：现实生活的风采、情调，是多种多样的。我们不能限制或限定某一类体裁在表现复杂的现实生活时只能用一种风采、几个格调，此其一。同时，擅长某一体裁的作家，并不是一个人或少数几个人，而是很多人（如唐代擅长律诗和绝句的诗人就有几千），每个人都有自己独特的创作个性，因而即使他们都采用同一体裁创作，也会具有各个不同的风格，此其二。此外，风格是作家艺术上成熟的标志。艺术上的成熟与否以及成熟的程度如何，也表现在体裁的运用上。不同作家对同一体裁的掌握程度是不一样的，因而同一体裁在不同作家笔下所表现的风格也有差异。

但是，我们却不能由此得出结论，认为任何一种体裁都可运用任何风格去表现。特定的体裁可以表现多种多样的风格，但却不能表现所有的风格。例如：悲剧的体裁必须用悲慨、悲壮、悲愤、哀怨等风格去表现，而不能用诙谐的风格去表现；喜剧的体裁只能用诙谐、幽默、滑稽的风格去表现，而不能用悲剧的风格去表现；正剧则有悲有喜，它的风格既不是单纯的悲，又不是单纯的喜。如果把埃斯库勒斯的悲剧风格硬行换上阿里斯托芬的喜剧风格，那就不伦不类；如果叫塔尔丢夫、阿巴公这些喜剧人物的嘴里哼着悲壮、悲慨的调子，那就非驴非马。喜剧的体裁用悲剧的风格去表现，就叫人哭笑不得；悲剧的体裁用喜剧的风格去表现，就令人啼笑皆非。其他艺术体裁也是如此。我们不能用欢乐的调子去写挽联和悼歌，也不能用诙谐的风格去写庄严的国歌。这就可以看出，体裁虽不能桎梏风格，但对风格却具有一定的制约性，而风格对体裁也有一定的依从性。

关于体裁对风格的制约性，中国古典文艺理论家早有论述。曹丕在《典论论文》中，曾经论述过奏、议、书、论、铭、诔、诗、赋八种体裁的不同风格。陆机在《文赋》中也论述过诗、赋、碑、诔、铭、箴、颂、论、奏、说十种体裁的不同风格。刘勰在《文心雕龙》中则论析尤详。《明诗》《乐府》《诠赋》《颂赞》《祝盟》《铭箴》《诔碑》《哀吊》《杂文》《谐隐》《史传》《诸子》《论说》《诏策》《檄移》《封禅》《章表》《奏启》《议对》《书记》《定势》等篇，都从不同体裁的特点出发，论述了它们不同的风格特色。尤其是在《定势》中，更集中地论述了体裁和风格的关系问题：

> 是以括囊杂体，功在诠别，宫商朱紫，随势各配。章表奏议，则准的乎典雅；赋颂歌诗，则羽仪乎清丽；符檄书移，则楷式于明断：史论序注，则师范于核要；箴铭碑诔，则体制于弘深；连珠七辞，则从事于巧艳，此循体而成势，随变而立功者也。

这些论述，指明了体裁对风格的要求，但只限定一种体裁只能有一种风格，则未免流于机械。

随着社会的发展，文学作品的体裁也大大发展了。曹丕、陆机、刘勰、恒范、挚虞所提倡的许多体裁，现在已不适用了；而适应反映现代生活的体裁如诗歌、小说、戏剧、散文，则在文学史上大放光彩。

诗歌，按其表达情感的方式来说，可分为抒情诗、叙事诗、剧诗；按其表现的样式来说，则可分为格律诗、自由诗、梯形诗、歌谣诗。

小说，则可分为短篇、中篇、长篇。

戏剧文学按其剧情划分，可分为悲剧、喜剧、悲喜剧（正剧）；按其结构划分，可分为多幕剧、独幕剧；按其语言表达方式划分，则可分为歌剧、话剧。

散文的种类更多。它包括小品文、杂文、文艺通讯、特写、报告文学、游记、传记、日记、随笔、寓言、故事、抒情散文等等。它是一种最自由的文学样式，是文学的轻骑兵。

文学体裁的篇幅，有长有短。一般说来，长篇宜大起大落，大开大合，如黄河之百里一曲、千里一曲一折。短篇则宜洗练、宜点染、宜横截，如精兵夜袭，以一当十，出奇制胜。

（2）风格对体裁的能动性。

体裁对风格虽有一定的制约性，但我们绝对不能把它夸大到不适当的程度。特别是近百年来，由于作家思想的解放，艺术经验的丰富，生活内容的广泛，表达方式的多变，描写手法的灵活，艺术交流的频繁，作为形式的因素之一的体裁，必须服从于绚丽多彩的内容的表现，作为内容和形式总特点的风格，怎能就被体裁捆住了手脚呢？就拿悲剧、喜剧来说，它的情调虽然悲喜有别，然而这只是一个大体的区分，它们不仅不排斥在悲或喜的成分中参入其他的情调、色彩，而且还必须吸取它们来丰富悲剧和喜剧。在悲剧中，基调是悲，但豪迈、沉郁、慷慨、雄浑、缜密、朴素、洗练、刚健，不是可以在不同的悲剧中出现吗？郭沫若的历史剧《屈原》，以悲慨的调子歌唱了屈原爱国主义的一生，但不是也沸腾着豪放和雄浑之气吗？在喜剧中，基调是喜。它除了可以运用活泼、轻松、愉快、诙谐、乐观的调子去表现外，豪放、隽永、粗犷、绮丽、洗练、夸饰、通俗、自然、含蓄等风格，不是可以在不同的喜剧作品中出现吗？果戈理的《钦差大臣》，基调是讽刺，是喜，但不是也包含着夸饰、绮丽的成分吗？当然，这并不是说一部悲剧或一部喜剧中还必须把这许许多多的风格都一股脑儿地囊括进去，而是说它们并不排斥这些风格。许多风格，如豪放、粗犷、缜密、洗练、夸饰、自然、含蓄等等，不仅在悲剧中可以出现，在喜剧中也可以出现。总之：悲，是悲剧的主导风格，但不是唯一风格；喜，是喜剧的主导风格，但也不是唯一风格。

如果说悲剧、喜剧的体裁对风格还存在着某种限制的话，那么，其他的体裁如小说、诗歌、散文等，对风格的制约性就小得多了。它们可悲、可喜，可以悲喜交加，可以自由地运用任何一种适当的风格去表达。拿散文来说，它既可写带有悲的气氛的悼念性文字，又可写带有喜的气氛的庆祝文章。它既可像高尔基的《海燕》中的海燕一样，搏击长空，用豪迈激越的调子唱出一曲响彻云霄的革命战歌；又可如冰心的《寄小读者》，像慈母对待行将远别的儿女谆谆叮咛一样，用缠绵婉约的调子，谱写出一曲曲热情哺育新苗茁壮生长的教育诗篇。它既可像刘白羽的《长江三日》那样波涛汹涌、滚滚东流，又可像朱自清的《荷塘月色》那样参差沃若、暗香浮动。总之，它是无拘无束、不拘一格的。此外，散文还有许多通往其他艺术体裁的通道。正如冰心所说：

> 散文可以写得铿锵得象诗，雄壮得象军歌，生动曲折得象小说，尖利活泼得象戏剧的对话，而且当作者“神来”之顷，不但他笔下所挥写的形象会光华四射，作者自己的风格也跃然纸上了。[①]

不仅散文如此，其他体裁也如此。它们之间，相互影响，相互补充，因而它们各自的风格就不可能是单调呆板、千篇一律的。

作家在创作时，首先应该从实际出发，而不是首先用体裁的框子来限制自己去采用某一固定的风格。风格是在创作过程中自然而然产生的。先确定某一体裁以后，再去寻找某一风格，则风格是不会招之即来的。

四、风格和宗教

（1）宗教影响风格

古希腊的多神教，西方的基督教，阿拉伯的伊斯兰教，印度的佛教，是世界上最有名的宗教。笃信宗教的作家，他的作品常常这样或那样地抹上了宗教的色彩。古希腊的作品就是这样。古希腊人是多神教者。他们所信仰的不仅仅是某一个神，而是许许多多的神——诸神。诸神是宇宙的主宰，在所有艺术领域中，都有他们的足迹。在他们所管辖的范畴内，他们都是无上的卓绝。他们都呈现一种安详、满足、静谧之态。这种情趣，渗入到希腊人的意识形态和上层建筑中。古希腊的神庙建筑是世界第一流的。它的每一个部分和它的整体，都是统一的、有机的。它高大、明敞、圆满、匀称、宁静、流畅，具有独特的风格，像一组和谐悦耳的交响乐。在荷马史诗《伊利亚特》和《奥德赛》中，多神教的色彩，极其浓郁。他们认为，诸神是人类智慧的化身，是真善美的代表。诸神各以自己独特的技能技巧，为古希腊描绘了一幅幅壮丽的图景，显示出古希腊艺术的伟大创造力和瑰美、雄伟的艺术风格。

① 冰心：《从“五四”到“四五”》，《文艺研究》1979年第1期。

多神教反映了古希腊人征服自然的普遍要求。他们力图在一切方面都充分地显示他们所创造的真善美的价值，因而在文学、戏剧、音乐、雕塑、绘画、建筑等艺术领域，都表现出他们丰富的幻想力与杰出的才能，充分显示了古希腊文学艺术的多样性和统一性。

多神教表现了古希腊人由原始社会向奴隶社会过渡时期种种奇妙的幻想，它反映了当时低下的生产力发展水平，反映了古希腊人对待大自然和人的关系问题上朴素的天真的看法。

多神教是人类童年时期的宗教信仰，浩如烟海的希腊神话，就是形象地描绘和歌颂多神教的长卷史诗。但是，不少民族并没有古希腊人那样童年，他们信仰的不是多神教，而是单个的神。

这种单个的神，在各个国度各个民族中也是各有特点的。有的是人创立的，如耶稣所创立的基督教，印度释迦牟尼创立的佛教，阿拉伯人穆罕默德创立的伊斯兰教；有的则是同原始的图腾崇拜结合在一起的宗教。

以我国白族而论，据《旧唐书》记载，他们“以龙为图腾”。他们的宗教就是崇拜龙神。所以，在白族文学中，龙是经常出现的被歌颂的对象。龙为司水之神。大理地区多水，有四个“海”：洱海、茈碧湖、剑湖、海西海。海，当然是离不开龙的。许多美丽、神奇的神话故事传说和大量的抒情叙事作品，莫不与龙有关。在老君山，有九十九条龙，故有九十九个龙潭。龙嘴里流出了洱源凤羽河的水，母猪龙抓出一条邓川的弥苜河，蝌蚪龙翻着游动的身子滚来了鹤庆的漾弓江，青龙的厨房里的流水沟里流出了洱源新登的一眼温泉。这些美妙的神话，既说明了白族的图腾崇拜，也反映了水利和水患同白族人民的利害关系和他们对水的高度重视。在一定范围说来，没有水和龙的描写，也就没有白族古代文学，可见作为龙的宗教对白族古代文学具有何等重要的关系。

西方文学作品，受基督教的影响很深。基督教同多神教是迥然不同的。基督教信仰的是上帝，而不是多神。基督教的教义，集中到一点上，用一个字来表达，就是宣扬一个“爱”字。在他们看来，有了爱，世界上的人和天上的神（上帝）就可取得和解。爱，是沟通神与人之间的情感的天梯。这种教义，很容易被资产阶级所接受。西方资产阶级在反封建的斗争中所提倡的博爱（实际上是爱资产阶级），同基督教的爱，开始是有矛盾的。当教会和僧侣们和封建贵族勾结在一起，利用基督教的教义——爱，去鼓吹爱封建阶级时，资产阶级对教会及僧侣进行了坚决的斗争，对教会僧侣利用“爱”来歌颂封建制度的罪恶行径，进行了无情的揭露。当资产阶级击败了封建势力以后，当教会僧侣失去了封建阶级的靠山并同资产阶级妥协、靠拢以后，资产阶级所鼓吹的博爱，就同基督教所鼓吹的爱合流了。几百年来，大部分资产阶级文艺作品都在程度不同地宣扬这种爱。列夫·托尔斯泰的长篇小说《复活》《安娜·卡列尼娜》，不仅通过作品中人物之口来宣扬上帝爱人、勿以暴力抗恶的宗教观念，而且作者本人还经常直接出现在作品中鼓吹基督教义。巴尔扎克也曾公开宣称他是在上帝和永恒的真理的光辉照耀下从事创作的。

由于基督教渗入作品，就使作品风格上面留下了上帝的足迹和唯心主义色彩。

东方民族的文学风格受佛教、伊斯兰教的影响较深，而西方民族的文学风格则受基督教的影响较深。其中一个重要原因就是这些宗教的创始者都是分别属于东西方不同国家不同民族的缘故。如前所述，佛教的创始人是印度的释迦牟尼，所以，佛教对于印度文学的影响最大。公元前三、四世纪编纂的至公元前一、二世纪才初具规模的由蚁垤撰写的《罗摩衍那》，为印度古代梵文叙事诗，共七卷，约二万四千颂（双行诗），就深受佛教影响。具体表现在：它宣扬了佛教教义的慈悲为怀、悲天悯人、坚忍不拔的精神。其内容大意是：阿逾陀城国王的长后所生之子罗摩，理应接受灌顶（这是皇太子立位时的一种礼仪，就是把蜜和奶油洒在太子头顶上，表示吉祥），立为太子，继承王位。但老国王的小老婆吉迦伊却唆使老国王把自己所生之子婆罗多立为太子，并将罗摩流放山林。罗摩之妻悉多，也随他同行。婆罗多不愿灌顶为王，亲自到山林请其兄罗摩回国接受灌顶。罗摩未从。后来恶魔劫走悉多，罗摩因众神猴的援助，才打败恶魔，解救了悉多。结局是罗摩与婆罗多兄弟欢聚，复国团圆。在作品中，佛家的布施和格言，勤劳和顺的大象，勇猛的印度狮子，热带的大蛇，均为印度的特产，这就为印度文学的风格增添了异彩。

唐代高僧玄奘，在印度时所见到的《罗摩衍那》只有一万二千颂。他翻译的佛经《阿毗达摩大毗婆沙论》，就讲过罗摩和悉多的故事。明代吴承恩的《西游记》中所描写的孙大圣，同《罗摩衍那》中所塑造的大颌神猴哈奴曼，都神通广大，巧于多变，敢于向恶魔作斗争。吴承恩对佛经很有研究，他所创造的孙悟空，也不会不受到哈奴曼的影响。但是，印度民族性格和特殊的风土人情都不曾在《西游记》中出现过，因为《西游记》虽然受到佛学的影响，但它毕竟是中国的，它有中华民族所特有的而为印度所没有的民族风格。

综上所述，关于风格和宗教的关系，似可作如下概括：

风格要求作品具有鲜明的形象性，要求对现实生活的生动描绘，并从中自然地流露出它的情调和风采；而宗教所崇拜的神，则宣扬一种教义，一种信仰，一种精神。它醉心于对虚幻世界的追求，因而它必然忽视现实生活的具体性。这样，就产生了风格所要求的形象性和宗教力图削弱这种形象性之间的矛盾。这种矛盾是不可克服的。形象性愈鲜明，就愈符合风格的要求，愈有助于风格的显现；而思想朦胧、措辞笼统，则有助于表现宗教的神秘主义，有助于形成天国、地狱等虚幻的境界。这在基督教、佛教色彩浓厚的作品中表现得最为突出。在中世纪欧洲文学中，许多福音书、祈祷文、忏悔诗、赞美歌、圣徒传，由于抽象、朦胧，几乎失去了文学的价值，因而也必然失掉了风格的明朗性。由此可见，宗教精神、上帝圣母、绝对观念等，都是排斥文学的根本特征——形象性的。

有人也许会问：某些文学作品，虽然宗教色彩较浓，但不是也有象征、比喻么？不是也注意形象性的描绘么？

不错，有些宗教文学，的确有象征，有比喻，但它有个根本的弱点，这就是：它无法完整地再现真实的人生图画，它念念不忘的是鼓吹宗教教义，它的所谓“形象性”，也不过是某种信仰的图解而已，因而它是不能获得高尚的风格称号的，如中世纪法国的《圣女欧拉丽赞歌》《受难曲》

《圣徒尼古拉行传》等，就是这类作品。

当然，这并不意味着说，凡是受宗教影响的文学作品都是宗教文学。我们认为：以宣传宗教信仰为主的文学，才叫做宗教文学；而文学史上许多优秀的文学作品，尽管受到宗教的影响，但并没有摒弃它所描绘的人生图画而完全堕入虚无缥缈的宗教云雾中。所以，它的风格虽然不可避免地沾上了宗教的灰尘，但就作品的基本特质而言，仍然没有失掉形象的光泽，因而也没有失去它的风格，陀思妥耶夫斯基的《被侮辱与被损害的》《白痴》《罪与罚》，就是这类作品。

也许有人会问：以宣扬多神教而著称的古希腊文学，是人类艺术史上的高峰，其艺术风格明朗、瑰丽、雄伟，既多样又统一，哪里存在什么朦胧、空灵？

的确，古希腊文学的确具有自己独特的风格，它那多神教所歌颂的诸神，实际上是对现实生活中具有多种多样智慧、才能、技巧的人的特殊模拟，因而它所写的诸神更和人接近，它的神性更富于人性，它那神性的丰富性反映了人性的多样性。它不像单神教单调、乏味，因而在风格上的确显得比那些宣扬基督教、佛教的文学作品要灵活得多、鲜明得多，但是，从严格意义上说来，古希腊文学所写的诸神，存在着一个普遍的缺点，这就是：它偏重于对诸神活动过程的叙述，而缺乏对诸神性格（人物性格的化身）的刻画，因而缺乏个性的独特性。它对人物的描绘往往被成堆的几乎数不完的事件所湮没，因而这就必然影响了它的风格的集中性和鲜明性。

总之，不管什么宗教，都是影响风格的鲜明性的，因为风格的鲜明性同宗教的概念化和暧昧性的矛盾是无法克服的。现代作家，必须坚决摆脱宗教对自己作品风格的影响，因为宗教不能促使风格沿着健康的渠道向前发展。它只会把作家带入神秘主义的狭窄的胡同中去。象征派、印象派、未来派、颓废派、现代派、先锋派、表现主义派、超现实主义派、荒诞派等资产阶级文学流派的作品，之所以带有虚幻、暧昧、迷离恍惚的成分，虽然原因复杂，但其中原因之一就是包含宗教的神秘性。法国象征派诗人瓦雷里（1871—1945）的长诗《海滨墓园》，德国象征派诗人里尔克

（1875—1926）的《杜诺哀歌》，就是以描写灵魂与肉体、生命与死亡为题材的。它们晦涩难懂，充满了宗教情绪。被称为欧美现代派里程碑的长诗《荒原》，是艾略特（1888—1965）的代表作。他在诗中，以恍惚迷离的笔触，忧伤苦闷和猜忌的心情，宣扬了皈依天主教的思想和对起死回生的祈求。……这些作品的宗教观念，只会抵消或削弱风格所要求的鲜明性、形象性，是无产阶级作家和一切革命作家所不取的。

（2）风格排斥迷信

宗教同迷信是联系在一起的。原始宗教（多神教、泛神论、图腾崇拜）主要反映人与自然的斗争，描写了人对自然力的慑服与征服。它虽含有某种迷信，但它迷信的不过是自然，不过是对自然的崇拜，何况这点迷信还是远远抵挡不了人征服大自然的威力的，因而在描写人与自然的关系时，迷信的成分很少，它的魔力也是有限的，而作为人的化身的诸神的力量才是巨大的，这就决定了神话的风格基调是豪迈的，情绪是乐观的，色彩是明朗的。

但是，随着人类阶级社会的建立和发展，单神教的统治逐渐代替了多神教的统治，宗教脱离了跟大自然的密切联系，而完全和作为社会关系总和的人联系在一起了。统治阶级为了巩固自己的统治，便垄断了对单神教的创造权和解释权。它的迷信成分也越来越多，终于把宗教完全变成了宗教迷信。天堂地狱、生死轮回、因果报应的胡言乱语，成为剥削阶级麻痹人民的精神鸦片。它诱骗人民去建筑来世的天堂，放弃对美好的现实生活的追求，并甘心忍受统治阶级的宰割。它用阴森恐怖的地狱去恐吓人民，竭力反对人民群众反抗统治阶级的斗争。因此，他们在作品中必然热衷于创造迷信，而迷信必然同愚昧、晦暗、阴森、含糊、迷惘、朦胧、空灵是不可分的，必然同科学所要求的明晰性是截然对立的。这就决定了那些宣扬宗教迷信的文学作品不可能形成高尚的风格，例如：《目连救母变文》《香山宝卷》《普天乐》《阴阳河》《三戏白牡丹》等，就是这类作品。

特别是那些处于没落阶段的反动统治阶级的宗教文学，迷信色彩更浓。他们只许一种“风格”。存在，这就是宗教迷信所要求的，千篇一律地歌颂冥冥中上帝神佛的“风格”就是鬼气袭人的阴司的“风格”。因此，他们所鼓吹的“风格”，不是叫人四顾茫然，就是令人毛骨悚然。可见，宗教迷信只会造成风格的窒息，阻碍风格的发展，形成风格的垄断。欧洲中世纪黑暗时代教会统治的铁蹄之下、艺术园地中万马齐喑的局面，就是宗教独裁所造成的。

谈到这里，有人也许会问：某些文学作品，写了天堂，写了地狱，也写了人间，刻画了神、鬼、人，但并不令人感到朦胧神秘，这又该作何解释呢?

的确，有许多作品，如《哈姆莱特》《感天动地窦娥冤》《天仙配》《张羽煮海》《刘海砍樵》《钟馗嫁妹》《李慧娘》等，或写天上，或写阴司，或写人间，但人们看了这些作品后，并不感到迷惘恍惚、毛骨悚然。恰恰相反，作者笔下的神鬼，却富于浓厚的人情味，使你觉得可亲可近，而不是可恶可怕。虽然写了天上，但并不是叫你皈依上苍；虽然写了地狱，但并不是叫你慑服丑恶；而是鼓吹光明，提倡正气，宣传进步，驱赶黑暗，摒除邪气，反对倒退。因此，作品虽然写了宗教，但却不是宣扬迷信，而是借宗教的圣杯，浇现实的块垒。它不仅排斥迷信，而且还排斥宗教文学那种虚幻、荒诞、神秘、阴暗的“风格”，它所提倡的风格，乃是明朗的、积极的。

当然，我们还必须看到这样复杂的现象：在阶级社会里，由于统治阶级思想就是占统治地位的思想，由于反动阶级鼓吹宗教迷信，由于作家世界观的局限性，这就使得某些披着宗教外衣反对宗教的作品（如薄伽丘的《十日谈》等），某些描写天上、人间、地狱的作品（如吴承恩的《西游记》等），某些描写人狐鬼魅的作品（如蒲松龄的《聊斋志异》等），也程度不同地沾染上宗教迷信的毒菌，从而给这些作品带来某种虚幻、空灵、朦胧。但它在作品中毕竟只占很少位置，因而它终究掩盖不住整个作品风格体系中所发射出来的灿烂夺目的光辉。

[原载《文艺论丛》（第十八辑），上海文艺出版社1983年版]

风格美举隅

“百花齐放”——容许并鼓励文学艺术的各种风格自由发展，是促进我国社会主义文艺繁荣的方针。

法国古典文艺理论家布封说：“风格即人。”这一句名言曾为马克思主义创造人一再引用。我们不妨加以引申说：风格也即是文艺本身。我国古代的文学理论家就是用这个观点来研究风格问题的。如萧梁时的刘勰在《文心雕龙·体性》中指出：“吐纳英华，莫非情性。是以贾生骏发，故文洁而体清；长卿傲诞，故理侈而辞溢；……安仁轻敏，故锋发而韵流；士衡矜重，故情繁而辞隐”。这些作家各有各的个性，因而他们的作品也各有各的风格，无法强求一律，也不能以个人的偏爱“会已则嗟讽，异我则沮弃”（《知音》）。

但是，对众多的作家和作品以及它的风格，进行分析、研究、比较、鉴别，阐发它的特长，也指明它的缺陷和局限，不仅是可能的，而且是必要的。这正是文学批评和理论工作者的任务，也是历代许多批评家和理论家所从事的工作。

照我的理解，所谓风格，就是作家的风度和品格在作品中的表现。在具体作品中，大致表现在以下三个方面：一是显之于风采的；一是诉之于情调的；一是辨之于韵味的。

风采，就是风度、姿容、色彩，是指风格的外表仪态。情调，就是情绪和格调，是内在的品质体性。它或隐或现地流动于作品字里行间，却是作品的根本精神所在。如果说，情调是风采的灵魂，风采是情调的外观，那么，韵味便是风采和情调相结合的产物。在三者之中，情调是最主要的因素。在情调和风采的关系上，风采必须服从于情调的表达；否则，就会如刘勰所指："繁采寡情，味之必厌"（《文心雕龙·情采》），因而也必然无味。在情和味的关系上，则"只见味出于情，而不见情出于味"（婆罗多牟尼《舞论》）。三者的有机统一，就形成了风格。

本文试以中国古典诗词为例，综采前人的论说，杂以己意，对诗歌的风格进行一些探讨，希望得到同志们的指正。

一、豪　放

豪迈奔放，谓之豪放。

司空图在《诗品》中用"吞吐大荒""处得以狂"来形容豪放的情状，以"天风浪浪，海山苍苍"来描绘豪放的气势，拿"晓策六鳌，濯足扶桑"来比喻豪放的行踪，真活活画出了豪放的英姿。

豪放的特点是：情感激荡，格调昂扬，想象奇特，夸张出格。其中，情感激荡是根本的特点。诗发乎情，但感情的表达则因人因时因地而异，只有在特定的条件下才突然迸发，如烈火腾空而起，直冲云霄，如飓风卷地而来，山呼海啸。于是，"笔落惊风雨，诗成泣鬼神"（杜甫《寄李十二白二十韵》）。

激荡的情感须以飞扬的音韵、高亢的歌喉去演奏。否则，就不足以表现它那活跃的姿态、豪迈的步伐和奔放的气势。因此，就形成了豪放的另一个特点——格调昂扬。

噫吁嚱，危乎高哉！蜀道之难难于上青天。

李白《蜀道难》起句就气势非凡，令人有昂首天外之感。难怪贺知章一读此诗，便称李白为"谪仙人"了。

由于情绪的激越、格调的昂扬，就必然要求诗人饱蘸夸张之墨，在奇诡的想象天地中自由驰骋。因而，想象奇特、夸张出格，就成为豪放的第三个特点。

君不见，黄河之水天上来，奔流到海不复回……

正如莎士比亚所说：“诗人转动着眼睛，眼睛里带着精妙的疯狂，从天上看到地下，地下看到天上。他的想象为从来没人知道的东西构成形体，他笔下又描出它们的状貌，使虚无杳渺的东西有了确切的寄寓和名目”（《仲夏夜之梦》第五幕第一场）。

李白的夸张也是出格地大胆，而又合情合理。谁人见过“白发三千丈”呢？但李白接着写道：“缘愁似个长”（《秋浦歌》）。当你联想到在那漫漫黑夜中，无数仁人志士追求美好理想而不能实现，一生穷愁潦倒的情景，你就会相信那白发真有三千丈，非三千丈不可了。这是荒诞的，却是逼真的，唯其荒诞才更逼真。这是豪放诗人的一个特点。关键在于诗人的诚实纯洁，一旦羼杂了弄虚作假借以骗人的思想感情，就变成吹牛撒谎，所谓美丽的谎言，是骗不了人的。

从李白的豪放中，可以看到我们民族悠久丰富的文化传统，我们祖国辽广无垠的壮丽山川和各族人民英勇无畏的乐观精神。这种豪放风格，从中唐的韩愈，宋代的苏轼、陆游，直到近代的优秀诗人，形成了我们民族气派的重要特点。当然，历代的豪放诗人，又有各自的个性和特色，既有苏轼的“乱石崩云，惊涛裂岸，卷起千堆雪”（《念奴娇·赤壁怀古》）的壮丽，又有辛弃疾的“马作的卢飞快，弓如霹雳弦惊”（《破阵子》）的激越，既有郭沫若的“我要如暴风雨一样怒吼”（《恢复·诗的宣言》）的狂飚突起，又有陈毅的“此去泉台招旧部，旌旗十万斩阎罗”（《梅岭三章》）的大气磅礴……

二、粗　犷

粗莽唐突，犷野不驯，谓之粗犷。司空图所说的“疎野”，庶几近之。

粗犷的一个特征是憨直。它没有丝毫虚伪，无所顾忌，不加修饰，大胆、勇敢、朴实、任性。但狞厉的外形却包藏着纯洁真挚的感情、淳朴善良的灵魂，故虽鲁莽而时呈妩媚温厚，绝非一味横蛮残暴者可比拟。

作为一种风格，粗犷是比较原始的。在古代歌谣“断竹，续竹，飞土，逐肉”中，可以看见它的踪迹。在《诗经》和其他民歌中，粗犷的风姿也是诱人的。即使描写男女间的爱情，它也毫不羞涩。如：“青青子衿，悠悠我心，纵我不往，子宁不嗣音。青青子佩，悠悠我思，纵我不往，子宁不来。挑兮达兮，在城阙兮。一日不见，如三月兮”（《郑风·子衿》）。这里的描绘，是何等大胆、唐突，又是何等坦率、天真！

随着社会的不断发展，人们的物质生活要求不断提高，情感状态和心理活动的日益细密，艺术样式的变化革新，对于粗犷的原始性、单纯性感到不满足了，尤其在后来文人诗词中，粗犷几乎销声匿迹了。但是粗犷作为一种风格美，仍然是不容抹杀的。且看北朝时鲜卑族的《敕勒歌》：

> 敕勒川，阴山下。天似穹庐，笼盖四野。
> 天苍苍，野茫茫，风吹草低见牛羊。

在这里，用粗线条绘出了北国的山川、草原、牛羊和少数民族的游牧生活是多么辽阔、壮美、质朴、单纯，多么苍劲有力！

再如汉乐府中的《上邪》：

> 上邪！我欲与君相知，长命无绝衰。山无陵，江水为竭，冬雷震震，夏雨雪，天地合，乃敢与君绝！

一连用了五个绝对不可能成为事实的假设，来反证这一位女诗人忠贞的爱情之不可动摇。这种粗犷的语言发自诗人的肺腑，真如山崩地裂，如冬雷夏雪，有极强烈的感染力。它没有文饰，也不需要任何文饰，却自成一格，光彩照人。

三、雄　浑

司空图的二十四《诗品》，把雄浑放在首位。他说："返虚入浑，积健为雄。"意思是说：向实处求则不可能得浑，而必须返而求之于虚，才可达到入浑的极境；只聚健壮有力之气，则可为雄。清代的杨廷芝认为："大力无敌为雄，元气未分曰浑。"

雄浑特别强调一个气字，它的特点是：气度豁达，气量恢宏，气宇轩昂，气势磅礴，气魄雄伟。它如奔腾咆哮、波涛汹涌的大海，而不像碧波荡漾、涟漪粼粼的西湖；若横空出世、千嶂连云的昆仑山，而不似一丘一壑、小巧宜人的苏州园林。西方古典美学家所说的"崇高美"，足以当之。

在具体作品中，有的壮志凌云，刚毅雄键，如刘邦的《大风歌》："大风起兮云飞扬，威加海内兮归故乡，安得猛士兮守四方！"有的慷慨悲歌，视死如归，如项羽的《垓下歌》："力拔山兮气盖世，时不利兮骓不逝；骓不逝兮可奈何？虞兮虞兮奈若何？"有的胸襟辽阔、目光深邃、忧民忧国、悲怆豪爽，如陈子昂的《登幽州台歌》："前不见古人，后不见来者；念天地之悠悠，独怆然而涕下。"

胡应麟《诗薮》中说，"盛唐一味秀丽雄浑"，指出了雄浑乃盛唐诗人的共同风格，这是很有见地的。王之涣《登鹤雀楼》诗：

白日依山尽，黄河入海流；欲穷千里目，更上一层楼。

前两句气势磅礴，辽旷壮观；后两句自然地抒发了作者豪迈豁达、奋发向上的胸襟。情寓于景，理寄于情，浑然一体，读了令人神往，不愧为千古名作。这种雄浑气派在岑参、高适、李颀、王维、王昌龄等人的一部分诗中，也随时可见，即如以隐逸清高著称的孟浩然，也写下了“气蒸云梦泽，波撼岳阳城”这样浑涵太虚的名句。

雄浑是沉郁的紧邻。杜甫以沉郁见长，亦时见雄浑。当他目击雄伟的大自然时，便一扫胸中积郁，其襟怀豁然开朗，雄浑之情油然而生。他的《望岳》诗，便是雄浑的杰作。

雄浑是豪放的亲友。李白以豪放见长，亦常于豪放中见其雄浑。如胡应麟所指出，李白的“独坐清天下，专征出海隅”，就是“冠裳雄浑”之作。

雄浑和豪放、沉郁，是相互渗透，相互转化的。当它沉思默处，忧愤蕴蓄时，就会变为沉郁；当它飘逸飞动，奔放不羁时，就会形成豪放。

雄浑与粗犷，都有一股浊重之气，都有一种广阔的襟怀，但雄浑是庄严的，粗犷是不驯的，雄浑是不过分的，粗犷则有点放肆。

四、清　新

清幽新奇，谓之清新。司空图在《诗品》中把它称之为“清奇”。

清新的特点是：境界幽丽，色彩淡雅，气氛爽肃，格调峻拔。

清新喜欢宁静，而厌恶喧嚣。在幽邃的情境中，它领略着大自然所赐予的清趣。由于清新的境界是幽丽的，因而它不追求色彩的绚丽斑斓，而着意描摹的淡雅素洁。其格调是峻峭的，“晴空一鹤排云上，便引诗情到碧霄”（刘禹锡《秋词二首》）。

清新很容易和其他风格融洽相处。清新中带点秀气，就变成俊逸；出以柔细，就可入于婉约；如果伴以昂扬、激越，那就是豪放了。所以在各种风格中，常常都可以见到清新的踪迹。如李白的诗歌，基调是豪放的，但在豪放中却显示出俊逸、清新。故杜甫在《春日忆李白》中说：“白也诗无敌，飘然思不群；清新庾开府，俊逸鲍参军。”

杜甫不但以清新称赞李白，又誉孟浩然“清诗句句尽堪传”，还说他自己做诗“清词丽句必为邻”。历代评论家，也都重视清新，如韦庄称许浑诗“字字清新句句奇”，《诗人玉屑》誉王安石的诗“一番清新”，王士祯主张“为诗要清挺”（《然镫记闻》）。

但清新一格，当以清幽为主，要从清中见新。这个新，就是新鲜，似草原新绿，春意盎然，又像雨后春笋，生气蓬勃。这种新，既有创新之意（这是一切艺术都要求的），又有特殊的内容，着重在诗人要从看似平淡无奇的自然界和生活中，发掘和表现其内涵的生动活泼、俊秀可喜的美的东西。

山水诗中，最突出清新。南朝的谢灵运和谢朓有许多名句，开了山水诗的先河；到了王维，“诗中有画，画中有诗”（苏轼语），达到了成熟的境界。他的《辋川闲居赠裴秀才迪》《山居秋暝》等，像一幅幅优美和谐的山水画，形象鲜明，生动而有层次，语言朴素亲切，从内容到形式都极清新之妙。《山中》诗云：“荆溪白石出，玉川红叶稀，山路元无雨，空翠湿人衣。”又如：“明月松间照，清泉石上流”（《山居秋暝》），“江流天地外，山色有无中”（《汉江临眺》），都是山水诗中的佳作。当代和后来的诗家对王维评价很高，王孟的清新也一直为人所仿效。但王维诗中常有枯寂出世的禅味，却是不足取的，也给后人留下不健康的影响。

晚唐诗人杜牧的一些七言绝句，也以词采清丽、风格悠扬著称，其清新中显出俊爽，又别有一种情致。如《江南春》：“千里莺啼绿映红，山村水郭酒旗风。南朝四百八十寺，多少楼台烟雨中。”《山行》：“远上寒山石径斜，白云深处有人家。停车坐爱枫林晚，霜叶红于二月花。”都是脍炙人口的佳篇。

五、悲　慨

悲壮、慷慨，谓之悲慨。

作家或目击人民苦难之深，或遇道途坎坷之难，或惜光阴流逝之速，或感于壮志未酬之愤而慷慨悲歌者，谓之悲慨。

荆轲的“风萧萧兮易水寒，壮士一去兮不复还”，两千年来传诵不衰，足见悲慨的感人至深。曹操的《龟虽寿》表现了“老骥伏枥，志在千里。烈士暮年，壮心不已”那样的积极进取精神；《蒿里行》则描绘了“白骨露于野，千里无鸡鸣。生民百遗一，念之断人肠”的悲惨景象，《短歌行》流露出“对酒当歌，人生几何？譬如朝露，去日苦多，慨当以慷”的哀伤情绪。曹操诗歌的悲慨风格，影响着建安文学，成为建安风骨的精髓。建安七子和蔡琰的《悲愤》诗，也都以悲慨见著。但自魏晋以至南朝，除阮籍、刘琨略见悲慨之作，建安风骨已消失殆尽。故陈子昂、李白等人都竭力强调恢复发扬建安风骨，以纠正齐梁的淫靡之风，打开了唐诗的发展道路。陈子昂和李、杜，以及高适、岑参等诗人也在不同的历史条件下吸取了悲慨的传统风格。至宋代的陆游、辛弃疾，则把个人的襟怀和国家民族的命运，紧密地结合在一起，扩大了悲慨的境界，增强了悲慨的威力。且看陆游的名句：“逆胡未灭心未平，孤剑床头铿有声”（《三月十七日夜醉中作》）：“一声报国有万死，双鬓向人无再青”（《夜泊水村》），“壮心未与年俱老，死去犹能作鬼雄”（《书愤》），“死去原知万事空，但悲不见九州同；王师北定中原日，家祭毋忘告乃翁”（《示儿》）。字里行间，洋溢着强烈的爱国主义激情和为国捐躯、万死不辞的牺牲精神。再看辛弃疾的名句：“道男儿到死心如铁，看试手，补天裂”（《贺新郎》）；“追亡事，今不见，但山川满目泪沾衣。落日胡尘未断，西风塞马空肥”（《木兰花慢》）；“追往事，叹今吾，春风不染白髭须。都将万字平戎策，换得东家种树书”（《鹧鸪天》）。这里，充分表现了作者誓杀胡虏，报国无门的忧愤。至于文天祥的《正气歌》及《过零丁洋》中名句“人生自古谁无死，留取丹心照汗青”，也以悲慨而彪炳千秋。

悲慨是同作者宏伟的抱负，坚贞的信念，奔放的热情，坎坷的命运联系在一起的，因而，常常兼有豪放、雄浑、沉郁的特点，时或迹近粗犷，在不同作家作品中呈现出各自的特色。但仔细品味，又有所区别：豪放昂扬，悲慨怆凉；沉郁凝重，悲慨激越；粗犷疎野，悲慨庄严；雄浑豁达，悲慨执着。

六、诙　谐

诙谐，作为风格来说，是指整个作品的氛围的幽默感和愉悦感。“辞浅会俗，皆悦笑也”（《文心雕龙·谐隐》）。它的重要特征是引人发笑，但绝不是庸俗无聊的玩笑。清人黄图珌说：“诙谐亦有绝大文章，极深意味，清婉流丽，闻之可以爽肌肤，刺心骨也”（《看山阁闲笔》）。这就是说，诙谐中包含着深刻的哲理，还有丰富的审美价值。它不仅能起到“批龙鳞于谈笑，息蜗争于顷刻”（郭子章《谐语》）的奇妙作用，还能“每从游戏得天真”（张问陶《论诗十二绝句》），创造出别具一格的艺术美。

古人历来重视诙谐。司马迁在《史记》中专门写了《滑稽列传》大大赞扬了机智幽默善于诙谐的滑稽家。古典诗词中，诙谐的风格表现为多种形式，因人因事因情因景而异彩缤纷，真可谓嬉笑怒骂皆成文章。

《诗经》中有讽刺诗，如《鄘风·相鼠》把统治者看成比老鼠都不如的东西，在辛辣的讽刺中表达了人民的巨大愤慨和自豪。这种传统一直在民间歌谣中流传下来，下面一首唐代民谣揭露当时封建官僚的贪残丑态，入骨三分：

> 前得尹佛子，后得王癞獭，判事驴咬瓜，唤人牛嚼沫。见钱满面喜，无镪从头喝。常逢饿夜叉，百姓不可活。（《王法曹歌》，见《朝野佥载》）

在诗人中，白居易作了大量“讽喻诗”，但正如他自己所说，多数作品过于直露，愤怒压倒了幽默，只有一部分作品如《卖炭翁》《上阳白发人》等，用白描的手法真实地揭露那种可悲而又可笑的现状，使人读了感到一种“含泪的笑”，这是诙谐的一个品种。

宋人叶梦得的《石林诗话》记载："刘贡父天资滑稽，不能自禁，遇可谐浑，虽公卿不避。"他和王安石相友善，王当了宰相后还常为他的戏谑所绝倒。他在战国时大滑稽家淳于髡墓题了一首诗说："微言动相国，大笑绝冠缨。流转有余智，滑稽全姓名。"这是对淳于髡的赞许，也是他的自解。其实，古来许多诗人，常常有意寓庄于谐，倒不一定全出于"天资"。如陶渊明《责子》，在幽默的诗句里流露出慈爱和旷达的高情，生趣盎然；刘禹锡两次游玄都观的诗，借看桃花而狠狠嘲笑了那些无能的新贵，诙谐地抒发了他的豪迈刚强的胸襟；杜牧《过华清宫三绝句》："一骑红尘妃子笑，无人知是荔枝来"，愤怒鞭挞了统治者的骄奢淫逸，其格调含蓄而又尖锐，亦庄亦谐；苏轼和辛弃疾在历受打击之后，写了不少诙谐的诗词，用以寄托他们的愤懑心情，看似自嘲自慰，实亦抨击了时世；杨万里的"诚斋体"中有一些作品，则以幽默滑稽来形成自己的独特风格。

清人施补华《岘傭说诗》中说："王翰《凉州词》：'葡萄美酒夜光杯，欲饮琵琶马上催。醉卧沙场君莫笑，古来征战几人回？'作悲伤语读便浅，作诙谐语读便妙……"为我们读诗的人指出，应该善于领会诙谐的美。

七、朴　素

朴素无华，质木尠文，谓之朴素。

朴素是最原始的风格，它反映了原始人的自然本质和美学理想。"日出而作，日入而息，帝力于我何有哉？《击壤歌》就反映了这种朴素。

《诗经》里的许多古代民歌，感情真挚，语言生动，形象鲜明，节奏错落自然，是诗歌艺术的瑰宝。如《芣苢》三章十二句，只换了六个动词，却使读者"恍听田家妇女，三三五五，于平原旷野风和日丽中，群歌互答，余音袅袅，若远若近，忽断忽续，不知情之何以移，而神之何以旷"（方玉润《诗经原始》）。随着人类社会的发展，朴素的风格，往往能引起人们对于古代的怀念，渴望返回自然，摒除世俗的纷扰和影响，憧憬着美好的理想社会。可见朴素不仅是外表上的无华黝文，更重要的是内心中的朴实、质木。陶诗外表冲淡，正是他“闲静少言，不慕荣利”（《五柳先生传》）的心境的寄托。

朴素的灵魂是单纯、率直。“取语甚直，计思匪深”，这就是司空图对朴素的写照。故古今诗人每与朴素结不解之缘，并在朴素中展现其各自的个性。锺嵘《诗品》称“曹公古直”，他的诗不假雕饰，显出悲慨的本色，李白的《静夜思》（“床前明月光”）等乐府，何其天真；《敕勒歌》则在朴质中见犷野；李绅（白居易“新乐府”运动的参加者）的《悯农》二首，以朴素的风格写出了千百万农民的处境和心声：

春种一粒粟，秋收万颗籽，四海无闲田，农夫犹饿死！

锄禾日当午，汗滴禾下土。谁知盘中餐，粒粒皆辛苦！

这也就开了晚唐现实主义的一派先河。

且看聂夷中的诗：“二月卖新丝，五月粜新谷。医得眼前疮，剜却心头肉”（《咏田家》）。脱口而出，不假修饰，何其直切！再读杜荀鹤的诗：“无子无孙一病翁，将何筋力事耕农。官家不管蓬蒿地，须勒王租出此中”（《伤硖石县病叟》）。其情真，其言直，其力率，其述简，其味纯，为朴素之珍品。

八、含　蓄

言虽尽而意无穷，谓之含蓄。含是含隐，蓄是蓄秀。所谓隐，就是言外之旨。所谓秀，就是篇中之萃。《文心雕龙·隐秀》云：“隐也者，文外之重旨者也；秀也者，篇中之独拔者也。隐以复意为工，秀以卓绝为巧。”这里谈的，就是含蓄。

含蓄和朦胧不同。朦胧是思想（和表达思想的语言）上的模糊含混；

而含蓄则具有思想的明了性和深刻性。含蓄是排斥朦胧的，它决不吞吞吐吐。李商隐的诗，是极其含蓄的。“春蚕到死丝方尽，蜡炬成灰泪始干”（《无题》）：“身无彩凤双飞翼，心有灵犀一点通”（《无题》）；“夕阳无限好，只是近黄昏”（《乐原游》）；“锦瑟无端五十弦，一弦一柱思华年”（《锦瑟》），就是脍炙人口的名句。上列诗句，语言并不朦胧，只因为作者掩饰了它的本事，以致诗意显得有些朦胧，连元好问也发出过“诗家总爱西昆好，独恨无人作郑笺”（《论诗绝句》）的慨叹。

艺术需要含蓄，不能把话说尽，而要留有余地，让人思考、玩味。在希腊雕塑中，男女爱神的眼睛，都雕成了盲目，它给你提供了一个思索的广阔空间，因而是含蓄的。如果过实，把他（她）们的眼睛刻画得逼真，而能眉目传情，那就浅薄直露，不能启迪人们去想象，因而也失去了含蓄。

但含蓄不是隐晦，不是说一半留一半。它只是把多余的、可说可不说的话省略了罢了。不仅如此，它所说的话还要“言近而旨远，辞浅而义深，虽发语已殚，而含意未尽。使夫读者，望表而知里，扪毛而辨骨，睹一事于句中，反三隅于字外”（刘知几《史通叙事》）。所谓“引而不发，跃如也”，也就是这个意思。

含蓄要含一蓄十，以少胜多。十是它的具体性，一是它的概括性。它的特点是“深文隐蔚，余味曲包”（《文心雕龙·隐秀》）。它着眼于感情的浓度的提炼，醉心于生活的广度和深度的开掘。

不管是什么风格，尽管各有其本身的特点，但都要符合含蓄的要求。否则，豪放失去含蓄，就变成浪荡；沉郁失去含蓄，就变得浅薄；纤秾失去含蓄，就没有光泽；冲淡失去含蓄，就索然无味；悲慨失去含蓄，就变成号啕；婉约失去含蓄，就变得轻浮……

生活之树，五彩缤纷。风格之花，千姿百态。

“每一滴露水在太阳的照耀下都闪耀着无穷无尽的色彩”[①]。一个伟大的作家，他的作品风格，既是统一的，又是多样的。他那多样化的风格，仿佛大河的支流，奔腾不息地向着一个共同的风格总汇流动着，从而形成了作家所有作品的主导风格。这种主导风格，是作家整个作品的风采、情调、气势的集中表现。它统帅着、影响着、支配着作品中其他非主导风格，决定着作品的基调。而作品的非主导风格，却都必然从属于主导风格。它是衬托主导风格花朵的青枝绿叶。没有它，则主导风格就显得单调寂寞。二者相互辉映，有主有宾，多样统一。以李白所描写的名山大川来说，有的雄伟奇峻，怪象万千：“连峰去天不盈尺，枯松倒挂倚绝壁。飞湍瀑流争喧豗，砯崖转石万壑雷”（《蜀道难》），就在豪放中突出了一个险字；有的倜傥不羁，傲岸不群，如：“且放白鹿青崖间，须行即骑访名山。安能摧眉折腰事权贵，使我不得开心颜”（《梦游天姥吟留别》），就在豪放中突出了一个傲字；有的气势豪迈，一泻千里，如：“飞流直下三千尺，疑是银河落九天”（《望庐山瀑布》），“两岸猿声啼不住，轻舟已过万重山”（《早发白帝城》），“两岸青山相对出，孤帆一片日边来”（《望天门山》），这些诗，不仅是豪放的，而且是明朗的、美丽的、飞动的。至于“问余何意栖碧山，笑而不答心自闲。桃花流水窅然去，别有天地非人间”，这首《山中问答》诗，却在豪放中显示出飘逸、恬静了。可见李白的诗歌风格，既有豪放这个统一的基调，又丰富多彩。其他诗人也是这样。

风格的多样性产生的原因，是极其复杂的。

首先，风格的多样性和时代生活的变幻有关。不同时代，给风格提供了不同的土壤。在原始时代，由于生产力水平低下，人们靠劳动生活，彼此团结互助，无过高要求，因而他们的诗歌风格是古拙、朴素、粗犷的。汉武帝时，社会比较安定，物质生活也还充裕，王室好大喜功，讲究排场，有的文人学士为了迎合主子的需要，也就追求富丽堂皇，因而汉赋的

① 《马克思恩格斯全集》（第一卷），人民出版社1956年版，第7页。

风格就必然黼黻繁缛。司马迁由于触犯了汉武帝，个人遭遇重大不幸，因而作为“无韵之离骚”的《史记》，也就形成了愤疾的风格。东汉末年，军阀混战，社会纷乱，人民苦难深重，诗人忧民忧国，因而也就形成了悲壮、哀怨、慷慨的“建安风骨”。魏晋时代，统治阶级实行高压政策，文人动辄罹祸，故隐逸山林，消遣世虑，有的形成了逍遥、怪诞、清俊的风格，如竹林七贤的诗作；有的形成了冲淡，如陶诗。六朝时，由于封建皇帝提倡色情文学，故宫体诗到处泛滥，形成了浮艳、淫靡之风。唐代历朝帝王，提倡以诗取士，本身也带头写诗，加之交通发达，经济繁荣，物质文化生活要求高涨，故唐诗繁荣。初唐、盛唐、中唐、晚唐，诗家辈出，风格百花齐放，摇曳多姿。如陈子昂之雄浑、李白之豪放、杜甫之沉郁、王孟之冲淡、岑高之苍凉、韩愈之险豪、孟贾之寒瘦、元白之通脱、李贺之瑰诡、李商隐之雅丽、杜牧之俊秀，就是其中佼佼者。

特别是时代风云突变，历史转折的重要关头，民族存亡、国家兴衰的关键时刻，牵涉到每个人切身利益的生死攸关的重大问题，需要每个人作出明确的回答。作为时代喉舌的诗人，则尤其敏感。为了响应时代的召唤，人民的呼喊，诗人便以自己的热血，浇灌笔墨，书写诗篇，反映人民的心声。这就使他们的作品，跳动着时代的脉搏，获得了一代新的风格。岳飞、陆游、辛弃疾、文天祥，就处在外敌入侵、国土沦陷、社会动荡的时代。他们的诗篇，都洋溢着爱国主义的激情。然而他们的诗歌风格，也有区别：辛弃疾豪雄中见悲慨，陆游悲慨中显奔放，岳飞雄浑中现壮烈，文天祥悲壮中透慷慨。他们在时代的感召下，各自为他们的诗篇增添了新的风格品种。至于苏轼，由于所处年代比上述诗人稍早，虽有外敌侵扰，但社会尚未剧烈动荡，其诗篇中虽间有揭露外侮者，但不多觏，故其风格，豪放而潇洒、旷达。

诗人的气质、个性的独特性，是产生风格的又一重要原因。不同的诗人，都有各自特殊的气质、个性，因而他们的作品，也就有各个不同的风格。曹丕在《典论·论文》中说：“文以气为主，气之清浊有体，不可力强而致。……至于引气不齐，巧拙有素，虽在父兄，不能以移子弟。”所谓气，就是指由人的气质、个性而产生的风格。就曹氏父子来说，他们虽面对同一时代，在他们作品中虽都打上了建安风骨的烙印，但由于他们之气质、个性上的差异，也影响着他们的作品风格。曹操雄才大略，胆识过人，气魄劲健，故其诗悲壮慨慷，豪情横溢。曹丕则往往采取闾里小事、男女之情为题材，哀怨者多，慨慷者少。至于曹植，由于气质抑郁、个性孤僻，故其诗作忧愤感伤者居多。可见，任何作家作品的风格，都要盖上自己独特的气质、个性的印章。莫泊桑说得好："气质就是商标。"又说："艺术家独特的气质，会使他所描绘的事物带上某种符合于他的思想的本质的特殊色彩和独特风格"[①]。

诗人的心情、境遇及其生活道路的变化，是使他的诗歌风格产生多样化的另一原因。王维早期，在政治上尚有抱负，因而写过一些格调昂扬、豪迈英爽的诗篇，如《少年行四首》《送赵都督赴代州得青字》等。但他在政治上屡遭挫折后，便退隐山林，与禅宗为伍，以萧疏清淡的山水诗自娱，这就使他的诗歌风格变得冲淡。白居易的诗，由早年的讽谕而到晚年的闲适，也反映了他的心情、境遇及其生活道路的变化。

生活情趣的多样性是产生风格的多样化的又一原因。一个诗人的生活情趣，因时间、空间、景物的变化而不同，也造成了他们作品风格的差别。苏轼的《水调歌头》（"明月几时有"）只能是亮丽的、飘逸的；至于写《念奴娇》赤壁怀古时的格调，只能是豪放的了。豪放派的诗人、词人，也不可能任何时刻都豪放。当他心境悠闲，静穆独处时，当他和情人窃窃私语时，当他闲话桑麻时，当他和挚友促膝谈心时，当他在茂林修竹中遨游时，当他在花前月下徘徊时，也总会有点缠绵、婉约之情。他此时此地写成的诗词，就会呈现出多种色彩、风姿、情调、韵味。

风格的多样性，也是大自然的多样性的反映。大自然的风采，绚烂多姿。同一作家，要有几种风格，才能生动地再现它。泰山气势磅礴，宜用雄浑；黄山秀丽惊险。宜用清新；西湖柔媚，宜用婉约；拙政园玲珑，宜

① 《古典文艺理论译丛》（第八册），人民文学出版社1964年版，第149页。

用雅致。一个诗人，就要按照它们的不同风貌，运用多样化的风格去表现。可见大自然的风格的多样性，也要求了诗人必须掌握多样化的风格。

风格的师承和相互影响，是生产多样化风格的另一原因。李白和杜甫，是亲密的诗友。他们相互学习，决无文人相轻的恶习。李白以豪放见长，但也不乏沉郁的诗篇；杜甫以沉郁取胜，然亦时露豪放的光芒。而韩愈，则对二者兼收并蓄，既豪放、又沉郁，终于形成独创的雄奇的风格。

关于诗歌风格多样化的产生原因，以上所述，只是一些主要方面。

强调风格的多样化，并不是过苛地要求作家去无限地追求所有的风格，而是希望他多具几副笔墨。布封说："一个大作家绝不能只有一颗印章"①。歌德说："让我们多样化吧！萝卜固然好，可是把它跟栗子和在一起才算最好。"②。

今天，我们反复地鉴赏古典诗歌风格的风采、情调、韵味，目的是古为今用，为了创造无愧于我们伟大时代的新的诗歌风格。

让风格的多样化更好地反映社会主义四个现代化吧！

[原载《清明》1982年第4期，收入本书时有删改。]

① 布封：《布封文钞》，任典译，人民文学出版社1958年版，第14页。

② 《古典文艺理论译丛》(第八册)，人民文学出版社1964年版，第119页。

诗风格谈

一、隽　永

肥肉称为隽，深长叫做永。本意是：吃肥肉而感到滋味深长，谓之隽永。把它借用到文学上面来？就是指风格甘美，意味无穷。早在《汉书·蒯通传》中就用隽永一词来形容作品的风格了。谢榛用“韵贵隽永”（《四溟诗话》）一语，强调了它的重要性。

隽永特别注重一个味字。这就是梁代的锺嵘在《诗品序》中提出来的“滋味”，唐代的司空图在《与李生论诗书》中强调要“辨于味”。他把味放在诗的首位。不辨味，则不足以言诗。这种味，既不是酸味，也不是咸味，而是味在酸咸之外的味外之旨、韵外之致。这种味，好就好在：它给你的不是生理上的快感，而是心理上的美感。这种美感，妙就妙在：它使你心里感到甜丝丝地、乐滋滋地，然而你却说不出来。刘鹗曾经描绘大明湖畔黑妞的说唱，其好处人说得出，而白妞（王小玉）的好处人说不出。只要你听王小玉的唱，你“五脏六腑里，象熨斗熨过，无一处不伏贴，三万六千个毛孔，像吃了人参果，无一个毛孔不畅快。”（《老残游记》第二回）这种体验，何独听书？欣赏隽永的诗词，也是如此。清人刘熙载在《艺概》中说：“词之妙莫妙于以不言言之，非不言也寄言也。”这种言近旨远，意味无穷的境界，正是隽永所追求的目标。且看李煜的《望江南》：

“闲梦远，南国正清秋。千里江山寒色远，芦花深处泊孤舟。笛在月明楼。”此词写江南秋色，游子秋思，境界寥廓，意味深长。再读他的一首《相见欢》：“无言独上西楼。月如钩。寂寞梧桐深院锁清秋。剪不断。理还乱。是离愁。别是一般滋味在心头。”此写李煜离情别绪，与词牌《相见欢》成一鲜明对照，从而更加衬托出词人无言之痛：感方寸已乱，隐忧益深，而为他人所无法理解。其格调哀怨凄婉、清新隽永，令人回味无穷。此外，如范仲淹的《苏幕遮》，写“碧云天，黄叶地。秋色连波，波上寒烟翠。”欧阳修的《浣溪沙》写“当路游丝萦醉客，隔花啼鸟唤行人。日斜归去奈何春。”均为隽永之精品。

隽永在内容上强调一个味字，在仪态上则注重一个秀字。因此，它除了具有韵味深长的特点外，还具有俊爽挺秀的特点。它无磅礴厚浊之态，而有刻露清秀之容。所以，它和雄浑不同。雄浑气宇轩昂，气量恢宏，气度豁达，气势磅礴，气魄雄伟。杜甫的《望岳》诗：“岱宗夫如何？齐鲁青未了。造化钟神秀，阴阳割昏晓。荡胸生层云，决眦入归鸟。会当凌绝顶，一览众山小！”横绝六合，气吞宇宙，胸襟旷达，器宇非凡，为雄浑之绝唱，然而并不隽永。

隽永和雄浑迥异其趣。雄浑以气取胜，隽永以味见长。雄浑常见于诗，隽永常见于词。像岳飞的《满江红》那样，雄伟悲慨、气壮山河的作品，在宋词中并不多见；而隽永的篇什，却俯拾即是。这大概是由于隽永一格比较适宜在词中生存的缘故。因为词本来是唱的，在都市生活繁荣、社会交往频仍的唐宋时代，词，成为士大夫和市民阶层表达情感及进行娱乐的重要工具。它所歌咏的，往往是：男女之爱，母子之情，朋友之谊，离别之愁，羁旅之劳，里间之事;而抒发叱咤风云、雄壮慨慷之情者甚少。

如果说，雄浑喜欢酣畅淋漓、泼墨如雨的活，那么，隽永却着意清爽犀利、入木三分。它雅而不俗，秀而不媚，永远给人以愉悦。它只要刻在作品中，就会留下不可磨灭的痕迹。它如夜晚划过长空的流星，又似西湖深秋时的三潭印月，给人的印象极其鲜明。

但隽永和雄浑并非水火不容。刘熙载在《艺概》中说：“文之隽者每不雄，雄者每不隽，《国策》乃雄而隽。”岂独《国策》？在诗词中，雄而隽的作品也是有的，不过不多而已。拿辛弃疾的一首《永遇乐》来说，“想当年金戈铁马，气吞万里如虎”，堪称为雄；而“斜阳草树，寻常巷陌，人道寄奴曾住”，则堪称为隽了。清代陈廷焯说得好：“稼轩词，于雄莽中别饶隽味。”（《白雨斋词话》卷六第二十三节）正道出了辛词的妙处。

如果说，雄浑是属于阳刚之美（壮美，崇高）的话，那么，隽永就是一种阴柔之美（美，秀美）。清代文学家姚鼐说：“其得于阳与刚之美者，则其文如霆，如电，如长风之出谷，如崇山峻崖，如决大川，如奔骐骥；……其得于阴与柔之美者，则其文如升初日，如清风，如云，如霞，如烟，如幽林曲涧，如沦，如漾，如珠玉之辉，如鸿鹄之鸣而入寥廓；……”（《复鲁洁非书》）这些话虽系针对散文而发，但也适用于诗词。雄浑、粗矿、豪放，属阳刚之美，隽永、婉约、清新、俊逸、潇洒、绮丽、含蓄、自然，属阴柔之美。由于美的范畴存在着刚柔之别，故作为具体的特定的隽永风格，就喜欢跟同一范畴的风格和谐相处，特别愿作清新、含蓄、自然的紧邻。为什么呢？

因为隽永的形象鲜明、姿容秀美，所以它经常主动追求清新。人们也往往把它和清新放在一起，称之为清新隽永。唐代的韦庄称颂许浑的诗“字字清新句句奇，十斛明珠量不尽”（《题许浑诗卷》），不仅清新，而且隽永。清新隽永的特点是：境界幽丽，色彩淡雅，气氛爽肃，格调清峻，韵味深长，沁人心脾。且看刘禹锡的诗词：“清光门外一渠水，秋色墙头数点山”（《秋日题窦员外崇德里新居》），“山明水净夜来霜，数树深红出浅黄”（《秋词二首》），“山上层层桃李花，云间烟火是人家”（《竹枝词》），“弱柳从风疑举袂，丛兰裛露似沾巾，独笑亦含颦”（《忆江南》），都是清新隽永之绝唱。

清新隽永，喜欢宁静，而厌恶喧嚣。在幽邃宜人处，领略着大自然的赏赐，所谓“可人如玉，步履寻幽，载行载止，空碧悠悠”（《诗品》），正是这一情境的写照。

正由于它喜欢如此境界，因而它不追求色彩的斑斓，而着意描摹的淡雅素洁。这样，才可给人以静谧恬适之感，又可使人悠然神往、一往情深，反复咀嚼，一唱三叹。

举凡优美、秀美的风格，都或多或少地向隽永结下不解之缘。在隽永中加点雅致爽峻，就变为清新；如带点秀气，就变成俊逸，再添上柔媚，就形成婉约，如果抹上一点色彩，就显现为绚丽了。

正由于隽永的风味甘美、意味深长，所以它经常主动接近含蓄。人们也往往把它和含蓄放在一起，称之为含蓄隽永。

含蓄指言虽尽而意无穷。含是含隐，蓄是蓄秀。所谓隐，就是言外之旨；所谓秀，就是篇中之萃。《文心雕龙·隐秀》云："隐也者，文外之重旨者也；秀也者，篇中之独拔者也。隐以复意为工，秀以卓绝为巧。"这里不仅道出了含蓄的秘密，而且也有助于我们去理解隽永。因为隽永的内涵所强调的味，同"重旨""复意"有密切关联。隽永的仪容所显示的秀和"独拔""卓绝"也是不可分割的。《红楼梦》第四十八回写香菱品评唐代的王维的名句"日落江湖白，潮来天地青"时说，"这'白'，'青'两个字，也似无理。想来，必得这两个字才形容尽；念在嘴里，倒像有几千斤重的一个橄榄似的。"刘禹锡写的"东边日出西边雨，道是无晴还有晴"（《竹枝词》），语意双关，既有晴，又有情，是何等含蓄，又何其隽永！但有的作品，在含蓄隽永之中，则各有侧重。如李商隐的"春蚕到死丝方尽，蜡炬成灰泪始干"（《无题》），"身无彩凤双飞翼，心有灵犀一点通"（《无题》），就重在含蓄；至于"夕阳无限好，只是近黄昏"（《乐游原》），则又重在隽永了。

含蓄和隽永，虽然都推崇韵味，但二者毕竟有别。含蓄追求情感的浓缩，意趣的蕴藉；隽永则着意刻画的清晰、韵味的持续。一切风格，都必须含蓄，方才有味；但不是任何风格都和隽永结伴的。

隽永也追求潇洒。宋祁的《木兰花》"东城渐觉风光好。縠皱波纹迎客棹。绿杨烟外晓云轻，红杏枝头春意闹。浮生长恨欢娱少，肯爱千金轻一笑。为君持酒劝斜阳，且向花间留晚照。"这就是隽永潇洒的名篇。

隽永是自然的姐妹。隽永以自然为依归。它“自然”得“像小鸡一样破壳而出”（布封《论风格》）；又如春秋代序、柳树抽条、桃花盛开、长江奔流，毫不做作，从从容容。如此，其韵味才可深深地藏诸于诗词的意境中，而不致中断或遭受阻滞。所谓“清水出芙蓉，天然去雕饰”（李白《经乱离后天恩流夜郎忆旧游书怀赠江夏韦太守良宰》），何其自然！又何其隽永！

隽永之味，是来之不易的。它是千锤百炼、炉火纯青、功到自然成的结果。清代诗评家方薰在《山静居诗话》中说：“诗极研炼有隽味”，诚可谓深得隽永之奥秘。

二、沉　郁

沉郁一格，历来为文人所推崇。梁代的文论家锺嵘，在《诗品序》中曾经称赞梁武帝萧衍“体沉郁之幽思，文丽日月”，足见沉郁的显要地位。唐代大诗人杜甫，在《进雕赋表》中，用“沉郁顿挫”四个字，准确地概括出他的作品风格。至于清代的诗评家陈廷焯，对沉郁的论述更多。他写的《白雨斋词话》一书，通体都强调沉郁。他说：“作词之法步，首贵沉郁，沉则不浮，郁则不薄。”（《白雨斋词话》卷一）又说：“诗之高境，亦在沉郁”（《白雨斋词话》卷一）。可见，不论是作诗还是填词，都以沉郁为贵。

什么叫沉郁呢?

陈廷焯说：“所谓沉郁者，意在笔先，神余言外，”它要“若隐若见，欲露不露，反复缠绵，终不许一语道破。匪独体格之高，亦见性情之厚。”（《白雨斋词话》卷一）这对我们是有启发的。我们认为：沉郁，就是指情感的深厚、浓郁、忧愤。所谓沉，是就情感的深沉而言；所谓郁，是就情感的浓郁、忧愤而言。陈廷焯云：“沉郁则极深厚”（《白雨斋词话》卷一），又云：“不患不能沉，患在不能郁。不郁则不深，不深则不厚，”

（《白雨斋词话》卷三）反过来说，郁则能深，深则能厚。可见，深厚是沉郁的根本。

但沉郁所要求的深厚，却具有自己的特色。首先，它是忠厚的、诚实的，而无半点虚伪和矫饰，所谓气忠厚之至，亦沉郁之至气（《白雨斋词话》卷一），所谓“沉郁顿挫，忠厚缠绵”（《白雨斋词话》卷七），无不把忠厚与深厚联结在一起。唯其忠厚，故喜爱蕴藉。“即比兴中亦须含蓄不露，斯为沉郁，斯为忠厚。”（《白雨斋词话》卷二）其次，它扎根于生活的最底层，具有浓郁的泥土味，所谓“沉厚之根柢深也”（《白雨斋词话》卷三）。唯其根深，故必然含蓄。但含蓄不见得都沉郁。二者虽然都有言已殚而立未尽的特点，但含蓄却是泛指，而沉郁则更进一步，它所要求的含蓄是特指。它深邃幽绝，妙不可测。如刘熙载所说的“一转一深，一深一妙”（《艺概·词曲概》）。它常常山重水复，时时柳暗花明。它把充沛的情感隐藏在心灵深处，让它九曲回肠，尽情旋转，而从不恣意宣泄、倾泻无余。第三，沉郁所要求的深厚和忧愤结下了不解之缘。它喜欢与悲慨、愤疾结伴，而不愿同诙谐、滑稽为邻。被誉为“词中之龙”（《白雨斋词话》卷一）的辛弃疾，“沉郁苍凉，跳跃动荡”（《白雨斋词话》卷一），“悲愤慷慨，郁结于中”（《白雨斋词话》卷一）。其《贺新郎·别茂嘉十二弟》云：“将军百战身名裂。向河梁、回头万里，故人长绝。易水萧萧西风冷，满座衣冠似雪。正壮士、悲歌未彻”堪称沉郁之绝唱。第四，正由于沉郁以深厚为根本，故在表现时往往不施淡墨，而用浓墨。它的特征是：“淋漓痛快，笔饱墨酣”（《白雨斋词话》卷六）。第五，沉郁所形成的深厚，绝非从天而降，而是作家气力并用的结果。辛弃疾词，“气魄极雄大，意境却极沉郁”（《白雨斋词话》卷一）。其《摸鱼儿·更能消几番风雨》亦“极沉郁顿挫之致。起处‘更能消’三字，是从千回万转后倒折出来，真是有力如虎”（《白雨斋词话》卷一）。但这种气力必须用得恰到好处才行。滥用气力，则必露而不藏，而不能沉郁。故陈廷焯说，学习辛稼轩词，切勿“流入叫嚣”（《白雨斋词话》卷一），“不必剑拔弩张”（《白雨斋词话》卷一）。气力不足，则必不能形成特定的气概、气魄、气势、气度，也不能形成足够的能量与力度，这就无法进入沉郁的境界。所以，气与力，相得益彰，缺一不可。有气无力，则其气必不能持久；有力无气，则其力必不能振荡。气力充沛，则必有助于造成回旋纡折，从而在层层荡漾的情感波涛中，不断强化和深化沉郁之深厚的结构。

沉郁因情绪色彩的深浅浓淡而不同。有的沉而悲，有的郁而怨，有的沉而雄，有的郁而愤。但沉而谐、郁而谑者，则未之闻。盖谐谑重外露、而不尚隐秀，且与忧愤相悖，故不能为沉郁也。

沉郁和顿挫，是水乳交融地结合为一体的。“沉郁之中，运以顿挫，方是词中最上乘”（《白雨斋词话》卷七）。何独是词？诗亦如此。“如杜陵之诗，包括万有，空诸依傍，纵横博大，千变万化之中，却极沉郁顿挫，忠厚和平，比子美所以横绝古今，无与为敌也。”（《白雨斋词话》卷八）

所谓顿挫，从字面上看，就是指语意的停顿挫折（间歇、转折）。它仿佛是音乐上的休止符，表面上休止了，实际上没有休止，而是韵味的延续与深化。作家在运笔时，可于间歇转折之际，从从容容，渲染色彩的浓淡，涂抹情感的层次，为寄托沉郁之情提供一个适合的空间与时间。据此，则作家的情绪，就可回旋纡折，缱绻自如。从结构上看，顿挫往往呈现在起承转合处。刘熙载在《艺概·词曲概》中说：“词中承接转换，大抵不外纡徐斗健，交相为用，所贵融会章法，按脉理节拍而出之。”又说：“词或前景后情，或前情后景，或情景齐到，相间相融，各有其妙。”这里谈的就含着顿挫。

我们不仅要从修辞上去解释顿挫，更应从风格上去领悟顿挫。这就是情感的千回百折，节奏的徐疾相间，音调的抑扬亢坠，旋律的跌宕有致。辛弃疾的《水龙吟·登建康赏心亭》“可惜流年，忧愁风雨，树犹如此。倩何人唤取，红巾翠袖，揾英雄泪。”《永遇乐·京口北固亭怀古》“四十三年，望中犹记，烽火扬州路。可堪回首，佛狸祠下，一片神鸦社鼓。凭谁问，廉颇老矣，尚能饭否。”《念奴娇·书东流村壁》“旧恨春江流不断，新恨云山千叠。”张孝祥的《六州歌头·长淮望断》“忠愤气填膺，有泪如倾。”《念奴娇·过洞庭》“孤光自照，肝胆皆冰雪。短发萧骚襟袖冷，稳泛沧溟空阔。”等等，均顿挫有致，脍炙人口。

沉郁和顿挫，是不可分割的。沉郁凭借顿挫，顿挫服从沉郁。二者有机结合，相得益彰。作者要善于运用反复、重叠、对比、衬托等手段，使沉郁之情巧妙地寓于跌宕有致、徐疾相间的顿挫中，则沉郁顿挫即昭昭然而显示在人们眼前。

“朱门酒肉臭，路有冻死骨。荣枯咫尺异，惆怅难再述。”（杜甫《自京赴奉先县咏怀五百字》）这是千古传诵的名句。前两句客观地描绘了贫富的对立，后两句主观地叙述了贫富的对立。从客观描绘转入主观叙述的时候，有个间歇转折，其中蕴蓄着多少忧愤之情？这是杜甫对野有饿殍的不合理的社会现实的抗议！他的“三吏”“三别”、《兵车行》、《北征》、《羌村三首》、《茅屋为秋风所破歌》等诗，无不激荡着忧民忧国的深情。可见杜诗的沉郁顿挫，是深深地植根于人民的生活之中的。而对人民苦难的无限同情，对统治阶级的愤懑，对国家前途的忧虑，就成为杜诗沉郁风格的主要内涵。所以，沉郁顿挫不仅是形式问题，也是内容问题。它是内容和形式的完美统一中所集中体现出来的一种情词、风采、氛围和韵味。

唐代的司空图，在《诗品》中虽未提沉郁，但却谈到沉着。他说的沉着，不外是“绿林野屋，落日气清”，“海风碧云，夜渚月明”之类，未免流于空灵。沉郁和沉着，虽然都重视气力，但二者仍有轩轾。沉着强调一个力字，沉郁注重一个气字。所以，沉着凝重稳健，深沉有力，力透纸背。

诗家认为，沉着赖于沉郁。欲臻于沉着，必经过沉郁。舍弃沉郁，则不能沉着，故沉郁是沉着的母体，沉着是沉郁的产儿。沉着虽以力胜，但脱离沉郁，则其力便浮而不沉，甚至苍白无力，因而也不成其沉着。陈廷焯云：

吾所谓沉着痛快者，必先能沉郁顿挫，而后可以沉着痛快。若以奇警豁露为沉着痛快，则病在浅显，何有于沉？病在轻浮，何有于着？病在卤莽灭裂，何有于痛与快也？（《白雨斋词话》卷六）

从这里可以看出：沉着痛快，必须从沉郁极挫中提炼出来，则庶可避免浅显轻浮。陈廷焯认为，郑板桥的一些词，如“把夭桃斫断，煞他风景。鹦哥煮熟，佐我怀羹”等语，同沉着痛快是风马牛不相及的（《白雨斋词话》卷六）；而冯正中《鹊踏枝》词，如“日日花前常病酒，不辞镜里朱颜瘦”等语，“可谓沉着痛快之极，然却是从沉郁顿挫来”（《白雨斋词话》卷六）。

沉郁常与雄浑结伴。杜甫以沉郁见长，但亦时见雄浑。当他目击雄伟的大自然时，便一扫胸中积郁，其襟怀豁然开朗，雄浑之情油然而生。他的《望岳》诗，便是雄浑的杰作。

沉郁和豪放不同。豪放仿佛火山爆发，沉郁好像海底潜流。当诗人沉思默处、忧愤填膺时，就变得沉郁；当诗人飘逸飞动、奔放不羁时，就形成豪放。

三、纤　秾

纤细稠秾，谓之纤秾。纤，指纹理细密。秾，是色泽葱郁。它质地细，密度大，色彩浓，组合匀。它像镜湖上荡起的阵阵涟漪，它似垂杨蔽日的浓荫，它如碧桃满树的果林。唐代的司空图，以重彩浓墨描绘了一幅绝妙的纤秾图。“采采流水，蓬蓬远春”（《诗品·纤秾》），就是其中的传神之笔。

纤秾充满了蓬勃的生机。“柳荫路曲，流莺比邻”，这不是西子湖畔的纤秾吗?“野芳发而幽香，佳木秀而繁阴”，这不是琅琊胜境的纤秾吗?

纤秾是直观的。它可诉诸视觉，在你眼前展开一个绚烂多姿、花团锦簇的世界，让你饱尝眼福，感到愉悦。例如：杜甫的“风含翠筱娟娟净，雨浥红蕖冉冉香”（《狂夫》），写风摇翠竹，光洁柔美，雨洗荷花，袅袅吐香，是何等细致入微啊！“黄四娘家花满蹊，千朵万朵压枝低。留连戏蝶时时舞，自在娇莺恰恰啼。”（《江畔独步寻花七绝句》）这里，花朵是多么盛、多么密、多么沉啊！戏蝶、娇莺是多么繁忙、多么愉快啊！李贺的“飞香走红满天春，花龙盘盘上紫云”（《上云乐》），无数朵花，驾着轻风，织成飞龙，盘盘旋入天际，香飘万里，是多么美妙的春景啊！杜牧的“停车坐爱枫林晚，霜叶红于二月花”（《山行》），其色泽是何等鲜艳、深厚、浓郁啊！

纤秾的彩笔，宜于描绘欣欣向荣的满园春色，绿油油的夏日的田野，层林尽染的秋景，而不适于表现萧瑟肃杀之气和寒风凛冽的冬天。纤秾表现的是美丽的披着盛装的大自然，是人对大自然的感受与体验。但这种感受与体验，是和大自然的山光水色交融在一起的。大自然的纤秾，往往激荡着人的喜悦、欢快的情绪。

纤秾要求纤而不繁，秾而不腻，纤而不乱，秾而不滞。繁乱腻滞，是艺术的赘疣，它不能给人以美感，只会引起人的厌恶。

纤秾应有节制。否则，浓得化不开，即流于僵与死。故应有流动活泼之气，方为上乘。

纤秾和冲淡，相反相成。有浓有淡，有深有浅，则浓淡相宜，层次分明。“水光潋滟晴方好，山色空濛雨亦奇。欲把西湖比西子，淡妆浓抹总相宜。”（苏轼《饮湖上初晴后雨》）美丽的西湖，是多么淡呵！又是多么浓呵！

四、冲　淡

冲和、淡泊，叫做冲淡。

冲淡和纤秾不同。纤秾用的是浓彩，冲淡施的是淡墨。

冲淡并非淡而无味，而是冲而不薄，淡而有味。

魏晋文人濯足清流，不染尘俗，同封建权贵不合作的精神，对安静、美好的理想境界的憧憬，是形成冲淡的一个重要原因。

陶渊明是冲淡的开山祖，胡应麟说他“开千古平淡之宗”（《诗薮》）。这是因为：诗人目击当时政治腐败，既无力扭转乾坤，又不愿同流合污，遂弃官归隐，躬耕于山水田园之间，过着宁静、安闲、平淡的生活。其《饮酒》诗云：

结庐在人境，而无车马喧。
问君何能尔？心远地自偏。
采菊东篱下，悠然见南山。
此中有真意，欲辨已忘言。

表面看来，诗人完全脱离了现实，什么都不关心，其实却曲折地流露出他那愤激的情绪。所以，苏东坡说陶诗“癯而实腴，（《与苏辙书》）朱熹则称之为平淡中有豪放，故“语健而意闲”（《朱子语类》）。可见，“凡作清淡古诗，须有沉至之语，朴实之理，以为之骨，乃可不朽；非然，则山水清音，易流于薄……”（施补华《岘佣说诗》）。

“庄老告退，而山水方滋。”（《文心雕龙·明诗》）魏晋时，士大夫知识分子对玄言诗早感兴味索然，便另辟蹊径，从山水中寻找寄托。他们经常出没于名山古刹之中，遨游于茂林修竹之间，时有所感，遂系之以诗文，而冲淡一格，亦溢于笔端。它显示的是自然界的冲和清淡的色彩及诗人悠远的心境。如谢朓的“远树暧阡阡，生烟纷漠漠。鱼戏新荷动，鸟散余花落”（《游志田》），这就是冲淡风格的又一形象写照。

到了唐代，冲淡走进绘画领域，同雍容华贵相抗衡。当时？以李思训父子为代表的画派，富丽堂皇，与崇尚黼黻的宫廷诗风相呼应。而作为诗人兼画家的王维，便以山水花鸟画参加了争鸣。他的画，以萧疏清淡誉满京华，成为南宗的开山祖。他将绘画的风格运用到山水诗的创作中去，就形成了特有的冲淡。它集中地显示出淡远闲静的特点。且看：

人闲桂花落，夜静春山空。
月出惊山鸟，时鸣春涧中。（《鸟鸣涧》）

木末芙蓉花，山中发红萼。
涧户寂无人，纷纷开且落。（《辛夷坞》）

空山不见人，但闻人语响。
返景入深林，复照青苔上。（《鹿柴》）

这些诗，缺乏陶诗的田园风味，而流露出脱离尘世的虚无气味，在冲淡之中显示出一种空灵。

五、通　俗

明白晓畅，平易浅显，叫做通俗。

王充说："口则务在明言，笔则务在露文"（《论衡·自纪》）。所谓明言、露文，即指通俗。王充又说："高士之文雅，言无不可晓，指无不可睹。""晓然若盲之开目，聆然若聋之通耳。"（《论衡·自纪》）这是对通俗的形象比喻。

中国古代许多著名文人都推崇通俗。锺嵘在《诗品序》中，极力反对用典。他说："思君如流水""高台多悲风""清晨登陇首""明月照积雪"等佳句，"皆由直寻"，非常通俗，而不是出自经史的。白居易则有意识地追求通俗。苏东坡赞之为"白俗"，王安石誉之为"白俚"，明代的高棅在《唐诗品汇总序》中美之为"务在分明"。

惠洪《冷斋夜话》云："白乐天每作诗，令老妪解之。问曰：解否？妪曰解，则录之，不解则易之。"可见，白居易的通俗，并非脱口而出，而是千锤百炼的产物。白居易的好友，新乐府运动的参加者张籍的诗，也平易晓畅。王安石在《题张司业诗》中说："看似寻常最奇崛，成为容易却艰辛。"这就道破了通俗的秘密。

俗有通俗与庸俗之分。平易浅显是指通俗，俗不可耐是指庸俗。通俗是风格的品种，庸俗是语言的垃圾。历代许多民歌都通俗而有深致，是诗人学习的范例。刘禹锡的《竹枝词》吸取、融会了沅湘民歌的精华，可谓通俗中的佳品。如："杨柳青青江水平，闻郎岸上唱歌声。东边日出西边雨，道是无晴（情）却有睛（情）。"就是一首明朗流畅、情趣诱人的好诗。可见通俗的诗是不卑俗、也不浅薄的。

通俗是喜爱朴素的。唐代李绅的诗《古风二首》，在通俗而又朴素之中，道出了生活的哲理。"春种一粒粟，秋收万颗子。四海无闲田，农夫犹饿死！""锄禾日当午，汗滴禾下土。谁知盘中餐，粒粒皆辛苦！"何其通俗！又何其朴素！

但通俗又不等于朴素。例如："日出江花红胜火，春来江水绿如蓝。"（白居易《忆江南》）就于通俗中见绮丽。

俗与雅，没有一道不可逾越的鸿沟，而是相反相成的。要俗中出雅，雅中含俗，有雅有俗。黄庭坚就很强调"以俗为雅"（《再次杨明叔韵·引》）。吴讷也注重"由俗入雅"（《文章辨体序说》）。

俗是下里巴人，雅是阳春白雪。在普及的基础上提高，下里巴人也可变为阳春白雪，因而这就存在着一个化俗为雅的问题。化俗为雅关键在于一个化字。这种俗，要变化为美，且具有无可名状的魅力。它能渗透到人们的精神世界中，使人的情感得到陶冶、净化、提升。这种俗，就达到了化的境界，而入大雅之堂了。

雅，也是不能排斥俗的。单纯的雅，往往古奥、枯涩、壅滞，而缺乏明了性和群众性。如雅中含俗、寓俗于雅、由雅返俗，则无俗的痕迹，却有俗的滋味，没有俗的形状，而有俗的神韵。这种俗，是雅的极致，也是俗的极致。因为它已非纯粹的雅，而是含俗之雅，这就高于原来的雅；它也不是纯粹的俗，而是含雅之俗，这就高于原来的俗。因此，也就能获得雅俗共赏的审美效果。

六、典　雅

古奥庄重，雍容雅致，谓之典雅。唯其古奥庄重，故情感的表现必求合乎法度规矩；唯其雍容雅致，故兴味的寄托必求合乎高尚的标准。

刘勰把风格分为八种，并将典雅置于首位，足见其重要性。“典雅者，镕式经诰，方轨儒门者也”。（《文心雕龙·体性》）这里，显示出刘勰尊经崇儒的观点。郑玄《〈周礼〉注》云：“雅，正也。言今之正者，以为后世法。”章太炎的弟子黄侃，把典雅解释为“义归正直，辞取雅训。”（《文心雕龙札记》）

古奥与新巧相悖，庄重与洒脱相违，雍容与峻切相左，雅致与通俗相反。在典雅中，没有靡辞艳句，也无俚谚村语。所以，朱熹说：“古今体制，雅俗乡背”，因而须“洗涤得尽肠胃间夙生荤血脂膏”，祛除俗气，始可言雅。（《晦庵先生朱文公集》卷六十四）

典雅是文静的。它爱古色古香，而不随俗沉浮。在典雅这面古铜镜中，经常显现出端庄高雅的非凡的仪态。南宋文学家方回举《离骚》为例说：“帝高阳之苗裔兮——古也”，“奏九歌而舞韶兮——雅也”（《桐江续集》卷三十，《离骚胡澹庵一说》）。所以，《离骚》不仅是豪放的，瑰诡的，而且是古奥的、雅致的。《红楼梦》中的薛宝钗，是个豁达随时、罕言寡语的闺阁淑女，她的“高柳喜迁莺出谷，修篁时待凤来仪”（《题凝晖钟瑞》）、“淡极始之花更艳，愁多焉得玉无痕？”（《咏白海棠》）何其典雅？同林黛玉的“娇羞默默同谁诉？倦倚西风夜已昏”（《咏白海棠》）的孤傲清高相比，何其大异其趣？

在中国古典文艺理论中，对典雅的描述，不免带有士大夫的情趣。“坐中佳士，左右修竹。白云初晴，幽鸟相逐。眠琴绿阴，上有飞瀑。落花无言，人淡如菊。”（司空图《诗品·典雅》）雅则雅矣，然而缺少人间烟火味。这里的典雅，已跟淡泊、空灵合为一体了。

随着理论研究的深化，典雅不仅风度翩翩地跨进了美学的殿堂，而且获得了新的特质。王国维曾专文论述过古雅在美学上之位置。他说：“优美及宏壮必与古雅合，然后得显其固有之价值”，“古雅之位置可谓在优美与宏壮之间气”（《静庵文集续编》），是说虽语焉不详，但却有独到新颖之处。

七、自　然

若春秋代序，如树枝抽条，似桃花盛开，像大河奔流，毫不勉强，决不做作，从从容容，自然而然，谓之自然。布封说得好："像小鸡一样破壳而出，他动起笔来只有感到愉快：意思很容易互相承续着，风格一定是既自然而又流畅。"（《论风格》）

自然是自由的，它不拘一格。

自然反对矫饰，矫饰排斥自然。

自然是对必然的服从，矫饰力图摆脱必然。

自然天衣无缝，绝无斧凿痕迹。

苏轼说他作文如万斛流泉，汩汩而出；又说他"未尝敢有作文之意，且以为得于谈笑之间而非勉强之所为。"（范开《稼轩词序》）他的诗词，又何独不然？但自然绝非神来之笔，它如庖丁解牛，是功到自然成的结果。

"清水出芙蓉，天然去雕饰。"（李白《经乱离后天恩流夜郎忆旧游书怀赠江夏韦太守良宰》）何其自然！"如瞻花开，如瞻岁新"（司空图《诗品·自然》）这是司空图对自然的生动比喻。

自然喜爱朴素。谢灵运《登池上楼》中"池塘生春草"句，朴素无华，历来被诗家誉为自然的典型。但自然并不等于朴素。在绮丽、纤秾、冲淡、潇洒、通俗、流动、清新、隽永中，也可以见到自然。谢朓的"余霞散成绮，澄江净如练"（《晚登三山还望京邑》），既是自然的，又是绮丽的。韩愈的"山红涧碧纷烂漫，时见松枥皆十围"（《山石》）既是自然的，又是纤秾、绮丽的……

［原载《诗文鉴赏方法二十讲》，中华书局1986年版］

诗风三品

一、潇　洒

风度翩跹，落拓不羁，是为潇洒。潇洒，胸襟开阔，气度豁达，风流倜傥，挥斥自如，英姿焕发，生气勃勃。

潇洒和豪放连襟，同婉约并袂。“大略如行云流水，初无定质，但常行于所当行，常止于所不可不止。文理自然，姿态横生”（苏轼《答谢民师书》）。苏轼的诗词如《新城道中》《崇惠春江晚景》诗和《念奴娇·大江东去》，均于豪放中见潇洒。柳永《八声甘州》，“渐霜风凄紧，关河冷落，残照当楼”句，婉约里透潇洒。至于杜牧，则在潇洒中现明丽。例如：“远上寒山石径斜，白云生处有人家。停车坐爱枫林晚，霜叶红于二月花。”（《山行》）就是脍炙人口的佳作。

潇洒一格。历来为诗家所推崇。严羽云：“语贵脱洒，不可拖泥带水。”（《沧浪诗话》）陶明濬说：太白、东坡之诗，“潇洒无尘，耿介绝俗”（《诗说杂记》）。

潇洒的风格，同开朗的性格有关。“爽快人诗必潇洒”（《一瓢诗话》）。“胸襟潇洒，出语飘逸，此所谓有诸内必形诸外也。”（《诗说杂记》）潇洒虽洒脱不羁，但决不放浪形骸。

二、繁　缛

“繁缛者，博喻酿采，炜烨枝派者也。”（《文心雕龙·体性》）范文澜把它解释为“辞采纷披，意义稠复”（《文心雕龙注》）。可见，辞采铺丽，思绪稠叠，叫做繁缛。

胡应麟说：“六朝徘偶，靡曼精工”；“唐初四子，靡缛相矜”（《诗薮》）。这都是指繁缛而言。就作品而论，司马相如的《子虚赋》《上林赋》，场景宏伟，富丽堂皇，绮艳瑰诡，为繁缛之最。

繁缛的文辞必须表现稠密丰富的思想，才有价值。否则，只图堆砌华丽的辞藻，而忽略内容的表达，则无异于买椟还珠。那种辞采，不会赢得读者，它必如刘勰所批评的：“碌碌丽辞，则昏睡耳目。”（《文心雕龙·丽辞》）

繁缛和淫靡，迥异其趣。繁缛，繁而匪靡，缛而不淫。

繁缛并非繁文缛节。后者辞采闪烁而琐屑，语言重复而枝蔓，思想累赘而漫漶。

繁缛是一种古老的风格。如刘勰在《文心雕龙·体性》中把它列为八大风格之一。这种古老的风格对于我们今日的文艺创作，仍有借鉴作用。特别是在描绘富贵气派、豪华风习，或再现富丽堂皇的历史场景时，必须运用繁缛；在抒发稠密厚重的情感时，也可以借用繁缛的手法。

繁缛、纤秾、绮丽，都喜欢鲜明的色彩、动人的风姿，但彼此又各有区别。纤秾是纤而不繁，秾而不缛，它的内容没有繁缛那样铺张，形式也缺乏繁缛那样烁耀。至于绮丽，虽然秀美，但不豪华，虽有辞采，但不富贵。

繁缛要有层次，讲究布局，因而它与缜密有关。要做到“精工缜密”（《诗薮》），又必须注意主次分明，排列有序，庶可繁而不乱，缛而不靡，各得其所。如汉赋中的“七体”——《七发》《七激》《七兴》《七依》

《七说》《七举》，都是极有层次的。它的铺陈，都是缜密有致、循序渐进的。胡应麟称赞屈原的《九章》，也是“参差繁复”（《诗薮》）、条理井然的。

三、绮　丽

文采斑斓，仪容秀美，谓之绮丽。从东汉末年起，诗歌崇尚绮丽。曹丕在《典论·论文》中，提出“诗赋欲丽”的主张。胡应麟说得好：“诗最贵丽，而丽非金玉锦绣也。”“丽语必格高气逸，韵远思深，乃为上乘。”（《诗薮》）这就道出了绮丽的精髓。

绮丽的种类很多。胡应麟谈到的就有秀丽、瑰丽、秾丽、绮刻、奇丽、整丽、流丽、典丽等等。屈原的《远游》：“朝濯发于汤谷兮，夕晞余身兮九阳。吸飞泉之微液兮，怀琬琰之华英。”“建雄虹之采旄兮，五色杂而炫耀。服偃蹇以低昂兮，骖连蜷以骄骜。”这些都是壮丽的诗句。张若虚的《春江花月夜》描写“春江潮水连海平，海上明月共潮生。滟滟随波千万里，何处春江无月明！”可谓清丽之绝唱。李白《黄鹤楼送孟浩然之广陵》，有“烟花三月下扬州”句，蘅塘退士美为“千古丽句”。这却是指明丽、秀丽了。

但绮丽排斥淫艳。“绮丽羞涂饰”（蒋斗南《诗品目录绝句》）。淫艳则“言徒靡而弗华”（陆机《文赋》）。绮丽仿佛容光焕发、天真烂漫的少女；淫艳则涂脂抹粉，忸怩作态。至于李白所说：“自从建安来，绮丽不足珍”中的“绮丽”，是指六朝时的淫靡、浮艳的文风。一个以绮丽见长的诗人，做到的是“丽而不淫”（《诗薮》）。

[原载《文史知识》1988年第7期]

缜密·疏朗·静谧

一、缜　密

缜密，就是细致、周密。

缜密考究一个细字，追求一个密字。它结构精心，思路周详，纵横得体，首尾照应。倘细而不周，则必枝蔓骈生，繁丝缠绕；密而无致，则必难于铺叙，辞不达意。

历代作家都重视缜密。司空图把它列为二十四种风格之一。鲁迅也极推崇“缜密”（《南腔北调集·小品文的危机》）。

缜密叙事详尽，描绘翔实。它喜用工笔，善于叙事。凡缜密之作，“须经纬就绪，乃成条理”（王世贞《艺苑卮言》）。秦少游“专主情致，而少故实“（李清照《论词》），故其词潇洒不羁，而未臻缜密。

缜密同婉约、纤秾、繁缛是有区别的。婉约细而柔、细而曲；缜密的细，则可刚可柔，可曲可直。纤秾纤细而浓郁；缜密的细，则可浓可淡。此外，纤秾的密，色彩稠重，光泽鲜明；缜密的密，色彩可重可轻，光泽有明有暗。繁缛的密，辞采稠叠，语意繁复，纷披黼黻；缜密的密，则铺设均匀，不繁不稠，更无黼黻之态。

缜密作为一种风格，从汉赋和乐府诗到杜甫、白居易的长篇歌行，可以看见它的成长过程。

杜甫的《自京赴奉先县咏怀五百字》和《北征》，都是夹叙夹议的长篇，试以《北征》为例：开头交代了北行的时间、目的，接着叙述形势和沿途所见、所感，直到回到家里的情景……最后又论到时局，发表自己的看法。其中描写到家后儿女的生活细节，达百余字，最为生动，全诗前后照应，错落而有层次，为古诗中缜密之精品。

白居易的《长恨歌》《琵琶行》，也是历久传诵的名篇，以《琵琶行》来说，从"浔阳江头夜送客"开始，到"江州司马青衫湿"结束，作者用和谐流畅的句律，描写了：偶然听到琵琶声，而寻声探访，邂逅商人妇，又恰好"同是天涯沦落人"，遂惹起许多回忆和惆怅，两人的情感全由琵琶的巧妙演奏而得以沟通共鸣……，把读者引到了一个奇妙而凄凉的艺术境界。全诗情节曲折，跌宕多姿，前后呼应，细致周密，绝无繁复琐碎之弊，亦为缜密之精品。

二、疏　朗

萧疏错落，清爽明朗，叫做疏朗。

疏朗和缜密是一对矛盾。疏能走马，密不透风，既是疏的极致，又是密的极致。换句话说，就是疏到不能再疏，密到不能再密。过疏，便疏而空；过密，便密而肿。光密不疏，则境界堵塞；光疏不密，则松散空虚。要疏中有密，密中有疏，疏密相间，彼此映衬。黄宾虹画语录说得好："疏处不可空虚，还得有景。密处还得有立锥之地，切不可使人感到窒息。"[①]这是对疏与密的辩证关系的生动说明。杜甫《登高》诗中有"无边落木萧萧下，不尽长江滚滚来"句。落木、长江，均为单纯的处于静态中的形象，可称之为疏；而萧萧下、滚滚来，均为重叠的处于动态中形象，可称为密。在萧萧下中见无边落木，在滚滚来中见不尽长江，可谓密中见疏矣。反之，在无边落木中见其萧萧下，在不尽长江中见其滚滚来，可谓

① 转引自潘天寿：《听天阁画谈随笔》，上海人民美术出版社1980年版，第49页。

疏中见密矣。施补华说：杜诗“‘无边落木’二句，有疏宕之气”（《岘佣说诗》），堪称得其三昧。

疏密相间，是大自然的运动的必然结果。王维说：“凡画林木，远者疏平，近者高密；……”（《山水论》）元代的画家黄公望说“树要偃仰稀密相间”，又说：“大树小树，一偃一仰，向背浓淡，各不可相犯。繁处间疏处，须要得中。”（《写山水诀》）这些，都形象地揭示了疏和密之间的相互依赖性，描绘了它们的姿态的掩映美和参差美。不仅绘画如此，诗歌也如此。

在疏密相间之中，尽管有疏有密，但有的偏重于疏，有的偏重于密，然而诗人往往喜欢前者。他们不仅在理论上提倡一个疏字，在创作上也力行一个疏字。萧统说：陶渊明诗“跌宕昭彰，独超众美。抑扬爽朗，莫之与京。”（《陶渊明集序》）王维说：“渡口只宜寂寂，人行须是疏疏。”（《山水论》）清代薛雪说：“疏爽人诗必流丽”（《一瓢诗话》）。施补华说：“盖整密中不可无疏宕也。”（《岘佣说诗》）这些，都是从理论上探求疏朗的。至于在创作上实践疏朗的，则俯拾即是。孟浩然的“微云淡河汉，疏雨滴梧桐”（王士源《孟浩然集序》）宋代苏轼的“野水参差落涨痕，疏林欹倒出霜根（《书李世南所画秋景二首》），都是疏朗的绝唱。诗人不但描绘出疏朗的自然景物，而且用淡墨点染，在景与景、景与情、句与句之间留下许多空疏之处，让人玩味，给读者留下充分驰骋想象力的空间。所以，袁枚亟赏”一缕青丝袅碧空，半飞天外半随风”（《仿元遗山论诗》）的疏朗风格。正是在这空疏之处，婉约、清新、冲淡等风格美，得以寄寓、生发，并与之相映成趣。

三、静　谧

寂静安谧，叫做静谧。

静谧，是大自然的节奏，是显现美的特殊姿态。复杂多变的世界，有张有弛，有动有静。庄子在《天下篇》中说："飞矢有不行不止之时。"不止，意味着动；不行，意味着静。

静谧，可以恢复、含蓄、保持人的生机，培养人的创造力，治愈人的精神上和肉体上的创伤。静谧，可以赋予人们以充沛的时间和精力，去为创造美而努力。

作为诗歌风格，就要从静谧中去玩味人生的美。静谧的特点是文静、安详、和平、从容。古希腊神庙，巴黎圣母院，栖霞山石佛，都含有这种风格特色。

唐代诗人李颀在《琴歌》中说："一声已动物皆静，四座无言星欲稀。"就描绘了大自然的静态美。

"东船西舫悄无言，唯见江心秋月白。"这是白居易《琵琶行》中的诗句。寂寞的秋夜，清冷的明月，平静的江心，悄默的邻船，组成一幅静谧的画面，再去衬托琵琶声歇时的寂静，就更显得静谧了。在静谧中，诗人在思考着品尝着人生，为歌女的不幸遭遇洒下了同情的泪水。这真是"此时无声胜有声"了。

在具体作品中，静谧之美经常要借助于流动之美的衬托，才可更加显示出静谧。绝对的静谧，几乎是没有的。王孟诗派是最讲静谧的，但也不能摒弃流动。"深巷寒犬，吠声如豹。"（王维《山中与裴秀才迪书》）由于如豹的吠声，反把彼时彼地反衬得更加静谧了。这种以动显静的描写，简直是王维的拿手好戏。"白云回望合，青霭入看无"（《终南山》），"泉声咽危石，日色冷青松"（《过香积寺》），"秋山敛余照，飞鸟逐前侣"（《木兰柴》）。山水风景的流动姿态，格外烘托出王维闲适、淡远、悠然的心情，不是更表现了王维山水诗的静谧吗？但是，并不是任何诗人、任何静谧都和冲淡有缘的。例如："梁园日暮乱飞鸦，极目萧条三两家。庭树不知人去尽，春来还发旧时花。"（《山房春事》），这是唐代边塞诗派的著名诗人岑参的杰作。它的风格是静谧、寂寞、凄凉，但却不冲淡。

[原载《文史知识》1989年第1期]

流动·新巧

一、流　动

流水不腐，户枢不蠹。流转、运动，叫做流动。

宇宙万物，都遵循一定的轨道向前流动。寒暑交替，春秋代序，这是季节的流动。山峦起伏，泉水琤琮，这是山水的流动。花开花落，雁去燕来，这是花鸟的流动。大自然如此，社会亦如此。

古代优秀诗人，都很注重流动。谢朓说："好诗圆美流转如弹丸。"（《南史·王筠传》）司空图形容流动"若纳水輨，如转丸珠"（《诗品·流动》）。具体地说，流动的风格是由客观事物的流动、主观情感的流动和语言本身的流动所决定的。客观事物在流动过程中，必然有它的音响、速度、旋律、状态、节奏。文学在描绘时，必然要在风格上反映出来；同时，情感的波澜起伏，用音调悦耳、旋律优美、节奏鲜明的语言表现出来，必然会在风格上形成流动；而语言本身的抑扬顿挫，也会形成气势上的流动。李贺诗《李凭箜篌引》可作为一个突出的例证：李凭的音乐把地上和天上的一切都感动了，"昆山玉碎凤凰叫，芙蓉泣露香兰笑"，直至于"女娲炼石补天处，石破天惊逗秋雨"，出现了圆美流动、光怪陆离的感人场景，而这就是李凭的一曲箜篌！

二、新　巧

新奇、工巧，叫做新巧。

新巧是对古拙而言。古代诗家推崇古拙，漠视工巧，很多人都把宁拙毋巧作为创作的一个标准。这对于提倡“拙”，固然无可非议；但对于巧来说，却是一种贬抑。其实，巧，只要恰到好处，仍然是很优美的。所谓巧夺天工，就是工巧的极致。作为风格的一个品种，新巧，仍是不可少的。

新巧是勇于创新的，它务去陈言，不人云亦云，而着力于生活中新鲜、奇崛、巧妙的事物的探求。

新巧的特点是：立意新颖，构思独特，结构精巧，刻画细致。所谓山重水复、柳暗花明、绝处逢生，就有新巧的特质。

所谓“趋巧路者材识浅；走拙途者胆力大”（《野鸿诗的》），是非难新巧的。有人把装腔作势、故弄玄虚、斧凿雕琢、投机取巧也当成是新巧的弊端，实际是对新巧的曲解。

新巧匠心独运，富于创造，它和古拙都应得到珍视，而不能抑此扬彼。《拜经楼诗话》卷一云：“昔人论诗，有用巧不如用拙之语。然诗有用巧而见工，亦有用拙而逾胜者。同一咏杨妃事，玉谿云：‘夜半燕归宫漏永，薛王沉醉寿王醒。’此用巧而见工也。马君辉云：‘养子早知能背国，宫中不赐洗儿钱。’此用拙而逾胜也。然皆得言外不传之妙。”这的确是公允之论。

巧与拙也有统一的一面。刘熙载说：“正、行二体始见锺书，其书之大巧若拙，后人莫及。”（《艺概・书概》）这里，谈的是汉代锺繇的正楷与行书，其书达到了巧拙兼备、出神入化的境界。诗词中的巧拙，又何尝不如是呢？

［原载《文史知识》1989年第7期］

谨严·直率

一、谨　严

谨饬严密，谓之谨严。

谨和严统一的。谨而不严，则结构松散，严而不谨，则敷陈冗杂。

形象的逻辑性是谨严的精髓。它层次清楚，条分缕析，首尾连贯，简洁匀称。关于谨严。布封有一段绝妙的论述："必须对题材加以充分的思索，以便清楚地看出思想的层次，把思想构成一个连贯体，一根绵续不断的链条，每一个环节代表一个概念；并且，拿起了笔，还要使它遵循着这最初的链条，陆续前进，不使它离开线索，不使它忽轻忽重，笔的运行以它所应到的范围为度，不许它有其他的动作，风格的谨严在此。"（《论风格》）

正由于谨严富于逻辑性，因而它重视静观默察。它笔锋犀利，状物入微，剖析毫厘。

宋初王禹偁一反唐末浮艳诗风，写了不少简朴工稳、平实谨严的好诗；继起的梅尧臣提出："状难写之景如在目前，含不尽之意见于言外。"他的诗《汝坟贫女》《田家语》《陶者》等篇，都立意深远，作风谨严。王安石的小品《读孟尝君传》，笔力雄健，文风峻削，严整凝重，脍炙人口。王安石晚年的一些绝句，如《泊船瓜洲》诗："京口瓜洲一水间，钟山只隔数重山。春风又绿江南岸，明月何时照我还。”于谨严朴质中见其工巧清新，从容平易。

谨严和缜密，同中有异。二者结构紧凑，安排得体，是相同处。但谨严比较严峻；而缜密则重在细密。谨严和洗炼的关系也很密切，谨严端赖于洗炼，但洗炼却不一定归于谨严。

二、直　率

直接、坦率，叫做直率。它开门见山，直截了当；从不吞吞吐吐，模棱两可。它是单刀直入、和盘托出的风格，但不是粗暴、轻率。超过了直率的界限，就变得鲁莽、放肆了。

直率是豪放的紧邻。李白的诗以豪放著称，其中也不乏直率。“我本楚狂人，凤歌笑孔丘“（《庐山谣寄卢侍御虚舟》），其豪迈、直率之情，活现在人们眼前。

直率并不排斥描绘。“自从别郎后，卧宿头不举。飞龙落药店，骨出只为汝。”（《读曲歌》）这里，描述了少妇因久久思念其夫而消瘦露骨的深情，其情直率大胆，刻画形象生动，语言含蓄有味。可见，直率和含蓄并不是截然对立的。它往往需要直率的含蓄，含蓄的直率。它要耐人寻味，而不是一览无余。

直率往往借助于白描来表达思想感情。特别是在节骨眼处，往往用警句直接点明主题。且看《长歌行》的后四句：

百川东到海，何日复西归？
少壮不努力，老大徒伤悲！

前两句是白描，后两句是警语，是诗眼。它突出地表现了直率。

直率和粗犷，都直接、坦率。但粗犷必然直率，而直率不尽都粗犷。

直率和朴素，也有同有异。直率的，不尚文采，必然表现为朴素。朴素的，虽不尚文采，却不一定都直率。

［原载《文史知识》1989年第8期］

古拙·洗炼

一、古　拙

淳古粗拙，谓之古拙。历代诗评家都很重视古拙。锺嵘在《诗品》中就批评过那些“轻薄之徒”讥笑“古拙”的现象。晚唐朱亦大云：“想汝幽楼迥山尘，竹亭竹坞合长贫。僻知古道终嫌拙，老觉人情始念真。”（转引自《拜经楼诗话》卷一）这里用诗的语言形象地肯定了古拙的风格。清代李重华说：“诗至淳古境地，必自读破万卷后含蕴出来。”（《贞一斋诗话》）王士禛（渔洋）强调“学古”（《然镫记闻》）。沈德潜云：“诗不学古，谓之野体。”（《说诗晬语》）

但学古绝非亦步亦趋，更不是复古，而是继承其优秀传统，目的还是创新。沈德潜说：“然泥古而不能通变，犹学书者但讲临摹，分寸不失，而己之神理不存也。”（《说诗晬语》）可见，学古要不失己神，始可得其三昧。因而清代叶燮说：“不可忽略古人，亦不可附会古人。”（《原诗》卷四，外篇下）

淳古之风，淳厚而简朴。它在诸种风格之中可以起到很好的调节作用，使其他风格能保持其独特的品格而免受外在不良风气、积习的干扰。例如：淡而淳厚，就不会枯槁；寂而淳厚，就不会虚幻；艳而淳厚，就不会轻薄……。正由于淳古具有经久不衰的生命力，因而李白才高唱“圣代复元古，垂衣贵清真”（《大雅久不作》），提倡古朴自然，并写下了许多首“古风”，来同淫靡的诗风相对抗。

历代诗家在提倡“古”的同时，也很推崇“拙”。宋代的严羽赞扬“盛唐人有似粗而非粗处，有似拙而非拙处”（《沧浪诗话》）。宋代的陈师道更从正面肯定了拙，并同时肯定了与“拙”有密切关系的朴、粗、僻，即所谓“宁拙毋巧，宁朴毋华，宁粗毋弱，宁僻毋俗”（《后山诗话别》）。

古拙粗朴简约。《诗说杂记》云，“拙则近于古朴，粗则合于自然。”[①]它不尚修饰。韩愈有诗“偶上城南土骨堆，共倾春酒两三盃”[②]就是粗朴简约之作。

古拙自然质朴，不尚浮华轻巧。它出语硬，不雕琢，不用典。刘师培说：“不加锻炼，组俪于自然，不事借助，盘旋于硬语。其魄力深厚，其条理周密，爰寻异采，若铸神工。”又说：“纯乎自然，弗假藻饰，故其句读，绝无牵强，以质为文，蔚然华实。”（《论文章渊流》）这些话，也是完全可以用来说明诗词的古拙特征的。远古时代的《弹歌》和《击壤歌》，就是古拙的珍品。

总之，古拙的根本特征，“就在于生命真实和形式粗率合而为一”[③]。尽管它取材单纯，描述简朴，构图也不尽完整，然其形象却虎虎有生气，具有很强的魅力。

古拙是发展的、变化的，绝非限于远古才有。如果说，远古文学中的古拙还比较原始、幼稚的话，那么，随着社会的前进，古拙也就不断充实、提高，而超越了远古时代的水平，陶诗就是一个典型的例子。这就是由拙而工，返工入拙，工而后拙。也就是由生而熟，由熟而巧，返巧入拙之意。它有古，而不泥于古；它有拙，而不拘于拙。明代顾凝远《画引》云：“拙则无作气，故雅，所谓雅人深致也。”正由于拙没有一丝做作，这

---

① 严羽：《沧浪诗话校释》，郭绍虞校释，人民文学出版社1961年版，第130页。

② 严羽：《沧浪诗话校释》，郭绍虞校释，人民文学出版社1961年版，第130页。

③ 格罗塞：《艺术的起源》，蔡慕晖译，商务印书馆1937年版，第197页。

就雅了，因而拙之至，也是雅之极。可见拙与雅是相通的。这种由拙而雅、由雅入拙的现象，是符合艺术辩证法的。

古拙和朴素是亲密无间的。但朴素未必古拙，而古拙则必然朴素。朴素不见得都有淳厚的古风、粗拙的文气。白居易的诗，是通俗、朴素的，但并不古拙。

二、洗　练

净洁出自洗，精纯由于炼。净洁而精纯，谓之洗炼。正如司空图所说："犹矿出金，如铅出银，超心炼冶，绝爱缁磷。"（《诗品·洗炼》）清代的许印芳也指出：洗炼就是"淘洗熔炼"（《与李生论诗书跋》）。

作为风格的洗炼，大旨在于：洗尽铅华，精炼简洁。既显得凝重、稳妥，又能以小见大。这在绝句和小令中得到较充分的表现。如杜甫的"两个黄鹂鸣翠柳，一行白鹭上青天。窗含西岭千秋雪，门泊东吴万里船。"此诗乃作于安史之乱平息以后，诗人开朗的心境、愉快的情绪、爱国的精神，虽未直接表露，但却洋溢于字里行间，是以景写情、以情寓景、情景交融、小中见大的佳作。又如马致远的《天净沙·秋思》："枯藤老树昏鸦，小桥流水人家。古道西风瘦马。夕阳西下，断肠人在天涯。"这一曲，只有短短的二十八个字，却绘出一幅美丽、苍凉、寂寥的秋风夕照图，充分地反映了羁旅漂泊的忧伤情怀，是何等精练简洁啊！

洗炼，是千锤百炼的结果。"为人性僻耽佳句，语不惊人死不休。"（《江上值水如海势聊短述》）这就是杜甫严肃认真的写作态度。杜甫向风格的顶峰攀登，从来不走近路，"借问别来太瘦生？总为从前作诗苦"(李白《戏赠杜甫》)，这是李白对杜甫苦苦作诗的情景的生动描述。至于韩愈的"推敲"，更是大家所烂熟的例子。

洗炼，仿佛镭的开采。挖出一克镭，需要艰苦的劳动；铸成洗炼，需要开掘千万吨语言的矿藏。

洗炼，既要炼字、炼句，更要炼意。宋代的邵雍说“不止炼其辞，抑亦炼其意。炼辞得奇句，炼意得余味。”（《论诗吟》）此言深得洗炼三昧。但是过去有些脱离现实的诗人，闭门造车，一味寻求字句的出众超奇，那就不免走入邪路。

洗炼，并非精心斧凿、刻意伤骨。否则，就瘦削枯槁、酸寒冷僻。贾岛的“独行潭底影，数息树边身”（《送无可主人》），是他经过三年苦思冥想的得意之作，但并不感人。

洗炼似勤俭的模范，而不像一钱如命的守财奴。洗炼决不吝啬，吝啬是当用而不用，洗炼是节省其不当用。不当用者，一个多余的字也是删去。当用者，虽敷陈万言，也在所不惜。它惜墨如金，又能泼墨如雨，然而字字珠玑，语语中的。

法国名作家莫泊桑的老师福楼拜认为：世界上没有两粒相同的砂子，没有两只相同的苍蝇，没有两双相同的手掌，没有两个相同的鼻子。所以，他提出了有名的“一词说”每一件事物，只有一个最恰当的名词；每一个动作，只有一个最恰当的动词；每一种状态，只有一个最恰当的形容词。要在词汇的海洋中，沙里淘金，找出最恰当的一个词，这就得洗炼的功夫。不仅小说如此，诗词也是如此。

［原载《文史知识》1989年第9期］

绚　烂

绚丽斑斓，叫做绚烂。

绚烂的特点是：色彩鲜艳，光泽耀眼，形态华美。

中国古代文人所说的文采，就包涵绚烂在内。孔子说“言之无文，行而不远。”（《左传》哀公二十五年）王充说：“文墨著竹帛，外内表里，自相副称，意奋而笔纵，故文见而实露也。人之有文也，犹禽之有毛也。毛有五色，皆生于体。苟有文无实，是则五色之禽，毛妄生也。”（《论衡·超奇篇》）这里所说的文，是泛指文章的修辞风格和技巧，虽接触到绚丽，但毕竟笼统。而曹丕所谈的“诗赋欲丽”（《典论·论文》），陆机所谈的“诗缘情而绮靡，赋体物而浏亮”（《文赋》），实质上就是指绚烂。在《文赋》中，陆机从多方面揭示了绚烂的特征。从色彩上看，绚烂“藻思绮合，清丽芊眠。炳若缛绣，悽若繁弦。”从光泽上看，可用“石韫玉而山晖，山怀珠而川媚”来形容。从形态上看，可用“游文章之林府，嘉丽藻之彬彬”，“纷葳蕤以驭沓，唯毫素之所拟”来形容；也可这样比喻：“若游鱼衔钩，而出重渊之深，浮藻联翩，若翰鸟缨缴，而坠曾云之峻。”但绚烂不仅仅是指形式上的纷披，而且也指内容上的挥霍，它既和主体有关，又和客体有关。所谓“遵四时以叹逝，除万物而思纷；悲落叶于劲秋，喜柔条于芳春”，不是既有审美客体的绚烂，又有审美主体的“思纷”吗？陆机形象地描绘了绚烂之美，当然他没有提出绚烂这个词。刘勰在《文心雕龙·情采》中所说的“绮丽”，也就是指绚烂。绚烂文辞彪炳，缛采鲜明，黼黻昭彰，富于美的魅力，故为刘勰所推崇，但它必须服从思想情感的表达。即使像老子那样崇尚朴素、声称“美言不信”的人，在自己的作品中也是没有抛弃华美之辞的。唐代的司空图，也很推崇绚烂美，不过他更欣赏个中的绚丽、清丽：“露余山青，红杏在林，月明华屋，画桥碧阴”（《诗品·绮丽》），就是诗人的表述。

绚烂绝非淫艳。淫艳，涂脂抹粉、华而不实、飘浮虚伪；绚烂则光艳夺目、生机蓬勃、妩媚天然。司空图形容绚丽“浓尽必枯，浅者屡深”（《诗品·绮丽》），也就是绚烂之极、反归平淡之意。绚烂是属于优美的风格范畴的，它的表现形态也是丰富多彩的。下面，我们着重以初唐四杰之首王勃的作品为例，来谈谈绚烂的美。王勃的《滕王阁序》是一篇杰作：“落霞与孤鹜齐飞，秋水共长天一色”就是其中的名句。最后以诗作结，描绘了长江的奔流，画栋的升腾，云彩的飞动，山雨的来临，滕王阁的巍然耸立。不仅如此，诗人还以昂扬的格调、舒缓的节奏，表现出闲云悠悠、物换星移、春秋代序，岁月虽然无情地流逝，滕王阁仍旧岿然不动，窥其风格，则于雄健中见绚烂。又如“桂宇幽襟积，山亭凉夜水。森沉野径寒，肃穆岩扉静；竹晦南河色，荷翻北潭影。清兴殊未归，林端照初景。“（《山亭夜宴》）这里，寓绚烂于清幽深邃之中，衬托出诗人愉悦的心情。诗人笔下的房舍、山亭、小道、山岩、屋门、河水、潭影、朝阳等，都染上了鲜丽的色彩。再如：“芳屏画春草，仙杼织明霞；何如山水路，对面即飞花。”（《林塘怀友》）这里的境界就不是清幽，而是明丽纤秾了。屏风上画的春草、仙女织成的彩锦虽然很美，但哪里有山水路上迎面扑来的飞花好看呢？诗人用对比的手法为我们描绘出一幅绝妙的风景图。其他如“北山烟雾始茫茫，南津霜月正苍苍”（《寒夜怀友杂体二首》其一）；“物外山川近，晴初景蔼新”（《登城春望》）；“野烟含夕渚，山月照秋林”（《秋兴》）；“乱竹开三径，飞花满四邻”（《赠李十四二首》其二）；“江旷春潮白，山长晓岫青。他乡临睨极，花柳映边亭”（《早春野望》）；“长江悲已滞，万里念将归。况属高风晚，山山黄叶飞。”（《山中》）；“桂密岩花白，梨疏林叶红。江皋寒望尽，归念断征篷”（《冬郊行望》），这些诗，虽有壮丽、幽丽、明丽、清丽、秾丽之分，但都绚烂多彩的。

当然，我们也应该看到，王勃的某些诗作，也有雕琢的痕迹，如“流水抽奇弄，崩云洒芳牒”（《春日宴乐游园赋韵得接字》），“帝里寒光尽，神皋春望浃”（《春日宴乐游园赋韵得接字》）之类的句子，没有完全摆脱六朝文风的余习，但毕竟为数不多，不能取代他的诗作的绚烂美。

［原载《文史知识》1990年第2期］

婉 约

婉转简约，谓之婉约。唯其婉转，故情肠纡折；唯其简约，故千锤百炼。

婉转而不简约，则必枝藤缠绕、头绪纷繁；简约而不婉转，则必露而不藏、乏情寡采。

司空图《诗品》中的“委曲”，就是婉约。

婉约的特点，可用曲、柔、细三个字来概括。

婉约的第一个特点在于它的曲。曲则藏，藏则幽。曲径通幽，贵在一个曲字。“登彼太行，翠绕羊肠，杳霭流玉，悠悠花香。”（《诗品·委曲》）这是对曲境的形象的描绘。

唯其曲，所以它和直、露是疏远的。

唯其曲，所以它不喜欢刚，而追求柔。

婉约的第二个特点在于它的柔。

唯其柔，故其色泽鲜润，情调缠绵，风姿袅娜，步履轻盈，音韵悠扬，节奏舒徐。

唯其柔，所以它不用激情，而用抒情。唯其柔，所以它不唱大江东去，而擅长浅酌低唱。

婉约的第三个特点在于它的细。它善于把捕捉到的细微的感受和一刹那间的印象，勾勒成一幅幅鲜明生动的画面。温庭筠的杰作《商山早行》，就突出地显示了细的特点。“鸡声茅店月，人迹板桥霜。”这是诗中脍炙人口的佳句。它把鸡声、茅店、月色、人迹、板桥、霜等六种景物联系在一起，于霜字点出了季节是秋天，由鸡声、月色点出了时间是凌晨，由板桥点出了地址，由人迹点出了路上的行人。这十个字，仿佛十滴神奇的墨水，在作者笔下，绘出了一幅绝妙的早行图：时届深秋，凌晨，月光如水冷气袭人。茅店鸡鸣，唤醒了赶路的人。板桥霜上的脚印，可以看见人的行踪。全诗笼罩在凄清静寂的气氛中。婉约之情，溢于言外。

从《商山早行》这首诗的风格来看，在婉转与简约之中，简约是主要的。它具有简而细的特点。它的简，是指画面简洁。它的细，是指描绘细致。在寥寥数笔中，既画了物，又写了人，既绘了景，又抒了情。层次有深有浅，色彩有浓有淡。可见婉约的简，是不排斥它的细的。

此外，还有某些婉约的诗词，其婉转乃是主要的。温庭筠的《梦江南》词，就体现了这个特点。

> 千万恨，恨极在天涯。山月不知心里事，水风空落眼前花，摇曳碧云斜。
>
> 梳洗罢，独倚望江楼。过尽千帆皆不是，斜晖脉脉水悠悠，肠断白蘋州！

诗人用婉转的歌喉，缠绵的情词，唱出了一个年轻女子笃念远别的情人的恋歌。她的思念之情追逐着远在天涯的意中人，由爱而怨，由怨而恨（实际上也是一种更深的爱），甚至连山月水风也受到埋怨了。她懒洋洋地梳洗好散乱的云髻，凭楼独眺，望眼欲穿。然而千帆虽过，连情人的影子也没有，映入眼帘的却是脉脉斜晖、悠悠江水。此情此景，怎能不叫她情丝摇漾、柔肠欲断呢？这是温词中的绝唱。它集中地表现了曲、柔、细的特点。

婉约的三个特点：曲、柔、细，是紧紧地结合在一起的。要曲而不晦，柔而不软，细而不腻，方是上品。曲而至于晦，则必境界昏暗，而不能通幽。柔而至于软，则易于沾上花柳情，胭脂气，市井味。细而至于腻，就会因刻意描摹而显得呆板、匠气。

婉约仿佛小家碧玉，而不像关东大汉。

婉约似牡丹亭中的杜丽娘，而不是驰骋沙场的花木兰。

婉约如苏州园林中亭亭玉立的出水芙蓉，而不像泰山顶上巍然屹立的五大夫松。

婉约是小巧玲珑、又落落大方的。

婉约所吟咏的题材一般以男女之恋、母子之情、朋友之谊、离别之愁，羁旅之劳为主。

婉约和艳丽虽是紧邻，但并非孪生姐妹。婉约本身没有脂粉气，而艳丽则很可能带点胭脂味。在婉约的身上，贴上艳丽的商标，拿出去兜售，是在对婉约开玩笑。

婉约有其特殊的发生发展过程。白居易的《长恨歌》中所写的“在天愿作比翼鸟，在地愿为连理枝。天长地久有时尽，此恨绵绵无绝期!”就已透出了婉约风格到来的信息。至于晚唐的温庭筠，则被称为婉约派的开山祖。他在秦楼楚馆中，朝夕与歌妓厮磨，过着依红偎翠的生活，故其词多以妇女为描写题材。他写的“一叶叶，一声声，空阶滴到明”（《更漏子》）“花落子规啼，绿窗残梦迷纱”，“人远泪阑干，燕飞春又残”（《菩萨蛮》），缠绵悱恻，楚楚动人。但是，他的词并非都是婉约的。它往往婉约和艳丽杂陈。特别是还有一些词，堆砌锦罗绣帷、鬓云画眉、鸳鸯鸾凤、宝珠翡翠、镂金雕玉，等等艳丽的辞藻，散发出一股难闻的胭脂味。

小山重叠金明灭，鬓云欲度香腮雪。懒起画蛾眉，弄妆梳洗迟。照花前后镜，花面交相映。新帖绣罗襦，双双金鹧鸪。

这首《菩萨蛮》，是温庭筠的代表作之一。它过于软，过于腻，因而它的风格只能用香艳两个字来概括了。晚清王国维在《人间词话》中，用“画屏金鹧鸪”五个字，倒是点出了这类温词的特色。如果硬给它戴上婉约的花朵，那就失体了。

当然，温庭筠还有许多词是以婉约著称的。以柳永、李清照为代表的北宋词人，继承了温词的婉约风格。柳永在《雨霖霖》中所歌咏的“今宵酒醒何处？杨柳岸，晓风残月”，还有李清照在《醉花阴》中所写的“东篱把酒黄昏后，有暗香盈袖。莫道不销魂，簾捲西风，人比黄花瘦”，一直被视为婉约的绝唱。

随着时代的发展，婉约的风格也在发生变化。如果说历史上婉约的风格多多少少受过胭脂味的侵扰的话，那么今天以婉约的风格而载誉文坛的作家，就可避免前人的局限。冰心的诗，情深味长，委曲动人，为当代作家树立了一面婉约的风格旗帜。

［原载《星星》1980年9月］

柔 婉

柔润婉转，缠绵缱绻，楚楚动人，谓之柔婉。

陆机在《文赋》中说“或清虚以婉约，每除烦而去滥，阙大羹之遗味，同朱弦之清汜。虽一唱而三叹，固既雅而不艳。”这里所说的婉约，就是指柔婉。它具有清虚（清新、空灵）、清汜（清净，疏散）、幽雅的特点，它简洁明朗，委曲和顺，柔肠纡折，感人肺腑。司空图在《诗品》中所说的“委曲”，也是指柔婉。他说：

登彼太行，翠绕羊肠，杳霭流玉，悠悠花香。
力之于时，声之于羌，似往已回，如幽匪藏。
水理漩洑，鹏风翱翔，道不自器，与之圆方。

这里，把柔和喻为像流动的玉一样飘荡着的幽暗的云霭，并从嗅觉上比为悠悠忽忽、芬芳扑鼻的花香；此外，还把婉转比为羊肠小道似的曲，“时力”弓似的弯，山一样的幽深纡折，水一样的回旋暗转。如此等等，显现在作品中，就是柔婉的风格。

柔婉既贵柔，又贵曲。柔而不曲，则韵味不会深长，而流于浅；曲而不柔，则情调不会缠绵，而流于生硬。故柔婉是柔中寓曲，曲中含柔。但在柔与曲的结合中，有的偏于柔；有的偏于曲；有的则柔曲交织，无分轩轾。施补华在《岘佣说诗》中说“诗犹文也，忌直贵曲。少陵‘今夜鄜州月，闺中只独看’，是身在长安，忆其妻在鄜州看月也。下云‘遥怜小儿女，未解忆长安’，用旁衬之笔，儿女不解忆，则解忆者独其妻矣。‘香雾云鬟’，‘清辉玉臂’，又从对面写，由长安遥想其妻在鄜州看月光景。收处作期望之词恰好。去路‘双照’，紧对‘独看’，可谓无笔不曲。”这种分析是细致、贴切的。我们还可以加一句：可谓无笔不柔。

曲，乃是指意境之曲；柔，乃是指情思之柔。至于修辞手法的曲（如反复、重叠、转折、回旋等）或柔，也是构成柔婉的因素。

有曲无柔，很难叫作柔婉。欧阳修的《醉翁亭记》，是千古传诵的名作。其叙事，其抒情，其议论，纵横驰骋，左右回旋，舒卷自如。堪称为曲，曲尽其态，然而却不以柔婉著称，而是以旷达、豪纵、洒脱、清幽的多样风格载誉文苑的。

柔，不可尽柔，而要柔中寓刚，才不会柔弱无力。温庭筠的词，以柔婉著称，但有的词却缺少一点刚气，因而有点软，多少沾上了一些脂粉味。例如，他的《菩萨蛮》中有这两首词：

小山重叠金明灭，鬓云欲度香腮雪。懒起画蛾眉，弄妆梳洗迟。照花前后镜，花面交相映。新帖绣罗襦，双双金鹧鸪。

水精帘里颇黎枕，暖香惹梦鸳鸯锦。江上柳如烟，雁飞残月天。藕丝秋色浅，人胜参差剪。双鬓隔香红，玉钗头上风。

从中可以看出：作者对女人睡态、梳妆的描绘，失之于软，使人仿佛闻到一阵阵胭脂味，无怪乎王国维在《人间词话》中称之为“画屏金鹧鸪”了。而司空图的《酒泉子》一词，却有柔有刚，其词云：

买得杏花，十载归来方始坼。假山西畔药阑东，满枝红。旋开旋落旋成空。白发多情人更惜，黄昏把酒祝东风，且从容。

此词平和柔美，清婉刚劲，意境深邃。但这种词并不能算作柔婉风格的典型作品，因为它的刚已与柔平分秋色了。典型的柔婉，虽然也含着刚气，但却是柔中带刚、柔中克刚，而不是刚柔并列。李清照的词，典型地、集中地表现出柔婉的特色。例如：

> 寂寞深闺，柔肠一寸愁千缕。惜春春去，几点催花雨。倚遍阑干，只是无情绪。人何处？连天衰草，望断归来路。（《点绛唇》）

> 泪湿罗衣脂粉满。四叠阳关，唱到千千遍。人道山长山又断，潇潇微雨闻孤馆。惜别伤离方寸乱。忘了临行，酒盏深和浅。好把音书凭过雁，东莱不似蓬莱远。（《蝶恋花》）

这些词，虽然描写了离愁别绪，虽然抒发了女子对情人无限怀念的爱情，但语言凝练，韵味无穷，没有粉饰雕琢，没有故意做作，而是以情动人，以味诱人，所以不能说它仅仅是柔而无任何刚气。

[原载《文史知识》1991年第8期]

艺术美的最高境界
——风格

牡丹娇艳妖娆，妩媚动人，是花中的皇后，毕竟有衰老之时；腊梅坚贞高洁，独傲霜雪，犹终归于黄土；昙花虽美，但若残云夕照，转瞬即逝；月季精力充沛，连月盛开，然而朔风一起，杳焉无存。唯艺苑中的风格之花，永不枯萎，永不凋谢，永葆其美妙之青春。它既属于一个时代，又属于所有的世纪。它与日月争辉，和山川并寿。

古往今来，不知有多少作家写出了多少作品，有的默默无闻，有的像河中泛起的浪花，有的却闪耀着夺目的光华。无数作品，没有独特的风格，经不起时间的考验，逐渐从人们的记忆中消失了；有些作品，具有独特的风格，便获得了永恒的生命，而青春常驻，世代相传。正如歌德在《自然的单纯模仿·作风·风格》中所说："风格，这是艺术所能企及的最高境界"，"唯一重要的是给予风格这个词以最高的地位。"

风格，是艺术家的品格、个性和艺术才华在作品中的集中体现，是艺术作品的思想内容和艺术形式的有机结合中所显示出来的总特点，是艺术作品的风采、情调和韵味。没有风格的作家，称不上是优秀作家；没有风格的作品，称不上是优秀作品；风格是艺术家的艺术生命，也是艺术作品的生命。风格是艺术家成熟的标志，也是艺术作品成熟的标志。不成熟的作家，不成熟的作品，是不能戴上风格的桂冠的。即使那些大师未成名以前的不成熟的作品，也不例外。以高尔基而言，他当过清洁工、面包师、守夜人、司磅员、码头工、积累了丰富的生活材料。但他并非一开始就创造出成熟的艺术作品。他曾将自己写的长诗《老橡树之歌》交给老作家柯罗连科阅读，柯罗连科严肃地指出了这部长诗的缺点，说它在艺术上还没成熟。高尔基一直到第一个短篇小说《马卡尔·楚德拉》发表和后来被柯罗连科赞不绝口的小说《切尔卡什》发表，才获得了风格的桂冠。可见风格的培植，是要花费多么艰巨的劳动啊！

风格，既含着个性，又含着共性。风格的共性，主要是指风格的时代性、民族性、阶级性、流派性。风格的个性，主要是指艺术作品中所显示出来的艺术家独特的气质、兴趣、习惯、性情的总和及其与别人的作品区别开来的东西。在个性和共性的统一中，个性却起着主导的决定作用。没有个性，就没有风格。德国文艺理论家威克纳格（1806—1869）在《诗学·修辞学·风格论》一文中曾严厉地批评许多艺术家"濒于缺乏个性的苍白之境"，"他们由于缺乏个性、艺术才能或其他方面，而不能形成自己的风格"。威克纳格还认为，应该紧紧抓住法国布封的"风格即其人"的名言去评价作家作品。布封的这一观点，很受黑格尔、马克思、威廉·李卡克内西的推崇。歌德说："如果想写出雄伟的风格，他也首先就要有雄伟的人格。"①这和风格即其人的说法不是有异曲同工之妙吗？

但是，对于风格即其人的涵义，必须进行全面的剖析。我们可以看到，艺术家的个性不是单一的，而是丰富的多侧面的，因而他的作品也会出现多种多样的风韵、色彩。一个豪放不羁的人，可能写出婉约柔媚的诗词；一个婉约多情的人，也可能写出豪放刚峻的篇什。苏轼是豪放词派的大师，他的《念奴娇·赤壁怀古》所写的"大江东去，浪淘尽，千古风流人物"是何等雄放！然而他的《卜算子》中所写的"缺月挂疏桐，漏断人初静，谁见幽人独往来，飘渺孤鸿影"，又显得那样柔婉.凄清！婉约词派的大师李清照在《醉花阴》中所写的"东篱把酒黄昏后，有暗香盈袖，莫道不销魂，帘卷西风，人比黄花瘦"，堪称婉约之绝唱。但在《渔家傲》中所写的"天接云涛连晓雾，星河欲转千帆舞。……九万里风鹏正举，风

① 爱克曼辑录：《歌德谈话录》，朱光潜译，人民文学出版社1978年版，第39页。

休住，篷舟吹取三山去”，却豪放飘逸，无拘无束。

一个豪放的人，并非一天到晚都豪放，当花前月下、两情依依时，当山泉淙淙、闲步寻幽时，当绿溪垂钓、濯足清流时，当弄稼田园、闲话桑麻时，总会显出一点委屈、缠绵、婉约、清新；因而写出来的作品，也必然要反映出这些特点。一个柔婉的人，并非任何时刻都柔婉。当他忧民忧国、悲愤不已时，当他临危不惧、大义凛然时，当他主持公道、挺身而出时，当他伸张正义、慷慨陈词时，也会写出豪迈激越、昂扬壮烈的辞章。以上说明：风格即人乃是颠扑不破的真理。近人钱锺书云：“狷疾人之作风，不能尽变为澄澹；豪迈人之笔性，不能尽变为谨严。文如其人，在此不在彼也。”[①]此说可谓得其三昧。

风格是独创性的产儿。独创性是风格的催生婆。艺术家要在自己的作品中看到自己的影子，听到自己的声音，摸到自己脉搏跳动的频率，这就必须追求独创性；歌德说：“独创性的一个最好的标志就在于选择题材之后；能把它加以充分的发挥，从而使得大家承认压根儿想不到会在这个题材里发现那么多的东西。”[②]

独创象神奇的魔杖，指到那里，那里就放射出风格的光芒。

模仿是独创的大忌。在自己作品中，晃动着别人的影子，重复着别人的声音，就不会形成自己的风格。

独创排斥模仿，但不模仿也不等于独创。有的作品，文理通顺，结构完整，虽非仿制，也无独创。何则？盖无艺术家本人个性故也。

独创反对猎奇。猎奇是对耸人听闻的热衷，独创则用情感的力量去打动读者的心灵。

独创排斥平庸。平庸仿佛一个迂腐的老叟，唠唠叨叨，向众人重复家喻户晓的故事。独创追求新颖。它像冬天的阳光、夏日的浓荫，人人喜爱。

---

① 钱锺书：《谈艺录》，中华书局1984年版，第163页。

② 歌德：《歌德的格言和感想集》，程代熙、张惠民译，中国社会科学出版社1982年版，第76页。

独创反对矫饰。矫饰经常站在独创的旁侧，妄图使读者在品尝独创的甘露时，也对它投以青睐。

独创性和多样性是一对孪生姐妹。愈富于独创性，愈能促进风格的多样化。

风格的多样化，显示出艺术个性的千差万别。世上没有两片完全一样的树叶，两人绝无雷同的艺术风格。就同一时代作家而言，同属豪放，则陈毅之诗，大气磅礴，肝胆照人，叱咤风云，有元帅风度；郭沫若之诗，则如大鹏展翅，凌空翻翔、如江海狂涛，卷雪千堆。就不同时代的作家来说，同属豪放、则庄子怪诞、屈原悲愤、李白飘逸，苏轼明丽，吴承恩奇诡……。

风格的多样化，显示了事物矛盾的个个特殊。变幻莫测的大自然，云诡波谲，千奇百怪。论天，或乌云蔽日，或晴空万里；论地，或削壁千仞，或平视无垠；论海，或浊浪排空，或碧波万顷。由此推及到人：既有英雄的浴血沙场，又有美人的柔肠千折；既有荷枪实弹的战争、又有握手言欢的和平既有严肃的学术辩论，又有活泼的文艺表演。黄山毛峰、太平猴魁、六安瓜片、杭州龙井，都有茶叶的芬芳，然而滋味迥异。在风格的花园里，为什么不可以既有牡丹的雍容华贵、又有芍药的柔婉多姿，既有玫瑰的艳丽夺目、又有白菊的淡雅素洁呢?

［原载《美育》1987年第6期］

文学流派论

一、文学流派的含义

什么叫流派？文艺学上最为流行的说法是：所谓流派，就是指作家与作家之间的作品所表现出来的风格上的近似和一致。因此，只要具有这种近似和一致，就形成了特定的流派。例如，具有豪放特点的，就是豪放派；具有婉约特点的，就是婉约派；具有典雅特点的，就是典雅派；等等。这种说法，虽有一定的道理，但却不够全面、不够准确。请问：屈原、李白、吴承恩、郭沫若的作品，在艺术风格上都有某种近似、一致，都具有豪放的特色，那么，我们能不能说他们都是同一流派？就拿同一时代同一国家的浪漫主义者来说，我们能把英国的华兹华斯、柯勒律治同拜伦、雪莱说成是一个流派吗？我们能把法国的夏多勃里昂和雨果说成是同一流派吗？再拿同一时代不同国家的作家作品来说，英国的菲尔丁（1707—1754）和中国的吴敬梓（1701—1754）的小说，都具有讽刺、幽默的风格，难道他们是同一个流派吗？

这就可以看出，所谓不同作家作品的风格的近似、一致就是流派的说法，没有用发展的观点去理解流派，没有看到流派的历史性和时代性，没有看到不同国家、不同民族之间不可能形成统一流派的条件。它是用流派的某一特征代替了流派的全部特征。换句话说，就是以流的概念代替了流派的概念。

我们认为，流和流派是有联系而又有区别的。所谓流，乃是指文学发展过程中的传统。对于传统，存在着一个批判地继承的问题。但这种继承本身，只是对于传统的吸取，它绝不是派。只有流而不形成派，就不能称之为流派；既有流，又有派，才算流派。

所谓派，一般地说，就是指思想上一致、组织上一体、艺术上近似的集团。华兹华斯和拜伦，虽然都是浪漫主义者，但前者思想保守，是贵族的辩护人；后者思想进步，是民主主义者。尽管两人都富于幻想，热衷于理想境界的追求，喜欢运用想象、夸张等手法，但一个是缅怀中世纪田园生活，一个追求自由平等的资产阶级共和国，一个是消极浪漫派，一个是积极浪漫派，因而他们在思想上、组织上、艺术上就不能结成一体，所以，他们不属于一派。华兹华斯只有和他思想艺术上一致的柯勒律治、骚塞才可结成湖畔派；而拜伦只有和他志同道合、风格一致的雪莱，才可成为英国文学史上积极浪漫主义的双绝。

根据以上分析，可以看出：流派是流和派的有机统一。如果以流的概念代替流派的概念，则势必扩大了流派的范围，势必抹杀了流派的历史具体性、民族性、时代性。

我的看法是：同一时代、同一国家的作家，由于思想、艺术、志趣的一致，或组织文学团体，或结成亲密友谊，或在文学上相互支持，且在他们的文学作品中表现出相近、相似的风格的，叫做文学流派。

二、文学流派的复杂性

历史上的许多文学流派，是有组织的社团。他们有共同的思想、宗旨、纲领，有相近的性格、志趣、爱好，有相似的风格，有的甚至还出版共同的刊物、书籍，并参加共同的社会活动，遵循共同的创作原则。十九世纪法国，由左拉、莫泊桑、厄尼克、依斯曼、塞埃尔、保罗·阿来克西斯六个作家组成的梅塘集团，就是一个有组织的文学流派。他们以左拉为首，常在左拉的梅塘别墅中共同探讨文学问题，非议雨果的浪漫主义，提倡现实主义，具有相同的哲学思想倾向，相近的气质个性，诚挚的朋友之谊，因而自己也不讳言他们是梅塘流派。再如，十九世纪初叶，俄国有一个“文学、科学、艺术爱好者自由协会”，是以俄国进步作家拉吉谢夫为首的文学流派。他们有共同的思想；在法律面前人人平等的平民思想。参加这一团体的人叫“拉吉谢夫分子”。他们的艺术趣味有相似之处，就是喜欢以抒情的笔去勾画内心世界，并擅长用颂体诗，因而他们大都为抒情诗人。

但并不是所有的流派都有固定的组织。拜伦和雪莱，是浪漫派战友、诗友，他们在瑞士、意大利有过直接交往，然而他们并未组成社团。再如，俄国杰尔查文所创立的游戏诗派，也没有建立什么组织。

有的流派是在某个首领的大力提倡下，逐渐形成的志同道合、趣味相投的文人集团。他们在社会上互相策应，互相声援，为同一目标的实现而奔走呼号。韩愈所倡导的古文运动，就是以学习古代优秀散文为名而反对骈文的一种文学主张。他反对浮艳的文风，提倡文学创作的独创性（务去陈言），受到柳宗元的全力支持，世称韩柳。围绕着他们，韩愈的弟子李翱、李甫湜，以及欧阳詹、李观、沈亚之等人，都是古文运动的著名人物。

有的流派的名称是后人起的。以黄庭坚为首的江西诗派，并不是黄庭坚本人命名的。稍晚于黄庭坚的吕本中，写了一本《江西诗社宗派图》，合列了以黄庭坚为首的二十五个人的名字。自此，有江西诗派的名称。

但是，并不是所有著名作家都隶属于某个流派集团的。苏轼和黄庭坚，是亲密的诗友，苏轼以豪放清新见长，黄庭坚以峭拗奇硬取胜，他们相互倾慕，世称苏黄，但他们却不是同一流派，苏轼从未参加过江西诗派。

有的文学流派，是以风格的独创性驰名当时，而被人们所推崇、景仰、仿效的。这在唐代诗坛上显得尤为突出。如：李白为首的豪放派，以杜甫为首的沉郁派，就是如此。有些同一流派的人，甚至从不相识，在岑高诗派中，既有同岑参相识的高适、王昌龄，也有同岑参不相识的李欣、王之涣。

文学流派的类型是多样的，有的规模巨大、气魄雄伟、影响深远，是属于文艺思潮的文学流派，如前面所举的浪漫主义等，就是席卷全国、波及世界的。它和当时的政治斗争、哲学斗争均有不同程度的联系。它牵涉的范围很广，不仅触动了文化，也触动了其他，参与了资产阶级和封建阶级之间尖锐复杂的斗争，因而是政治性强的文学流派。它的寿命能保持数十年甚至百年之久。在中国古代，韩愈的古文运动，白居易的新乐府运动，宋代以欧阳修为领袖的古文运动，黄庭坚的江西诗派，都是全国有影响的文学流派。但它们和西方以文学思潮为主要特征的流派相比，都具有中国的特点。当时，中国封建社会还处在壮年时期，资本主义的胎儿尚未呱呱坠地，因而这些文学流派还不可能提出反封建的要求。它只限于在封建君权所划定的范围内对文学问题本身进行某种改革。这种改革，是针对当时社会现实和文学弊端而发的，因而是有进步作用的。

一般地说，随着社会历史的不断发展，阶级斗争、党派斗争的激化，特别是在历史转折的紧要关头，文学流派在组织形式、政治纲领上的共同要求，往往更为迫切，其流派观点亦愈自觉。

同一流派的作家，有的属于同一文学组织；但同一文学组织的作家，却不见得都属于同一流派。在三十年代，同在左翼作家联盟的鲁迅和郁达夫，就属于不同流派。鲁迅是现实主义大师，郁达夫则是浪漫主义俊杰。

某一流派的作家，有时不只组织一个社团，而是组织几个社团。鲁迅在北方就曾领导和指导过语丝社、莽原社。郭沫若就组织过创造社，而以蒋光慈、钱杏邨为代表的太阳社，实际上也是倾向于郭沫若的社团。

但是，必须指出：成为流派的内在特征的则是特定历史时代、特定环境中不同作家作品之间风格的一致。它体现为不同作家的志趣、爱好的相投；显示在作品中的生活土壤的相同；题材、体裁的相近；塑造形象、描绘手段的相近。

以盛唐岑高诗派为例，岑参（715—770）是天宝三年进士，当过安西（今新疆）节度判官，关西（今陕西、甘肃）节度判官等边塞地区的官吏。高适（700—765）做过河西节度使哥舒翰的书记，做过剑南、西川节度使等边疆官吏。边陲战争的迷漫硝烟熏陶过他们。铁骑突突声，刀剑撞击声，马嘶人叫声，金鼓擂鸣声，两军对杀声，时刻震荡在诗人耳际。广阔无垠的沙漠上染着远征男儿的斑斑血痕。战士的胸中？杀敌报国的满腔热血在沸腾。这一切，同诗人的爱国主义激情是交织在一起的。这是岑高诗派共同的生活基础和思想基础。加上边塞的苍茫无际的自然景色，同内地迥然不同的异域情调，风土人情和生活习俗，就使诗人具有独特的体验和感受。诗人在抒发情感时，必然要和描绘边塞风光及戎马生涯结合起来。在他们笔下，雪是大雪、飞雪、冰雪、雪海，而不是细雪；风是狂风，而不是微风；热是酷热，而不是温热；寒是严寒，而不是小寒；云是旱云，而不是彩云；山是黄土山，而不是青山；只有如此描绘，才可再现边疆的环境特色，才可显示战争的大起大落和浩瀚的气势。为了表现战争的紧张气氛，在节奏上是激越的、快速的，这就渲染出战骑驰突、杀声震天的生动图景。在体裁上则往往采取容量较大的七言，以便于自由挥毫。由于以上原因，就形成了岑高诗派总的风格，如果用四个字来概括就是：雄浑奔放。当然，如果我们仔细研读“岑参和高适的诗也是存在着差异的。高适的诗，往往流露出少妇断肠叹、征夫鏖战苦的悲怆情怀，因而在格调上显出一点苍凉，其雄放之气不及岑参；而岑参的诗则没有哀怨悲凉的情绪，可以说是边塞诗派中之最杰出者。而这一流派对战争的描绘却难见安史之乱的痕迹，在这一点上倒是和王孟诗派一致的，因为王孟诗派也未写安史之乱。而李杜的诗，对安史之乱的描写却是有显著特色的。尽管如此，岑高诗派同王孟诗派毕竟是两大流派。因为王孟诗派以淡逸闲静见长，而岑高诗派是以雄浑奔放取胜的。

三、文学流派的产生、发展和消亡

流派的产生、发展，绝不是偶然的，而是有其适宜的土壤、气候和条件的。它是历史的必然要求和人们对这种必然的要求积极适应的结果。

生产发展，经济繁荣，是流派产生、发展的一个重要原因。如果说我国春秋战国时代是奴隶制到封建制度过渡的百家争鸣、流派崛起的经济繁荣时代，那么，从文艺复兴到启蒙运动则是欧洲封建制度向资本主义过渡的百家争鸣、流派崛起的经济繁荣时代。先秦诸子和西方的人文主义者，站在自己时代潮流的前列，或否定奴隶制、肯定封建制，或否定封建主义、肯定资本主义，组成了各种各样的学派、流派。它对促进生产的发展，起了推波助澜的作用。

生产发展，经济繁荣，为文学流派的发展提供了优厚的物质条件，没有这个条件是不行的。但是，流派发展的原因并不完全取决于这个条件，在历史上，有些朝代，生产获得了较大发展，经济上得到了某种繁荣，这本来是促进流派发展的良好条件，但是，统治阶级并没有重视这个条件，因而它对流派的发展并没有起到多大推动作用。他们为了巩固自己的统治，只是提倡对他们有利的风格流派，而对不利于自己的风格流派，则采取限制和取缔的强硬手段。汉武帝的罢黜百家、独尊儒术，就是个明显例子。清代大兴文字狱，文士都钻进考据的故纸堆中，风格流派遭到空前扼杀。至于桐城派、阳湖派、浙词派等，则是在封建皇帝的卵翼下扶植起来的。其大部分作品，内容贫乏，形式僵化，缺少生气。由此可见，即使生产得到某种发展，经济得到某种繁荣，具有一定良好的客观物质条件，但在主观上不能得到统治者的重视，那么，流派的发展就必然受到阻碍。

因此，在生产发展、经济繁荣的前提下，政治修明，艺术民主，就成为风格流派发展繁荣的重要原因。唐诗风格之多彩，流派之兴盛，颇能说明这个问题。唐代以诗取士，上自王公贵族达官显要，下至和尚道士尼姑平民百姓，都喜欢诗。朝廷没有文禁，政治上也比较开明，诗人揭露权贵、抨击悍吏、针砭时弊，不会遭罹杀身之祸，这是唐诗风格和流派得以繁荣发展的重要原因。

一提到民主，有人总认为这是资产阶级兴起以后的事，其实不然。远在古希腊奴隶制时代，就产生过寡头政治和民主政治。这两者无论在政治上还是艺术上都是截然对立的。当雅典实行民主政治的时候，艺术创作就会有相应的民主，因而出现了许多著名的作家和文学流派，如埃斯库罗斯、索福克勒斯、欧里庇得斯，就是著名的悲剧作家；阿里斯托芬，就是著名的喜剧作家。他们的作品，是雅典奴隶制民主政治的产物。既然在古希腊奴隶制时代就产生过民主政治和相应的艺术流派，为什么对中国封建社会的鼎盛时期的唐代艺术，就不能运用民主这个字眼呢？

具有民主性的风格流派，总是和健康的时代风尚联系在一起的，落后的流派总是和民主性背道而驰的。所以，不管是魏晋的玄言诗、游仙诗也好，还是梁陈时期简文帝和陈后主的宫体诗也好，虽然是封建帝王所大力提倡的，但也毫无民主性之可言。他们宣扬腐朽的东西，丝毫不意味着他们主张艺术民主，恰恰相反，这更证明了他们的灵魂腐朽和精神空虚，表现出他们狭隘的反动的功利主义。所以，统治阶级所提倡的风格流派，不见得就是艺术民主的表现；只有当统治阶级所提倡的东西反映广大人民的利益、要求、愿望而受到人民群众的欢迎肘，才是具有民主性的。唐太宗所提倡的诗歌，正由于和广大知识分子和人民群众的情绪是合拍的，因而我们才说它是具有某种艺术民主精神的。

流派产生的原因是异常复杂的。在生产力遭受严重破坏的社会大动荡时期，也可能产生一些好的流派。某些有远大抱负的政治家和诗人，亲身经历战乱之苦，目击人民悲惨生活和凄凉景象，慷慨悲歌。如建安七子，就是汉魏时期这样一个著名文学流派。当异族入侵、祖国山河破碎时，以爱国词人辛弃疾为代表的稼轩词派，也是名彪史册的。

流派的产生，既有社会原因，又有作家个人原因。但无论什么流派的产生，总要受到特定时代哲学思想的影响。老庄思想使谢灵运的山水诗显得寂寞、空灵，佛老思想使王孟诗派流露出闲静淡远；穷儒思想给贾孟诗派打上了“郊寒岛瘦”的烙印。在研究流派的产生原因时，也应探索它的哲学思想渊源。

流派不仅有它的发生、发展史，而且也有它的消亡过程。流派消亡的原因也是极其复杂的。有的流派，由于缺少稳定的独创风格，不是逐渐被人遗忘，就是在竞赛中被击垮；有的流派，虽然在历史上发出过光和热，对人类作出过贡献，但由于社会的发展，时间的推移，已完成了它的使命，因而自动消亡；有的流派，由于内部的分化和重新组合，改变了它原来的组织形式；有的流派，由于它的落后性和腐朽性，而被时代前进的潮流所淹没。总之，流派的消亡是自然的，也是必然的。作家吸取前人的文学流派的风格特色来丰富自己的营养时，不是墨守成规，而是有创造性的。他最终要从前代流派的襁褓中分离出来，而创造出新的流派。同一流派的作家，在不断地发挥自己的创作个性时，也在不断前进，不断突破，产生质的飞跃，最后从同一流派中分离出来，形成另一种流派。那些在历史上起过积极作用的文学流派，即使组织形式已经消亡，但其艺术风格仍被作为珍贵的文学遗产而被保存下来，供人欣赏、借鉴。

文学流派不断地消亡，又不断产生。不断产生的文学流派随着岁月的流逝，又不断地消亡，而新的文学流派，又不断地产生。流派的发展就是这样一个不断消亡、不断产生的辩证过程。但它不是产生和消亡的简单循环，而是不断发展、不断提高的过程。前代流派消亡了，它的优良品质和风格光泽将被下代流派所吸取，后代流派将在前代流派的基础上得到营养而不断充实起来；如果不很好地吸取前代流派的优长之处，那么，后来流派就无法得到发展。后代流派有幸踩在前代流派巨人的肩上去攀登风格的高峰，就应该不负前人的辛勤劳动，而要做出比前人更大的成绩。特别是社会主义国家，文学流派应该得到空前的繁荣和发展，而且应该超过历史上任何时代。

四、文学流派的矛盾斗争和相互竞赛

不同文学流派之间的矛盾是存在的，它往往表现为不同思想倾向、艺术观点、创作方法之间的斗争。有的是敌对性质的斗争，有的是非对抗性的论争，其表现形式极为复杂：有阶级斗争，有进步与落后的矛盾，有艺术认识和艺术表现上的差异。

在新民主主义革命初期，以鲁迅为代表的革命文学流派，同鸳鸯蝴蝶派的斗争，就是进步与落后的斗争；第二次国内革命战争时期，同“民族主义文学”的斗争，就是敌对性的斗争；而在第一次国内革命战争时期，鲁迅和创造社的论争，乃是革命阵营内部的论争。

文学流派既要有门户之见，又不能囿于门户之见。既然称为流派，就必然有它的特点，有它的主张，也就是它的门户之见。如果没有门户之见，就看不出它同其他流派的区别。然而流派又不能唯我独尊而采取关门主义或排他主义。应该互相学习，取长补短，彼此促进，共同提高。法国“梅塘集团”有名的作家莫泊桑说：“我怎能奢望属于哪一个流派呢？一切时代的、一切体裁的、在我看来最完善的东西，我一律欣赏。”[①]这说明他是博采众长、决不囿于梅塘门户之见的。然而他又有门户之见，这就是：他特别强调表现生活美和自然美，反对不着人间烟火味的太太作家的风格？反对浪漫主义作家的某种矫揉造作的作风。在他看来，“艺术流派是可以各不相同的，艺术的崎岖途径也可以是多种多样的。”[②]即使他所厌恶的浪漫派，他也没有忘记从中吸取对自己有利的东西。

中国古典文学史上不同流派之间的互相学习、彼此尊重的情况，也不乏其例。在唐代，诗派林立，各呈异彩。但他们并没有相互诋毁、彼此攻击，而是取人之长，补己不足。李白和杜甫，被尊为豪放派和沉郁派的宗祖，他们之间却是情谊深笃的挚友。在他们的诗歌中，相互仰慕，真诚怀

① 《古典文艺理论译丛》（第八册），人民文学出版社1964年版，第134页。

② 《古典文艺理论译丛》（第八册），人民文学出版社1964年版，第147—148页。

念，绝无文人相轻的恶习。

李白倜傥不羁，但并不狂妄自大，对名气比他小的王孟诗派中的孟浩然，也非常倾服。杜甫对于成就比他小的诗派，也从未流露过不屑一顾的态度，而是主张“别裁伪体”“转益多师”。至于后来的韩愈，则更是热心学习李杜，并在学习的基础上，另辟蹊径，自成一派。不同流派之间，相互学习，在唐代诗坛上蔚然成风，的确值得大书特书。

文学流派之间的相互学习、相互竞赛，可以鼓舞作家的创作热情，调动作家的积极性，推动艺术生产力的发展，激励作家艺术独创性的发挥，从而大大地促进风格的繁荣。为什么呢？因为文学流派之间的相互竞赛，实际上是立足于最大限度地发扬不同流派所有作家的艺术创造性的基础之上的，作家必须充分发挥自己的才智，进行创造，在崎岖不平的艺术征途上奋勇前进，才可发现艺术宫殿内的奥秘。这个时候，作家既需要本派作家的砥砺、切磋，也渴望别派作家的热情帮助。通过竞赛，就可以充分调动本派、别派作家的积极性，为探索独创的风格而努力；而这种竞赛，在社会主义社会，则可得到健康的发展。

艺术思想的是非，艺术魅力的强弱，艺术加工的粗细，艺术质量的高低，艺术手段的长短，都属于不同文学流派的相互竞赛中必然碰到的问题；但文学流派之间的相互竞赛，最集中地表现为对于风格的独创性的追求。如果不追求独创的风格，文学流派就显得平庸一般，从而就无力向其他流派竞赛，更不可能对文学的繁荣作出贡献。

在文学流派的相互竞赛中，作家必须充分发挥自己的创作个性。作家的创作个性愈鲜明，则愈可获得独创性，也愈能为本流派增色。一个作家，如果忽视自己的创作个性，而蓄意追踪别人，那么，他仅有的一点点个性棱角，将可能被别人闪光的创作个性的砺石磨平，他的作品就会失去独创性，而变成四平八稳的东西。一个有出息的作家，应该不失时机地利用自己创作个性的可塑性，千方百计地发展自己的创作个性，从而使自己的创作个性变成光彩夺目的风格明珠。这种明珠越多，则越能使本流派大放光明。如果在一个流派中，只有一两颗艺术明珠，而其他作家作品却缺乏独创性，仿佛是颜色暗淡、质地浑浊的弹子，那是多么有损于本流派的荣誉啊！所以，在同一流派中，应该特别强调发展作家的创作个性，而不是强调发展不同作家之间的共性。个性是区别这一流派与那一流派的标志，作为特定流派的作家的主要职责，是追求自己作品风格中所表现出来的创作个性的独创性。

为了繁荣社会主义文学事业，我们必须在四个坚持的前提下，大力贯彻“百花齐放，百家争鸣”的方针，鼓励不同文学流派之间的竞赛，提倡风格的独创性和多样化。对于祖国“四化”做出贡献的文学流派，应予以奖励。

[原载《四川大学学报》(哲学社会科学版) 1983年第4期]

第三编

唐代美学管窥

——《中国历代美学文库》出版感言

斗转星移，春秋代序，历时十二载，《中国历代美学文库》（以下简称《文库》）终于由高等教育出版社出版了。此书由著名美学家、北京大学叶朗教授为总主编。我参与唐代部分的编写，从中获得了不少教益。

一、唐代美学史上的两大里程碑

有唐一代，乃泱泱大国。政绩显赫的贞观之治、开元之治，为唐代奠定了雄厚的经济基础，为唐代艺术的繁荣提供了良好的气候与土壤。唐代处于公元七至九世纪，相当于西方中世纪早期。中世纪教会占绝对统治地位，文学艺术横遭摧残、棒杀。但在地球的东方，唐代文明却大放华彩，在诗山文海中，涌现出一座又一座美学高峰。由王昌龄、刘禹锡、司空图等人逐渐完善的意境论，就是唐代美学史上的一座里程碑。王昌龄在《诗格》中提出了三境（物境、情境、意境）说；刘禹锡在《董氏武陵集纪》中提出了“境生于象外”说；司空图在《与王驾评诗书》中提出了“思与境偕”说，在《与极浦书》中提出了“象外之象，景外之景”说，在《与李生论诗书》中提出了“韵外之致”“味外之味”说。这些理念，在当时世界美学之林中独傲苍穹，具有开创意义。

此外，由陈子昂、皎然、司空图等人所逐渐完善的风格论，是唐代美学史上又一座里程碑。它矗立于当时世界美学高峰之巅而毫无愧色。横扫六朝萎靡颓废痼习、开一代诗风的陈子昂所提倡的汉魏刚健风骨，成为诗家遵奉、贯穿唐代美学风格的主流；至晚唐司空图，则以“醇美”“辨于味”（《与李生论诗书》）的诗品，把有唐一代的风格论推向极致。以上，在《文库》中均可看到它的历史轨迹。

二、搜奇抉怪　以丑为美

李白、杜甫是唐诗中不可逾越的高峰，韩愈则独辟蹊径，以丑为美。《文库》中收入的《调张籍》便是个中力作。“我愿生双翅，捕逐出八荒。精诚忽交通，百怪入我肠。”这便是诗中绝唱。此类“搜奇抉怪，雕镂文字”（《荆潭唱和诗序》），乃韩愈诗文的重大特点，又是其丑怪论的精华所在。它影响了中晚唐一大批诗人，如孟郊、贾岛、李贺等人的作品中均可听到奇怪的声响。但他们又和而不同，各呈异彩。即：孟郊奇而寒，贾岛奇而瘦（郊寒岛瘦），李贺则奇而冷、怪而艳。此外，与韩愈同时的柳宗元也主张抉异探怪，但韩子怪而险，柳子则奇而幽，所谓起幽作匿是也。《文库》中收入的《答韦中立论师道书》有言：“参之《离骚》以致其幽。”一个幽字，揭示出柳子文论的个性特点，此乃有别于韩子者，也是柳子美学认知的孤诣、独到处。

至于晚唐的司空图，对韩、柳二子也备极称颂。《文库》中收的《题柳柳州集后》一文，赞美韩愈之作：“其驱驾气势，若掀雷挟电，撑抉于天地之间，物状其变，不得不鼓舞而徇其呼吸也。”尤其是《文库》中收的《诗赋赞》，以谐谑的反语，从理论的高度，透视了险奇怪异的美学特质。所谓“神而不知，知而难状。挥之八垠，卷之万象”，便形象地掏出了个中奥秘。它和韩、柳二子的观点是相通的。

三、从功利性到疏远功利性的美学观

儒家文化，一向强调功利目的：从孔子的兴、观、群、怨、事父、事君的诗教说，到韩愈的文以载道，柳宗元的文以明道，白居易的诗文为时为事而作说，都是如此。这是在审美教育方面支配中国古典美学的主流。

随着时间的推移，有些诗人由于种种原因，淡化功利，逐渐开拓出疏远功利的一片美丽的天空，在意境与风格的融汇中，显隐出疏远功利的迹象（如王昌龄、皎然）。到晚唐李商隐，与功利性疏远化的美学观得到了提升、净化，侧重于对纯美的追求。他在《容州经略使元结文集后序》中，十分赞赏“以自然为祖，元气为根”的美的本体论；在《樊南甲集序》中，特别注重审美主体的美感，即：“好对切事，声势物景，哀上浮壮，能感动人。”此外，司空图的诗文论，也往往会超越功利的藩篱。对此《文库》中也有反映。

四、以审美的态度去观照旅游，用人本主体审视美的客体

作为初唐四杰之首的王勃，十分关注旅游，所谓放旷怀抱，驰驱耳目；所谓目游、身游、心游，都是王勃游观论的精华。到中唐柳宗元，游观论得到了很大的发展。《文库》中收入的柳子的山水记，可觅此中踪迹。

就游观的效应而言，堪称“既乐其人，又乐其身”（《陪永州崔使君游宴南池序》）；就游观的情感特征而言，则凸显出“欢而悲”（《陪永州崔使君游宴南池序》）；就游观的选择性而言，则为“择（释也）恶而取美”（《永州韦使君新堂记》）；就游观的审美品类而言，可分“旷如”、“奥如”（《永州龙兴寺乐丘记》）、“观妙”（《永州龙兴寺乐丘记》）、“大观”（《永州龙兴寺西轩记》）；就游观心理与方式而言，则为“心凝形释，与万化冥合”（《始得西山宴游记》）。

就审美主体与审美客体的关系而言，唐人尤为重视发挥人本主体的作用。大自然中客观存在的美，是一种审美客体；它必须经过人的开掘，才能得到发扬光大。《文库》中收入的题为柳宗元所作（一说为独孤及所作）的《邕州马退山茅亭记》云："夫美不自美，因人而彰。兰亭也，不遭右军，则清湍修竹，芜没于空山矣。"可见山水之美，固属审美客体，但必须经过人的呼唤，始可昭昭然跃入眼帘，故应重视充分发挥人本主体的积极作用。

五、美学理念的模糊性

唐代美学继承了传统美学的模糊理念，它显示为范畴、形态的混沌性、不确定性。以美学范畴而言，老子在《道德经》中提出了有无相生、大方无隅、大巧若拙、大音希声、大象无形、知白守黑等理念。唐人则予以引进，并与儒、佛的哲学思想相圆融。如孔颖达《周易正义》注疏对有与无、一与多的阐释，法藏《华严金师子章》对一与一切的阐释，白居易《大巧若拙赋》对巧与拙的阐释，《动静交相养赋》对动与静的阐释，杨发《大音希声赋》对大音希声的阐动与静的阐释，杨炯《浑天赋》、林琨《象赋》对大象无形的阐释，等等。这些对举的范畴，相互渗透，而构成含义交叉等等。这些对举的范畴，相互渗透，而构成含义交叉的多种样式、格局、特征。

此外，唐代独立的美学形态，如风骨、兴象、气势及皎然《诗式·辩体》中所述的高、逸、气、情、思、闲、达、悲、怨、意、力、静、远等，均内涵丰赡，外延拓展，在变化、碰撞中，彼此过渡，因而具有相互包孕的模糊特征。凡此种种，《文库》从不同角度为我们提供了丰富的资料。

[原载《四川师范大学学报》（社会科学版）2004年第6期]

唐代美学简论

一、唐代美学的国际地位

唐代（618—907）自高祖李渊算起，历太宗李世民，高宗李治，中宗李显（又名哲），睿宗李旦，武后则天，玄宗李隆基，肃宗李亨，代宗李豫，德宗李适，顺宗李诵，宪宗李纯，穆宗李恒，敬宗李湛，文宗李昂，武宗李炎，宣宗李柷，共21位皇帝。统治中国近三百年之久。其有兴有衰，但总的说来，有唐一代，乃泱泱大国，政绩赫赫的贞观之治、开元之治，为唐代奠定了雄厚的经济基础和政治基础，为唐代强盛的国力提供了保障，为唐代文学艺术的繁荣提供了良好的气候与土壤。

唐代是诗的国度。唐诗的发达带动了其他文学艺术的昌隆。唐诗，是中国诗史上不可企及的高峰，也是世界诗史上不可企及的高峰。它为唐代美学提供了极其丰富的研究对象。

唐代所处时期，为公元七、八、九世纪，相当于西方中世纪早期。在西方，中世纪是指五至十五世纪。如果我们将唐代美学与中世纪美学稍作比较，就可看出前者在世界上应占据什么地位。

对于西方人来说，中世纪简直是漫漫长夜。封建教会一直处于统治地位。基督教的权威凌驾于王权之上，上帝的意志成为人人必须执行的教条，到处宣扬的是鼓吹宗教信仰的马太福音。他们用恐怖和高压的手段扼杀其他进步的文学艺术和美学思想。希腊教父说："上帝是所有美的事物的根源"[①]，"我不会容忍在自由艺术中接受画家、雕塑家以及石匠和其他放荡的奴才"[②]。罗马神学家圣·奥古斯丁（354—430）在《忏悔录》中也谴责艺术。他们咒骂：舞台表演是"肮脏的疥癣和空虚无聊"，戏剧艺术是"魔鬼""一贯弄虚作假的骗子""甜蜜的毒药"，诗歌和绘画是"华丽的谎言"。甚至声称：要把尘世间的美踏平，因为所有的美都来自上帝[③]。早期由于教会的摧残，雕塑艺术濒于绝境；对于音乐艺术的排斥，一直延至九世纪初。

但是，在地球的东方，唐代文明的曙光却出现了。它把希望的光辉播洒在华夏大地上，孕育出无量数的文学艺术的花朵，编织成数不清的令人目眩神迷的美学花环；城乡内外，宫廷上下，大街小巷，到处可以见到诗人、舞者、乐师、画家，艺术创作和艺术表演，蔚然成风，高潮迭起，流派纷呈。华夏文苑，显示出一派繁荣景象。美学讲坛，也是百花齐放，百家争鸣，生气勃勃。

如果说，漫漫长夜中世纪，教会独赏上帝之音，棒杀艺术、美学的话；那么，有唐一代，便是诗歌之声动天地、美的花朵开满园了。

把唐代文学艺术、美学放在国际大背景下考察，我们还可发现，当唐代文学、艺术、美学已成为参天大树、独傲苍穹的时候，有的国家的文学艺术、美学园地还是一片荒芜，有的只有一些小树小草，有的尽管后来也长出了挺拔高耸的大树，却远远晚于唐代达数百年、千余年之久。我们可以说，唐代文学、艺术、美学，在其所处的时空，是卓绝独拔、不可企及的高峰。它巍然屹立于世界文化之林而毫无愧色。

唐代美学之林中有两株参天大树，这就是：意境论，风格论。

---

① 沃拉德斯拉维·塔塔科维兹：《中世纪美学》，褚朔维等译，中国社会科学出版社1991年版，第31页。

② 沃拉德斯拉维·塔塔科维兹：《中世纪美学》，褚朔维等译，中国社会科学出版社1991年版，第32页。

③ 参见凯·埃·吉尔伯特、赫·库恩：《美学史》（上卷），夏乾丰译，上海译文出版社1989年版，第160—165页。

意境论是地道的中国货。王昌龄、司空图所树立的意境论的里程碑，矗立于世界美学高峰之巅，熠熠闪光，艳耀千秋！

风格论是在诗山文海总汇的漩涡中心涌现、升华、凝固而成的美学结晶。元兢、崔融、皎然、高仲武、司空图等人，均是创造风格论的大师。

唐代美学理论固然有独立存在的形态与方式，但也有与作品圆融的并存在形态与方式。它富于具体与概括、形象与抽象、悟性与理性、直觉与逻辑相渗相融的特点。这一特点也是在吸取中国传统文化基础上形成的。它不仅以独创的品格称雄当时，而且以不朽的魅力感染后代。

二、唐代美学的特性

唐代美学具有自己完整的系统。它既有中国古典美学玩味、畅神、妙悟等审美体验的传统特色（共性），又具有自身所独有的而同其他美学区别开来的特质（个性）。在哲学思想、审美范畴、理论创造、艺术品类、美学智慧等等方面，均体现出唐人风貌，弹奏着美妙的唐音。概括说来，表现在如下诸多方面：

其一，哲学思想的圆融性。

唐代美学的哲学思想，体现出容纳百川、为唐所用的海涵大度和共济精神。李唐虽然视老子李耳为先祖，而推崇道学；但对儒、佛、玄学，却采取兼收并蓄的态度。尽管其间也有抑佛、反佛之举，但总的说来，并未形成主流，从宏观的角度考察，却是儒、道、佛、玄互通有无，显示出哲学思想的圆融性。

因此，唐代美学的哲学基础，可用一个圆字来概括。它追求大圆之美、中和之美。究其原因，与唐代大一统的局面有关。有唐三百年间，虽有各种各样的纷争、冲突，但其基本走势，可谓人心思安；故其美学情趣、热衷于谐和。尽管在美学范畴、美学理论等方面存在诸多对立，但却能相渗相融、归于统一。当然，这种对立统一也是随着时代的变化而变化的。有时对立现象严重，有时统一之势炽热。如隋唐之交，绮丽与朴质存在严重对立，至陈子昂标举风骨大旗以后，朴质之风始成文坛主宰。到盛唐李、杜和中唐刘、白手中，更得到发扬光大。但在晚唐时，绮丽之风又逐渐抬头，温庭筠堪称个中代表，然而它已不可能再度称雄，因为朴质之风具有无穷的生命精神，追求朴质之风的文人已形成强大的群体，如皮日休、杜荀鹤、陆龟蒙等便是其中的俊杰。所以，就唐代文坛基本形势而言，以朴质为特征的风骨、兴寄，乃是主潮。它汹涌澎湃、奔腾不息，对文艺创作起着制约、规范、促进作用。它又仿佛美学圆环，在有唐一代三百年间的曲道上滚动。

其二，美学范畴的阐释性。

唐代美学范畴，深受老子之道影响。老子在《道德经》中，从辩证法的角度，提出了有与无、方与圆、一与多、大与小、白与黑、大音希声、大象无形、巧与拙、动与静等哲学上的对举的命题，但老子只是言简意赅地提出，并未予以具体阐发。唐代美学则在引进道学的基础上，兼及儒、佛结合唐代实际，通过诗文歌赋的传达方式，进行美学的阐释，既弘扬了传统的哲学精神，又抒发了唐人的美学情怀。如：阙名《空赋》对有与无的阐释，李泌《咏方圆动静》对方与圆、动与静的阐释，孔颖达《周易正义》对一与多的阐释，唐代华严宗的创始人法藏《华严金师子章》对一与一切的阐释，柳宗元《天说》对大与小的阐释，黄韬《知白守黑赋》对白与黑的阐释，杨发《大音希声赋》对本音希声的阐释，杨炯《浑天赋》、林琨《象赋》对大象无形到大象有形的阐释，白居易《大巧若拙赋》对巧与拙的阐释，白居易《动静交相养赋》对动与静的阐释，等等，都是在阐释的过程中有所发挥、有所创新的。

其三，美学理论的创造性。

初唐美学具有浓郁的爱国主义情思和社会责任感，隋代出现、初唐逐渐完善并集大成的朴质论，就是如此。六朝文坛，淫靡之风到处肆虐，终于导致亡国之祸。有鉴于此，李世民、房玄龄、李百药、姚思廉、令狐德棻、魏徵、王勃、刘知几等人，坚决反对淫靡之风，成为初唐追求朴质美的群体。

尤其是作为初唐四杰之首的王勃，在大力提倡朴质、刚健、雄放、清丽的同时，还对美的特质进行界定："美哉，贞修之至也！"（《平台秘略赞十首·贞修第二》）这同古希腊美学家亚里士多德在《政治学》中所说的"美是一种善"，有异曲同工之妙。所不同的是：亚氏认为善大于美，而王勃则认为美广于善。

至于开一代诗风的陈子昂，除了提倡风骨、兴寄以外，还宣扬"美在太平、太平之美"（《谏刑书》）。尤其是，充满了忧患意识和悲剧情怀，这是盛唐美学的重大特色。

与风骨论连辔而行的，是殷璠的兴象论。他在强调风骨的同时，又强调美的传达。

与朴质论、风骨论、兴象论相联系的是李白的清真论。清真论有批判、有继承、有发展。它批判齐、梁淫靡，继承建安风骨，提倡清新率真，从而把形式美与内容真、善有机地结合在一起，这是盛唐美学的又一重大特色。

从盛唐到中唐，美学理论更趋于丰富多彩。杜甫是盛唐跨入中唐的转捩期的文人代表，其美学思想更多地体现为与国家命运休戚相关的个人坎坷遭际所凝成的悲剧美。

古文运动领袖韩愈正由于提倡文以载道，因而也特别重视美育。他在《上宰相书》中大声疾呼："乐育才"，"长育人才"，"天下美之"，"天下之心美之"，"教育之"，以期引起对于育才之道的关怀。

散文大家柳宗元在山水游记中，发表了许多新颖的旅游美学见解。就游观的审美效应而言，堪称"游观之佳丽"，"既乐其人，又乐其身"（《陪水州崔使君游宴南池序》）；就游观的情感特征而言，则显示出"欢而悲"（《陪水州崔使君游宴南池序》）；就游观的选择性而言，则为"美恶异位""择（释也）恶而取美"（《永州韦使君新堂记》）；就游观审美的品类而言，可分"旷如""奥如"（《永州龙兴寺乐丘记》）、"观妙"（《永州龙兴寺西轩记》）、"大观"（《永州龙兴寺西轩记》）；就游观的方式而言，则为。心凝形释，与万化冥合”（《始得西山宴游记》）。

新乐府运动的倡导者白居易，在旅游心理学方面，也有贡献。在《白苹洲五亭记》中，他指出了“心存目想”“境心相遇”的审美视知觉通感现象。

白居易的诗友刘禹锡，则用辩证的方法分析美，提出“在此为美兮，在彼为蚩”的美的相对性。他还说：“由我而美者生于颐指”（《武陵北亭记》），从而强调了审美者的主观能动性。

另一方面，由盛唐王昌龄所提倡的意境论。到中唐刘禹锡、皎然和晚唐司空图等人的手中又得到充实、发展，并和风格论相贯通，从而为诗苑文坛创造出新的审美境界，这就是疏远功利目的一片美丽的天空。

与功利性疏远化的美学，在晚唐李商隐的诗文中得到了净化；他特别注重诗文的美和审美主体的美感，故其《樊南甲集序》云：“好对切事，声势物景，哀上浮壮，能感动人。”他还十分赞赏“以自然为祖，元气为根”（《容州经略使元结文集后序》）的美的本体论。至于在《梓州罢吟寄同舍》中所说的“楚雨含情皆有托”，则属于美的传达方式。

此外，在司空图的许多诗文中，往往超越功利的藩篱，成为审美的范式。因此，晚唐美学虽有宣扬功利的言论，但较多地表现为对于净美的执着追求。

唐代美学与唐代诗文理论，存在着密切的交叉关系’往往你中有我、我中有你，显示出互渗性、圆融性，因而既可目之为美学理论，又可目之为诗文理论。

但是，由于美学研究的是自然美、社会美、艺术美，而诗文理论研究的则是文学美，故前者涵盖的范围比后者要广阔得多。就唐代诗文理论本身而言，有的固然属于美学，有的则与美学无涉。所以，我们既要看到美学理论与诗文理论之间的联系，又要看到二者之间的区别。

三、唐代美学光轮辐射圈

唐代美学以文学美学为轴心，向外辐射、扩散、渗透、波及其他，影响深广。

就绘画美学而言，初唐裴孝源在《贞观公私画录》序中，提出了“心目相授”说和“贤愚美恶”“图之屋壁”说。王维在《题友人云母障子》中说：“自有山泉入，非因彩画来。”表明了绘画山水源于自然山水的观点。晚唐朱景玄在《唐朝名画录》序中说：“西子不能掩其妍”，“嫫母不能易其丑”。这就是揭示出人之美丑的客观自然性。

张璪在《画境》中提出了“外师造化，中得心源”说。张彦远在《历代名画记》中提出了“凝神遐想，妙悟自然，物我两忘，离形去智”说；又从谢赫的“气韵生动”说出发，阐述了形似与骨气的关系：“夫象物必在于形似，形似须全其骨气。骨气形似皆本于立意而归乎用笔。”这些都成为中国绘画美学的经典。

就音乐美学而言，《贞观政要·论礼乐》中，记述了唐太宗李世民对魏徵的谈话：“悲悦在于人心，非由乐也。”魏徵也说：“乐在人和，不由音调。”这就从主体接受方面强调了音乐审美的主观能动性。

但是，关于人心与音乐的关系，杜佑（杜甫的祖父）的看法，则较之李世民、魏徵显得全面而符合辩证法的观点。他在《改定乐章论》中说：“夫音生于人心，心惨则音哀，心舒则音和；然人心复因音之哀和亦感而舒惨，……是故哀乐喜怒敬爱六者，随物感动。”这里，既强调了心对音的决定作用，又强调了音对心的能动作用。

李百药在《笙赋》中，则从音乐本体论的观点出发，剖析了清浊二音的互渗美：“婉婉鸿惊，喈喈凤鸣。或方殊而亮响，乍孤啭而飞声。清则混之而不浊，浊则澄之而不清。实当无而应有，固虚受而徐盈。”这里，清音与浊音，在相融中又泾渭分明、各具风韵，实为美的至境。

必须特别提到的是崔令钦的《教坊记》。崔令钦，生卒年不详，唐开元时，官至著作佐郎。《教坊记》是颇有影响的音乐专著。其后记云："夫以廉洁之美、而道之者寡，骄淫之丑、而蹈（《全唐文》作"陷"）之者众，何哉？志意劣而嗜欲强也。"这里，将廉洁美与骄淫丑相对照，在美学上是个创造。作者认为，通向廉洁美的途径与举措是："敦谕，履仁，蹈义，修礼，任智，而信以成之。"这种提法，显然深受儒家思想影响。

随着审美心理研究的深入，移情说也就跟踪而至。从《乐府解题·水仙操》中，略可窥及中国古代音乐史上移情说的最早痕迹。

白居易、元稹对于音乐美学的贡献是多方面的。他们鼓吹儒家的音乐思想，重视音乐的教化功能，重视音乐与生活的联系。在《白氏长庆集》《元氏长庆集》中有许多诗文，都充分表述了他们各自的观点。特别是白居易的《琵琶行》，乃是一篇宣泄音乐情感、传达审美内心感受的杰作。

此外，就对具体音乐样式的分析而言，薛易简（生卒年不详，僖宗时人）的《琴诀》，是很著名的。他说："琴之为乐，可以观风教，可以摄心魂，可以辨喜怒，可以悦情思，可以静神虑，可以壮胆勇，可以绝尘俗，可以格鬼神。此琴之善者也。鼓琴之士，志静气正，则听者易分，心乱神浊，则听者难辨矣。"又曰："定神绝虑，情意专注，指不虚发，弦不误鸣"，则可臻于"清利美畅"之境。这里多角度地强调了琴乐的审美功能，尤其是突出了"静"的审美意义，并以"静"作为琴乐演奏的范式。

就书法美学而言，可谓名家如云，著作多多，新论迭出。如初唐欧阳询在《三十六法》中提出了"小大成形"的美；虞世南在《笔髓论》中提出了"绝虑凝神，心正气和，则契于妙"的美，在《书旨述》中强调"以神为精魄""以心为筋骨"。在《王羲之传论》中，则纵论诸家之短，独对王羲之之书，则赞之为"尽善尽美"。这就开创了有唐一代的尊王之风。

但唐代极负盛名的书法美学专著，乃是垂拱年间孙过庭的《书谱》。它赞颂了书体变易的风格美："虽篆、隶、草、章，工用多变，济成厥美，各有攸宜。篆尚婉而通，隶欲精而密，草贵流而畅，章务检而便。"此外，还论析了书法艺术相反相成的美："违而不犯，和而不同。"

张怀瓘为开元、天宝年间著名书法美学家，著述丰赡，见解精辟。其《书议》中“囊括万殊，裁成一相”的美学命题，最受赞颂。

窦蒙、窦臮兄弟，为天宝年间书家。窦臮作《述书赋》，窦蒙为之注释，有《〈述书赋〉语例字格》一文，列举了九十种文字风格美，共一百言，情调浓郁，言简意赅。千载以下，掬字格韵味之美，无有出其右者。

颜真卿为著名书法大师，在《述张长史笔法十二意》中，描述了“用笔如锥画沙”“透过纸背”的美。

陆羽在《释怀素与颜真卿论草书》中，提出了符合自然美的“坼壁路”“屋漏痕”的概念。

韩愈在《送高闲上人序》中，以草圣张旭为典范，强调“神完而守固”的重要性。

此外，如蔡希综、徐浩、李华、韦续等人，亦有书论传世。

总之，唐代书法美学，有的是精粹短论，有的是长篇巨制：或漫不经心，娓娓道来；或洋洋洒洒，高谈阔论；或滋味横溢，意在言外；或音韵铿锵，掷地有声。这些都是唐代文化宝库中熠熠生辉的珍品。

就建筑美学而言，其理论观点大都散见于诗文中。如张说《虚室赋》：“理涉虚趣，心阶静缘，室惟生白，人则思元。”这里突出了室尚虚静的哲理。李峤《宣州大云寺碑》：“穷壮丽于天巧，拟威神于帝室”；“眺八极之山川，临万家之井邑”；“赏心极目，遣累忘机”；“负荷深委，规模大壮。”这里表现了大云寺的壮美，且符合《易经·大壮》的精义；同时，还抒发了登高远眺、极目无际的豪情（美感）。李白《明堂赋》：“观夫明堂之宏壮也，则突兀曈昽，乍明乍蒙，象太古元气之结空。”这里也描绘了壮美的气概。王昌龄《灞桥赋》：“圣人以美利利天下”。这里把美利当成善举，表明灞桥利人之功。元结《茅阁记》：“因高引望，以抒远怀”；“遂作茅阁，荫其清阴”；并“咏歌以美之”。元结还把茅阁的功能说成“为苍生之庥荫”，从而显示出善与美的联系。至于段成式，则在《寺塔记》卷上、卷下中，保存了唐代寺塔建筑、绘画、诗词等丰富的美的资料；唐文中对于宫殿厅堂楼台亭阁等建筑的记述，也时时闪烁、滚动着美的珍珠。

就舞蹈美学而言，平列《舞赋》把乐与舞放在一起论析道：“乐者所以节宣其意，舞者所以激扬其气。不乐无以调风俗，不舞无以摅情志。……顿纤腰而起舞，低凤鬟于绮席，听鸾歌于促柱。烛若蓉蕖折波而涌出，婉若鸿鹄凌云而欲举。其为体也，似流风迴雪而相应；其为势也，似野鹤山鸡而对镜。总众丽以为资，集群眸而动咏。观其蹑影赴节，体若摧折，将欲来而不进，既似去而复辍。迴身若春林之动条，举袂若寒庭之流雪。乃其指顾彷徨，神气激昂。竦轻躯以鹤立，若将飞而未翔。作之者不知其所，观之者恍若有亡。”这里，以形象的语言，概括了舞蹈的审美功能，描绘了舞蹈的美学特征；人体美（纤腰起舞，体若摧折），流动美（流风迴雪），节奏美、旋律美（蹑影赴节），并从整体上进行审美把握（总众丽）；且从作者与观者两个方面，揭示出舞蹈美感的强度、力度、深度，均达到了忘我境界（不知其所，恍若有亡）。总之，我们可以从《舞赋》中悟出：舞蹈是人体的旋律。

此外，唐代文人还写了不少赋，如：谢偃《观舞赋》，阙名《开元字舞赋》，李绛《太清宫观紫极舞赋》，白行简《舞中成八卦赋》，沈亚之《柘枝舞赋》，陈嘏《霓裳羽衣曲赋》，等等，都从不同角度描绘出舞蹈艺术的美，揭示出舞蹈艺术的美学特征。

四、唐代美学的研究方法

第一，原汁原味与添油加醋。

唐代文学艺术作品浩如烟海，茫茫无边。唐代美学显隐在文学艺术作品的大海中，以无可名状的美的魅力引诱着历代读者。有时，它用滋味横溢的韵致感染着人；有时，它用含隐蓄秀的理趣征服着人。它是感性与理性的互渗，形象与概念的互渗，具体与抽象的互渗。

给广大的读者提供唐代美学，应该是原汁原味的，应该让历史的具体性、客观性、真实性栩栩如生地再现在人们眼前。唐人美学智慧就是唐人的。它具有唐人的独特的气质、个性，打上了唐人的烙印，因而有不可替代性。我们应该复活唐人的声音、笑貌，让唐人诉说自己的理论见解。这就要求我们从唐人的诗文中去挖掘、提取原汁原味的美学珍馐，来给读者品尝。这样，才能真正令人感受到唐代美学气象，聆听到唐人动情的美的歌声。

如果我们不从原汁原味出发，不归结为原汁原味；而是从主观臆测出发，把自己炮制的打上自己个性烙印的东西也附会成唐人的，把自己的情思寄植在唐人的身上并说成是唐人的，那么，就会失去美学的求真原则而有假冒伪劣之嫌。

当然，这并不意味着说，我们不可对唐人的美学思想发表自己的见解。恰恰相反，我们在品尝唐人原汁原味的美学珍馐时，是完全可以对它进行深入细致的分析的。问题在于，我们必须把唐人的美学智慧和我们自己对于唐人美学智慧的理解加以严格地区别。一个是唐人的，一个是我们的，因而当然有所不同。如果我们把自己的引申，特别是那些不属于唐人美学思想的添油加醋的成分，也当作原汁原味，而呈给读者，那必然有损于学术研究的科学性与严肃性；但是，如果我们将原汁原味与添油加醋严格地区分开来，不把添油加醋冒充、替代原汁原味，那么，这种添油加醋，还是允许存在的。不过，它必须有助于原汁原味的传达才行。倘若它冲淡了原汁原味，那么，这种添油加醋就宁可不要。这就要求我们必须十分重视文本的美学矿藏的挖掘、提炼。我在论析唐人美学思想时，也努力在这方面下工夫，力图从唐人美学文本出发，并在文本基础上提出自己的见解，以加深对文本的认知。

第二，自上而下与自下而上。

德国美学家费希纳（1834—1887），是实验美学的创始人，其代表性著作是《美学导论》（1876）。他认为，以谢林、黑格尔、康德为代表的德国古典主义美学，是“自上而下”的美学，其奉行的基本原则是从一般到特殊，是纯思辨的美学。它已远远落后于现实发展的需要，因而这就必须建立一种适合科学时代的美学，这便是一切从观察开始的实验美学。它从事实出发，遵循科学的求真原则，由大量的实验中进行实事求是的分析，然后逐步予以综合，上升、概括为共同的理论规律。这便是从特殊到一般的。自下而上”的美学。

费希纳的学说，对于我们研究唐代美学也有某种借鉴意义。唐代美学资料是十分丰富的，它或以独立的形态而出现，或以分散的形态而存在于诗山文海中，并富于具体感性的特征。我们对这些具体感性的特征，必须仔细地进行梳理：观察、分析，比较，研究，然后提升、概括为理论。这便是自下而上的研究方法的借用。当然，我们不可能机械地照搬费希纳的实验法；但从特殊到一般的原则却对我们有不可忽视的借鉴意义。

此外，我们还要看到，唐代美学除了富于具体可感的特征而适宜于运用自下而上的研究方法外；它还具有抽象的理性特征，因而也可根据实际情况运用自上而下的方法去进行研究。孔颖达、王勃的《周易》美学思想，陈子昂的天人相感观点，柳宗元的文以明道、其道美矣的思想，李商隐的自然为祖、元气为根观点，均富于理论的思辨性，是符合从一般到特殊的思维规律的。

唐代美学研究既可自上而下，又可自下而上。唐代美学本身，就其本体论的产生而言，也是既有自上而下、又有自下而上的，而两者往往结合在一起。如有无、方圆、一多、大小、白黷、巧拙、动静、清浊、心物、情理、文质、阴阳、刚柔等对举的范畴、本身就与民族文化传统精神具有千丝万缕的联系，含有高度的模糊性、包孕性、含蓄性和难以言传性，既可渗透在具体感性、生动形象的美的描述中，又可升华到抽象理性、综合概括的美学理论境界，因而它富于可上可下的灵活性、自由性、变易性。它凝练精粹，内容丰赡，以少胜多，读者品尝之、玩味之，可以起到举一反三的效果。

第三，美多于学与有美无学。

有人认为，中国古代虽然有美、但无美学。这种判断，有民族虚无主义之嫌。然而，我们也毋庸讳言，中国古代文化典籍中，美的珍珠可谓俯拾即是，但对无数美的珍珠用一根根理论红线，把它们有机地贯穿起来、成为科学的系列、并进行美学的剖析者，固然存在，但其数量，却不及美那样普遍、丰富。这就是说，美学的主要对象——美，多于美学理论本身。唐代也是如此。的确，在唐代诗文中，可谓触目皆美，但却非到处皆美学。这种美多于学的现象，绝不是唐代美学发育不全所致，而是中外文化发展史上的一条规律，因为现象总是比规律丰富的。美多于学，便是如此。

以西方德国美学而言，堪称名著多多，大师辈出；但其数量却远远不及美的东西丰富。问题在于，德国美学极富于理性的思辨精神，善于逻辑判断，因而把美学推向世界美学高峰，在现当代美学中具有广泛的影响，也是值得我们借鉴的。它有助于我们从理论的高度去透视、解析唐代美学，特别是从逻辑推理的美学高度去认识唐代美学的感性精神和悟性特色。当然，我们在运用拿来主义时，还要切合唐代美学实际，既不能拔高，又不能贬低，而是应该给予历史的具体的评价。

唐代美学极富于审美主体的情感的倾向性，无论是初、盛、中、晚，都贯穿着文人的忧患意识、爱国情思这条主线。这是唐代美学中最富于民族精神的主流，也是唐代美学中最有价值最值得骄傲、最可宝贵的部分。

［原载《安徽师范大学学报》（人文社会科学版）2001年第3期］

韩愈美学智慧五题

一、补苴罅漏　张皇幽眇　沉浸醲郁　含英咀华

韩愈，字退之，生于唐代宗李豫大历三年（768），卒于唐穆宗李恒长庆四年（824），享年五十七岁。他三岁时就成为孤儿而寄人篱下；但他志向高远，勤于儒学，终成大儒，名扬天下。他虽中进士而步入仕途，然性情耿介，不平则鸣，屡屡顶撞上司，故往往被贬谪发配，不能实现自己的政治抱负。但是，他在诗文领域中，却能纵情挥毫，抒发自己胸中的郁闷，提出独创的理论见解，故一直受到学人的推崇与拥戴。《旧唐书·韩愈传》："愈所为文，务反近体，抒意立言，自成一家新语。后学之士，取为师法。"此乃精要概括。

韩愈在《复志赋并序》中，以忧愤的笔调描述了自己怀才不遇，志不得伸、备受冷落的景况。他虽于唐德宗李适贞元八年（792）擢进士第，但久久不得仕，直至贞元十二年，才在汴州刺史董晋门下担任一个小小的观察推官，只干了一年，就因病辞职，退休在家。他心情抑郁，但未忘报国，只在读书中消遣世虑，"朝骋骛乎书林兮，夕翱翔乎艺苑"，便是他的自勉；"进既不能获其志愿兮，退将遁而穷居"，便是他的逆境；"情怊怅以自失兮，心无归之茫茫"，便是他的忧愁；"往者不可复兮，冀来今之可望"，便是他的希求。可见，他的骋骛书林、翱翔艺苑是有丰富的内涵的，

体现了作者对于未来美好境遇的向往。同时，也表明作者的读书是和致用紧密联系的。他不是一个书呆子，不是为读书而读书，而是为了实现自己的志愿，抒发自己的情思，从书中摄取营养，以不断完善自己，从而为实践自己的济人之志创造条件。可见，从读书中寻找乐趣，和书籍结成亲密的精神伴侣，乃是和韩愈对人生美的追求联系在一起的。

通过仕途实现自己美的追求是困难重重的。他虽奋力拼搏，但因屡屡触犯权贵和德宗皇帝而被贬谪。据《新唐书》本传：韩愈“操行坚正，鲠言无所忌。……既才高数黜，官又下迁，乃作《进学解》以自谕。”此文以师生对话的方式，运用反诘的方法，辨析了学业、事业、德行、品行的进步和成长的美，抒发了韩愈内心郁结的愤懑，表现了韩愈的情操、品格、理想。《新唐书》中曾全录此文，足见其重要地位。

“业精于勤荒于嬉，行成于思毁于随。”这是韩愈教诲弟子的名言，是全文的中心。所谓业，是指学业、事业；所谓行，是指德行、品行。这句名言颇富于对立统一的哲学美学意味。业与行，是各有侧重的，业偏重于经国，行偏重于修身。业与行又是统一于人的。精与荒，勤与嬉，成与毁，思与随，都是一对矛盾。它们都因人而异。人所应该孜孜以求的是“业精”“行成”的美的目的，而其达到的途径、手段则是“勤”与“思”。换言之，实现“业精”“行成”，必须通过“勤”与“思”的中介桥梁；舍去“勤”与“思”，就无法实现.“业精”“行成”的目的。

然而，“业精于勤”“行成于思”的贤者，不见得都能被社会所理解，不见得都能受到重用，韩愈就是如此。他托弟子之口，用反诘的语气说：“先生口不绝吟于六艺之文，手不停披于百家之编；记事者必提其要，纂言者必钩其玄……先生之业可谓勤矣。觝排异端，攘斥佛老，补苴罅漏，张皇幽眇……先生之于儒，可谓有劳矣。沉浸酞郁，含英咀华，作为文章，其书满家……先生之于文，可谓闳其中而肆其外矣。少始知学，勇于敢为；长通于方，左右具宜：先生之于为人，可谓成矣。”然而，却不见信于人，动辄得咎，屡遭贬谪，弄得“冬煖而儿号寒，年丰而妻啼饥；头童齿豁，竟死何裨。不知虑此，而反教人为？”这里，韩愈借弟子之口，以自嘲的方式，抨击了社会的不公，描述了自己不为世用的乖蹇命运。但是，透过字里行间，我们却看见了韩愈精益求精的儒学追求，所谓“补苴罅漏，张皇幽眇”，所谓“沉浸酞郁，含英咀华，”所谓“闳其中而肆其外”，便是在这种追求中所获得的审美体验与美学风格。对于儒学的精义，进行补充、阐发、探索、咀嚼、玩味，品鉴，并以闳大豪肆的风格表现之。这就越过了理性的阈限，而迈入审美范围。可见，韩愈的上述名言，不仅有理论的创造意义，而且有情感的抒发状态。它是在勤奋学习的基础上，经过思想熔炉的陶铸而形成的审美结晶。它是“爬罗剔抉，刮垢磨光”的产物。它对后代莘莘学子欣赏学习过程的美，提供了借鉴。

二、实之美恶　发不可掩　搜奇抉怪　雕镂文字

《毛诗序》曰：“情动于中而形于言”。韩愈为文，是十分重视内在真情实感和外在形式传达的。他主张谨慎地直面真实；对于现实中的美与丑，必须表现得淋漓尽致，不可隐瞒、掩盖。这样才可表里相符、辞能达意、实现文学美的价值。他在《答尉迟生书》中说：“夫所谓文者，必有诸其中，是故君子慎其实；实之美恶，其发也不可掩。本深而末茂，形大而声宏；行峻而言厉，心醇而气和；昭晰者无疑，优游者有余；体不备不可以为成人，辞不足不可以为成文。”这里，强调一个真字，便是“慎其实”；而真，不可能尽美，也不可能尽恶（指丑），它有美有丑，这便是“实之美恶”；不论是美也好、是丑也好，都应忠实地充分地予以揭示，这便要“发也不可掩”。如此充乎其内、发乎其外，则其本与末、形成声、行与言、心与气等，必能彼此呼应、相得益彰、完全一致；其文学的情姿、风韵、气势、品格的美，也必然能得到清晰、充分的显示。

但是，韩愈在表现美的形象时，为了务去陈言，为了刷新别人耳目，往往不热衷于以美写美，而喜爱追逐以丑为美、化丑为美。他主张语惊四座，独树一帜，彪炳千秋，垂范后世。他反对泛泛而谈、平淡无奇，提倡

危言耸听、怪怪奇奇。他在《荆潭唱和诗序》中，宣扬“搜奇抉怪，雕镂文字”，赞赏“铿锵发金石，幽眇感鬼神”。他在《贞曜先生墓志铭》中，赞美孟郊为诗“刿目鉥心，刃迎缕解，钩章棘句，掐擢胃肾，神施鬼设，间见层出。”

所谓“搜奇抉怪”，即选择新奇怪异的事物而表现之。如此，才能超凡脱俗、标新立异、出奇制胜、令人叹服。当然，这种奇怪之文，也是讲究传达技巧的，在形式上要求雕镂、铸炼，在语言上必须音韵铿锵、掷地有金石声，在造境上追求幽邃绵邈、精微玄妙，在审美效果上要惊天地而泣鬼神。

所谓“刿目鉥心”，所谓“掐擢胃肾”等，均为惊心动魄、耸人听闻的言辞，意思是说，要用令人耳目一新、出乎意料的、甚至恐怖的传达媒介，去表现所要表现的东西。如利刃割缕，干净爽快。其章句仿佛钩子勾连、荆棘密布一样，可谓硬语盘空，佶屈聱牙。其结构层次，忽显忽隐，变幻莫测，神出鬼没。

韩愈在《荐士》诗中推崇孟郊诗作“横空盘硬语”。韩愈的诗友皇甫湜称誉韩诗“凌纸怪发，鲸铿春丽，惊耀天下”[①]。高棅说：“昌黎博大而文，其诗横骜别驱，崭绝崛强，汪洋大肆而莫能止。”[②]司空图说：“韩吏部歌诗数百首，其驱驾气势，若掀雷挟电，撑抉于天地之间，物状奇怪，不得不鼓舞而徇其呼吸也。”（《题柳柳州集后》）这些评价，均准确地道出了韩愈崇奇尚怪的特性。韩愈往往以文入诗，在诗中掺杂一些文句，成为诗文结合的产儿，就是追求险怪诗风的表现。其《南山诗》，共用了五十一个“或”字，来形容南山的雄奇险怪；在同一首诗中，常有长短不同的句子存在，这就使诗散文化了。清代文艺理论家刘熙载在《艺概·诗概》中，摘韩诗“若使乘酣骋雄怪”（《酬卢云夫望秋作》）句，并以“雄怪”目之，且认为“昌黎诗往往以丑为美”。这都是中的之言。

怪怪奇奇在造型上是夸饰的、超常的、骇目的；因而在作用于审美主

---

① 转引自胡震亨：《唐音癸签》卷七。

② 转引自胡震亨：《唐音癸签》卷七。

体的心理时，往往令人产生惊异感、惊心动魄感。这便是由作为审美客体的丑对审美主体心理的刺激、诱导所造成的。但这种丑，是丑而美，丑而不丑，因之是以丑为美。韩愈诗文，经常如此。

为什么要采取怪怪奇奇、以丑为美的传达方式呢？

就孟郊来说，韩愈认为是“大玩于词而与世抹杀”（《贞曜先生墓志铭》），亦即醉心于玩味文学，以排遣世虑、摒弃名利的意思。

至于韩愈，则另有考虑。他虽赞美孟郊诗文，但并未“与世抹杀”，而且具有浓厚的入世思想。他想轰轰烈烈，干一番经国大业，以实现儒家的道德理想。因此，他所提倡的怪怪奇奇，是为了另辟蹊径，独立门庭，以引起世人注视，以利于广结天下文林俊杰，来共传济世之道。此外，他也是为了创造一个崭新的艺术美的境界。在《答刘正夫书》中，他所提出的“能自树立”说，就是追求独创之品的表现。他认为汉代能文的人很多，但写得好的人却很少，而司马相如、司马迁、刘向、扬雄却是当时文苑中最享盛名的巨擘。如果他们平平常常，“与世沉浮，不自树立”，那么就不可能撰写出垂范后世的杰作。可见，韩愈之所以追逐险怪，正是他自我树立的表现。

从当时文坛争鸣的形势看，贞元、元和年间，形成了以白居易、元稹、刘禹锡、张籍、王建为代表的通俗派诗人同以韩愈、孟郊、李贺、卢仝为代表的险怪派诗人的对峙。白居易在《寄唐生》中所呼的“不务文字奇”的口号，同韩愈热衷于怪怪奇奇的诗风，正形成鲜明的对照。韩愈的学生张籍居然也称颂通俗，附和元稹、白居易等人，这也使韩愈心中不悦。元稹扬杜抑李，更令韩愈愤怒。对于元、白所倡导的反映现实生活的新乐府运动，韩愈也是漠然视之的。这样，他所标举的怪怪奇奇与白居易的通俗、元稹的轻艳（元轻白俗），就成为迥然不同的两大潮流。韩愈《调张籍》云：“李杜文章在，光焰万丈长。不知群儿愚，那用故谤伤？蚍蜉撼大树，可笑不自量。”这里，虽未指名道姓，却批评了元白诗派中扬杜抑李倾向，故其针对性很强。白居易《与元九书》说杜诗“尽工尽善，又过于李”，元稹《唐故工部员外郎杜君墓志铭并序》说李诗“差肩于子美”。这显然是扬杜抑李的片面之词，韩愈对他们的批评是正确的。李杜并美说，实始于韩愈。韩愈在为恢复李白地位而作的努力的同时，也积极地颂扬李白的浪漫主义，并就势推销自己所创造的险怪风格：“我愿生两翅，捕逐出八荒。精诚忽交通，百怪入我肠。刺手拔鲸牙，举瓢酌天浆。腾身跨汗漫，不着织女襄。顾语地上友，经营无太忙。乞君飞霞珮，与我高颉颃。”（《调张籍》）这里，在标举险怪的同时，也含蓄地批评张籍，劝他不要跟从他人，而应跟着自己高飞。可见，韩愈标举险怪也是为了与对立的元轻白俗相抗衡，并在继承李、杜时超越李、杜，即创造出自己独特的风格美，以实现他卓然不群的志向与范垂后代的艺术追求，也就是推销他那与他人区别开来的艺术个性，创造出文学史上赫赫然的出类拔萃的“这一个”！

三、同其休　宣其和　感其心　成其文

韩愈《上巳日燕太学听弹琴诗序》云：“与众乐之之谓乐，乐而不失其正（一作节），又乐之尤也。”这句开头话只有十八个字，却用了四个乐字。这里强调的是大家乐，即“众乐”，也就是同乐。它绝不是胡乱的笑谑，而是乐归于正。这种正，含有严肃、雅正的意思。

韩愈是位尊孔、崇君、务实的人。他所说的乐当然是有针对性的。贞元四年，唐德宗下诏，令群官饮酒以乐，祝福天下太平，并“作歌诗以美之”。这便是韩愈说的“所以同其休、宣其和、感其心、成其文者也。”所谓休，是指美，又指休闲，又指休养生息，其内涵极为丰赡。所谓和，是指和顺、安和、中和。所谓心，主要是指情感心理因素中的快乐。所谓文，乃是指文字，包含文章、诗歌等。

韩愈时为四门博士，奉顶头上司武公之命作序，其颂扬之词，当然限于官场的圈子内。但他所提出来的审美心理快乐说，却是不容忽视的。他所说的“同其休”，用现代美学语言翻译，就是指共同美，即不同审美个

体（也是主体）对于同一审美对象的认同、共感。他描述了“有儒一生，魁然其形，抱琴而来，历阶以升”弹奏古琴的动人情景，听众有太学儒官三十六人。韩愈在总结审美效应时说：“优游夷愉，广厚高明，追三代之遗音，想舞雩之咏叹，及暮而退，皆充然若有得也。”这里，既表现了儒生高雅、古朴的琴声美，又表现了众儒对于同一琴声的共同美感。

关于审美的共同性和相异性问题，韩愈在《与崔群书》中说：“凤凰芝草，贤愚皆以为美瑞；青天白日，奴隶亦知其清明。譬之食物：至于遐方异味，则有嗜者有不嗜者；至于稻也、粱也、脍也、炙也，岂闻有不嗜者哉?”这里首先指出了共感“美瑞”的审美现象；其次以食物为例，去证明人的嗜好有同有异，从而进一步反衬审美的相同相异。

韩愈的关于共同美的观点，与孟子是一脉相承的。《孟子·告子上》：“口之于味也，有同耆焉；耳之于声也，有同听焉；目之于色也，有同美焉。至于心，独无所同然乎？心之所同然者何也？谓理也，义也。圣人先得我心之所同然耳。故理义之悦我心，犹刍豢之悦我口。”这里提出了同耆、同听、同美、同心的四同说，是颇有见地的。其同美说与韩愈的同休说有相通之处；其同心说特别强调儒家的理、义，道德观念极浓，而韩愈虽念念不忘儒教，但他所说的“感其心”主要还是审美意义的，是“同其休”的共感发展的必然。至于孟子和韩愈所说的同耆，则是指人的共同的生理快感；而不是人的心理上的美感。韩愈用共同快感来证明共同美感，是不对的。

快感是人的生理享受，美感是人的心理享受；快感是生物性的，美感是社会性的：二者不可混淆。古希腊美学家柏拉图（公元前427—公元前347）通过苏格拉底之口说：“我们如果说味和香不仅愉快，而且美，人人都会拿我们做笑柄。”[①]法国美学家狄德罗（1713—1784）：在《美之根源及性质的哲学的研究》一文中也说：“味觉和嗅觉的性质……虽然也能唤醒我们心中关系的观念，人们却并不将这些性质所依存的对象本身称为美

① 柏拉图：《柏拉图文艺对话集》，朱先潜译，人民文学出版社1957年版，第186页。

的对象，因为人们只能把它们和那些性质联系起来考虑。人们说一碟精致的菜肴、一种芬馨的气味，却不说一碟美的菜肴、一种美的气味。所以当人们说这一条比目鱼美，这一朵玫瑰花美时，是考虑玫瑰花和比目鱼的其他性质，而不是有关味觉、嗅觉感官的性质。”[①]可见，由食物刺激人的生理感官所引发的食欲而导致的乃是快感。韩愈所说的人们对于稻、粱、脍、炙的共同嗜好，也是一种快感，以此作为共同美的佐证，显然是不科学的。

四、机应于心　神完守固　有动于心　发于草书

韩愈的《送高闲上人序》，是一篇见地独到的书法美学论文，其核心思想是心神论。

序文认为：“苟可以寓其巧智，使机应于心，不挫于气，则神完而守固，虽外物至，不胶于心。”所谓机，概念极其复杂，有天机、神机、时机、契机、机运、机缘、机遇等。它是天地人文之道运作的外化状态，富于玄妙性、奥秘性、感悟性。机妙应照于心，顺其清浊、阴阳、刚柔之气，而运行之，周流之，畅达之，则全神凝注、潜心固守、专一致志、不受外物所扰矣。即使外物纷至沓来，则胸中自有丘壑，情有独钟，而弗为外物所困惑也。近代古文名家桐城马其昶（1855—1930）《韩昌黎文集校注》载：“姚鼐曰：‘机应于心，故物不胶于心，不挫于气，故神完守固。’韩公此言，本自所得于文事者，然以之论道，亦然。牢笼万物之态，而物皆为我用者，技之精也；曲应万事之情，而事循其天者，道之至也；也离去事物，而后静其心，是公所斥‘解外胶’‘泊然’‘澹然’者也。”[②]如庖丁解牛、师旷治音声等，就是机应于心，神完守固的表现。它是静乎心、体乎道、神乎技的范式。

所谓心神，并不是虚幻空洞的，而是基于特定的生理机制、心理机制

① 狄德罗：《美之根源及性质的哲学的研究》，《文艺理论译丛》1958年第1期。

② 马其昶：《韩昌黎文集校注》，上海古籍出版社1986年版，第270页。

之上的。人为万物之灵，心神只属于人。人，不仅具有第一信号系统（生理的），而且具有第二信号系统（人文的，心理的，通过语言、思维而表现），故人区别于没有第二信号系统的动物。由于人能思维，并用语言作为交际工具，故人富于情感。且有理智。情感与理智，乃是心神的突出表现。韩愈不仅从理智上论述了机应于心、神完守固的美，而且从情感上描述了有动于心、发于草书的美。这就把心神论提到一个新的高度。他说：

> 往时张旭善草书，不治他伎，喜怒窘穷，忧悲愉佚，怨恨思慕，酣醉无聊不平，有动于心，必于草书焉发之。观于物，见山水崖谷，鸟兽虫鱼，草木之花实，日月列星，风雨水火，雷霆霹雳，歌舞战斗，天地事物之变，可喜可愕，一寓于书：故旭之书，变动犹鬼神，不可端倪。以此终其身，而名后世。

这段话的涵义非常丰富，有好几个层次，每层的意思都是次第递进、逐层深入的。第一，说明了张旭从艺的专一性。第二，描述了张旭情感的丰富性。第三，说出了张旭的醉态及不平则鸣的状态。第四，集中地概括了张旭有动于心，发于草书的美学观点。第五，从观物取象的艺术实践过程中，刻画了张旭善于观照自然、社会的变易，并撷取之而转化为草书美的生动情景。第六，道出了张旭草书艺术出神入化的美妙境界。以上都是渊乎心神并以心神为主宰的。

杜甫在《观公孙大娘弟子舞剑器行并序》中说："昔者吴（今苏州）人张旭善草书，书帖数，尝于邺县（今河南临漳县西）见公孙大娘舞西河剑器，自此草书长进，豪荡感激。即公孙可知矣。"这是张旭用心神观察歌舞，一寓于书的结果。若未用心神，就不可能臻此妙境。

韩愈以张旭之有动于心为例，与高闲上人之无动于心作了鲜明的对比："今闲之于草书，有旭之心哉？不得其心，而逐其迹，未见其能旭也。"由于高闲上人草书之时未用心神，故只是达到形似其迹的水平，而未臻于张旭那样的神似境界。这是什么道理呢？韩愈指出："今闲师浮屠氏，一死生，解外胶，是其为心，必泊然无所起；其于世，必淡然无所嗜：泊与淡相遭，颓堕委靡，溃败不可收拾，则其于书得无象之然乎？”对此，马其昶解释道：“若浮屠之法，内黜聪明，既无可寓其巧知；外绝事物，又莫触发其机趣；盖彼惧外忧之足为累也，乃一切绝之，而何有于书乎？”①高闲是佛家，把生与死看成是一个东西，要解脱外界一切事物的纠缠，心中只存一片虚空，所谓一心只信佛，万事不关心是也。韩愈用淡泊二字来形容佛家的心态。在韩愈心目中，淡泊是“颓堕委靡”的同义语。心如古井，心如死灰，怎能写出具有活泼泼的生命力的字儿来呢？可见，韩愈对高闲上人的草书是否定的。苏东坡《送参寥诗》云：“退之论草书，万事未尝屏。忧愁不平气，一寓笔所骋。颇怪浮屠人，视身如丘井。颓然寄淡泊，谁与发豪猛。”这是以诗来阐释韩愈上述文意的。

韩愈对高闲上人的草书艺术评价是否公允呢？是否切中肯綮呢？

韩愈以张旭草书为例，说明其重视心神、重视观察，这是对的；并将张旭与高闲作对比，指出高闲“不得其心，而逐其迹”，故不及张旭，这也是对的。但是，韩愈把这一个别例子扩展、运用，泛指佛家，并归结为淡泊，这是缺乏分析的。佛家主张空无、出世，追求宁静、淡泊，但并未弃世、绝世，而是普度众生、到达善的彼岸、佛的境界，这便是出世。而出世是不弃世、绝世的；如果弃世、绝世，那怎能够普度众生呢？普度众生是为了出世而升华到涅槃境界，也就是佛的境界。淡泊并非对于善和普度众生而言，而是对于妨碍善和普度众生而言；凡是不利于善的事，凡是不利于普度众生的事，都不能做，都要忘记，这就是淡泊。不为名，不为利，这也是淡泊，但与心如古井、心如死灰却是两码事。不为形役，毋为物役，也是一种淡泊；但和两耳不闻窗外事却也是两码事。作为美学意义上的淡泊，是指心灵的纯洁、虚静、空灵。它已超越了佛教的信仰的限阈，而成为一种审美范畴了。老子《道德经》二十章：“我独泊兮其未兆”，“澹兮其若海”，就描绘了泊澹之境。可见，淡泊乃是一种人格精神、

① 马其昶：《韩昌黎文集校注》，上海古籍出版社1986年版，第271页。

美学精神，也为道家所拥有。不过，道家追求的淡泊，与无为相通，与致虚极、守静笃相通，与自然之道相通罢了。

高闲上人未在心神上下工夫，书法不及张旭，并非淡泊的过错，而是淡泊得不够，没有吃透淡泊的精神，没有足够的淡泊的韵味。如果臻于淡泊的极境，恐怕高闲就会风格标举、自成一家，而不会被韩愈怀疑为只是懂得幻术之类的人物了。

淡泊并非无动于心，而是有动于心的。不过它追求的乃是平淡安详、深邃悠远的和谐美。中国传统文化中的淡泊明志、宁静致远说，难道不是“有动于心”的体现吗?

唐代大诗人王维，晚年信佛，其山水诗以冲淡、空灵、静寂、幽深著称于世，是淡泊的极致，然而也是他观照辋川山水风景、体察人物心情的艺术结晶。

唐代大书法家怀素，系长沙僧人，自称得草圣书法艺术真谛；其草书艺术高标独举，炳耀千秋。这岂非“有动于心”使然?

可见，韩愈将高闲草书之“不得其心，而逐其迹”与佛门的淡泊相联系，并毁之曰“颓堕委靡，溃败不可收拾，”这在逻辑上是说不通的。这不能说与韩愈的反佛情绪无关。

其实，韩愈对于淡泊之士、淡泊之心并非都是排斥的。他在《送李愿归盘谷序》中对于他的好友李愿归隐山林、与世无争、傲啸终日的淡泊情愫，就是颂扬备至的。李愿乐于“穷居而野处，升高而望远，坐茂树以终日，濯清泉以自洁。采于山，美可茹；钓于水，鲜可食；起居无时，惟适之安。”韩愈赞之为“盘之土，可以稼。盘之泉，可濯可沿。盘之阻，谁争子所。窈而深，廓有其容。缭而曲，如往而复。嗟盘之乐兮，乐且无殃，……从子于盘兮，终吾生以徜徉。”这里，虽然未提淡泊一词，却含有淡泊的品味。当然，韩愈在此并未与书法艺术相联系，也未与佛家淡泊相联系，但我们却可窥及韩愈精神世界中还保留着淡泊的一席之地。

五、育人之乐　育才之美

韩愈非常重视美育。他在《上宰相书》中，引用了《诗经·小雅·菁菁者莪》的诗序："菁菁者莪，乐育才也。君子能长育人才，则天下喜乐之矣。"又引用了原诗中的重要章句，并加以美的阐释。如诠解"菁菁者莪，在彼中阿；既见君子，乐且有仪"时说："菁菁者，盛也；莪，微草也；阿，大陵也。言君子之长育人才，若大陵之长育微草，能使之菁菁然盛也。'既见君子，乐且有仪'云者，天下美之之辞也。"在诠解"泛泛杨舟，载沉载浮；既见君子，我心则休"时说："载，载也；沉浮者，物也。言君子之于人才，无所不取，若舟之于物，浮沉皆载之云尔。'既见君子，我心则休'者，言若此则天下之心美之也。"为了加强其论述，他还引用了孟子的话"乐得天下之英才而教育之"，作为法则。

韩愈从诗序的理论高度出发，透视出以"喜乐"为特征的，以"育才"为内涵的审美愉悦性；并从序到诗、由理论到作品，描述了育才之美。这是饶有兴味的美育理论，也是形象生动的诗歌美学。其中的"乐育才""长育人才""天下美之""天下之心美之""教育之"等，都是论述育才之美的关键词。

但是，韩愈是将育才的重任寄托在王侯将相身上的，所以，他说："孰能长育天下之人才，将非吾君与吾相乎？孰能教育天下之英才'将非吾君与吾相乎？"正由于如此，他颇愿君相能发现和起用他，"长育之使成才"，"教育之使成才"，其目的是"推己之所余以济其不足"。

他希望能做到上下一致，齐心协力，唯才是举，长育人才，不拘一格："然则上之于求人，下之于求位，交相求而一其致焉耳。"要做到"可举而举""可进而进"。

在《后廿九日复上书》中，韩愈迫切陈词，诘询宰相："天下之贤才岂尽举用？奸邪谗佞欺负之徒岂尽除去？四海岂尽无虞？……"以此来反证举才、育才的重要性。并运用周公为相对“方一食三吐其哺’方一沐三捉其发”的典故，来说明礼贤下士、求贤若渴的育才之道。韩愈声明，他之所以如此强调育才之道，是由于怀着一颗“忧天下之心”。

［原载《安徽师范大学学报》（人文社会科学版）2003年第4期］

妙在含糊

——说贾岛《寻隐者不遇》

唐代诗人贾岛《寻隐者不遇》诗云：

松下问童子，言师采药去。
只在此山中，云深不知处。

这首五言绝句，用一问一答的方法，以简洁的笔触，勾勒出一幅幽静深远、烟霭杳渺的水墨图。它没有红绿渲染，没有任何雕琢，而是信笔所之，不着痕迹，平平淡淡，脱口而出。

整个画面只用二十个字结构而成，却写了三个人：寻者（贾岛），童子（弟子），隐者（师）。在画面上直接显现出来的是贾岛、童子，没有露面的是隐者。但通过贾岛与童子的一问一答，隐者的气质、身份、活动却显隐在字里行间。隐者以青松、云山、童子做伴，从事采药劳动，而不是无所事事、闲得发愁，其品格之高雅，可以想见。除了诗题上提到“隐者”外，诗中没有一个字提到“隐”字，但却都与隐者有关，且与诗题相互呼应。在这里，诗题成为画面的生动概括，而不是画面的游离部分。

画面的背景，也是非常辽阔的。画面上的松，是挺拔的苍松，松下有贾岛、童子问答，可见不可能是小松。“此山”也不是小山，而是大山。何以见得？一般的小山，都在云的下面，山与云的距离比较远；即使有云，也飘忽即逝。且山小必少深谷，故不能藏云。而隐者所在的“此山”，由于云深，故知为高山，且多深谷，高山与云的距离近，故云深；深谷之云，不会轻易被风吹散，停留时间长，形态较稳定，故云深。正由于山高云深；幅员广阔，人迹难寻，故不知处。隐者何时得归呢？诗中没有告诉我们，也没有任何暗示。拜访隐者的人心情怎样呢？是等待呢，还是离开呢？诗中没有回答。它留下的是一片茫茫、难以捉摸的云。白云深处，人迹飘忽，未遇隐者，心儿却飞向了隐者。这首诗，是包含着多么丰富的内容啊！是蕴蓄着何等浓厚的深情啊！

诗中深邃的意境，是难以言说的。诗人寥寥数笔，即尽传精神。我们要深刻地领会它，把它的美完全挖掘出来，却很难。我们只觉得它美，又难以说出。其中一个重要原因，就是因为它词约意丰，余味无穷。元代诗论家范德机在《木天禁语》中说："辞简意味长，言语不可明白说尽，含糊则有余味。"贾岛的《寻隐者不遇》诗，就是如此，所以才成为千古传诵的绝唱。

这首诗前中心人物是隐者，却隐在画面的背后，但又活跃在画境的深处。他出没在高山云雾中，成为贾岛仰慕、探访的对象，成为童子追忆的对象。他所处的环境是深邃莫测的。傲然屹立的苍松，映衬出他的高洁；巍巍山峦，烘托出他的崇高；寻访者的探问，显现出他的道德。在诗人笔下，"寻"与"不遇"，都是淡淡入之，也是淡淡出之的。它没有情绪的大起大伏，没有渴望与失望的强烈震荡，而是自自然然、漫不经心的。因而不仅显示出隐者的闲适高雅，也衬托出寻者贾岛的悠远恬淡的心境。这和他一度为僧时所追求的高古超脱的美学理想，当然是合拍的。总之，这首诗的成功之处就在于言简意深、含糊其辞。

如果不是含糊其辞，而是一问一答，清清楚楚，或隐者不隐，款待贾岛，与贾岛促膝谈心，那么，还有什么味道呢？过去，也有许多人写了不少寻访隐士之类的诗篇，但往往脱离不了老套子。有的写置酒畅饮，常话别情；有的写拜访未遇，心情惆怅，慨然系之。新鲜货色不多，给人印象不深。为什么呢?因为不含糊。

常人阅读寻隐诗以前，有个前预测心理状态。总以为：拜访隐者，不是高高兴兴地相遇，就是未遇后的怅怅而返。带着这种预测心理去阅读那些符合这种预测心理的诗篇，就不会产生新鲜感，因而也不会激起多大美感。可是，贾岛的这首诗，却别出心裁，既不写寻隐者之时的渴望心情，又不写未遇时的失望心情，而是闪烁其词，余味曲包，设置一个迷迷蒙蒙的境界，利用你寻隐的愿望，引诱你骋目远游，到茫茫云海中去探求。从字面上看，的确没有见到隐者的形象；从字外看，又仿佛见到了隐者的踪影（采药，在高山云雾中漫游）。这种似见未见、若即若离、恍恍惚惚的境界，就是一种模糊境界。它不仅吸引着贾岛，而且也吸引着读者和贾岛一道去漫游。你猜测着，探索着，力图从游移不定的模糊形态中找到一个确定的形态，并把它紧紧地捉住。但当你企图确定时，它的模糊性便立刻迷漫到你的视网膜上。你明明知道寻找确定性是劳而无功的，但你的观照心理却处于积极主动的状态中，力图从模糊中找出不模糊的形态。你的脑电波生物场不断扩大，脑电波一圈又一圈，圈圈相加，不断向作品形象投射。结果，由于形象本身的模糊美所起的制约作用，你的脑电波反而一圈又一圈地消失在模糊的境界中。然而，你却从中获得了只可意会、不可言传的美感。

［原载《文史知识》1991年第7期］

徽派建筑木雕上的唐诗美

徽州人文化艺术品味高雅，在徽派建筑术雕中，往往以诗入画，以画显诗，并通过刻画而突现出来。这是诗、画、木雕三者的结合。人们赞美唐代大诗人、大画家王维的诗画：诗中有画，画中有诗。徽派建筑木雕，则吸取了画中有诗的特点，并突破画的局限，把画的二度空间（长度，阔度）转化为三度空间（长度、阔度、高度），从而更加立体地凸显出徽派建筑木雕的空间美。

尤其要说明的是，徽州人特别爱读唐诗，并把唐诗刻画在建筑木雕中，朝夕吟诵，细细咀嚼，以扩大视野，提高自己的精神境界，丰富日常的文化生活，美化建筑的高雅造型。如黟县、歙县、绩溪、婺源等地的不少徽派建筑木雕，便是如此。

徽州比邻的泾县厚岸张宅，有一组木雕，刻画了唐代著名诗人李白、王维、岑参、张继、杜牧等人的一些杰作，并在画面边角处刻上诗中点睛之笔。现举例如下：

"马上相逢无纸笔"木雕，取自岑参《逢入京使》诗意。原诗为：

故园东望路漫漫，
双袖龙钟泪不干。
马上相逢无纸笔，
凭君传语报平安。

天宝八年（749），岑参被任为安西节度使府掌书记。此诗表现了诗人赴任途中悲壮的情怀。诗人远离家园，亲往塞外，为国戍边；但思乡之情随着遥远的路程愈牵愈长，不禁悲从中来，泪水夺眶而出。途中与“入京使”在马上巧遇，想请他捎封家书，可惜戎马倥偬，行色匆匆，没有纸笔，只有请他带个口信，报个平安，作为凭借了。

全诗诗眼为“马上相逢无纸笔”句。这本是很通俗的句子，如果孤零零地看，并没有什么奇崛之处。但是，诗人却把它放在那个特定的时间与空间交叉点上，那个唐代彼时彼地的大漠深处，那个心境悲凉的顷刻，那个幸逢使者的时机。于是，这个不起眼的句子，突然冒出了耀眼的火花，勾起了诗人无限的乡思与亲情，引发了他人深切的同情与感喟。这真是看似平常实奇崛，成为容易却艰辛了。徽派建筑雕刻，正是紧紧把握住这句诗的精髓而加以发挥的。

从木雕画面中，可以看出，骑在马上的诗人，正值风华正茂之年。当时，诗人写这首诗时，也不过二十四岁左右，因而木雕的刻画，是符合实际的。雕刻的马，正在行进途中，但右腿遇到障碍，故作弯曲行状。至于那位到长安去的使者，只是立于岑参马前。他俩作揖，互相致敬。使者没有骑马，他身后只有个挑着担子的随从。如此处理画面，可谓独具匠心。因为如果再添使者骑马形象，画面就显得过实过满，而缺少空间感和灵动感。特别是作为三度空间的木雕，不可能像绘画艺术那样在平面上较自由地表现较多的人物、事物、景物，因而在刻画时极其讲究简练。徽派木雕艺术家正是抓住了这一特点，所以才没有采取有些绘画在描绘这句诗意时所采用的画上两匹马、一人骑一马的做法。关于这一点，我们不妨参考一下上海古籍出版社出版的《唐诗三百首》图文本《逢入京使》篇中的插图，上面画了两个人骑着两匹马，画面虚空灵动、极目无际，有较大的表现空间，其物质媒介与传达手段，均体现出绘画艺术的特点。

泾县厚岸张宅“马上相逢无纸笔”木雕，并没有着重表现塞外荒漠苍凉的景象，而是屋舍俨然，树木繁茂。如此处理，倒符合徽州人的审美习惯。特别是把重点放在“报平安”上，正是徽商所期待和渴望的。这就在更深层次上渗透了徽州人的审美情感，揭示了他们的内心世界。由此可见，这幅木雕不仅表现了《逢入京使》的具体情景，而且打上了徽派的印记。

泾县厚岸张宅木雕“劝君更尽一杯酒”，撷取王维《送元二使安西》诗意。此诗又名《渭城曲》《阳关曲》。兹录如下：

渭城朝雨浥轻尘，
客舍青青柳色新。
劝君更进一杯酒，
西出阳关无故人。

此诗情真意切，清淡净爽，离别之思，尽在酒中。这不是平常的酒，不是凡夫俗子的酒，不是酒肉朋友的酒；而是挚友之酒，故人之酒，文人雅士之酒。这一杯酒，蕴涵着一个情字，表现了一个别字。徽派建筑木雕，刻画“劝君更进一杯酒”，以带动全局，真起到了画龙点睛的作用。南朝文学家江淹《别赋》云：“黯然销魂者，惟别而已矣。”无论是王维的这首诗也好，还是刻画这首诗意的徽雕也好，堪称得其三昧。

泾县厚岸张宅木雕“姑苏城外寒山寺”，取自唐代诗人张继《枫桥夜泊》诗句。原诗云：

月落乌啼霜满天。
江枫渔火对愁眠。
姑苏城外寒山寺，
夜半钟声到客船。

“月落乌啼”，已给人带来不欢，加之秋“霜满天”，更增添了惆怅的思绪。字面看来，用“江枫渔火”，面“对愁眠”；其实，个中却隐藏着诗人自己。谁忧愁呢？诗人也！诗人只是把愁字寄托在渔火中而已。这个愁字，是前面所写的惆怅心情的继续和加深。诗人夜泊枫桥，江上渔火点点，面对忧愁而眠，能不黯然神伤乎？可见“对愁眠”三个字，实在是全诗的关节点。正当“对愁眠”之时，寒山寺的钟声，漫漫悠悠，半夜时分，飘到客船上面。此情此景，更增添了几分忧思愁绪。

徽雕在刻画《枫桥夜泊》时，从“姑苏城外寒山寺”切入，是什么道理呢？我认为，这句诗有明显的标志性。选用它作为题目，便于徽雕界定画面空间方位。从此出发，可以上连下挂，承上启下。这句是客观地描述寒山寺的方位，是刻画空间处所，以便与下句所刻画的夜半时间相勾连，并启示人们自然而然地联想到寒夜钟声所带来的悲凉气氛。同时，这句景物刻画还可启示人们联想到上句人物刻画，把两者结合点都落在“姑苏城外寒山寺”上。这样处理，是符合徽派建筑雕刻的创造规律的。因为它由于艺术表现媒介和打造手段的局限，不可能像唐诗艺术那样可以在语言创造的意境时空自由出入。它只有选择最具有生发力的顷刻打造形象，选择最能使人产生上下勾连、联想的顷刻打造形象；而“姑苏城外寒山寺”，恰恰具有这种功能，恰恰具有这种举一反三的作用。

泾县厚岸张宅木雕“黄鹤楼中吹玉笛”，撷取了李白《与史郎中钦听黄鹤楼上吹笛》诗句。原诗如下：

一为迁客去长沙，
西望长安不见家。
黄鹤楼中吹玉笛，
江城五月落梅花。

徽雕从诗意出发，进行再创造，刻画了四个人物。一个人物（吹玉笛者）安排在左上角，站在黄鹤楼上层，面对长江，作吹笛状。笛孔贴唇，清晰可辨。楼为二层，外绕护栏。栏上雕花朵朵，楼层檐瓦片片。旁有大树，高与楼平。右上角为江城，城墙墙垛，历历在目；城上小楼，半藏半露。墙外梅树，亭亭玉立，欲与城墙试比高。梅花簇簇，相互争妍，齐为江城装点。从构图上看，从左下角到右上角，画一道对角线；黄鹤楼（包含楼上吹玉笛者）、大树和江城大部等，是大体处于左上位置的。就比例而言，约占去整个画面的一半，好像一个大三角形状。

此外，还有一样，处于右下位置，也像一个大三角形状。其中，一条船上有三个人物。船头一人用力拨桨划船，一人站在船尾使劲扯绳扬帆。至于船舱内，却端坐着一人，他的面部并没有对着黄鹤楼，也没有对着吹玉笛者。只见他竖着耳朵在静听，原来此人正是诗人李白，他在聆听玉笛的鸣奏声。这里，徽雕艺术家特别强调听觉审美，完全掬出原诗诗题中的“听”字精髓，并和诗中的“吹”字彼此呼应。一个站在楼上吹，一个坐在舱内听。吹玉笛者在左上方高处，李白在右下方低处。在吹与听之间，不期然而然地形成了一种审美关系。玉笛的声音肯定很动听，否则，李白就不可能听得那样入神。可见，玉笛美声居然遇到了这样的知音，实在难得！诗人在审美之余还用诗表达，使这种玉笛美妙之音传诵了一千多年，而且一直要传诵下去。徽雕以本身独特的方式在承传这种美，也是功不可没的。

徽雕在表现李白聆听玉笛之音时，为什么不使他面对玉笛者呢？因为那样做，就会把刻画重点转移到观上来，就是观照黄鹤楼、观照吹玉笛者，就是以观代听了。这就会分散听的注意力，就必然违背了原诗诗题中“听”的题旨。可见，徽雕是多么善于把握此诗的精髓！

只要能把握诗之要义，其不利于徽雕刻画的东西，则巧妙地避开，不拘泥于条条框框，不拘泥于个别的事实。如原诗中有“江城五月落梅花”句，如果在徽雕中把梅花刻得七零八落，那倒反损害了画面形象，而且还占据了有限的空间。同时，也削弱了原诗的感染力。徽雕上所刻画的梅花，可谓生机蓬勃，精神抖擞，而不是一片凋零。至于梅树枝干的刻画。则采取了夸张手法，刻得与江城差不多高。有些枝干上的梅花，也处于很高位置。这种构图，乃是从视觉审美的效果出发的，也是从张扬梅花的精神着眼的。从透视的角度看，梅树、梅花的方位应处于右下大三角内，但画面上的梅树枝干、梅花，却紧挨江城，并超越自身所处的方位空间，伸展到对方大三角内。从地理上看，它应处于黄鹤楼对岸，同黄鹤楼隔着一条长江；但就画面直观，它仿佛和黄鹤楼处于同一方向，都在同一江边。为什么会出现这种错觉呢？因为徽雕艺术家是在同一平面上去运作刻刀的，他要在木质平面上打造许多层次。这就不可避免地会出现某一层次与另一层次的重叠、参差、交叉。根生江左之树，居然把它的一些枝干和花朵上窜到对岸的江城之外，这种神乎其技、神来之笔，虽令审美者产生错觉，但却是合乎审美心理的，也是符合徽雕艺术规律的。

整个木雕画面，有情有景，情景交融。人物或立或坐，或半撑半蹲，关系密切，姿态各异。其美的意境，仿佛可视、可听、可触。尤其是舟下翻卷的波涛，滚滚向前，与玉笛声相互唱和，更显示出一种难以言说的美。

泾县厚岸张宅木雕“卧看牵牛织女星”，撷自晚唐诗人杜牧《秋夕》名句。原诗如下：

银烛秋光冷画屏，
轻罗小扇扑流萤。
天阶夜色凉如水，
卧看牵牛织女星。

这是一首七言绝句，被清代乾隆年间文人蘅塘退士孙洙选入《唐诗三百首》中，足见其艺术价值。第一句为景物描写，是对“银烛”“秋光”“画屏”的静态描写。第二句为人物描写，诗人并未直接表明是男是女，但从“轻罗小扇”中却暗示出执扇者乃是一位妙龄女子。她那“扑流萤”的姿态，诗人没有描绘，但给人的启发性的想象是：她步履轻盈，婀娜多姿，是多么活泼天真啊！诗人用个“扑”字，她那迷人的动态，就活脱脱地凸显在人们眼前。这句以写人为主的动态描写，同前面写景物的静态描写，是个鲜明的对照。

第三句也是对景物的静态描写。“天阶夜色凉如水”，同“银烛秋光冷画屏”相比，是天上与人间两个境界。一个是想象的、浪漫的，一个是写真的、现实的。在诗人笔下，两者相互照应，相得益彰，并通过这位女子的活动把天上与人间联系起来。地上的秋光和画屏是冷的，天上的夜色是凉的。这一冷一凉，何其相似！

第四句着重于人物的动态描写。“卧看牵牛织女星”，这里用“卧看”一词，就把这位女子的姿态表现得栩栩如生，特别是她那明澈的目光，射向天河、天阶，遥看牵牛、织女两颗星被天河分开，不禁情思摇漾，浮想联翩。这一句是全诗的关目，却被徽派建筑雕刻艺术家紧紧抓住，作为木雕的一个主题。这真是抓得准，抓得好！因为这句诗含蓄隽永，韵味深长，具有极大的包孕性、丰富性，可以给人以许许多多美丽的遐想，可以赋予人以真挚的爱情的憧憬。但是，诗中并没有点破这一切，却吸引你去探索这一切。这便是个中美的魅力在暗暗地悄悄地诱惑你的缘故。徽雕艺术家以此句为关键，可谓独具慧眼！

全诗清凉明净，柔和婉约，境界幽邃，想象丰富。这在一些徽雕中均有某种生动的表现。当然，这种生动的表现，只是就特定程度、角度而。它毕竟是艺术上的再造，再造虽然也可传达原诗的某种神韵，也是某种意义上的创造，但毕竟不是原诗，故不可等同。

泾县厚岸张宅木雕“借问酒家何处有”，系采取唐代杜牧《清明》诗句。原诗为：

清明时节雨纷纷，
路上行人欲断魂。
借问酒家何处有？
牧童遥指杏花村。

这首诗，是杜牧任池州（今属安徽）刺史时所作。杏花村，就在池州郊外。首句写景，描绘了时间、季节、雨天。在这总的背景下，着重写人。“行人”，是泛指，又是特指。春寒料峭，霪雨霏霏，行人何堪？能不欲断魂乎？这就流露出极度怅惘之情。正在郁闷之时，幸遇牧童，询问酒家何处，牧童遥指前方。这里的杏花村，是否出现了呢？诗人采取虚实结合的手法，遥指目的地是杏花村，这是实写。杏花村似乎出现，又似乎没有出现，这是虚写。徽雕抓住了“借问酒家何处有”句，便抓住了诗中主要人物。有问必有答，牧童的回应，便自然而然地表现出来。行人问话，当然要以语言表达。牧童“遥指”，是否通过语言，还是仅仅通过手势，还是二者皆有？我看，不必执着地去理解，应该总体地进行观照，掬出牧童朴素天真的状态。徽雕在刻画《清明》时，能注意大处着眼，选择重点，突出具有启发性的场景，精雕细刻，着力渲染，以期收到举一隅而三隅反的功效。

杜牧的诗，英俊豪纵，拗峭不群，轻倩秀艳，飒爽流利。其《清明》诗，以飒爽流利、明白晓畅为特色。如此特色，在徽雕中，如果没有出色的艺术技巧，是无法表现的；但泾县厚岸张宅木雕，却能给你一个满意的答案。

通过上述分析，我们似可作如下归纳：把唐诗语言的间接性转化为雕刻艺术的直接性，是徽派建筑木雕的重大特点。如果说，欣赏唐诗是由感知开始；那么，观照徽派建筑木雕上的唐诗就是由视觉开始，然后结合自身审美经验，诉诸想象、联想，从而再现唐诗风貌。

徽派建筑木雕艺术家，能瞄准唐诗诗眼，选择最易产生生发性联想的顷刻，充分发挥自身物质媒介和艺术传达的优长，创造空灵、流动的时空，以静示动，凸显视觉的直观性，采取简练、流畅的手法表现之、再现之，从而把作为时间艺术的唐诗与作为空间艺术的徽雕有机地融合为一，这就促进了徽派建筑艺术的创新与发展。

[原载朱志荣主编：《中国美学研究》（第一辑），上海三联书店2006年版]

唐代绘画美学中的心目妙悟说

一、裴孝源的心目相授、随物成形说

（1）心目相授，图画美恶。

唐太宗时，任过中书舍人这一要职的绘画理论家裴孝源，在贞观十三年（639）写了一部《贞观公私画史》。在该书的序中，简要地概括了他那重视心目并用、化载万物的思想。在画史部分，均为当时秘府、佛寺、官库、私家所珍藏的绘画作品实录，它表明了贞观画廊作品的丰富多彩，可惜未作评介与论析。我们只可从所列绘画名称中窥见其绰约美丽的风采，并寻找与裴序中某些理论形态有联系的痕迹。裴序在回溯中国古代美术史的基础上写道：

> 及吴、魏、晋、宋，世多奇人。皆心目相授，斯道始兴。其于忠臣孝子贤愚美恶，莫不图之屋壁，以训将来。或想功烈于千年，聆英威于百代。乃心存懿迹，默匠仪形。其余风化幽微，感而遂至。飞游腾窜，验之目前。皆可图画。

这段论述，内涵非常丰富：

第一，强调了绘画的视知觉特点在于“心目相授”。既生发乎心，又接受于目。目为视觉之窗，心为知觉之室。目为心露，心为目藏。在心目交往中，相渗相融。但由于绘画是具有二度空间的艺术，特别强调视觉的直观性，故尤为重视感觉器官的灵敏性、直接性，描绘对象的形象性、生动性：所谓“风化幽微，感而遂至。飞游腾窜，验之目前”，便是此中情景的写照。如南朝宋明帝时大画家陆探微所绘的宋明帝像、江夏王像、勋臣像、孝武功臣像，魏晋时大画家卫协所绘的毛诗北风图、毛诗黍离图、卞庄刺二虎图、吴王舟师图，晋明帝司马绍所绘的史记烈士图、洛神赋图、畋游图、杂人风土图，南朝宋孝武帝时大画家顾景秀所绘的蝉雀图、杂竹样、陆士衡诗会图、王谢诸贤像、刺虎图、小儿戏鹅图，南朝齐代大画家毛惠远所绘的醉客图、刀戟戏图、骑马图，晋代大画家顾恺之所绘的水府图、庐山图、行龙图、虎啸图、虎豹杂鸷图、凫雁水洋图，等等，都是画家手脑并用、“心目相授”的结果。

第二，强调了绘画的教化作用在于一个“训”字，尤其是突出了“忠孝”二字。把忠臣、孝子等人物图之屋壁，目的是表彰他们的“功烈”“英威”。作者裴孝源是唐室权臣，其着力鼓吹忠孝，是不足怪的。

第三，揭示了绘画美的塑造方式。作者爱美憎恶（丑），态度分明。他在宣扬忠孝的同时，也主张把“贤愚美恶”“图之屋壁”，这样可以起到对比作用，在贤与愚、美与恶（丑）的对比中，更可突出地衬托出贤、美。这种效果并不是轻易获得的，而必须经过“心目相授”的创造，具体地说，就是必须做到“心存懿迹，默匠仪形”，即：一心追逐美的踪迹，在静默中精心雕琢美的仪态、塑造美的形象。

关于心与目的作用，刘勰《文心雕龙·知音》云：“故心之照理，譬目之照形，目瞭则形无不分，心敏则理无不达。”此说甚妙。但“目瞭”不可脱离“心敏”，“心敏”必须通过“目瞭”。关于这一点，《文心雕龙·物色》云：“山沓水匝，树杂云合。目既往还，心亦吐纳。”这就说明了心与目之间的紧密联系。裴孝源的“心目相授”说，却从绘画理论的高度概括了心目之间的辩证关系，这不能不说也是个创造。

（2）随物成形，万类无失。

裴孝源在论述绘画时，一方面强调心的作用，一方面强调物的作用。在心与物的交融中，心为物的灵魂，物为心的寄托。心必须通过物而显示，物必须寄托心才有意义，故历史上的画家所创造的优秀作品都是心物交融的结果。用裴孝源的话来说，就是："心专物表，含运覃思"；"随物成形，万类无失"。在绘画艺术创作中，如果没有画家匠心独运、潜心思考，则其所绘之物绝不可能获得活泼泼的生命精神，也不会富于深邃的思想性和浓郁的情感。另一方面，如果画家忽视物的存在形态，不讲究物的表现，不注重再现物的描绘手段的运作，那么，这就不可能揭示出作者绘画对象的物的本质特征，也不能很好地寄寓画家的思想情感。这样，心与物就处于分离、游离状态。裴孝源再三强调心的作用，重视"心专物表"；此外，又追求心寄于物、物为心形，即心必须通过物的形象的形式而显现，所谓"随物成形"是也。如：蔡邕所绘之讲学图，杨修所绘之两京图，戴逵所绘之嵇阮像、渔父图、十九首诗图、吴中溪山邑居图、黑狮子图等，都是画家心到笔至、赋物成形的产品。

裴孝源的"心目相授""随物成形"说，对于当时和后代画家具有潜移默化的影响。中唐时著名画家和理论家张璪，由于王维之弟王缙的荐举，任检校祠部员外郎。他曾提出著名的"外师造化，中得心源"说（张彦远《历代名画记》卷十"唐朝下"）。作为物的造化，是画家学习、师从、描绘的对象；它必须通过画家心灵源头活水的浇灌，才可能成为艺术品。这种观点，同裴氏学说相比，不是有一脉相承之处吗？

裴孝源是初唐时人，在其画史中所搜集的绘画作品名称，大都为唐以前画家所作。但在当时，却是保存完好的。裴氏能饱览这些稀世珍奇，乃是绝妙的艺术享受。他用凝练的语言，对其中的美进行高度概括，从而准确地揭示出绘画艺术的美学特征，这无疑是一大理论创造。

二、朱景玄的妍丑有别、移神定质说

（1）西子不能掩其妍，嫫母不能易其丑。

唐代朱景玄在《唐朝名画录·序》中，对于唐代李嗣真的《续画品录》提出了批评，说《续画品录》“空录人名，而不论其善恶，无品格高下”。的确，李文实在过简，对于画家只列上、中、下三品，而未逐一予以评说；但作者似乎有意于此，即作者不想多言，而让观众发表观感。李云：“夫丹青之妙，未可尽言，皆法古而变今也。立万象于胸怀，传千祀于毫墨。……其中优劣，可以意求诸尔。”这是《续画品录》开端讲的话，可以看出李氏是在以己意而品评绘画的。如此品评，虽云过略，却在“未可尽言”之中了。李氏当过御史大夫，生年未详，但卒于武则天称帝时的万岁登封元年（696），可见他的生活年代还处在唐代国力兴盛时期。

至于批评《续画品录》的朱景玄（生卒年未详），则在《唐朝名画录》中补充了李氏的不足。“景玄窃好斯艺，寻其踪迹，不见者不录，见者必书。推之至心，不愧拙目”可见朱景玄的写作态度是极其认真严肃的，其掌握的资料是真实可信的。唐人张怀瓘曾将画分为神、妙、能三品，朱景玄则将画分为神、妙、能、逸四品。尤其重要的是，朱氏在序中表述了如下绘画美学观点：

> 伏闻古人云，画者，圣也。盖以穷天地之不至，显日月之不照。挥纤毫之笔则万类由心，展方寸之能而千里在掌。至于移神定质，轻墨落素，有象因之以立，无形因之以生。其丽也西子不能掩其妍，其正也嫫母不能易其丑。

这段序言，是对《唐朝名画录》的基本精神的高度概括。朱景玄从对古人歌颂“画者，圣也”入手，从宏观上洞察绘画超越大自然的神奇功能：“盖以穷天地之不至，显日月之不照。”进而从画家创作主体的美学把握上论述心手并用的重要性："万类由心"和"千里在掌"句，就深刻地表明，得心应手，则万种风情、千里山河，均可不招自来，跃入心海，流于笔端。至于"移神定质""有象""无形"句，则强调了形象塑造有无相生的辩证性。最后，则从美丑对照的角度来区分绘画的优劣，所谓"西子不能掩其妍""嫫母不能易其丑"是也。总之，朱景玄从描绘对象、创造过程、形象生成、美丑鉴别等几个方面概括了唐代名画的美学价值，可谓言简意赅，切中肯綮。

（2）凝神定照，移神定质。

尤其重要的是，朱景玄并非只是从表层分析唐代名画，而是从南朝宋明帝时绘画大师陆探微人物画入手，下至唐代吴道子、周昉，进行鞭辟入里的解剖，从主客体两个视角分别论述了动静转换时"神"的主宰作用。

朱景玄认为，陆探微的人物画是"极其妙绝"的，其禽兽画也堪称佳品。但人物禽兽作为绘画对象的客体，却是处于流动状态之中的，把它捕捉到静态的画面上是很难的。艺术是克服困难。作为主体的画家，就必然要千方百计地去克服客体所带来的困难。"前朝陆探微，屋木居第一。皆以人物禽兽，移生动质，变态不穷。凝神定照，固为难也。"（朱景玄《唐朝名画录》）这里既写了客体的变态，又写了主体的稳态，并从主客体的关系上说明了以静观动、以定制变，特别是强调主体的"凝神定照"，这就突出了主体对客体的审美把握的功能性、积极性，从而为进入艺术美创造先写一笔。

如果说，"凝神定照"是对于"移生动质"的困难的克服的话，那么，"移神定质，轻墨落素"，便是画家在克服一个又一个困难之时，把客体描绘对象移入艺术作品，转化为活生生的艺术形象了。这是把眼中之竹转换为胸中之竹，再把胸中之竹变成手中之竹的过程。从"凝神"到"移神"，从"动质"到"定质"，就是化动为静、以静制动、凝结为艺术美的过程。其至美之品，必臻出神入化的境界，所谓"妙将入神，灵则通圣"是也。这种神妙之品，堪称炉火纯青。朱景玄用"挂壁则飞去"来进行夸饰性的形容，极言其神、其灵，从而证明"画者，圣也"的理性判断。如此"入神”之境，正是“凝神”“移神”使然。所以，“凝神”“移神”“入神”的绘画艺术创造，都在突出显示“神”的威力。这种“神”，绝不是上苍、上帝，而是画家的精气、灵魂。举凡笔酣墨饱、尽情挥洒、痛快淋漓、出神入化，臻于炉火纯青、天衣无缝之境，似可以神目之。吴道玄（道子）、周昉、阎立本、阎立德、李思训、韩干、张璪等著名画家杰作，被朱景玄赞美为神品，就是由于他们的作品回旋着精灵之气、富于无穷的艺术魅力的缘故。

尤其是吴道子的画，被誉为神品中之至美者。他受到唐明皇的赏识，被召入宫廷为专业画师。吴道子的画、裴旻的剑舞、张旭的草书，为开元盛世艺林三绝。他们相遇切磋技艺时，均能各自施展绝招，吸取彼此的优长。更为难能可贵的是，吴道子追求艺术至境，绝不为利益驱动。《唐朝名画录·吴道玄》：“吴生与裴旻将军、张旭长史相遇，各陈其能。时将军裴旻厚以金帛，召致道子于东都天宫寺，为其所亲将施绘事。道子封还金帛，一无所受，谓旻曰：闻裴将军旧矣，为舞剑一曲足以当惠。观其壮气，可助挥毫。旻因墨缞为道子舞剑。舞毕，奋笔俄顷而成，有若神助，尤为冠绝。道子亦亲为设色，其画在寺之西庑。又张旭长史亦书一壁。都邑士庶皆云一日之中获睹三绝。”三位大师，技艺超群，给人以极大的美感享受。他们在相互竞赛、相互观摩中，相互启发，共同促进。吴道子对于剑舞的观照，吸取了“壮气”，为其绘画注入了流动美。这种流动美不是舒缓的，而是风驰电掣、一气呵成的。天宝年间，唐明皇令吴道子画蜀中山水，吴道子凭着记忆，“嘉陵江三百余里山水一日而毕”。朱景玄还亲自观赏过吴道子的画：“景玄每观吴生画不以装背为妙，但施笔绝踪皆磊落逸势。又数处图壁只以墨踪为之，近代莫能加其彩绘。凡图圆光皆不用尺度规画一笔而成。”又通过目击者之口说：“其圆光立笔挥扫，势若风旋。人皆谓之神助。”

神，是人物、事物的精神风貌的活脱脱的表现。由于画家所达到的艺术境界各不相同，其神亦各有所寄。周昉、韩干，均被列为神品。但周昉擅长人物，韩干擅长画马。赵纵侍郎曾请二人为自己“写真”，众皆称善不已，难以分别高低。然而，赵夫人却是慧眼独具，认为韩干“空得赵郎状貌”，周昉则“兼移其神气，得赵郎情性笑言之姿”。由此可见，同是写真人物画，一则形态毕肖，一则形神兼备。但是，我们却不可因此就贬低韩干的其他写真画。韩干画马，形态各异，颇受唐明皇赏识。他在奏表中说：“臣自有师。陛下内厩之马，皆臣之师也。”凡厩中中外良马，莫不尽写笔下：“奇毛异状，筋骨既圆，蹄甲皆厚，驾驭历险若舆辇之安也。驰骤旋转，皆应韶濩之节。……写渥洼之状若在水中，移腰袅之形出于图上。故韩干居神品宜矣。”

由于描绘对象不同，描绘手段不同，画家艺术经验不同，其作品所揭示的神妙境界也各不相同。如果说，周昉以画像传神，韩干以画马传神，那么，阎立德、阎立本兄弟就以画人物诡怪传神，李思训、张璪以画山水传神。唐太宗曾令阎立本作射杀猛兽写真画，形态毕肖，“观者莫不惊叹其神妙”。天宝年间，唐明皇令李思训画大同殿壁及掩障，后来当面赞美道：“卿所画掩障，夜闻水声。”这既表明了李隆基有灵敏的艺术感觉和高度的鉴赏水平，又证实了李思训的确是“通神之佳手”。至于张璪则为画松石山水之高手。他“尝以手握双管一时齐下，一为生枝，一为枯枝。气傲烟霞，势凌风雨。槎枒之形，鳞皴之状，随意纵横，应手间出。生枝则润含春泽，枯枝则惨同秋色。其山水之状则高低秀丽，咫尺重深，石尖欲落，泉喷如吼。其近也若逼人而寒，其远也若极天之尽。……精巧之迹可居神品也。”

即使描绘同样的山水题材，由于画家艺术个性不同，其神韵亦各具特色。朱景玄把朱审、王维、韦偃、王宰、韩滉等作者之画列为妙上品或能品。其实，就其评价而言，却是很高的，所以列为神妙之品也不为过。朱审壁画山水图：“其峻极之状，重深之妙，潭色若澄，石文似裂，岳耸笔下，云起锋端。咫尺之地，溪谷幽邃。松篁交加，云雨暗淡。”王维辋川图：“山谷郁郁盘盘，云水飞动，意出尘外，怪生笔端。”韦偃笔下，“山水云烟，千变万态”。王宰笔下，“画山水树石出于象外”。至于韩滉，则“能图田家风俗，人物水牛，曲尽其妙”。这些评价，并非随意为之，而是极其精审的。尤其是提出了“象外”说、“尘外”说，更揭示出山水画的风神美，而这风神美又是因人而异的。

从以上论析中，可以看出，神并不是高不可攀的。《周易·系辞上》：“民咸用之谓之神”，“神而明之存乎其人”。可见，神与人是有紧密关系的，是有很强的亲和性的。画家的神来之笔也是常常可见的。但是，神也并非招之即来、唾手可得的。“精义入神”“穷神知化”（《周易·系辞下》），并非一蹴而就，而是艰苦磨炼、功到垂成的结果。杜甫《奉赠韦左丞丈二十二韵》：“读书破万卷，下笔如有神。”元人赵孟頫《苍林叠岫图》题诗：“久知图画非儿戏，到处云山是我师。”可见神妙的精灵是在艺术实践的熔炉中千锤百炼形成的。

三、张彦远的妙悟自然、离形去智说

（1）比雅颂之述作，美大业之馨香，宣物莫大于言，存形莫善于画。

唐代绘画美学论著，极为丰赡。惜亡佚甚多，今存者寥寥无几。如彦悰《后画录》、李嗣真《后画品》、张怀瓘《画断》、张璪《绘境》、窦蒙《画拾遗录》等，均失传；流传下来的只有裴孝源的《贞观公私画录》、朱景玄的《唐朝名画录》、张彦远的《历代名画记》等少量著作。尤其是张彦远的《历代名画记》，影响最大。

张彦远（815—875），字爱宾，河东猗氏（今山西临猗县）人。

《历代名画记》成书于唐宣宗李忱大中元年（847），共十卷。在卷一中，他除了论述绘画的社会教育作用外，还提出了“书画同体”的学术观点。特别是从“意”与“形”的区别出发，把原本同体的书画分离开来：“无以传其意，故有书；无以见其形，故有画。”这里，说明了书意与画形的各自特色，并由此把论述的重点转移到绘画造型上来。他特别重视绘画的形式美。这就是“图形”“比象”。他引述道：

《广雅》云：“画，类也。”《尔雅》云：“画，形也。”《说文》云：

> “画，畛也。象田畛畔，所以画也。”《释名》云：“画，挂也。以彩色挂物象也。”

这里，既强调画形，又强调画象。如果把形与象联系在一起，就是形象。绘画造型的形象美，尤其是个中的形式美，是张彦远所十分热衷追求的。

形象是具体的、感性的、概括的、富于美学意义的图景，它既蕴含着内容，又外化为形式。绘画的内容则是通过绘画的形式表现出来的。这种绘画的形式，便是绘画形象的形式，舍此，那就不成其为绘画，故历代画家在创作实践中都一心追求形式美。张彦远则进一步从理论上进行概括、提升，特别注重绘画的“存形”说。

当然这种“存形”说，并非与内容无涉，而是和内容有关的。不过，它的特色却在于“存形”罢了。他说：

> 记传所以叙其事，不能载其容；赞颂有以咏其美，不能备其象。图画之制，所以兼之也。故陆士衡云：丹青之兴，比雅颂之述作，美大业之馨香。宣物莫大于言，存形莫善于画。此之谓也。

从这段论析中，可以看出：记、传、赞、颂，是以文字为传达媒介的语言艺术，其形象是活跃于思维荧光屏之上的，缺乏视觉的直观性，因而不能“载其容”“备其象”；与之相异的是绘画。绘画是以色彩明暗、光线强弱为传达媒介的造型艺术，其形象具有视觉的直观性，因而可以“载其容”“备其象”。这不仅凸显出绘画形象的形式美，而且也表明此种形式是显示“叙其事”“咏其美”的内容的。

正由于张彦远看到了绘画形式所显示的内容，因而他在强调绘画形式美时，也非常重视绘画内容的教化功能和社会作用。他说：“夫画者，成教化，助人伦，穷神变，测幽微，与六籍同功，四时并运，发于天然。”这是从宏观的理论高度强调绘画效应的。显然，这是从崇儒的思想出发去提高绘画的地位。儒家强调人的社会作用，强调经世致用，故“成教化，助人伦”，也成为绘画的社会教育功能的重中之重。他甚至说：“图画者有国之鸿宝，理乱之纪纲。”这就把绘画强调到无以复加的地位，甚至有点过分了。此外，他还举了不少事例，从微观上证明绘画的教化功能。他引述道：

> 曹植有言曰：观画者见三皇五帝，莫不仰戴。
> 见三季异主，莫不悲惋。见篡臣贼嗣，莫不切齿。
> 见高节妙士，莫不忘食。见忠臣死难，莫不抗节。
> 见放臣逐子，莫不叹息。见淫夫妒妇，莫不侧目。
> 见令妃顺后，莫不嘉贵。是知存乎鉴戒者，图画也。

这里，指出了绘画的“鉴戒”作用，是具体的、切至的。

就绘画的艺术地位而言，它绝不在雅、颂之下，而可与之相埒；在艺术价值上亦可与之比美：所谓“比雅颂之述作，美大业之馨香”是也。就绘画之特殊性而言，则以形式美为其根本，所谓“存形莫善于画”是也。这便是张彦远所揭示的绘画美学的原本意义。

（2）夫象物必在于形似，形似须全其骨气。

张彦远在《历代名画记》卷一中，曾援引南齐谢赫的《古画品录·序》中的“画有六法”说，加以论析，并提出了自己独特的见解，在中国绘画美学史上放射出耀眼的光彩。

谢赫的《古画品录》，成书年代约在南朝梁武帝中大通四年（532）至梁武帝太清三年（549），是我国现存的最古的画论著作，其“画有六法”论，一千四百五十多年来，一直成为我国绘画创作遵循的美学原则，尤其是其中的“气韵生动”论，乃是“六法”中的根本原则。

张彦远以《论画六法》为题，引述了谢赫的话，并加以论析：

> 昔谢赫云：画有六法。一曰气韵生动，二曰骨法用笔，三曰应物象形，四曰随类赋彩，五曰经营位置，六曰传模移写。自古画人，罕

> 能兼之。彦远试论之曰：古之画或移其形似，而尚其骨气。以形似之外求其画，此难可与俗人道也。今之画，纵得形似，而气韵不生。以气韵求其画，则形似在其间矣。……夫象物必在于形似，形似须全其骨气。骨气形似，皆本于立意而归乎用笔，故工画者多善书。

这里，对于气韵的概念，并未加以诠释，但却可从领悟中探取。作者首先从“形似”一词入手，谓古人之画能以运动的观点对待形似，追求形似，不拘于形似，这就是“移其形似”；更重要的是在形似之外“尚其骨气”。此中奥妙，难与俗人言。可见，作者所说的“气韵”的“气”字，就是指“骨气”。它是艺术的精神、灵魂。曹丕《典论·论文》：“文以气为主。”刘勰在《文心雕龙·风骨》中，对曹丕“文气”说，极为推崇，并加以引用，论孔融“体气高妙”，徐干“时有齐气”，刘桢“有逸气”，且与风骨紧密相连。陈子昂《与东方左史虬修竹篇序》中所赞赏的“骨气端翔”，乃是指《咏孤桐篇》的精神状态。这些，同张彦远所强调的“气”“骨气”，均有异曲同工之妙。张彦远对于“气”“骨气”的理解，是符合谢赫的原意的。谢赫在《古画品录》中，在评价张墨、荀勖绘画时说：“风范气候，极妙参神。但取精灵，遗其骨法。若拘以体物，则未见精粹；若取之象外，方厌膏腴，可谓微妙也。”所谓“风范”“气候”“参神”，就是指精神、灵魂。这是决定作品艺术价值的根本因素。它当然要通过特定的形式而表现；但在表现时却不可为物所役、拘于形似，否则，就不能掬出其精粹。若取象外之象、形外之神，方见大千世界充满丰盛厚沃之境。这里，固然不忘形，但更重视神。张彦远正由于接受了谢赫的“但取精灵”论，所以才提出了“尚其骨气”说。

至于“韵”字，应如何理解呢？韵，是指风韵、情韵、韵致、韵味。就作品而言，韵，乃是指艺术性及其艺术魅力所构成的美的价值。谢赫《古画品录》评价顾骏之画“神韵气力，不逮前贤”；评价陆绥画“体韵遒举，风彩飘然”；评价毛惠远画“力遒韵雅，超迈绝伦”；评价戴逵画“情韵连绵，风趣巧拔”。这些，均强调一个“韵”字。

如果说，气偏重于思想、精神、本质，那么，韵就偏重于艺术、情高、风采。实际上，气与韵，是互渗、圆融的，故谢赫特连接为“气韵”。张彦远亦沿用，并发扬而光大之。他认为形似与气韵相比，气韵是起决定作用的。只有形似，而无气韵，那就算不上是好画，故不能只顾形似而忘记了气韵。他强调指出：“以气韵求其画，则形似在其间矣。”如果望文生义，可能认为张彦远只重气韵而忽视形似，甚至以气韵代替形似，似乎有了气韵，形似也会跟踪而至。但是，如果结合上下文全面地去观照，就会发现，张彦远的见解，是很辩证的，他在强调气韵的主导作用后，又特别提到了形似。“夫象物必在于形似，形似须全其骨气”。这里，把形似与象物相联系，认为形似是象物的必然，从而肯定了形似的原本意义。但是，形似必须充满骨气，才具有生命力。否则，徒有形似，而无骨气，那就是僵化的活不起来的东西。所谓骨气，也就是指气韵中的精神，姑称之为神。所谓形似，也就是指气韵中的风貌，姑称之为形。所谓“骨气形似”，就是指神形。举凡神形兼备的作品，都是气韵生动的。所谓“上古之画，迹简意澹而雅正”；“中古之画细密精致而臻丽”；“近代之画，焕烂而求备”。这些都是气韵生动的。

所谓生动，就是指生机蓬勃，欣欣向荣，活泼流动，形象感人。它既指内在的质，又指外在的文。它文质相符，风度翩翩，自自然然，富于魅力。《易传・系辞上》：“生生之谓易。”又曰：“言天下之至动，而不可乱也。”《易传・系辞下》：“天地之大德曰生”，又曰：“动而不括。”如此哲理，表现在作品中，就使形象显得生动感人，诚如梁代文艺理论批评家锺嵘《诗品序》中所说：“气之动物，物之感人，故摇荡性情，形诸舞咏。”举凡动物感人之作，必然是形象逼真、栩栩如生、鲜活跳动的。无论是诗还是画，均如此。谢赫《古画品录》评陆绥绘画“一点一拂，动笔皆奇”，评张则绘画“意思横逸，动笔新奇”；评陆杲绘画“点画之间，动流灰棺”。这些，都表明了绘画的生动韵致。

张彦远对于“生动”一词，具有自己独特的见地。他认为生动最宜表现人的情状，但又最难表现人的情状。他引述“顾恺之曰：画人最难”。

但必须富于气韵，才可出现生动；如无气韵，即使形似，亦无生动之可言；故有无气韵，是衡量是否生动的标志。他在言及画鬼神时说："至于鬼神人物，有生动之可状，须神韵而后全；若气韵不周，空陈形似，笔力未遒，空善赋彩，谓非妙也。故韩子曰：狗马难，鬼神易。狗马乃凡俗所见，鬼神乃谲怪之状，斯言得之。"鬼神是虚幻的、怪异的，画家可以凭借丰富的想象，去表现其生动的状态，关键是必须富于气韵。若气韵周全，则必形象生动；若气韵不周，则难致生动。即使做到了形似，也不能获得美妙。只有骨气形似兼具即形神兼备，方可成为上乘之作。作者称颂吴道玄的画，就臻于出神入化的极境："唯观吴道玄之迹，可谓六法俱全，万象必尽，神人假手，穷极造化也。所以气韵雄状，几不容于缣素；笔迹磊落，遂恣意于壁墙。"这里所谓的神人，不必理解为虚幻世界的神仙，而是借来形容吴道玄的高超画艺的。吴道玄的传达媒介（缣素），已难以荷载其雄壮的气韵；其磊落之笔饱和着气韵，可恣意在墙壁上涂抹。如此神妙之品，为实践六法之典范，是后人学习之典范。那些"粗善写貌，得其形似，则无其气韵"的绘画，是无法望其项背的。

（3）凝神遐想，妙悟自然，物我两忘，离形去智。

张彦远在《历代名画记·论画体工用榻写》中，提出了一个重要的美学命题，这就是："凝神遐想，妙悟自然。物我两忘，离形去智。"在理解这一命题时，必须整体观照，将上下文结合起来，顾及全篇，始能知其究竟。

关于凝神遐想，实际上是指"守其神，专其一"（《历代名画记·论顾陆张吴用笔》）。若神不守舍，心猿意马，则绝对画不出活的东西。他说："意旨乱矣，外物役焉，岂能左手画圆、右手画方乎？"他认为受制于外物，就不专心致志，就是画"死画"，而不是画"真画"。要想画出"真画"，就必须用心去画，而不能借助外物，图走捷径。为此，他不主张用界笔直尺去绘制图形，他认为吴道玄的画之所以能臻于"古今独步"的至美境界，就是由于"不假界笔直尺"，而是"守其神，专其一"，用心去画的结果。

作为“守其神，专其一”的“凝神”，与刻意追求是风马牛不相及的，与刻舟求剑更是不能同日而语的。它虽凝心作画，却不着意为之，而是不勉强，不做作，达到了“凝神”与“不凝于心”的辩证的统一。他说：“夫运思挥毫，自以为画，则愈失于画矣；运思挥毫，意不在于画，故得于画矣。不滞于手，不凝于心，不知然而然。”这里所谓“不凝于心”，就是指不刻意，不“自以为画”，“意不在于画”，达到自自然然、妙手天成的无迹境界。这便是“真画”。如吴道玄的人物画，“虬须云鬓，数尺飞动。毛根出肉，力健有余。当有口诀，人莫得知。数仞之画，或自臂起，或从足先，巨壮诡怪，肤脉连结，过于僧繇矣。”（《历代名画记·论顾陆张吴用笔》）只要吴道玄落笔，纵使一划，也富于活力，所谓“真画一划，见其生气”是也；纵使笔不到处，也富于意蕴，所谓“离披点画，时见缺落，此虽笔不周而意周也”。达到如此高超的“凝神遐想”与“不凝于心”的艺术境界，绝非一蹴而就，而是和吴道玄“妙悟自然”息息相关的。

关于妙悟自然，就是指对客观描绘对象（包括自然大化）的艺术把握已臻于出神入化、炉火纯青的境界；主体对客体的洞察秋毫与透彻理解，主体的艺术操作，仿佛“庖丁发硎，郢匠运斤”，熟练精巧，神乎其技。它不仅运转着艺术思维的车轮，而且启动着塑造形象的手段。它尊重客观事物发展的规律，师法自然；又充分发挥艺术想象的创造功能，顺应自然，改造自然，超越自然，使主观符合客观，自然显得更美。张彦远在评论吴道玄绘画时，强调吴氏能“守其神，专其一”，紧接着就赞美吴氏之笔“合造化之功”，这便是“意存笔先，画尽意在”。显然，这是他能妙悟自然的结果。如果不能妙悟自然，如果主观的妙悟和客观的自然呈现分离状态，那么吴氏之笔就无从与造化（自然）接合，吴氏之意也就无从融入自然之中并通过画面而表现出来。可见“意存笔先，画尽意在”，乃是妙悟自然的结果。意，是主观的；自然，是客观的。意，在绘画创作中，只可妙悟，而不可刻意为之；自然，在绘画创作中，乃是艺术化的自然，而不是自然的翻版。故作为“物”的未加工的自然，必须经过艺术容器的过滤、涤荡、净化；作为“我”的原本的意，则须深深地隐藏在画面的背后，而不可裸露着。这就要求做到“物我两忘”。

关于物我两忘，乃是指艺术创造、艺术鉴赏过程中，客观与主观、客体与主体的过渡、互渗、圆融的美学境界。物我双方，在相互撞击中，相互交叉，相互作用，各自改变着原初各自的存在状态，忘却了各自的本来面貌；在彼此过渡中，你中有我，我中有你，亦此亦彼；在物我交感中，物中有我，我中有物，亦物亦我。这是由物我—物我两忘—物我同一的变化过程。作为物我同一的艺术形象的诞生，便是艺术创造的结果。张彦远云：“顾恺之之迹，紧劲联绵，循环超忽，调格逸易，风趋电疾，意存笔先，画尽意在，所以全神气也。”如此妙品，出神入化，岂非物我两忘使然？张彦远又举例说：“吴道玄者，天付劲毫，幼抱神奥。往往于佛寺画壁，纵以怪石崩滩，若可扪酌。又于蜀道写貌山水，由是山水之变，始于吴。”（《历代名画记·论画山水树石》）如此壁上山水，怪石可扪，崩滩可酌，形态逼真，然而均非真山真水（忘其原物）；个中凝注着画家的心血，又看不出画家心意的裸露（忘其原我）：但都是山水自然与画家自我的互通、圆融（物我同一）。

在艺术创造中，物我同一的关键是“我”。所谓“搜尽奇峰打草稿”（石涛语），所谓“胸中之竹”（郑板桥语），所谓“胸中有全马”（罗大经语），都在强调画家的主观能动性和心意的主导作用。张彦远在论述同时代画家徐表仁（宗偃）时，说他“耳剽心晤，成若宿构，使其凝意，且启幽襟，迨乎构成，亦窃奇状，向之两壁，盖得意深奇之作。观其潜蓄岚濑，遮藏洞泉，蛟根束鳞，危干凌碧，重质委地，青飚满堂。吴兴茶山，水石奔异，境与性会。”（《历代名画记·论画山水树石》）这里所说的“心晤”“宿构”“凝意”“得意”等，都是强调画家自我对于物的统摄作用的。所谓“境与性会”，则是对这种统摄作用（物境与心性的融会，心性对物境的把握）的美学概括。

关于离形去智，与物我两忘的含义是有交叉的。大意是指：离开僵化的形式，除去板滞的内容；不执着于形貌，不拘泥于心智；离形存形，去智存智。故离形去智，充满了艺术辩证法。它绝非完全抛弃形、智，而是追求自然而然、无斧凿痕的圆美的艺术境界，是追求思想内容与艺术形式的和谐统一。

张彦远说："夫阴阳陶蒸，万象错布，玄化亡言，神工独运。草木敷荣，不待丹碌之采；云雪飘飏，不待铅粉而白。山不待空青而翠，凤不待五色而綷。是故运墨而五色具，谓之得意。意在五色，则物象乖矣。夫画物特忌形貌采章历历具足、甚谨甚细，而外露巧密，所以不患不了，而患于了。既知其了，亦何必了？此非不了也。若不识其了，是真不了也。"（《历代名画记·论画体工用榻写》）这段话的含义，十分丰富。它强调自然万物形态纷呈，复杂多样。但在创作过程中，却必须胸纳万物，又不拘于万物；要遵循自然法则，又不可被万物纷繁的形态所困扰；意在五色，又不可陷于五色的迷魂阵中。要做到离形去智，切勿将自己所偏爱的东西（形、智）不分青红皂白一股脑儿地都向画面上泼。如果背离形去智，而将杂乱无章的形式和无关题旨的内容都向画上堆砌，那就必然成为失败之作。所以，张彦远一连用了七个"了"字，来形象生动地阐明这一问题。绘画切忌过满、过密、一览无余，而要空虚灵动，意在象外，富于韵味。

（4）各有师资，递相仿效，指事绘形，可验时代。

张彦远十分重视绘画的师承性与时代性。由于师承不同。时代有别，故画家创作个性与绘画特点亦各相异。《历代名画记·叙师资传授南北时代》专门论述了这一问题。他说："若不知师资传授，则未可议乎画。"他列举了许多画家先后师承的实况，并作了这样的判断："各有师资，递相仿效。或自开户牖，或未及门墙；或青出于蓝，或冰寒于水。似类之间，精粗有别。"在师承的过程中，由于各自艺术个性之间的碰撞、渗透、圆融，不可避免地在自己的艺术中流着他人的血液，汲取着他人的营养。但他人的血液只能滋补自己的身体，只能融化在自己的血液中，并转化为自己的血液。在艺术上，这便是创造。如果只靠输血、换血，自己不能造血，在艺术上，这便是模仿。活的生命力，鲜明的个性，只属于创造；模仿得再好，也仿佛是纸花，是没有香味的。

张彦远提到了许许多多的著名画家，他们虽然都师承顾恺之、陆探微、张僧繇等大师，但他们的作品却打上了自己的气质、个性的印章，具有各自的风采。或“郊野柴荆”，或“鞍马人物”，或“朝廷簪组”，或“游宴豪华”，或“台阁”“车马”，或“美人”“魑魅”，各有所长。

他们绘画的各自特点，固然取决于他们各自的情性，但也同他们所师承的各自不同的大师的艺术品位、情调有着或显或隐的联系。张彦远在《历代名画记》卷六中引述唐代著名书画理论家张怀瓘的话评述道：“陆公参灵酌妙，动与神会。笔迹劲利，如锥刀焉。秀骨清像，似觉生动。令人懔懔，若对神明，虽妙极象中，而思不融乎墨外。夫象人风骨，张亚于顾、陆也。张得其肉，陆得其骨，顾得其神。神妙亡方，以顾为最。”这里，对顾恺之人物画评价最高，以“神”目之，言其达到出神入化的玄妙极境。次为陆探微，以“骨”目之，言其风清骨峻、神采奕奕。至于张僧繇，则以“肉”目之，言其形态丰腴、内涵充实。这里，把他们的作品特色，分别用“神”“骨”“肉”三个字来概括，是极其精审的。这些奥秘，引起当时及后代许许多多画家的浓厚兴趣，为探究其真谛付出了毕生的精力，成为师承的艺术范式和创作的理论法则。

拿吴道玄来说，他在绘画上学张僧繇，在书法上学张旭、贺知章，在剑法上学将军裴旻，转益多师，自创一格，终成大家。《历代名画记》卷九说他“因写蜀道山水，始创山水之体，自为一家。……开元中，将军裴旻善舞剑，道玄观旻舞剑，见出没神怪。既毕，挥毫益进。时又有公孙大娘，亦善舞剑器，张旭见之，因为草书，杜甫歌行述其事。是知书画之艺，皆须意气而成，亦非懦夫所能作也”。这里表明，各种艺术虽有不同，但均重“意气”（精神、气骨），故有相似、相近、相同之处；彼此之间，相渗相融，互相借鉴，参照其他艺术优长，丰富本身艺术底蕴，从而进行新的创造。吴道玄就是极善于师承多种艺术并化为自己血肉而不断创新的大师，故才被张氏誉为“下笔有神”。

张彦远论画，不仅重视历史继承性，而且重视地域性和时代性。《历代名画记·叙师资传授南北时代》云："若论衣服、车舆、土风、人物，年代各异，南北有殊。"又云："详辨古今之物，商较土风之宜。指事绘形，可验时代。其或生长南朝，不见北朝人物。习熟塞北，不识江南山川。游处江东，不知京洛之盛。此则非绘画之病也。"因此，他很赞同李嗣真所说的"此是其所未习，非其所不至"的论断。他列举许多事例，说明这一问题。如：就地域而言，"芒屩非塞北所宜，牛车非岭南所有"；就时代而言，"幅巾传于汉魏"，"幞头始于周朝"。他提醒道："精通者所宜详辨南北之妙迹，古今之名踪，然后可以议乎画。"这是注目画艺时空的至理名言。

（5）澄怀观道，卧以游之，放情林壑，怡悦情性。

张彦远在《历代名画记》卷六中，全文录载了南朝宋时绘画理论家宗炳写的《画山水序》，并记述了宗炳的高雅情怀和绘画美学思想；对于谢赫贬低宗炳之处，也提出了批评。

张彦远对于纵情山水、不愿做官的宗炳，非常推崇，说他是"飘然物外"的"高士"。他酷爱山水，晚年"以疾还江陵，叹曰：噫！老病俱至，名山恐难遍游，唯当澄怀观道，卧以游之。凡所游历，皆图于壁，坐卧向之，其高情如此"。这里表明，宗炳不仅善于绘画，而且善于欣赏——卧游，而卧游则是建立在旅游的基础之上的。

旅游包含身游、目游、心游，着重在运动状态中观赏景物；卧游则无身游的参与，着重是在静态（卧）中观赏景物，必须凭借回忆和想象，再现已经经历过的情景，使之与卧游时直观的书画中所显示的状貌相叠合，从而获得审美愉悦。其中有两种情况：一种是卧游时直观的情景与本人所曾经历情景相合（部分相合或整体相合）；一种是卧游时直观的情景本人并未经历，但却可将他处所亲历情景移植过来，通过想象，以丰富此时卧游之内容。而宗炳之卧游，却属于前者。宗炳之卧游水平，更超过常人。因为他亲身经历之山川，亲自绘之壁上，卧游之时，更有一种亲切感和不可言传的美感。尤其是，他能站在哲学的高度，去审视艺术的真谛，观照自己的卧游，因而便可洞察幽微，获得深层美感。

如果说旅游更偏重于审美的实践性、直接性的话，那么，卧游则富于审美的艺术性、间接性。因为旅游的对象是自然美、社会美，卧游的对象是艺术美。旅游诉诸视、听等感觉器官，对审美对象直接作出评价。卧游诉诸视知觉，通过艺术的折光，对现实世界的自然美、社会美作出评价，这种评价是间接的。当然，我们也要看到，卧游时对于艺术美（如书画）的评价，则是直接的；这有别于对于艺术美所表现的现实对象的间接性的评价。宗炳不仅“西陟荆巫，南登衡岳”，对旅游作出了贡献，而且对卧游作了理性的探究。对此，深深地感动了张彦远。张氏予以发扬而光大之，且实录于书，俾传后世，实在功不可没。

宗炳在《画山水序》中提出了许多著名的美学命题，如：“圣人含道映物，贤者澄怀味像”；“山水以形媚道而仁者乐”；“旨微于言象之外者，可心取于书策之内”；“身所盘桓，目所绸缪。以形写形，以色貌色”；“竖划三寸，当千仞之高；横墨数尺，体百里之迥”；“应目会心”；“畅神而已”。这些理论，包孕丰厚，言近旨远，韵味隽永。旅游、卧游之道，亦含其中。所谓“澄怀观道，卧以游之”，乃是《画山水序》外对于旅游与卧游之道的重要提示。不仅为宗炳所践行，而且为张彦远所瞩目。当今流行的古人画论全录本，在刊载宗炳《画山水序》时，对于宗炳提倡旅游、卧游之道的背景提示，每每略而不谈，实属一大疏漏。

宗炳在绘画理论上有很高造诣，在绘画创作上也是可登大雅之堂的，但谢赫却把宗炳放在第六品。“炳于六法，亡所遗善。然含毫命素，必有损益。迹非准的，意可师效”。大意是说，宗炳对于六法精义有所遗漏而未掌握，故提笔作画，损益互见，未能尽美。因此，其画不可作为典范；然其画意尚可师从、仿效。对此，张彦远反诘道：“既云必有损益，又云非准的；既云六法亡所遗善，又云可师效：谢赫之评，固不足采也。”如此揭示谢赫批评的矛盾之处，复现宗炳绘画的应有地位，是有利的。宗炳画艺正因为有精妙之处，故才能入品而成为后人学习的典范。张彦远说，宗炳之孙宗测，性善书画，传其祖业，画阮籍像，画佛寺，皆称臻绝。这便是典型的例子。

在肯定宗炳艺术成就之后，紧接着就介绍南朝宋时画家王微的贡献。王微的画论《叙画》中有“以一管之笔，拟太虚之体”语，又有“望秋云，神飞扬，临春风，思浩荡，虽有金石之乐，珪璋之琛，岂能仿佛之哉”的感喟。在赞美之余，张彦远联系宗炳、王微，对于绘画的社会作用和审美功能，作出如下归纳：“图画者，所以鉴戒贤愚，怡悦情性。若非穷玄妙于意表，安能合神变乎天机。宗炳、王微，皆拟迹巢由，放情林壑。与琴酒而俱适，纵烟霞而独往。各有画序，意远迹高。”这里，主要强调了绘画的美感效应，这就是：放情林壑，怡悦情性。

（6）创造性、阐释性、史料性的结合。

张彦远的画论，具有创造性、阐释性、史料性等特点。他提倡绘画的形式美，提出“存形”说，并与雅、颂相比，目之为大业之美，且妥善地解决了“形似”与“骨气”的关系问题，作出了“形似须全其骨气”的判断。在艺术创作上，则提出“凝神遐想，妙悟自然。物我两忘，离形去智”的原则。这些，均富于创造性，而令人耳目一新。

张彦远对于优秀的绘画美学理论，十分重视。对于谢赫论画六法，尤其是“气韵生动”说，详细地予以阐释，这就填补了谢赫对于六法并未细说的空白。对于宗炳、王微的山水论，录载之，评述之，并提炼出美的精粹。所谓“澄怀观道”，便是针对宗炳山水论而言；所谓“怡悦情性”，便是针对王微山水论而言。其精辟的阐释性与创造性是相互圆融的。

在张彦远画论中，保存了大量珍贵的绘画资料，对于画之源流、画之兴废、画之时代、画之装裱、画之品第、画之收藏、画之鉴赏、历代画家等，均作了记述。这种记述，或详或略，由古及唐，真实、形象，可以说是当时不可多得的一部中国绘画美学史。其卷五写顾恺之：“画人尝数年不点目睛，人问其故，答曰：四体妍蚩本亡关于妙处，传神写照？正在阿堵中。”其卷七写张僧繇：“张画所有灵感，不可具记。”其卷七写谢赫，则引姚最《续画品录》云：“至于气韵精灵，未穷生动之致；笔路纤弱，不副雅壮之怀。”谢赫在绘画理论上提出了“气韵生动”的著名学说，但其绘画作品却未臻气韵生动。张彦远均予以实录，可见他是一位治学谨严、实事求是的理论家。他曾亲眼见到许多大师的名画，故对绘画的评述，尤具史料的真实性与亲切感。卷十中他说王维山水，“体涉今古”，“清源寺壁上画辋川，笔力雄壮”，“余曾见破墨山水，笔迹劲爽。”他说张璪，“尤工树石山水，自撰《绘境》一篇，言画之要诀”，“璪曰：外师造化，中得心源”，“彦远每聆长者说，璪以宗党，常在予家，故予家多璪画，曾令画八幅山水障”。如此史料，弥足珍贵。今人所引“外师造化，中得心源”语，即本于此。张彦远在实录这些史料时，既尊重它的真，又赋予它以美学品位，并同记述的创造性、阐释性有机地结合在一起。

[原载《艺术探索》2005年第2期]

知白守黑之美

一、知白守黑

大千世界，五彩缤纷，姹紫嫣红，令人目眩神迷。然而，它的基本色调却离不开黑白。黑白是颜色之母，是宇宙万物色彩的本源，各色（如赤橙黄绿青蓝紫）运动中和而为白，如白昼；各色荫蔽消逝而为黑，如黑夜。地球绕日运行，向日为白，背日为黑；月亮围绕地球，向日有白，背日有黑。大自然有黑有白，缺一不可。日月运行，阴阳惨舒，黑白相彰，乃是大自然的规律。

当然，大自然一切物质的运动，并非机械僵化的，而是相互影响、相互关联的。其中的黑白变化，也是如此。所谓黑，并非与白绝缘，一味地黑；所谓白，亦非与黑绝缘，一味地白。繁星满天，皓月当空，不是为静悄悄的黑夜增添了青白色动人光彩吗？秀丽峭拔的黄山，如果没有乌云的流动，焉能显现出云海的神奇？可见，在自然美中，黑与白是相互依存、彼此烘托的。

在黑与白的联系中，除了有黑白分明的一面以外，还有黑白互渗的一面。在由白而黑或由黑而白的过程中，黑与白的消长现象，呈现出特有的模糊性。例如，迫近黄昏时分，夕阳的余晖抹在天边，预示着夜幕降临。这种明暗交替、由白入黑的情景，就是李商隐所描绘的“夕阳无限好，只是近黄昏”（李商隐《登乐游原》）的美妙时刻吧，它呈现出若隐若现、若明若暗的模糊美。再如：当东方欲晓、大地苏醒之时，天边露出一点鱼肚色，由暗入明，破黑为白。温庭筠所描绘的“鸡声茅店月，人迹板桥霜”（温庭筠《商山早行》），就显示出此中情景吧。它迎来了白昼的一线光明。但是，这一晨曦，却是幽黯迷离、朦朦胧胧的。

大自然黑白变化之美，启迪了人类。人类努力掌握它的规律，并进行新的创造，从而产生了无数动人的黑白之美，再经过哲学家的分析归纳，便得出了高度概括化的哲学美学的结论。老子在《道德经》二十八章中说：

知其白，守其黑，为天下式。

这里的知白守黑，虽然是从道的哲学整体出发的，但却同时突出地显示了老子关于色彩学方面的美学观点。白，可以理解为明亮；黑，可以理解为晦暗。白为显，黑为隐。所谓式，是指范式。在这里，老子把知白守黑作为一条重要的法则。

在知白守黑之中，首先要知白。《易·贲》（卦二十二）中所说的“白马翰如”“白贲无咎”，《文心雕龙·情采》中所说的“贲象穷白，贵乎反本”就强调了白的本源意义。在老子心目中，它具有抱朴有素的内涵。只有知其白，才能守其黑；在一张洁白的纸上，才可画出美丽的水墨画来。老子所说的“玄”，就是黑的极致。“玄之又玄，众妙之门”（《道德经》）这正是老子对幽深莫测、恍惚迷离的奥秘之境的哲学描述。

那么，白与黑的关系究竟如何呢？《道德经》四十一章指出：

上德若谷，大白若辱。

在这里，把崇高的德比为低下的谷，把大白比为辱（同黷）黑。可见，白黑之间，存在着相互渗透的中间地带。在相互渗透中，黑中有白，白中有黑。在转化中，从而导致白即黑，黑即白。这种说法，与老子整个哲学体系的核心——道，是密切关联的。他说："明道若昧"（《道德经》四十一章）。道有明暗，明暗相通，故道制约下的黑白也是可以互变的。可见，"大白若辱"正是从"明道若昧"衍化而来的，而明道若昧正是大白若辱产生的渊源。这就从哲学上揭示出黑白明昧之间相互交融的模糊现象。中国古代画论中的所谓计白当黑，即滥觞于此。计白当黑，就是把空白当成水墨。这种空白所显示的虚无境界，就不是无本之木、无源之水，而是实有的升华，是有的无迹形态。

在中国美学史上，许多著名的文学艺术家，都善于运用知白守黑的理论来指导自己的创作，描绘作品的色调和风采，使其既富于明朗美，又富于模糊美。杜甫咏韦偃画松，有诗句云："白摧朽骨龙虎死，黑入太阴雷雨垂"（《戏为韦偃双松图歌》）；李贺有诗句云"黑云压城城欲摧，甲光向日金鳞开"（《雁门太守行》）。这里的描绘，既显示出黑白分明的清晰美，又显示出黑白交融的模糊美。从并列、对比的角度而言，可谓有黑有白、一清二楚；从互渗、交融的方面言，可谓黑白重叠、混沌模糊。

在艺术家的创作实践中，黑与白是相互依存的。但是，黑，不可能尽黑；白，不可能尽白。只黑不白，壅滞阻塞；只白不黑，空洞无物。电影艺术大师卓别林，正是凭借影片中的黑白去表现现实生活的。即使是今日的彩色影片，也要参照知白守黑的原理，去创建蒙太奇的空间层次和时间流程。京剧《三岔口》是武功戏，所表现的时间是黑夜。深夜不见人，但闻动作声，不知是熟人，遭遇相厮杀，最后借烛光，真相始大白。烛光为黑洞洞的房间陡生亮色，为消除误会提供了契机，这不是黑中生白的效应么？以石膏为材料雕塑而成的维纳斯女神像，虽然通体皆白，但从光线的一掩一映中，从曲线的徐徐流动中，从角度的高低变化中，从节奏的抑扬顿挫中，却可窥及它那寓暗于明的特点，这不是白中生黑的效应么？现代英国雕塑家亨利·摩尔说"雕塑应该首先常带点朦胧感和深远的意味。人们应该去看去想，而不要立刻‘和盘托出’。”[1]雕塑的朦胧美，同知白守黑的哲理焉能无涉？

尤其是中国传统的水墨画，可以说是知白守黑的艺术。其结构类型，大体可分三种：一曰主白辅黑、白中显黑，其画面基本上或大部分为空白，只有少量的墨笔。如以柳宗元《江雪》诗意而创作的《寒江独钓》图，画面主要呈白色，显示出白雪皑皑、寒气袭人的景象。只有在勾勒渔翁独钓的情景时，才用了几笔墨黑。《风吹草低见牛羊》所描绘的游动的羊群，忽起忽伏，一片雪白。只有天边远处，抹着一道黝暗的云层。上述的白色乃是以生动的形象呈现出来的，它或宁静，或流动；或净洁，或悠远：在白茫茫的模糊中，给人以无穷的遐思。二曰主黑辅白、黑中显白，其画面基本上或大部分为墨黑，之间有少量的白色，如李可染的国画，常以墨黑为基调，其中凝聚着丰富的意象，蕴藏着无尽的情思，含蓄着沉着的气度，积淀着自然的精气，寄寓着宇宙的奥秘，荫蔽着深邃的意境。其《茂林清暑图》主体，咸以泼墨渲染，山势陡峻幽深，树木隐约可辨，云霭回旋缭绕。唯通山小径和山间小屋，用白色描绘，寥寥数笔，尽传神韵。再如他的《水墨山水》，兀立的山体均以墨黑描绘，造成了磅礴的气势。山底群舍，峰侧江湖，水中船只，则分别以层次不同的淡墨灰墨涂抹之、点染之，并间以白色，以衬托出群峰高低不同的状态、房舍错落有致的方位和风帆点点的动势。李可染认为："虚不一定是白，也可以是黑的。"[2]这种黑色，有浓淡，有深浅，有厚薄，有大小，千变万化，玄妙莫测。三曰有黑有白，相互衬托，各呈异彩，尽得风流。孰主孰辅？难分轩轾。例如，清代大画家石涛的《黄山图》，便是出色的一个典范。在画中，顶峰险巇峻削，危岩处处，怪石嶙峋，奇松隐隐。峰腰大片空白，流云阵阵，青气氤氲，烟雾迷蒙。山底曲径通幽，流泉淙淙，芳草萋萋，但不知何处是山，何处是水，何处是树，何处是草，却又无处不是山水草树，真

① 钱绍武：《亨利·摩尔的创作方法初探——教学笔记之四》，《文艺研究》1986年第6期。

② 郎绍君：《黑入太阴意蕴深——读可染先生山水画》，《文艺研究》1986年第3期。

可谓不似之似。正是因为石涛精于黑白相间，虚实相生的妙谛，方能把黄山奇峰异石、苍松翠柏、烟雾云海之美表现得如此淋漓尽致。

但是，白与黑，是否等于虚与实呢？不少人把白当成虚，把黑当成实。其实，虚与实是概括性很强的对立的两个哲学范畴。它是指哲学上的虚无与实有。它的内涵与外延均有别于白与黑，而白与黑的内涵与外延往往小于虚与实。换言之，白与黑，往往从属于虚与实。即：白每每从属于虚；黑每每从属于实。

白与黑，系对色彩、光线的明暗而言，故往往用之于绘画。正由于虚与白具有紧密的联系，故在绘画中往往合称为虚白；也正由于实与黑具有紧密的联系，故往往把黑当成实。有些画家干脆视白为虚，以黑为实。现代著名画家潘天寿说："有画处，黑也；无画处，白也。白即虚也，黑即实也，虚实之联系，即以空白显实有也。"[①]以空白显实有，也就是计白当黑。白，具有突出的、特殊的重要意义。在表现黑的时候，也必须着意衬托出虚白之美。虚白之美，乃是一种空灵美。它灵动而不空洞，玄妙而不晦涩，深远而不浮泛。它是精神的升华，是实有的无迹状态。唐代诗论家司空图所强调的"象外之象，景外之景"（《与极书浦书》）和"韵外之致""味外之旨"（《与李生论诗书》），就是指虚白、空灵的最高境界。守黑之所以必先知白，其奥妙亦存乎此。潘天寿指出："老子说，'知白守黑'，就是说黑从白现，深知白处才能处理好黑处。"[②]此说可谓得其三昧。

二、明暗掩映

黑白为颜色之母。在黑与白的相互过渡、交融中，便出现了五彩缤纷的颜色。正如黑格尔所说："固定不变的光亮物体是白色的东西，它还没有任何颜色；而物质化了的和特殊化了的昏暗东西则是黑色东西。颜色存在于这两个极端之间；引起颜色的正是光明与黑暗的结合，具体地说，是

① 潘天寿：《潘天寿美术文集》，人民美术出版社1983年版，第83页。

② 潘天寿：《潘天寿美术文集》，人民美术出版社1983年版，第77页。

这种结合的特殊化。”[1]这就是说，在黑过渡到白、白过渡到黑的过程中，黑与白在不断地运动着、变化着和互渗着，由于结合的程度不同，明暗程度也就不同，颜色也就有深浅浓淡之别。换言之，“不同的照亮过程与致暗过程，它们相互作用，从而变暗或照亮，产生了自由的颜色。”[2]七色：红橙黄绿青蓝紫，就标志着明暗过渡的中间环节的多样性，显示出黑白互渗状态的不同品级，呈现出婆娑多姿的美，且读以下诗句：“紫陌乱嘶红叱拨，绿杨高映画秋千”（韦庄《长安清明》）；“峡深明月夜，江静碧云天”（张祜《送杨秀才游蜀》）；“槐花漠漠向人黄，此地追游迹已荒”（罗隐《经故人所居》）；“绿浪东西南北路，红栏三百九十桥”（白居易《正月三日闲行》）；“丛篁低地碧，高柳半天青”（杜甫《秦州杂诗·九》）；“红云灯火浮沧海，碧水楼台浸远空”（曾巩《钱塘上元夜祥符寺陪咨臣郎中文燕席》）；“绿涨春前水，青开雨后天”（戴复古《新年多雨一日晴色可喜》）；“十里白云如堕海，半天红叶欲烧楼”（易顺鼎《雨后返常道观》）。以上描绘表明：在红橙黄绿青蓝紫的流动组合中，构成了一幅幅绚烂的图画，显示了大自然黑白变化、生机蓬勃的无穷活力。十九世纪法国著名艺术批评家波德莱尔说：“各种东西，根据其分子结构被染上了不同的颜色，随着明暗的移动而变化，因热质的内部作用而骚动”[3]。又说：“活力上升，它本质上是一种混合，也就以混合的色调茁壮生长。……随着太阳的移动，色调发生明暗浓淡的变化”[4]。这里的所谓活力、就是指色彩变幻中所显示出来的生命力；所谓混合，就是指明与暗的互渗。

一个几何形物体，一只装饰瓶，一束鲜花，在阳光的照射下，会显现出某种阴影，这还是比较常见的简单的现象。如果在农村绿色世界中漫游，观照四周风景，则见一丛丛花木，一脉脉清泉，一湾湾碧溪，一座座小桥，一层层山峦，一间间村舍，一畦畦农田，一条条羊肠小道，组成了

① 黑格尔：《自然哲学》，商务印书馆1980年版，第274页。

② 黑格尔：《自然哲学》，商务印书馆1980年版，第275页。

③ 波德莱尔：《波德莱尔美学论文选》，人民文学出版社1987年版，第220页。

④ 波德莱尔：《波德莱尔美学论文选》，人民文学出版社1987年版，第220页。

一幅幅秀丽的图画。大自然的神秘的光线，通过许许多多不同的途径、方式，或直射，或折射，或互射，或反射，形成强弱不同的亮度，落在各种物体上，从而出现浓淡深浅的阴影。这种光与影之间的比差，就构成明暗。正如狄德罗所说："明暗就是阴影和光线的正确分配。"[①]

但是，明与暗毕竟是对立的两极。明亮显示了光的作用。光是一种物质，它体质极轻，速度极快。当它在运动过程中遇到他物的阻挡时就会形成自己的否定现象——暗。当光的亮度超越他物的阻滞时，黑暗便会消逝。

如前所述，明与暗在运动中是相互过渡的。由于过渡的时间、空间、速度、密度存在着千差万别，因而其明暗程度也参差不齐。既不可能出现绝对的光明，也不可能出现绝对黑暗，处于明里有暗、暗里有明的互渗状态，从而构成了事物的模糊美。例如："隐隐飞桥隔野烟，石矶西畔问渔船"（张旭《桃花矶》）；"流水声中视公事，寒山影里见人家"（崔峒《题桐庐李明府官舍》）；"远烟平似水，高树暗如山"（雍陶《塞上宿野寺》）；"云湿一声新到雁，林昏数点后栖鸦"（陆游《行饭至新塘夜归》）。这些，都是描绘自然风景明暗掩映的模糊美的绝唱。

在明暗掩映之中，可以见到斑驳绰约的阴影，它闪耀着奇妙的色彩。狄德罗说："阴影也各有颜色。""甚至就阴影本身，你也可以辨别出无数的黑点与白点交错在一起。"[②]它可以更加衬托出物体动人的风姿。

掩，喜欢暗；映，追求明。明寄暗中，暗寓明内。在光线的强弱变化中，显示出若隐若现、飘忽不定的美。"青山缭绕疑无路，忽见千帆隐映来"（王安石《江上》）；"烟月迷漫夜，秋灯闪烁时；幽人读书处，疏影见枝枝。"（戴熙《赐砚斋题画偶录》）这些描绘，尽明暗掩映之极致。

明暗掩快，有显有隐，参差沃若，婆娑多姿。这就是光（明）与影（暗）的美。达·芬奇说："阴影是黑暗，亮光则是光明。一欲隐蔽一切，

① 狄德罗：《狄德罗美学文选》，人民文学出版社1984年版，第378页。

② 狄德罗：《狄德罗美学文选》，人民文学出版社1984年版，第384页。

一欲显示一切。”[①]又说：“黑暗即是无光，光明即是无黑暗。阴影则是黑暗与光明的混合，并随混入光线之多少而有浓有淡。”

在由明入暗的过程中，光逐渐消逝，而归于无，这是对明的否定。反之，则是对暗的否定。

由于光的强弱不同，色彩的明暗掩映亦千差万别。以绿色而言，也是深浅不一、姿态各异：有墨绿，如松柏、月桂；有碧绿，如翠竹；有黄绿，如胡桃、野菊；有紫绿，如葡萄。许多花木色彩随季节变化而变化，随朝暮交替而不同。达·芬奇说：“不同颜色的美，由不同的途径增加。黑色在阴影中最美，白色在亮光中最美。青、绿、棕在中等阴影里最美，黄和红在亮光中最美。金色在反射中最美，碧绿在中间影中最美。”[②]这些色彩，在明暗交错、交替中，悠忽掩映，不一而足。它具有闪烁美、间隔美、跳动美、朦胧美。光线时强时弱，一开一闭，一明一晦，此闪烁美也。明中有暗，暗中有明，明暗互见，此间隔美也。明暗交错，一起一伏，一露一藏，此跳动美也。明暗互渗，亦明亦暗，暧暧昧昧，此朦胧美也。清朝戴熙《赐砚斋题画偶录》云：“窗隔人在，梅花深处，分明看模糊。”可谓曲尽掩映之妙。

在审美观照中，颜色的明暗掩映，不仅象征着大自然的无穷魅力。而直起伏着人的情感的脉搏，弹奏着心灵的声音，跳动着生命的旋律。它仿佛是无声的音乐。

当晨光曦微之时，你在外面漫步，忽见朝阳喷薄，霞光万道，大地立刻染上红色，你不禁欢呼、雀跃。这时，朝阳、朝霞和你的关系是那样地亲密，红色成为你生活中不可缺少的因素。它燃烧着旺盛的生命之火，给万物带来了无限光明和蓬勃生机。特是经过漫漫长夜之后，万物刚刚从沉寂状态中苏醒，心灵上需要温暖，情绪上需要兴奋，因而火红的朝阳、朝霞之合乎规律地出现，是和人的心理状态相契合的，红色便成为热烈、流动的象征，成为生命的标志。“浓绿枝头红一点，动人春色不须多”。（唐

① 达·芬奇：《芬奇论绘画》，人民美术出版社1986年版，第95页。

② 达·芬奇：《芬奇论绘画》，人民美术出版社1986年版，第121页。

人诗，见南宋陈善《扪虱新话》）“接天莲叶无穷碧，映日荷花别样红。”（杨万里《晓出净慈送林子方》）诗中红绿掩映成趣，格外体现出了诗人心中对自然美景的喜悦和对生命的热爱之情。红色中渗点黄就变为橙色。它热情、沉着、充实。黄色呈流动状态。绿色是夏天的主色，它显示出万物繁茂的景象，但易受灰黑色的感染。青色虽冷，但却象征着生命的复苏，然而也易流于阴森、而诱发惊骇之情。唐代诗人李贺的许多诗句，就描写过青色，去渲染鬼火闪烁时的阴郁氛围至于蓝色，则被誉为典型的天空色，它永远给人以宁静之感。由于它色性随和。故易受黑白的影响而改变自己所象征的情绪色彩。当它紧靠黑色时，往往令人黯然神伤；当它紧靠白色时，往往令人感到虚空淡泊。如果将蓝色渗入红色中，则就形成紫色，它时而冷峻、严肃，时而低沉、急迫。

“知白守黑”作为一条形式美的规律在艺术中的作用是神奇的，运用是广泛的。我们的祖先用“知白守黑”这样简洁、玄深的命题概括出色彩美创造的规律，不能说不是对人类审美文化的一项重要贡献。

［原载《浙江大学学报》（社会科学版）1991年第4期］

自然美和人的社会实践

自然美是美学上一个争论不休的问题。争论的焦点是：自然美为什么美？

在回答这个棘手的问题时，实践美学学派表现得非常积极。他们认为：自然美并不是它本身美，而是由于人在改造自然的实践中，同自然产生了密切的联系，自然已不是纯粹的自然，而是人化的自然，体现人的本质，因此，自然之美不在于它的自然性，而在于它的社会性，它是人的社会实践的产物。人的社会实践是自然美产生的源泉，也是自然美之所以为美的唯一原因。所谓“自然之中充满了社会”①，所谓“如果没有人类主体的社会实践，……不能有美”②，就是其中的重要论点。

为了论述人的实践创造自然美这一命题，他们引证了马克思在《1844年经济学——哲学手稿》中的话：“劳动创造了宫殿”，“劳动创造了美”。在他们看来，劳动乃是人的社会实践，因此，劳动实践也创造了自然美。

这种论断，乍看起来，也有道理，但仔细推敲，却是含糊的、笼统的，因而也是不准确的。

首先，实践美学学派曲解了马克思关于“劳动创造了美”的学说的真实涵义。马克思是从异化劳动的角度去论述劳动的作用的。他认为，在私有制的条件下，劳动者在他们的对象中的异化现象是多种多样的：“劳动

---

① 李泽厚：《批判哲学的批判》，人民出版社1979年版，第402页。

② 李泽厚：《美学三题议》，《美学论集》，上海文艺出版社1980年版，第162页。

为富人生产了珍品，却为劳动者生产了赤贫。劳动创造了宫殿，却为劳动者创造了贫民窟。劳动创造了美，却使劳动者成为畸形。……”[①]。在这里，马克思的原意根本不是探讨美的产生的原因，而有的人为了替自己的观点服务，却断章取义，不顾语言环境的确定性，硬把“劳动创造了美”这句话拿来证明人的社会实践（包括劳动）也创造了自然美，而且还说马克思也有这样的思想，显然，这是强迫马克思为自己作辩。

马克思告诉我们：劳动不仅创造了美，也生产了赤贫、贫民窟、畸形、愚钝、痴呆，因而劳动实践不仅和美有关，也和不美有关，焉能就此断定劳动实践就是产生美的唯一源泉而不是“异化”为不美的渊薮呢？可见，马克思在这里所说的“劳动创造了美”，是有特定的涵义的，他的本意决非把劳动实践看成美的唯一源泉。

这样说，是否意味着无视“劳动创造了美”的命题呢？决不。

马克思的这一名言，无疑是十分正确的，但我们必须把它放在异化劳动的理论基石之上，才可正确地理解它。此外，我们还要把它放在特定的具体范围内，才可正确地理解它。

的确，在社会美、艺术美的领域中，人们通过生产劳动实践去创造美，去建设物质文明和精神文明，以不断充实、丰富我们美的生活，这是十分必要的。但这并不意味着也能包括自然美的所有具体领域。

我们认为，劳动实践可以发现自然美，也可以创造某些自然美（如新嫁接的果树的美，从猿到人的人体美），但不能创造所有的自然美。马克思告诉我们：植物、动物、石头、空气、光等等，“从实践方面来说，……也是人的生活和人的活动的一部分。”[②]但这些自然物决非某些美学家所说是人的社会实践所创造出来的，而是宇宙间客观存在着的东西。马克思说：“人在物质上只有依靠这些自然物……才能生活。实际上，人的万能正是表现在他把整个自然界——首先就它是人的直接的生活资料而言，其次就它是人的生命活动的材料、对象和工具而言——变成人的无机的身

① 马克思：《1844年经济学——哲学手稿》，人民出版社1979年版，第46页。

② 马克思：《1844年经济学——哲学手稿》，人民出版社1979年版，第49页。

体。”又说：“人靠自然界来生活。”“人是自然界的一部分。”[①]在这里，可以明显地看出：人和自然的关系是密不可分的。没有自然界，也就没有人；没有人，自然界也就没有意义。但人和自然的关系是极其复杂的，我们决不能笼统地全部地把它们之间的关系看成是创造与被创造的关系，决不能不加分析地说有限的人可以创造出一个无限的自然界来。马克思说：“没有自然界，没有外部的感性世界，劳动者就什么也不能创造。”[②]。因此，先有自然界，然后才有劳动者的创造，在劳动者创造之前，自然界就存在着，所以，我们不能说自然界都是人创造的。至于平常人们所说的劳动创造世界，乃是就人发挥主观能动性去充分地利用自然界的资源创造出“人的直接的生活资料而言”和“人的生命活动的材料、对象和工具而言”[③]，因此，马克思在这里所说的乃是人对自然的利用，也就是人们所说的劳动创造世界。它绝不是说独立在人的身体之外的大自然乃是人的社会实践的产物；因而我们也就不能说：独立在人的身体之外的大自然的美，也是人的社会实践的产物。由此可见，人可以充分地利用自然，但却不可能完全创造自然；人可以充分地利用自然美，但却不可能完全创造自然美。就无机界来说，无边的宇宙，眨眼的群星，浩渺的银河，火红的朝阳，皎洁的明月，无疑的是自然美，它们在没有人类时就存在着，它们绝不是人的社会实践的产物；就有机界来说，巨大的恐龙，勇猛的雄狮，美丽的黄鹂，活泼的游鱼，它们各有其生长、发展的规律，而绝不是人的社会实践的产物。

但是，实践派美学家认为：人赋予自然的美乃是从社会实践中产生出来的，因而自然美不在自然本身，而在于它的社会性。也就是说，自然美之所以为美，是在于自然的人化，没有人化，就没有自然美。这种观点，是不能令人信服的。试问：一个距离地球亿万光年的星星的美、银河的美，是怎样人化的呢？即使在科学发达的今天，也还没有去征服、改造它

① 马克思：《1844年经济学——哲学手稿》，人民出版社1979年版，第49页。

② 马克思：《1844年经济学——哲学手稿》，人民出版社1979年版，第45页。

③ 马克思：《1844年经济学——哲学手稿》，人民出版社1979年版，第49页。

呀！碰到这个难题，实践派美学家灵机一动，回答道："这里所谓'征服'、'改造'不是在一种狭隘、直接的意义上说的，不是指人直接改造过的对象而已。恰恰相反，崇高的自然对象，经常是未经人改造的景象或力量，如星空、荒野、大海、火山等等。因此所谓'征服'、'改造'就是指自然作为整体处在人类发展的特定的历史阶段上的意思。"[①]又说："'人化的自然'不能仅仅看作是经过劳动改造了的对象。社会越发展，越能欣赏暴风骤雨、沙漠、荒凉的风景等没有改造的自然，越能欣赏石林这样似乎是杂乱无章的奇特美景。"[②]"天空、大海、沙漠、荒山野林，没有经人去改造，但也是'人化的自然。"[③]在这里，未被改造过的自然居然被称之为人化的自然，人化的自然则是人的社会实践的产物，这样，就必然形成这样一个公式：未被改造的自然（如星空、荒野、火山、大海）=人化的自然=社会实践的产物。至于这种社会实践，是主观的呢还是客观的呢？按照他们的逻辑，只能是主观的。因为这种未被改造的自然，还未见到人的客观行动的影响和作用，人的行动还无法加之于未被改造的自然，因而它的美，只能从人的主观审美意识中去寻找，用实践派美学家的话来说，就是"社会越发展，越能欣赏"未被改造的自然美。这样，这种未被改造过的自然美，就变成是审美者主观"欣赏"的产物。从此，又可看出实践派美学的另一个公式：人的社会实践=主观欣赏=未被改造的自然美。由此可见，他们在这里把社会实践完全看成是主观的产物，而从根本上抹杀、取消了社会实践的客观性，这就表明：他们在自然美某些重大问题上，把美感当成了美，把审美主体当成了审美客体，把主观当成了客观，完全颠倒了美感和美、主体和客体、主观和客观之间的关系，因而在认识论上就必然掉进唯心主义的泥坑。

---

① 李泽厚：《批判哲学的批判——康德述评》，人民出版社1979年版，第416页。

② 李泽厚：《美学的对象与范围》，《美学》（第三期），上海文艺出版社1981年版，第17页。

③ 李泽厚：《美学的对象与范围》，《美学》（第三期），上海文艺出版社1981年版，第17页。

我们认为，实践是人类认识和改造世界的活动。毛泽东同志在《实践论》中把认识和实践的关系看成就是知和行的关系。因此，实践固然不能离开主观上的认识，同时更不能脱离客观上的行动。可以说，所谓实践就是主观见之于客观的行动。单纯的主观性，是不能构成实践的。实践美学学派是以实践为出发点去研究美的本质的，但恰恰在自然美问题上（尤其是在未经改造的自然美问题上），只谈知，而不谈行；只谈实践的主观性，而不谈实践的客观性；把人对未改造的自然美的欣赏活动，说成是人的社会实践活动，这就表明：在未经改造的自然美问题上，实践美学学派本身就是违反实践的，因为它取消了实践的客观性，违反了主观必须见之于客观这个唯物主义实践观的基本命题。

如前所述，实践美学学派认为自然美之所以为美，是由于人在社会实践中把自然人化了；人化的自然主要是那些未被改造的自然。他们说，只有这样理解，才是把握了历史的尺度，因而也才是正确的。但他们又无法在客观的行动上去征服它，因而只有在主观的审美欣赏中去对它进行征服了，而这种审美领域中的征服居然是人的社会实践，这种耸人听闻的理论，哪里有一点唯物主义的气味呢？

其实，人的实践只可在自然美上打上社会的印章，却无法抹杀或取消自然美本身的特性。杜甫诗云：“五岭皆炎热，宜人独桂林。”桂林地处南国，气候温和，风景秀丽，漓江碧波粼粼，清澈见底，群峰突兀峻拔，云霞绚丽神奇，茂林郁郁葱葱，修竹青翠欲滴，这就为桂林山水提供了妩媚的特质。如果它不具备这些天然条件，而是苍茫寥廓，荒山僻岭，那就失去了妩媚，任凭你如何给它妩媚的桂冠，也是徒劳的。

人在开拓自然美时，必须遵循自然美的规律和特性；而在自然美上所留下的人工的痕迹，却是一种社会美。把这种社会美当成自然美，是不对的，而某些实践派美学家却喜欢玩弄实践性取代自然性的偷梁换柱的把戏。

正因为如此，他们在一系列的论证中也必然犯下了同样的错误。他们经常津津乐道的是：在原始社会没有自然美以及花之美并不在于花的本身美的问题。

他们断言：在原始社会，由于生产力水平低下，原始人无法抵御大自然的侵袭，和自然的关系完全处于敌对状态，因而，大自然不存在任何美的特性。后来，随着人类社会的进步，人在实践中不断地认识自然、征服自然，因而才逐渐改善了人同自然的关系，才看到自然也有美的一面。由此可见：自然美不在自然本身，而来自人的社会实践。为了印证这一命题，他们经常引用马克思、恩格斯的这段名言：

> 自然界起初是作为一种完全异己的、有无限威力的和不可制服的力量与人们对立的，人们同自然界的关系完全像动物同自然界的关系一样，人们就像牲畜一样慑服于自然界。①

在引用了这段名言之后，便说：自然界对于原始人是没有美的意义的；并进一步引申道：原始社会不存在自然美。

这种说法，粗粗看来，似可自圆其说，但仔细剖析，却是站不住脚的。

首先，这种说法严重地歪曲了经典著作的原意。我们认为，马克思、恩格斯的论析，无疑是十分精辟的。但由此得出原始时代没有自然美的结论，这就同经典著作的原意大相径庭了。马克思和恩格斯是从原始人不能征服自然力的角度去阐述人与自然的关系的。但他们从未得出什么原始社会不存在自然美的论断。另一方面，他们在其他地方还从原始人企图征服自然力的角度来论述过原始人与大自然的关系。例如，马克思在《政治经济学批判·导言》中，就讲过古代希腊人企图通过创作神话来征服自然力的事："任何神话都是用想象和借助想象以征服自然力，支配自然力，把自然力加以形象化"②。这种人类童年具有永久艺术魅力的希腊神话，早在原始社会就流行了。恩格斯说："从古代雅利安人的传统

① 《马克思恩格斯选集》（第一卷），人民出版社1995年版，第81页。

② 《马克思恩格斯列宁选集》，人民文学出版社1955年版，第29页。

的对自然的崇拜而来的全部希腊神话，其发展本身，实质上也是由氏族及胞族所制约并在他们内部进行的。”[①]又说：“……荷马的史诗以及全部神话——这就是希腊人由野蛮时代带入文明时代的主要遗产。”[②]可见神话产生在原始社会，不过那时还是口头文学，用文字记录下来还是后来的事。而史诗的形成时代则稍晚，一般学者认为是在公元前九世纪到公元前八世纪。它反映了原始社会解体、向奴隶制过渡的时代。荷马史诗就产生于这一时代。直到公元前六世纪，希腊雅典僭主庇西特拉妥才命人用文字记录下来。到公元前三世纪至公元前二世纪，亚历山大里亚的学者们才把《伊利亚特》和《奥德赛》各编成二十四卷，流传至今。至于典型的奴隶社会的希腊艺术，则是指公元前五世纪至公元前四世纪的悲剧、喜剧、雕塑和建筑。

既然古希腊人企图创造神话，在想象中征服和支配自然力，那么，他们就必要去挖掘、发现大自然中的真善美，他们除了看到自然界中同他们敌对的丑恶的事物以外，也必然会看到自然界中美好的事物，如果自然界中没有美好的事物，他们就不可能把自己征服、支配自然力的企图寄托在这些美好的自然物上面。例如：巧匠神赫淮斯托斯，女猎神阿耳忒弥斯，助产神厄勒提亚，为人类取火的普罗米修斯，以及马克思所提到的罗马神话里的乌尔刚，雷神朱彼忒，希腊神话中的商业之神赫尔麦斯，女神法玛，都是古代人的意识加工过的自然神，这些神的出现不是无缘无故的，而是自然美的一种曲折的反映。如果大自然没有美，他们又怎能在作品中去歌颂它呢？正由于大自然本身存在着美，所以才在他们创作的神话和想象中得到生动的反映。这是符合存在决定意识这一唯物主义的原理的。

其次，否认原始社会存在自然美的说法，不符合对立的统一的法则。辩证唯物论认为：对立的统一是宇宙发展的根本规律。真善美和假恶丑总是相比较而存在、相斗争而发展的。自然界和社会界一样，既有真善美，

① 《马克思恩格斯选集》（第四卷），人民出版社1995年版，第102页。

② 《马克思恩格斯选集》（第四卷），人民出版社1995年版，第23页。

也有假恶丑。不仅现代如此，古代也是如此。在原始社会，大自然有丑恶的一面，尽管这一面在人类之初是占主宰地位的；但也有美好的一面。如果大自然都是那样地凶恶，而不存在着美，恐怕在神话中女娲就不会拣选五彩石，大禹就不会筛选出土壤，古代人就不会在《击壤歌》中悠闲地去歌唱日出和日入时的美景。由此可见，原始社会是存在着自然美的。原始人在和大自然的斗争中，通过劳动实践，发现了自然美的闪光；这就使他们和大自然的关系，从单纯恐惧而导致的疏远化转向亲近化，这种和自然亲近的实践过程，促使他们能够去开拓自然美，因此，原始人的劳动实践，是发现自然美的必然的途径，然而它却不能代替自然本身的美。但是，实践美学学派却矢口否认这一铁的事实。

不仅如此，他们还经常举普列汉诺夫所举过的例子来印证他们的命题。普列汉诺夫在《没有地址的信》第一封信中曾说：原始部落“布什门人和澳洲土人——从不曾用花来装饰自己，虽然他们住在遍地是花的地方。”他们过着狩猎生活，因而喜用动物的毛皮作为装饰品，植物在他们那里是没有地位的。[①]于是，有的美学家便根据自己的观点加以引申，断言花的本身是无所谓美的。如果花是美的，为什么布什门人和澳洲土人不喜爱呢？正由于他们还处在狩猎时期，狩猎生活成为他们获取食物、维持生命的唯一途径，因而便能在劳动过程中逐渐产生对于动物的审美观念，发现动物的审美价值。可见美是人类社会实践的产物，动物本身则无所谓美，鲜花也是如此。在狩猎阶段，鲜花和他们没有发生直接关系，对他们的生活内容和生存没有影响，因而他们便没有关于花的社会实践，所以鲜花就没有审美价值，也不成其为美。于是，这些美学家就得出这样的结论：自然美不在自然本身，而在人类的社会实践。

的确，没有人类的社会实践，不知道有多少丰富的自然美仍被埋藏着。正是由于人类在生产斗争中不断地接触自然，不断地改造自然，因而才能够越来越多地知道自然的奥秘，看到自然美的闪光。正是在这一意义

① 普列汉诺夫：《论艺术》，生活·读书·新知三联书店1973年版，第32页。

上，我们才说：人类的社会实践，为自然美的开发，开辟了广阔的道路。自然美的不断出现，不断被人们所认识，同人类的社会实践的关系至为密切。但是，这并不等于说：人类的社会实践就是自然美本身；也不等于说：自然美之所以为美的直接根源，不应从自然本身中去寻找，只能在人类社会实践中寻找。

我们认为：人的社会实践，只能发现自然美，而不能产生自然美。因为自然界是纷纭复杂的，是美丑杂陈的，通过实践，可以从大自然中把美提取出来，也就是发现自然美，认识自然美。但是，人的社会实践不是自然美的母体。因为人的社会实践，一能发现自然美，二能妆扮自然美，给自然美打上社会性的印章，但却不能改变自然美的自然性。至于那些以纯人工的形态出现的园林艺术，如苏州的拙政园、北京的颐和园等，虽也带自然的风采，但其基本特性却是社会性的，因而不是自然美。可见，自然物本身，才是自然美产生的母体；人的社会实践，只是探索自然美之所以为美的必然途径。母体和途径，毕竟不能代替。寻找自然美之所以为美，既要研究自然美本身，又要研究人类的社会实践。只研究人类的社会实践，而反对研究自然美本身，是一种片面的形而上学的观点。否认前者，就会抹杀自然美的客观自然性而陷入唯心主义；否认后者，就会抹杀人的主观能动性而陷入机械唯物主义。但是，在目前国内美学界，否认人类社会实践作用的，倒不多见；而反对自然美在于自然本身的，却是为数不少的。

以狩猎时期原始部落而论，他们身居花丛中，未谙花之美，这当然是由于他们尚未开化、没有对于花的社会实践的结果；但这并不等于说，那时的花就不美。花，色彩绚丽，香味扑鼻，花气袭人，形态万千，其本身是具有美的特质的。就花的颜色来说，为什么那样地五彩缤纷、万紫千红呢？原来花中含有类胡萝卜素和花青素。它们在花瓣中的成分有多有少，因而花的颜色就有浓有淡、有深有浅。例如：类胡萝卜素中的品种很多，有的使花瓣呈红色，如郁金香；有的使花瓣呈橘红色，如金盏花；有的使花瓣呈黄色，如黄玫瑰。总之，花的自然属性（如类胡萝卜素、花青素等）只是构成花之美的物质要素，单纯具有这种自然属性还不能形成花之美，只有当花的自然属性按照花的自身的美的规律，充之于内、形诸于外，而显现出来的时候，才能构成花之美。推而广之，只有当自然属性符合于美的规律，才可形成自然美。如果没有自然属性，则美的规律便失去体现的依据（如：没有类胡萝卜素和花青素，则就无法体现花之美的规律）；反之，如果没有体现美的规律，则自然属性只是特定自然物的物质标志，但却不是美的标志。例如：那些行将萎谢的花，也是含有某种类胡萝卜素或花青素的，但由于失去了生气灌注、和谐等美的规律，因而也就不美。可见，自然美，美在它的自然性，而自然美的自然性则是其自然属性及其美的规律的统一体。花之所以为美，既由于它具有自然属性，又由于它的自然属性是符合于美的规律。因此，花之美是客观的，不以人的意志为转移的。

承认花之美在于花的自身，承认自然美在于自然本身，丝毫也不否认人的社会实践的作用。正是由于重视人的社会实践，因而自然美才不断地得到开发，它的审美价值才不断得到肯定，花的自身美也才不断地得到承认。在人类历史发展的长河中，在人类社会实践过程中，花的自然美，才不断地被人们赞赏、歌咏、描绘。但如果花草本身不存在着美，恐怕大诗人屈原也不会在《离骚》中把芳草比为美人，不会歌咏秋兰、木兰、幽兰、秋菊、芰荷、芙蓉；李白也不会描绘“清水出芙蓉，天然去雕饰”的美；《儒林外史》中的王冕，也不会去画苞子上清水滴滴、荷叶上露珠滚滚的荷花；清代绘画大师恽南田也不会以工绝牡丹、芍药、海棠、秋菊而誉满京华。

通过以上分析，可以看出：实践美学学派挖掘自然美形成的原因时，则完全排除了自然美的自然性，这就使实践美学学派在理论上陷入困境。恩格斯教导我们：“事情不在于把辩证法的规律从外部注入自然界，而在于从自然界中找出这些规律并从自然界里加以阐发。”[①]可见，自然美之所

① 恩格斯：《反杜林论》，《马克思恩格斯选集》（第三卷），人民出版社1972年版，第52页。

以为美的规律及其特性，也必须从自然界本身去找，而不是从外部去注入。

［原载蔡仪主编：《美学论坛》（第一辑），广西人民出版社1987年版］

老虎美不美

——略谈美感的相对性

我看见一幅面，画中丛岭深处，有一只老虎似在走动，两眼炯炯有神，好像在看着我。我很喜欢，觉得它很美。有一次，我迎着凛冽的寒风，顶着鹅毛般的飞雪，在皖南丫山巡回辅导。途中偶遇行人，说此山曾有老虎，我不禁为之一惊。这时，我又不感到老虎美了，而是深怕碰见它。我笑自己：真是一个“叶公好龙”式的人物。我们有这样的体会：到动物园观虎，是一种享受；但碰到老虎发威，大吼一声，也不由得你要毛骨悚然。这里就出现了一个美学上的问题：为什么你有时感到老虎美，有时又觉得非常可怕呢？

你觉得老虎美，首先因为你有安全感。画中的虎，铁栅笼子里的虎，决不会伤害你，还可使你赏心悦目；但凭安全感还不能构成美，安全感只是欣赏美的一个条件，而不是美的本身。我们之所以感到老虎美，归根结底是由于老虎本身存在着美。它的花纹色彩鲜艳，斑驳烂漫，这是它的形式美；它的性情勇猛，这是它的内容美。由此可见，美是客观的。如果老虎没有勇猛、威严及其美丽的色彩等美的特质，你就不可能对它产生美感，因而美是产生美感的客观物质基础。美决定美感，而不是美感决定美。没有美，也就没有美感。所以，美是美感的源泉。但是，美感的产生，除了依赖美以外，也不能离开人的思维对于美所作出的反应，当美的客观性和思维的主观性合二而一时，美才可活现在美感的荧光屏之中。如果你无心审美，则再美的东西也难以激起你的美感；如果没有审美的思维，你就无法领略《猛虎图》的美。可见美感不能离开有审美力的主体，它是人的主观世界对于客观世界美的追求，是主观和客观的有机统一。

人们对于美的事物，有共同感受的一面，如孟子所说："耳之于声也，有同听焉；目之于色也，有同美焉"。但是，人们也会由于知识、教养、趣味以及阶级利益、社会意识的不同而有不同的感受。甚至一个人对同一事物，或是由于它具有二重性，或是随着客观环境、个人经历和个人心境的变化，也会有不同的甚至相反的感受。这就是说，美感的产生是有相对性的。人们在看到老虎时是否产生美感，也会随着环境、情况的变化而变化。

艺术家在探索老虎美的实践过程中，总是根据来自虎的各种不同特性，在不同环境、情况下产生的各自不同的感受，对虎的美或丑进行形象化的改造。这就使人们多方面地获得美的享受，丰富了人们美的生活。下面，我们就来具体谈谈，人们在实践中是如何从不同方面表现老虎的美和丑的。

（1）勇猛美

老虎勇猛的性格，往往使人产生联想。有的人在身体易于袒露的部位刺上虎纹，就是渴望自己也像虎一样勇猛。《三国演义》中的关羽、张飞、赵云、马超、黄忠，英勇苦战，被称为五虎将。《水浒》中的梁山好汉雷横的诨号叫插翅虎，电影中也有英雄虎胆式的人物，这些比喻性的赞誉，都是吸取了虎的勇猛美。

（2）威严美

戏剧舞台上，武将的中军帐前有时设置虎的模型，宝座上披着虎皮，大将军穿的大铠、旗靠上也饰有虎头纹，这些都给人以威风凛凛、气度严肃的感觉，显示出一种威严美。在古代战场上，士兵的盾牌上往往绘有虎头图案，战鼓上嵌着虎豹的形象。可以想见，当金鼓齐鸣时，这些虎豹的形象会加强威慑感、森严感，以壮阵容。此外，古建筑中红漆大门上的虎头环，也是显示威严的；而闺房、厢房的门环装饰一般就用龙凤图、鲤鱼纹，不用虎形图案。

（3）气魄美

“举头为城，掉尾为旌。”这是李贺在《猛虎行》中对虎的气魄美的生动描述。南京城，只有用“龙蟠虎踞”一词才能道出它的气势。“虎背熊腰”这四个字，则是用来比喻壮士的形状和气魄的。

（4）装饰美

虎头拐杖、老虎玩具、虎头鞋，虽和虎的勇猛、威严、气魄有点联系，但已不那么直接了，更偏重于装饰性和实用。而虎纹大衣等，则是取虎皮的色彩美。

美与丑是相对立而存在的，然而在某些特定事物身上，美与丑也经常杂处在一起。老虎就是这样。深山遇虎，老虎要吃人了，它向人们显示出它那凶残的面貌。这时，人们不仅不会产生美感，而且会立即感到它是恶的、丑的。在老虎身上，美和丑就是这样对立地统一着。由于老虎身上存在着美和丑的二重性，因而它给人的感觉就不是单纯的。人们以爱美的感情来肯定它的勇猛，以惊愕的表情和抨击的方式来否定它的凶残。

当人们把老虎的美和丑同特定社会阶级联系在一起的时候，老虎本来所存在的自然状态的东西，经过改造，便转嫁到特定阶级身上，就带着特定的社会性，以至打上阶级的烙印。所以，人们除了表现老虎美的特性，并把它和人的美的特性联系在一起，从而去刻画人的美以外，通往往抓住老虎暴戾的特性去表现反动统治阶级的狠毒。人们往往把老虎的凶残性和反动统治阶级以及其他恶人相联系，把他们比喻为老虎。“苛政猛于虎”（《礼记·檀弓下》），两千年来，不断为文人所引用；以抨击横征暴敛的恶政。蒲松龄在《梦狼》篇中说：“官虎而吏狼者比比也”，是说反动统治者像虎狼一样残忍。人们把同反动统治者或蛮横、残忍的人打交道称之为捋虎须、与虎谋皮、摸老虎屁股、虎口拔牙、独有英雄驱虎豹等等。

在日常生活中，常听到“谈虎色变”这个词，也就是指人由于虎的凶残本性而引起的惊骇之情。这当然是不能激起美感的。虎视眈眈、为虎作伥、养虎贻患等等所指的虎，都是被谴责的对象，而射虎、杀虎、打虎的行为，都是历来受人赞颂的。从杜甫的“短衣匹马随李广，看射猛虎终残年”的诗句中，可以看出诗人对李广擅长射虎的仰慕之情。《水浒》中的英雄之一李忠，被称为“打虎将”。至于武松打虎、李逵一人打杀四虎的故事，则是尤为脍炙人口的。

本文经美学家王朝闻先生审阅

[原载《中国青年》1980年第8期]

武松打虎的美

在施耐庵的《水浒传》中，描写过李逵打虎、李忠打虎、武松打虎、猎户打虎等。李逵一手打杀四只老虎，李忠以擅长打虎而被誉为打虎将，但，远没有仅仅打死一只老虎的武松出名。武松打虎的故事，流传了好几百年，几乎家喻户晓、妇孺皆知，而且将世世代代地流传下去。

为什么武松打虎有如此巨大的艺术魅力呢？这不能不归功于语言艺术大师施耐庵，因为他极其深刻地、形象地表现了武松打虎的美。

如果把动作比为彩笔的话，那么，施耐庵就是运用这支彩笔去精心地描绘武松打虎的美的。他选择了饮、翻、拿、闪、打（手按、脚踢、拳击、棒打）等“特写镜头”组成了动作的序列，前后联系，彼此照应，栩栩如生，具有鲜明的物质感、运动感、节奏感、舞蹈感，显示出生动的雕塑美。如果仔细分析，则不难看出，这种雕塑美是由武松的气质美和动作的连锁美、敏捷美、跌宕美构成的。由于这些美的丰富性、多样性和广泛性，就形成了武松打虎的美的广度；由于这些美的连续性、递进性和和层次感，就形成了武松打虎的美的深度。

气质是指人的情绪、感情的表现方式及其强度和力量。要表现武松同比他力气大十几倍的猛虎进行搏斗，首先要在气质上用浓墨去渲染武松的美。为此，作者紧紧地围绕着武松的“饮”的动作，在“酒”字上大做文章。在古代，一般酒店的招旗上，只写着个“酒”字；而景阳冈前的酒店招旗上，却写着“三碗不过冈”五个字，可见这不是寻常的酒店。它所卖的乃是“透瓶香”“出门倒”的“村酒”。武松却全不在乎。他一口气喝了十八碗，至少吃了四斤熟牛肉，既没醉，也没倒，说是没有尽量，也没有尽兴。

作者为什么舍得花大力气去描写武松只顾痛饮、不信有虎呢？一个是为了表现武松的力，一个是为了表现武松的胆，为武松打虎，先写一笔。作者紧紧抓住了读者“永远渴求美”（巴尔扎克语）的迫切心情，设置了一个个悬想，让人们思索、回味：“三碗不过冈”何况喝了十八碗，如何解决“过冈”问题呢？随着情节的展开，你脑中的疑云终于被驱散了，原来强调“不过冈”云云，正是为了说明能过冈。围绕着这一问题，武松和酒家展开了一场激烈的争论。作者为了表现武松的气质美，既不能像写宋江那样慢条斯理，又不能把他写得蛮不讲理，而要掌握火候，不能超出粗犷的界限。如果写成了武松怒打酒家，那就不是只是粗犷，而是粗暴和鲁莽了。

当然，武松虽是英雄，但毕竟不是神。他喝了那么多酒，就不可能没有反应。如果没有反应，则既不真实，也不能显示他的粗犷。反之，如果把他写得烂醉如泥，也会失去他的气质美。因此，作者笔下的武松，既非烂醉如泥，又不清醒如常，而是醉意朦胧。当武松徒步上冈时，酒力发作，便踉踉跄跄，直奔乱树林中，见一块光平的大青石，便把哨棒倚在一边，放翻身体，准备睡觉。这就进一步把武松的气质活脱脱地表现出来了。这时，武松全身松弛，疲惫不堪；老虎以逸待劳，饥不择食，客观形势大大有利于老虎，而不利于武松。这同前面所写的“三碗不过冈”正好遥相呼应。

围绕“三碗不过冈”的争论以及武松在青石上待睡的情景，显示出武松的松弛；从遇虎到打虎，显示出武松的紧张。前后一弛一张，波澜起伏，曲折有致。

作为显示武松紧张状态下的打虎，可分为三大回合。每个回合都“打”出了美的旋律。

第一个回合是醉武松对饿老虎。老虎张牙舞爪，武松积极防御，描绘了武松动作的连锁美。

正当武松放翻身体、准备睡觉时，突然一阵狂风过处，蓦地跳出个吊睛白额的大虫来。武松见了，叫声“啊呀!”从青石上翻将下来，便拿那条哨棒在手里，闪在青石旁。武松原来是没有打虎的思想准备的。这时，老虎突然出现，他大吃一惊，叫声“啊呀!”是自然的、真实的。问题在于，在极端险恶的情势下，是束手待毙，还是自卫还击？武松采取的是后者。作者在写武松“啊呀!”一声惊呼以后，紧接者用“翻”“拿”“闪”三个字表现了武松高度迅速的连锁动作的美。就翻、拿、闪三个动作的造型序列来说，必须先翻、后拿、再闪。如果不先“翻将下来”，就可能被老虎吃掉。这个“翻”的造型，显示了武松动作的快速，也表现了武松的吃惊。如果不用“翻”字，而是用“缩”字，写武松缩着头、闭着眼，听天由命，那么，武松就不成其为英雄，而是无能的懦夫了。所以，“翻”这个字，用得恰如其分，不可改动；而且它和前面所写的武松不信有虎、有青石上“放翻身体”待睡时的“翻”字，恰好形成鲜明的对比。前面的“翻”字，是放松，心中无虎；这里的“翻”，是紧张，心中有虎。它既表示武松动作之快，又是以避其锋的自然的防御性措施。如果先写“拿”哨棒，后“翻”身体，那就慢了，就很可能被老虎吃掉。

写“拿”字，着重表现武松的机智。如果不拿哨棒，只顾身子翻下来，而忘掉了武器，那就会把武松写成是个惊慌失措的人而损害英雄的形象。况且，不拿武器，又怎能和老虎战斗？可见写“拿”，也是写武松想用哨棒打虎，这就为“打”字先写一笔。

武松在翻下身体、拿起哨棒以后，紧接着必然是“闪”在青石边。用了个“闪”字，就完成了武松伺机打虎的准备。

第二个回合是：老虎猛扑武松，武松避其锐势，挫其锐气，表现了武松动作的敏捷美。

那“又饥又渴”的老虎，先“把两只爪子在地下略按一按，身上往上一扑，从半空里撺将下来。武松却闪在老虎背后；老虎见扑不着，便“把腰胯一掀，掀将起来。”武松又“闪在一边。”老虎见又没掀倒武松，恼了，便“大吼一声，却似半天里起个霹雳，震得那山岗也动，把这铁棒也似虎尾倒竖起来，只一剪，武松却又闪在一边。”老虎用一扑、一掀、一剪来攻击武松，而武松则用一闪、一闪、又一闪来对付老虎。老虎力气虽大，但体力消耗很大；而武松则用三闪保存了实力。在力量对比上，老虎的优势大大削弱了，武松的有利因素大大增长了。

第三个回合是：武松避实就虚，竭尽全力，猛击要害，终于打死老虎，表现了武松动作的跌宕美。

所谓动作的跌宕美，就是指：动作有高有低，有抑有扬，疏密相间，摇曳多姿，曲折有致。当老虎扑不倒、掀不掉、剪不着，力气失去一半时，武松抓紧时机，用尽平生之力，一棒从半空中向老虎劈将下来。但却想不到正打在枯树上，连哨捧都打成两截，只剩下半截拿在手里。于是，形势急转直下，原来武松得到的优势突然削弱，而老虎的优势却陡然增长了。老虎气势汹汹，趁机猛扑过来。武松“只一跳，却退了十步远。”老虎恰好将两只爪搭在武松面前。形势极其险恶！由于处境的优劣交替，气氛的时紧时松，情节的陡起陡落，因而武松的动作必然是大开大阖、大起大伏、疾速多变的，这就形成了武松动作的跌宕美。

当老虎逞凶时，机智、勇敢、临危不惧的武松，索性把半截棒丢在一边，“两只手就势把大虫顶花皮疙瘩地揪住，一把按将下来”，两只脚直向老虎面门上、眼睛里乱踢。老虎咆哮挣扎，“把身底下扒起两堆黄泥，做了一个土坑。”这时，武松便化险为夷、由劣势而优势、变不利为有利了。这种一曲一折、一起一落的变化，又组成了武松动作的跌宕美。

这时，武松左手紧紧揪住老虎顶花皮，抽出右手来，抡起铁钵样的拳头，尽平生之力打了几十拳，老虎的眼、口、鼻、耳，都迸出鲜血，动弹不得。武松还不放心，（鉴于老虎的厉害和轻敌的教训！）又拾起那半截棒打了一回，见没气了，才肯住手。由于手按、脚踢、拳击、棒打，终于把猛虎置于死地，从而集中地突出了武松打虎的美的主题。

就全文看，真正描绘“打”的笔墨并不太多，然而在节骨眼处，却尽情地铺张，用浓墨渲染，既写了打的时间先后，又表现了打的动作的递进性、层次感和纵深感，还描绘了打的方式的多样性、集中性，打的力量的沉重性、致命性。这就形象地显示出武松打虎的美的浓度和深度。

［原载《国文天地》第8卷第12期］

剑桥大学、牛津大学寻美记

英国的剑桥大学、牛津大学位居世界著名高校前十名以内，共有129位诺贝尔奖获得者，充盈着人文美的远大理想和科学美的创造精神。

2008年10月21日，我们由伦敦出发，驱车赴剑桥大学。沿途所见，是绿色的原野，茂密的树林，飞翔的小鸟，湛蓝的天空；看不到环境污染，闻不到乌烟瘴气。约近两小时车程，到达剑桥镇。全镇有十万人，骑自行车的人很多。镇上有公共汽车，交通十分便捷。迎面而来的英国人和你目光相遇时，总是口角挂着微笑，频频示好。

剑桥大学和剑桥镇是紧密相连的。可以说前者是后者光辉灿烂的明珠，后者是前者日常生活的保障。

剑桥大学创建于1209年，培育了牛顿、达尔文、培根、霍金、李约瑟等顶级大师，现有一万七千名学生；其中，中国学生有六百人，多数为硕士生。该校有三十一所学院，是全球自然科学的摇篮，排名居世界前十位以内，最享盛名的是国王学院、王后学院和圣·三一学院。大科学家牛顿（万有引力发现者）、达尔文（进化论创立者），都毕业于圣·三一学院。据导游说：单是圣·三一学院就产生过二十一位诺贝尔奖金获得者。此外，卡的文实验室，从1874年建立算起，至1974年止，一百年来，共出现过二十二位诺贝尔奖金获得者。至于卡的文学院，则另具一番风采。其建筑清奇典雅，俊逸潇洒。建筑正门上方中央树立一座人物雕塑，这就是卡的文，正由于他的捐款，才建成这座学院大楼，为了纪念他，遂命名曰卡的文学院。此外，鲁滨孙学院，也颇有名气。

剑桥大学共有八十二位诺贝尔奖获得者，享誉全球。每年6月、7月，都举行授予学位的加冕典礼。

二十世纪二十年代初，新月派诗人徐志摩由美国来到英国，负笈于剑桥大学。他是因仰慕哲学家罗素而来的，因为罗素执教于此。他是因追求自由恋爱而来的。他结识了在剑桥大学求学的才女林徽因。他笔下描绘的康桥，就是剑桥。诗人不仅是实指，而且更是虚指、泛指，是笃爱剑桥情感的典型化、白热化。《康桥再会罢》，萦绕着诗人的离情别绪；故国之思，亲子之爱，康桥之恋，恒久不能忘怀；“人天妙合”，“纯美精神”，充盈于血液之中。在诗中，诗人实现了中国天人合一的美学观念与西方文明的对接。在《再别康桥》中，则以轻柔的笔触勾勒了康桥的美。举凡云彩、河畔、金柳、夕阳、波光、艳影、青荇、柔波、水草、榆荫、清泉、浮藻、彩虹、长篙、星辉、舟船、笙箫、夏虫、衣袖等等，都是生命的因子，成为诗画的神来之笔，而织成情以景现的梦境。当我在剑桥上漫步时，在剑河畔聆听潺潺流水时，在垂杨下细观摇曳的柳丝时，在沿着清幽的小径寻找徐志摩无痕的足迹时，我总是不由自主地默念着诗的开头部分：

轻轻的我走了，
正如我轻轻的来；
我轻轻的招手，
作别西天的云彩。

我默诵着诗的最后一段：

悄悄的我走了，
正如我悄悄的来；
我挥一挥衣袖，

不带走一片云彩。

我们仰视蓝天，唯见白云飘拂，鸟儿飞翔；我们俯观大地，遥感诗人无迹之迹：但我们却摄下了剑桥大学城的影像。各个学院毗邻为伴，彼此独立，自成体系；又相互竞赛，各显风流，然而，有一点却是共同的，这就是独特的创造精神和称雄世界的信心。它们和而不同，即使建筑造型，也风格各具。如：国王学院，境界开阔，气势恢宏，高楼巍峨，形象雄丽，尤其是学院大门及护栏，有花卉及几何形图案装饰，富于巴洛克韵味，给壮美的建筑抹上了一笔优美的色彩。至于王后学院，除了有皇家气派外，还带庄重、典雅、靓丽的风致。而圣·三一学院，可由一条小街进入，正门并不高大，但朴素、俊爽，境界幽深静谧，风格含蓄隽永，校舍雅而明丽，是培植科学大家的理想所在。

剑桥大学，环境优美。其31所学院，堪谓花香鸟语，绿色满园，幽阒辽敻，宁静致远，空气清新，沁人心脾。这里，见不到遛狗者，听不到犬吠声，听不到汽车轰鸣声，听不到嘈杂音、叫卖声、喧哗声，见不到小广告到处张贴、满天飞舞。

我们还在剑桥镇大街上闲逛，在小巷中穿越。街道拐弯处，一座玛利教堂，赫然映入眼帘。圣母雕像，慈祥端庄，是此间宗教崇拜的象征。

我们在剑桥一家华人开设的“金陵饭店”用餐。在领略剑桥美的顷刻，又能品尝到中国菜的美味。

24日下午，我们在牛津大学参观。牛津大学创建于1167年，比剑桥大学古老。它有47位诺贝尔奖获得者。如果说，剑桥大学偏重于理工科，那么，牛津大学则是综合性的，其政治、法律、文学的氛围是浓郁的。英国有二十多位首相，均毕业于该校。牛津大学毕业证书是分等级的，即一、二、三等，一等最优秀，前程似锦。例如，丘吉尔排名第四，撒切尔夫人排名第一，均为一等最优秀的成绩。

我们参观了牛津大学的国王学院、三一学院、拉丁文学校、教学楼、出版社、音乐厅、学生宿舍（外观）、玛利教堂等。这些建筑，或呈水平韵律，或现垂直韵律，或墙体镶嵌雕塑，或雕塑烘托建筑，并于门窗墙上饰之以花叶树木等植物图案，施之以幽雅别致的色调，俾莘莘学子赏心悦目，而拥有优美的读书环境。

总之，这两所名校均充盈着人文美的远大理想，都践行着科学美的创造精神。

所谓人文美的远大理想是指什么呢？这就是追求人的尊严、自由、平等，讴歌人与人之间的爱，其思想基础是人本主义。它与我们所说的以人为本虽有区别，但却是有关联的。人本主义是以人为本的先声，以人为本是对人本主义的超越。英国浪漫主义诗人雪莱（1792—1822）在《诗辩》中说："道德的最大秘密就是爱；或者说，就是逾越我们自己的本性，而溶入于旁人的思想、行为或人格中存在的美。"[①]可见，他在理论上所提倡的人文美是爱与美的圆融。1810年10月，他进入牛津大学。19岁时，写成《无神论的必然性》这篇富于战斗性的哲学论文，却触怒了教会的神经，也得罪了当局，因而被开除出牛津大学。但他追求自由之心，更加炽热，经常发表政论、诗歌，抨击那些戕害民主主义思想的封建权贵，于是，激起了贵族阶级的忌恨，终于在1818年3月被逼离开英国。在意大利时，他写成《解放了的普罗米修斯》这部反抗压迫、歌唱正义的诗剧，足见在创作实践上，他也是为人文美的远大理想而奋斗的勇士。然而，在牛津大学讲授诗学的布拉德雷（1851—1935），却贬低雪莱之诗"没有诗的价值"[②]极力鼓吹为诗而诗，这显然是有悖于雪莱优秀诗歌传统的。

雪莱的诗友、战友是拜伦（1788—1824），他俩被誉为英国浪漫主义文学的双绝。拜伦于1805年就读于剑桥大学，1809年毕业。他出身名门，爵袭贵族，但所接受的却是剑桥大学所传播的民主思想。他认为人人都应享有爵位、官职的权利。他支持工人，反抗压迫，诅咒等级制度，同情贫苦人民。1816年，拜伦完成了《普罗米修斯》叙事长诗，与雪莱同一题材的诗作，可谓珠联璧合，相映生辉。最后，也因备遭封建权贵迫害而离开

① 伍蠡甫主编：《西方文论选》（下卷），上海译文出版社1979年版，第54页。

② 伍蠡甫主编：《西方文论选》（下卷），上海译文出版社1979年版，第104页。

英国。

剑桥、牛津，展示给人们的，除了人文美的理念以外，还有科学美的创造精神。

所谓科学美的创造精神又是指什么呢？科学是与真善美相亲相爱的，但科学的“情人”是真，它最终要和真“结婚”。它以揭示客观真理、创造新世界为己任，并以美为造型。英国生物学家赫胥黎（1825—1895），在支持达尔文进化论的演讲词中，借用了牛顿的名言：“有些人一生都在伟大的真理海洋的沙滩上拾集晶莹的卵石；他们日复一日地注视着那股胸怀包藏着无数能把人类生活装点得更高尚美好的珍宝的海潮。”[①]但这些科学家的献身精神和伟大成就却往往受到保守派的诋毁、否定，达尔文的进化论出现后所遭受的命运就是如此。但科学真理是永远抹杀不掉的，因此，赫胥黎坚信，进化论的海潮，浩浩荡荡，气势磅礴，是不可阻挡的。这便表明了科学美的创造精神的无比威力。

正因为如此，牛津与剑桥，几百年来，朝气蓬勃，青春永驻，永远激励着爱美、寻美的莘莘学子，一代一代，勇往直前。

［原载《美与时代》（上）2009年第9期］

① 《名人演说一百篇》，石幼珊译，中国对外翻译出版公司商务印书馆（香港）有限公司1992年版，第221、223页。

恋人为什么爱在月下散步

——谈美的形态

“日上正赤如丹，下有红光动摇承之”（《登泰山记》），这是清代散文家姚鼐描绘的喷薄而出的朝阳美；“辋水沦涟，与月上下”（《山中与裴秀才迪书》），这是唐代诗人王维笔下闪耀浮动的月色美。但是，双双情侣，却不愿在阳光下窃窃私语，而爱在月下流连忘返，畅叙心曲，其中的缘故何在呢?

首先，这不能不从月儿本身去寻找它的奥秘。美丽的月儿，是大自然的作品，有它本身独自的特性。它的美，具体地表现在色彩、光泽、温度和形状上。

月的光辉，呈现出青色。它青而淡，照在人的身上，默默地给人以抚慰。它暗而幽，像一顶神奇的帐幕笼罩着大地。山脉，河流，古潭，池塘，花丛，树林，建筑，雕塑，等等景物，都承受着它的光泽。万物沐浴在月光中，若明若暗，恍惚迷离，依稀朦胧，如梦如幻。它的青，在温度上是偏于凉的，因此，它富于凝聚、收敛的特质，这就为它的含蓄美提供了自然条件。它有圆有缺，形状多变，使它的美呈现出多样性。以上特性，是月儿本身所固有的，因此，月色之美，和月亮本身的自然性是分不开的。

如果月光不带点暗，而是像白昼一样，什么东西都分辨得一清二楚，那么，你就一览无余。那些对对情人，讲悄悄话儿，经常选择僻静幽暗的月下，这大概和月亮的自然性所赋予的朦胧美有关吧。

月色之美，固然和它的自然性有关；同时，也和人的社会性有关。人是社会关系的总和。人把自己的社会性投射到自然物上，力图在自然物上留下人工的痕迹。月下散步的情人，把月儿当成知音，赋予月儿以人性，把没有感知的月亮想象成有生命、有情意的天使，这就是人化的自然美吧，赋予对象——月亮以人的本质，这就是人的本质力量的对象化吧。正由于如此，原来具有自然美的特性的月亮，就披上了社会美的外衣，因而就分外妖娆、美上加美了。嫦娥奔月、玉兔杵臼的神话，就是月亮的自然美和社会美的结晶。花前月下，双双恋人，倾吐衷情，品尝着爱情美的甘露，也为月色的自然美增添了社会美的情趣。无情的月变成有情的月，有情的月与有情的人遥相默契，这就更使情人多情，情意益笃，心心相印。

月儿，就其自然性来说，它色彩青，光泽暗，力度弱，形态媚，显示出特有的阴柔之美，就其和人的关系来说，月儿的柔美和恋人的柔情一拍即合，因而沟通月儿与恋人之间的中介便是个柔字。月儿的柔美为恋人的柔情提供了自然美的环境；恋人的柔情为月儿的柔美增添了社会美的光轮。没有月儿的柔美，恋人的柔情就缺少烘托；没有恋人的柔情，月儿的柔美就显得寂寞。因此，月儿的美，既离不开自然美的特性，又需要社会美的装饰。

浩瀚的宇宙所蕴藏的美，是无限的，也是有限的。从宏观的角度考察，它新陈代谢，生生不已，世代延续，不可计量，因而是无限的，从微观的角度考察，它有开端、发展、消亡，因而又是有限的。自然美，就在这无限与有限的错综变化中，不断地更迭着自己的形态。昙花一现，月季盛开，黄莺歌唱，白鹤翱翔，雁飞燕鸣，冬去春来，不是在无限的时空中不停地作有限的表演吗?但月色之美却有它的稳定性、持久性，它虽然有童年、成年、壮年、老年，也就是具有有限性，但却显得十分漫长，不易感知，仿佛只给人以永恒的柔美的感受。

作为社会美，同样也是无限与有限的巨流所汇成的海洋。就其根本特质来说，社会美乃是指人的美和关系的美，如人格美、人性美、人情美等。它既包括人与自然的关系，更是指人与人的关系。恋人借月抒怀，不过是人以自然为依托、人与自然之间的关系的一个表现而已。

如果把月色的自然美和月下言情的社会美，摄取在作品中，用具体生动的艺术形象把它描绘出来，那么，就会变成另一种形态的美——艺术美。艺术家以特殊的物质媒介和艺术手段去塑造形象，再现和表现现实生活的美；便构成了艺术美。它是美的艺术升华。“花明月暗笼轻雾，今朝好向郎边去。”这是李煜《菩萨蛮》词中的名句。两情缱绻，月色朦胧，正是幽会的良宵美辰！如果词人不塑造语言形象把此情此景表现出来，那么，千余年前，情人月下相爱的动人画面，就不会保存到现在。可见，艺术美具有永恒的魅力。它青春长驻，永不衰败。

自然美、社会美、艺术美，是美的基本形态。自然美、社会美合称现实美，它是艺术美的源泉；艺术美是现实美的形象概括。没有月色之美，没有月下传情，唐代诗人元稹在《莺莺传》中就写不出“待月西厢下，迎风户半开，拂墙花影动，疑是玉人来”的爱情诗。

月到中秋分外明。人把它幻想化了，它寄寓着人的情思。人，总是希望团圆，在明月下渡过欢乐的夜晚。其实，任何季节，凡是十五的月亮，只要不被乌云掩遮，都同样地大放光明，其光的力度哪有孰强孰弱之分呢?尽管如此，人们还是着力歌咏中秋明月。《红楼梦》第七十六回所写的中秋夜大观园即景联句，描绘了“素彩接乾坤”“良夜景暄暄”的月色美，表现了黛玉、湘云、妙玉的高超才情及其对炎凉世态的喟叹。它艺术地歌咏了自然美（月）和社会美（赏月的才女），从中可以看到艺术美、自然美、社会美的巧妙结合。

但是，人们在欣赏月色之美时，一般不去从理论上探究它那美的形态，不对它进行自然美、社会美、艺术美的区分，而是从直觉上、情感上去体验它那多层次的美：它的色彩，既朦胧，又明媚；它的神态，既活跃，又文静；它步履轻盈，风采飘逸；淡雅素洁，脉脉含情；经常把人带入奇妙的境界中，去咀嚼那复杂的人生滋味，憧憬、思索那美好的未来。它给人的永远是光明，永远是温情，永远是宁静！当恋人与月徘徊时，有谁不把它当成知己呢?有谁不把内心的秘密向它悄悄倾诉呢?

［原载《美育》1987年第2期］

爱情心理的哲学探讨

——爱情的审美价值

苏联著名美学教育家B·A·苏霍姆林斯基，在童年少年时代，怀着一颗天真的好奇的心，向他最亲近的玛丽娅老人，提出一个有趣的问题："奶奶，什么叫爱情呀?"她讲了一个童话，巧妙地回答了这个难题。她说，一对男女，在一瞬间，眼神相碰，其中有"一种不可思议的美和一种从未见过的力量。这种美远远超过蓝天和太阳、土地和长满小麦的田野。……这是爱情。"[①]这种"不可思议的美"，只可意会，难以捉摸，因而只能用超过蓝天、太阳、土地、田野来形容了。怪不得古代青年男女在证明自己忠贞不渝的爱情时，总是山盟海誓，以昭心迹。所以，在汉代乐府《上邪》中，才发出了"山无陵，江水为竭，冬雷震震，夏雨雪，乃敢与君绝"的坚定誓言。这样做，无非是为了强化萦绕胸中、炽热如火的爱情。至于爱情究竟是什么？要十分清晰地画出她的倩影，是困难的。康德说："美应当是不可言传的东西。"[②]爱情也是如此。这是什么道理呢?

这和情感的模糊性是有密切关系的。情感，无法用尺子计算它的长度，无法用衡器称出它的重量。它蕴藏在心中，显示在外表。它包括情和感两个方面。情，是指情绪、情意；感，是指感受、感触。可见，情感

① 苏霍姆林斯基:《爱情的教育》，世敏、寒薇译，教育科学出版社1985年版，第168—169页。

② 阿尔森·古留加:《康德传》，贾泽林、侯鸿勋、王炳文译，商务印书馆1981年版，第115页。

（Feelings）是指人的主观情绪、感受、体验。情感和感情是有区别的。感情（Affection）是广义的情感，它的范围大于情感。感情除了富于情绪的色彩和主观体验性以外，还具有深沉的内驱力。保加利亚伦理美学家瓦西列夫说："爱情还激发着人的能动性。它挑起交往和相互了解的欲望和追求。"[①]这就是内驱力的表现。

感情的内驱力是活跃的、生气蓬勃的，但却是模糊的、难以名状的。车尔尼雪夫斯基写道："当人恋爱一个人的时候，不是把他当作观念，而是把他当作活的个性，爱他的整个；特别爱这个人身上的没有法子确定它、叫出它的名称来的东西。"[②]越是没有法子确定，越是爱，感情的内驱力越是处于积极的状态。当爱情的内驱力向外扩展时，便产生一种不可捉摸的磁性，朝审美对象身上放射，力图把审美对象吸引过来。这种由审美主体内驱力作用所产生的旨在吸引审美客体的心理场，叫做感情心理磁场。对于恋人来说，就是爱情心理磁场。当一个人的爱情尚未到来时，它处于封闭状态；当一个人堕入情网时，它就发出强大的不可计量的磁力，千方百计地想把对方吸引到自己身边来。当然，想把对方吸引过来是一回事，对方是否能被自己吸引过来又是一回事。关键在于，当自己一方爱情心理磁场向对方开放时，对方是否能产生磁性感应、被自己吸引过来？如果对方毫无感应，或反响不大，那么自己就没有得到对方感情上的肯定，而处于单恋状态；如果对方的爱情心理磁场产生了强烈的感应，那么，就会很快地被吸引过来，而共酿爱情的甘露。《红楼梦》中的薛宝钗，虽然最后夺到了宝二奶奶的宝座，但却失掉了爱情。她也曾向宝玉放射过爱的冲击波，但宝玉却未被她的魅力所倾倒。可见，男女双方的相互吸引，乃是促使爱情之花开放的前提。没有爱情的婚姻之所以可悲，就在于双方没有感情，就在于在感情上双方是疏远化的。用一句哲学的语言说，就是自

---

① 基·瓦西列夫：《情爱论》，赵永穆、范国恩、陈行慧译，生活·读书·新知三联书店1984年版，第106页。

② 车尔尼雪夫斯基：《车尔尼雪夫斯基论文学》（上卷），辛未艾译，新文艺出版社1956年版，第523—524页。

己的价值没有得到对方的肯定；在对方身上也没有发现自己的价值。因而对方仍然是孤立的对方，自己仍然是孤立的自己。对方和自己，只不过是油水关系，而不是鱼水关系，更谈不到在感情上合成一体。可见，爱情的价值是以男女双方感情上的相互肯定为标志的。在对方身上，发现肯定自己的地方愈多，将会对对方爱得愈深;反之，在对方身上，发现肯定自己的地方不多，则对对方就不会爱得深沉。

关于爱情的价值，黑格尔曾经作过精辟的哲学的剖析。他说：

> 在爱情里最高的原则是主体把自己抛舍给另一个性别不同的个体，把自己的独立的意识和个别孤立的自为存在放弃掉，感到自己只有在对方的意识里才能获得对自己的认识。[①]

这一观点，曾在美学教育史上产生过巨大影响。苏霍姆林斯基说：“如果说人们为了在社会事业中实现共同目标而需要从友谊中得到互助的话，那么在爱情中除了互助之外，还有‘相互属于对方’的一面。”[②]又说：“爱人之间越是相互信任，相互属于对方感也就越强烈。”[③]这种说法同黑格尔的说法，不是有一脉相承之处吗?

但是，男女双方相互在对方的身上发现自己的肯定价值，只是爱情价值的感情基础，它还必须升华到更高境界。它不仅以共同的感情为基础，而且和进步的理想、高尚的道德是结合为一体的。这就是说，感情是爱情的基础，理想是爱情的灵魂，道德是爱情的保证。美丽的爱情，是以深厚的感情、进步的理想、高尚的道德为标志的。它是爱情的审美价值的最高表现。可见，爱情的审美价值是积极的。杨贵妃的专宠误国，张君瑞的始爱终弃，都称不上是美丽的爱情。匈牙利进步诗人裴多菲说：“生命诚可

---

① 黑格尔：《美学》（第二卷），商务印书馆1979年版，第326页。

② 苏霍姆林斯基：《爱情的教育》，世敏、寒薇译，教育科学出版社1985年版，第62页。

③ 苏霍姆林斯基：《爱情的教育》，世敏、寒薇译，教育科学出版社1985年版，第63—64页。

贵，爱情价更高；若为自由故，二者皆可抛。”这里所歌唱的爱情是服从于自由的理想追求的。黄花岗七十二烈士之一的林觉民，在起义前夕写给爱妻的绝笔书；红花岗上安息着的、以举行“刑场上的婚礼”为名而从容就义的陈铁军和周文雍，都是以生命、爱情服从于进步的理想追求的典型。可见，爱情的价值不是空洞的，而是以感情、理想、道德为内容的。其中的理想、道德不是赤裸裸地表现出来的，而是渗透在感情之中的。我们无法用定量分析的方法把它们一清二楚地分离开来。

爱情心理是复杂的、多侧面的。特别是追求爱情而尚未获得爱情的人，或者是刚刚尝到爱情美的甘露的人，其思维方式每每是飘忽不定的。保加利亚女诗人叶里萨维塔·巴格良娜在揭示人的内心世界的奥秘时写道：

你面前这个人，
他和你并肩劳动……
用什么听诊器才能探测到他的心灵？
驾上什么车才能驶入他理想的苍穹？
如何破译出
他思想的大气现象？①

正由于爱情心理的难测性，因此男女双方在择偶时，其心理活动的趋势和情感流向也是不确定的、模糊的。常见的是，求偶者预先设计好一个框框，并刻上自己理想对象的标准：外貌是否漂亮，高度是否达标，肥瘦是否适中，风度是否翩翩，等等。此外，家庭是否富裕，学历是否合格，门户是否相对，等等，也是参考条件。理想的对象，往往是意象的熔炉中经过浇铸而成的，典型化的，完美无缺的。它综合了所有的对象的优点。而在现实生活中，具体的对象绝大多数都不具备这些优点，不是这点不足，

① 基·瓦西列夫：《情爱论》，赵永穆、范国恩、陈行慧译，生活·读书·新知三联书店1984年版，第107页。

就是那点欠缺。这就达不到对方所要求的理想的标准。目前，有些青年男女，对于对方的要求，不同程度地存在着求全的心理，因而在择偶过程中往往一波三折，不太顺利。这种抽象化地要求对方的想法，是脱离实际的。真实的情况是：对方不可能十全十美，但总有一些美的地方。善于择偶的人，就必须不失时机地抓住对方美的所在（内在的，外在的），开拓之，深掘之，这就可能被对方美的魅力所吸引，而发现对方美的价值。你再经过想象、体验的加工，对于对方有限的美进行扩展，就可出现情人眼里出西施的无限的美感。可见，一个善于择偶的人，首先要从实际出发，善于发现对方的优点，及时地捕捉对方的美。瓦西列夫写道："按海涅的话来说，男子不可能娶米洛的维纳斯为妻，女子不可能嫁给古希腊雕塑家伯拉克西特列斯的赫耳墨斯雕像。人应该从幻想的天国降到现实世界中来，将注意力放在现实的活生生的人身上。"[1]这些话是值得记取的。

［原载《美育》1987年第5期］

① 基·瓦西列夫：《情爱论》，赵永穆、范国恩、陈行慧译，生活·读书·新知三联书店1984年版，第285页。

我的美学追求

一、美的引路人

1930年10月17日，我出生于安徽省天长县汊涧镇。外祖父王东屏老人为我起了一个名字，叫王名驹。新中国成立后，我就写成王明居，一直用到现在。父亲王锡章（字宪斌），英语、国文，均有素养。母亲王絮生，喜爱古代通俗文学。他们对我言传身教，使我深受影响。《古文观止》，读过几十篇；《唐诗三百首》，背过数十首。少儿时代，我虽不知美学为何物，但一些美文、美诗却在我的心田中播下了美的种子。作为美学的主要对象——美、美感和艺术，已悄悄走来，不时地显隐在我的眼前，不过，在理论上我却懵然不觉罢了。然而，在天长中学读书时，借来一本蓝色封面的《给青年的十二封信》，作者是朱光潜先生，他是安徽桐城人。我虽未和朱先生谋面，但却感到很亲切。他是前辈著名学者，令人肃然起敬。他是皖籍，一种难以言传的同乡之情不禁油然而生，产生了一种向心力，在读者（我）和作者（他）之间不期然而然地出现了一座沟通的桥梁。我读了第一封信以后，就读第二封、第三封，除了上课、吃饭、睡眠以外，简直像着了魔似的，欲罢不能，很快就把这本书读了一遍。每封信都仿佛放射出磁性的吸引力，使我的心渐渐地向它接近，终于被牵了过去。因而我不只一遍地读，还写了摘记。这大概就是一种美的魅力所使然罢！

然而，这本谈美的著作，毕竟是理论性的；理论是苍白的，是枯燥的，是乏味的；它为什么偏偏能勾起人的好奇心、激起青年们那么大的兴趣呢？这是因为：它是冲着美而来的。美，是形象的，诱人的，生气灌注的；而谈美的著作虽然是理论的、概括的、逻辑的，但却离不开美的特质。尽管美学条分缕析、侃侃而谈，但当直面生动活泼的美时，也得满面春风，笑脸相迎。你虽对美评头论足，但也得以理服人，而不是板着脸孔训人。当你在美苑中漫步时，你只能呵护美、赞扬美。朱先生在谈美时，引用了许多美的诗文，从具体形象中显示出抽象理论，在抽象理论中跳跃着具象的美的情韵，抓住了青年学子的心，因而体现出可接受性，凸显了自上而下（由抽象到具体）的美学与自下而上（由具体到抽象）的美学的交融。

我读大学时，才有机会目睹朱先生的风采。

1953年夏，我考入北京师范大学中文系。当时，向科学进军的口号深入人心。我们有幸能够亲聆业师黎锦熙、黄药眠、钟敬文（三位均为一级教授）、刘盼遂、陆宗达、李长之、萧璋、谭丕模、穆木天、彭慧、叶苍岑、陈伯吹、启功、文怀沙、俞敏、陈秋帆、王汝弼、郭预衡、钟子翱、杨敏如等著名专家教授的教诲，打下了学术研究的基础。他们各以卓越才华，播散中外语言文学中美的种子，丰富了我们关于美的知识。尤其是黄药眠先生，乃著名美学家、文艺理论家、作家，亲自为我们讲授美学课；在美学论争大潮中，他曾请朱光潜、蔡仪、李泽厚等著名学者来校讲学；我两次见过朱先生。黄先生与朱先生美学观点相异，但私交不错，这也算和而不同罢！此外，黄先生还经常组织并主持中文系学术研讨会，讨论《琵琶记》《长生殿》《红楼梦》《阿Q正传》等作品，并请北京大学浦江清、林庚、吴组缃等著名教授参与争鸣，从而拓展了我们的视野。

学校还请周扬、周建人、许广平、内山完造、老舍、丁玲、艾青、袁水拍、舒芜等著名学者和作家来作报告；请梅兰芳等京剧表演艺术家唱《贵妃醉酒》；请侯宝林先生来说相声；请连阔如先生来讲《水浒》（评书）；请吴运铎、卓娅和舒拉的母亲来作报告。为了配合戏剧文学教学，系里还组织我们到大剧院看话剧《雷雨》《日出》，京剧《空城计》《群英会》（由名角肖长华、马连良、谭富英、袁世海、叶盛兰等表演）。此外，我们还到校外听过冯雪峰、赵树理、陈涌、聂绀弩等人的报告。在《红楼梦》学术争鸣的大潮中，我们系团组织还特邀李希凡、蓝翎来和我们十几个人座谈。我们团小组曾应张立莲同学之邀，到她家作客，并聆听立莲之父张友松先生（著名翻译家）分析马克·吐温作品的美。我们还拜访过黎锦熙、萧璋、谭丕谟、启功等先生，请教治学之道。启功先生还带领我们十几位同学到故宫博物院参观，剖析宋徽宗赵佶的《瑞鹤图》、王希孟的《千里江山图》的美。此外，我还爱逛北京和平门外的文物街，尤其是荣宝斋，乃名画汇聚之所，黄宾虹、齐白石、徐悲鸿、陈半丁等国画艺术大师的作品的美，熠熠生辉，令人流连忘返。为了增加自己的审美教育知识，我与崇汉玺同学，曾一同拜访过北京师范大学教育系欧阳湘教授。他是天长张铺人，1927年曾任天长教育局长，精通英语、法文与西方美育。此外，我曾多次到张晞奕同学家，有幸在一天下午见到其爱人徐桂仑同志的父亲徐炳昶（旭生）教授，他早年留学法国巴黎大学，曾任北京大学哲学系教授、系主任，北京大学教务长。1927年后，曾任北京师范大学校长。他和蔡元培、梅贻琦、李四光、鲁迅、胡适、傅斯年等硕彦名流交谊甚厚。新中国成立后，在中国科学院考古研究所工作，是第三届全国人民代表大会代表，乃一代宗师。他精神矍铄，谈吐之间，涉及中华传统文化诸多层面，蕴含着深邃的美的智慧。后来，张晞奕赠我一本《高尚者的墓志铭》，内载徐老辉煌的学术成就，闪耀着夺目的美的光芒。

在北京师范大学，除中文系外，我们心仪的外系教授还有不少。如历史系的白寿彝、何兹全先生，生物系的武兆发先生，音乐系的老志诚先生，政教系的陶大镛先生，教育系的朱启贤、朱智贤先生，数学系的傅钟荪先生，等等。尤其是我们的老校长陈垣先生，乃史学大师，二十四史读过数遍，其勤奋笃学，堪称楷模。他们都从不同学科对美投以艳耀的光环。

从以上描述中，可以概见：当时北京师范大学的人文环境，缭绕着美的氛围；学习的课堂，摇漾着美的风韵；我读书的兴趣，就在潜移默化中跟着美的踪迹行进。这就为我积累了美的素材，在脑海中出现了美的情结，从而产生了对美的向心力，驱使我努力求真、向善、爱美。毕其一生。

二、从通俗美学到模糊美学

1957年夏，我毕业于北京师范大学中文系被分配到哈尔滨师范学院中文系教授文艺理论课，后来又到合肥师范学院中文系教授文学概论。1966年“文革”开始，1969年底，我校撤并，迁到芜湖，后改为安徽师范大学。拨乱反正后，我承担了美学课教学任务。这就必然面对一个不可回避的问题：美的本质是什么？一派认为美是主观的，一派认为美是客观的，一派认为美是主客观的统一。这三大派，左右着中国美学讲坛。新中国成立前，主观派以朱光潜先生为代表，他认为美存在于心，而不存在于物。如古松的美，就因观者之心不同而不同，情人眼里出西施的美，也是如此。新中国成立后，朱先生说他已学习了辩证唯物主义，用之于解释美，就得出这样的结论：美是主客观的统一。他以苏轼的《琴诗》为例，对自己的观点作了总结，认为这种统一最后还是落实在主观上，也就是统一于心。因而有人批评朱先生的这种统一论，在思想实质上和新中国成立前鼓吹的主观论并无二致。与主观论截然相反的是以蔡仪、李泽厚先生为代表的客观论。他们认为，美存在于物，而不存在于心。然而，蔡、李二人又各存歧见，主要集中在对待自然美的看法上。蔡仪认为自然美在于自然物本身具有美的属性，而与社会无关，又得出美是典型的结论。而李泽厚则认为，美是客观性和社会性的统一，而与自然无关。自然之所以为美，不在自然本身，而在于这种美已和作为社会关系总和的人发生了联系，具有了社会性。李泽厚的美学观在美学界有较为广泛的影响。我作为一名美学教师，在课堂上总是贯彻“百花齐放，百家争鸣”的方针，公正地介绍三大派的美学观点，并提出自己的看法。

我在讲课的基础上，对讲稿进行了扩充、加工、梳理。这主要是在夜晚进行的。由于家庭经济负担重，入不敷出，债台高筑，故被芜湖市人民政府统计局列为最困难户。他们通过我校，希望我每日记账，每年可得到二十元补助，但被我谢绝了。我借的债，每月必还，还了再借，借了再还，持续多年。当夜深人静、饥肠辘辘时，我嚼了一个馒头后，继续撰写讲稿，这样持续多年。经过数年努力，我把讲稿提升为书稿《通俗美学》，请人交给了安徽教育出版社。不久，社长来信，说他们人手不足，必须由作者请省外专家审阅（省内不可），然后他们才可决定是否出版。于是，我就写信给业师黄药眠和钟子翱先生，请他们帮助。黄先生对弟子要求很严，嘱我不要急于出书，而要努力提高质量。先花三年读书：第一年，读俄罗斯三大批评家的书，即车尔尼雪夫斯基、别林斯基、杜勃罗留波夫的文集，还有列甫·托尔斯泰的《艺术论》等；第二年，读西方古今美学经典名著，如康德、黑格尔、博格森、海德格尔等人作品；第三年，读马克思、恩格斯的文艺美学名著。此外，还要有计划地阅读中国古典文论、诗论、画论等。以上所说的名著，我在大学时代与工作时期也曾不同程度地涉猎过，但不见得都很深入，因而我谨遵师教是必要的。当然，我不是脱产学习，而是边学边写，边写边学，学写结合，书稿的质量的确有所提高。他们对我的书稿提了三十几条中肯的意见，我都逐一修改，直到自己满意为止。黄先生因工作太忙、积劳成疾，住院去了，书稿交给了钟先生，再转寄给我。我将书稿再寄给出版社，终于在1985年8月面世，初版一万三千册。1986年在安徽社联评奖时，获得三等奖，但到北京参加评奖时，它却升格了。1986、1987年，累计印至四万三千册，广受欢迎，荣获1987年全国优秀畅销书奖。它是从全国一百二十多家出版社出版的两万多种图书中经共同评议而筛选出来的。当时，共有129种图书入选，作为国内作者入选的美学专著，只有《通俗美学》一种（见1987年6月24日《光明日报》第二版《1987年全国优秀畅销书书目》）。1987年6月23日，在北京举行了颁奖会，胡乔木、周谷城、胡子昂等领导同志亲临祝贺。责任编辑许振轩先生代表安徽教育出版社出席了大会。我赶赴北京王府井大街新华书店购书时，此书已销售一空。国内许多报纸及电视台、广播电台均作了报导，不少高等学校还用作教材。后来，此书又赴香港展销。接着，它又荣获1988年全国首届优秀教育图书奖。十多年来，此书畅销不衰。为了适应读者需要，特扩充至365000字，并收入“桃花苑丛书”。这些，对我的美学研究无疑是起了很大的激励与促进作用。不幸的是，当此书再版之前，黄药眠先生和钟子翱先生均因病先后谢世，我只能在沉思、静默中感谢他们的殷殷垂教之恩了。

改革开放后，我国掀起了第二次美学争鸣的浪潮。各种美学派别，纷纷涌入。关于美的本质问题又成为热议的话题。什么现象学美学，结构主义美学，存在主义美学，精神分析美学，格式塔美学，符号美学，信息论、系统论、控制论美学等，均应运而生。此外，还有一种模糊美学，也在20世纪80年代诞生了。但它为什么不在二十世纪五六十年代第一次美学争鸣大潮期间出现呢？回答是时机还没有成熟。彼时彼地，国内美学界还处于拓荒期。各派美学家都在竭尽全力开垦本派美学的处女地，都想设计一个确定的框子套住千变万化的美。但是，美的精灵是飘忽不定的，当美学家用确定的美学概念要求美向它就范时，美却不予置理，飘然而去。因而不同派别的美学，就产生了不同的美的定义，他们用各自的观点去剖析美的本质，出现了各不相同的美学概念。他们都坚信自己的美学概念是不可动摇的，他们各以自己确定性的武器去攻击对方的确定性目标，因而在坚持确定性这一点上，他们并无二致。换言之，他们用确定性的美学概念去阐释不确定的美，就无法揭示美的本质。然而，模糊美学却不然。模糊美学重视不确定性，它可用不确定性的美学概念去阐释美的不确定性与不确定的美。但是，新中国成立后第一次美学大潮汹涌澎湃之际，正是美学不同派别追求自己确定性美学概念之时。非此即彼、二者必居其一的二值逻辑，正在各自美学领地火爆地推衍着，三派鼎立形成全国美学大的格局和燎原之势。美学界已沉浸在这搏击的浪潮中，为自身倾心的美学派别而摇旗呐喊，根本无心于另觅和开辟美学新路，因而模糊美学是不可能在彼时彼地产生的。

模糊美学是在改革开放大潮中跃上中国美学讲坛的，是在科学文化大发展、大融合的大背景下走进美学园地的。科学文化各个部门，在大发展的前提下，出现了相互碰撞、相互渗透、你中有我、我中有你的交叉与圆融现象，各种边缘科学，如雨后春笋，不断涌现，显示出不可计量的不可确定的美，对其美的不确定性的本质的揭示，是旨在以确定性为根本的美学所无法胜任的，这个任务只有落在模糊美学的肩上。模糊美学的诞生不是偶然的，现代科学中关于物质运动的不平衡原理，为模糊美学所宣扬的美的不确定性提供了理论基础；模糊数学中的模糊集合论，为模糊美学提供了数学的依据；而唯物辩证法，则为模糊美学提供了哲学理论根据。这些科学理论的共同点是，强调物质的非线性运动，强调不确定性、互渗性、圆融性，当它们进入美学领域时，就变成模糊美学的理论基础。基于这一根本，当直面飘忽不定的美时，它除了抓住非此即彼的现象外，更要抓住亦此亦彼的现象。它所推衍的是多值逻辑而不仅仅是二值逻辑。如火山爆发美不美？狼、虎、乌鸦、蛇、鼠、蝴蝶美不美？都必须从不确定性出发，依据不同时间、空间的具体情况作出判断。应该看到美的相对性和绝对性之间存在着明显的区别和不可分割的联系。

以上只是概括地简述我对模糊美学的期待，并非对模糊美学的基本问题作出明确的回答，而是旨在说明我对解释美的本质问题的新的思考。为此，我学习了马克思的《数学手稿》，恩格斯的《自然辩证法》，普里戈金的《从混沌到有序》，查德的模糊数学《模糊集论》，重新研读了《周易》《道德经》《庄子》，还有康德的《判断力批判》，黑格尔的《美学》，《小逻辑》《精神现象学》，还有其他中西文论名著，并把它们统一置于亦此亦彼的不确定性的熔炉中铸造、冶炼，并以自然美、社会美、艺术美、科学美中的不确定性与之相印证。经反复磨砺，终于产生了撰写模糊美学的冲动，笔端经常冒出不确定的火花。

二十世纪八十年代中期一天盛夏，中国社会科学院文学所曹天成先生和大地出版社（即红旗出版社）文史编辑室冷铨清先生，路经芜湖我处，问我写作情况，我如实相告。他们语多勉励。冷先生建议，书稿可以寄给他们。我考虑，为了提高质量，先写成系列论文，分别寄给国家级期刊，如够水平，就可能发表。然后，再将经过检验的合格的稿子，经过再加工，最后形成书稿，这就可以保证书的质量。于是，我先后在《文艺研究》《文艺理论研究》等刊发表了十多篇关于模糊美学方面的论文。后来，这些论文，大部分经过梳理，形成体系，纳入《模糊美学》书稿中，约五十万字。此前，我写的《唐诗风格美新探》一书，已由中国文联出版公司出版，该书责任编辑尹龙元先生后来知道我已完成《模糊美学》书稿，很感兴趣，嘱我交给他们出版。但考虑理论著作难以销售，为降低成本计，书稿以二十多万字为宜。于是，我就把偏重于论述模糊美学原理的核心部分，寄给了他们，于1992年出版，于1998年再版。此外，余下来的部分，则以《模糊艺术论》为书名，交安徽教育出版社，于1991年初版，印刷两次，获1992年华东地区（六省一市）优秀教育图书一等奖。1998年再版，封内插页“模糊艺术论”由冯其庸先生题签。

无论是论文的发表，还是书稿的出版，杂志社和出版社的态度是严肃认真的，他们尊重科学，重视质量，努力贯彻“百花齐放，百家争鸣”方针，以促进美学事业发展。在投稿之前，大都未与主编、编辑谋面，只是一投了之，但却得到了他们的积极回应。在投稿之后，虽和他们多为神交，但都能得到他们的热情支持。以北京为例，文化部主办的《文艺研究》，在章肖华先生和袁振保先生主持下，曾先后刊载过七篇我写的论文，并在该刊展开了关于模糊美学的讨论、争鸣（后因主编易人而停止）。这些都在《美学》月刊（中国人民大学报刊复印资料）、《学术月刊》上分别作了转载、报导。此外以上海为例，中国文艺理论学会主办的《文艺理论研究》，在徐中玉先生和张德林先生主持下，曾发表过我写的九篇论文，大部分与模糊美学有关。1993年11月，中国文艺理论学会第六届年会在华东师范大学召开，冯牧、陈荒煤、王元化等领导同志莅临大会，我也有幸参加。在没有任何背景的情况下，我居然被选为理事，并由徐中玉先生在大会上宣布，这是我没有想到的。当时，理事名额在安徽只有两人，一位在安徽大学，一位在安徽师范大学。我发现，由于我的当选，上届原有的安徽师大一名理事名额就被取消了。我感到担当不起，便郑重向徐先生提出，要求保留安徽师大原来的一名理事，把我的理事名额让给他。理事会经过认真研究，原来的那位理事继续在新一届任职，我也为新一届的理事，并在会上通过。这样，安徽师大就有了两位理事，这是少见的。我想，我不过是一名普通的教师，之所以在这次会上受到礼遇，无非是写了几篇文章罢！

《模糊美学》《模糊艺术论》的出版，受到北京大学资深教授季羡林先生的特别关注。季先生说："特别值得一提的是80年代才出世的模糊美学，更与比较文学有紧密相连的关系。谈比较中西文论而不顾模糊美学的存在，那是绝对行不通的。……我现在正在读王明居教授的《模糊美学》，觉得颇有收获。"[①]安徽大学吴家荣教授曾经告诉我，季先生与《文学评论》主编钱中文对话中，涉及《模糊艺术论》，对话内容刊登在四川大学出版的《中外文学与文论》杂志上。1997年8月19日上午，我到中国社科院美学室有事，经过《文学评论》编辑部，与钱中文先生初次见面，他特约我写一篇关于模糊美学的论文，给予一万八千字的篇幅，目的是活跃一下学术空气。后来论文以《一项跨入新世纪的暧昧工程——谈模糊美学与模糊美》为题，发表于《文学评论》2000年第4期。

此外，关注模糊美学者还有：现为华东师范大学文学院教授的朱志荣博士，曾在其专著《中西美学之间》（上海三联书店）及《文艺研究》《学术界》杂志载文；周长才博士在深圳国际美学研讨会上作了《模糊美学在中国》的演讲，后登载于《外国文学研究》1996年第1期；舒咏平教授在澳门出版的《东方世纪》推出《叩寂寞而求音的人》专题访问记；陕西三秦出版社推出由我作序的《模糊思维》一书，并将《模糊美学》《模糊艺术论》列为重要参考书目；中国社科院《1993年中国哲学年鉴》，《博览群书》杂志1993年第3期，均有评介；著名美学家刘纲纪教授（武汉大学）、

① 季羡林：《比较文学·序一》，载《比较文学》，高等教育出版社1997年版。

王世德教授（四川大学）均来函鼓励。成都财贸学院周孝昌教授多次来信，说他发表在《名作欣赏》上肯定朱自清《荷塘月色》朦胧美的文章，就是受模糊美学的影响。此外，刘元树、凤文学、陈宪年、辰禾、杨福生、高玉、方守金等专家教授，都曾发表文章，鼓励我前进。

1999年9月13日，由中国社科院、甘肃社科院、兰州大学主办的新世纪中国美学与敦煌艺术学术讨论会于张掖举行。穆纪光教授为大会主持人。他作了关于敦煌艺术的报告。我应邀作了关于模糊美学的发言，主张化解门户之见，吸取他人优长，在各派学术交叉点上安家落户，相互交融，共创和谐，建立中国特色的民族化的模糊美学。

光阴荏苒，岁月如流。转瞬间，二十年了，模糊美学仍处于生长阶段，亟须对她继续扶植，以促其不断发展！

三、风格美新探

二十世纪八十年代，我除了将模糊美学作为研究的重点与难点以外，还考虑到文学风格问题。风格是作品的内容与形式的有机统一中所显示出来的总特点。没有风格的作品是不成熟的，因而风格是作品成熟的标志，是作品的风采、情调、韵味的集中显现，是作品的灵魂。风格是作家个性在作品中的形象显现。它除了具有非此即彼的特质以外，还具有亦此亦彼的不确定性，凸显出艺术的模糊美。因而在《模糊艺术论》中专列一章，谈了风格弥漫的模糊美，风格交错的模糊美，风格氛围的模糊美，风格气势的模糊美，风格类型的模糊美，并论述了风格的模糊美产生的原因。此外，我对文学风格的其他特质也产生了浓厚的兴趣。

《清明》杂志编辑部资深编辑张禹先生知我在撰写文学风格方面的文章，希望我写好后给他们，经过一段时间的反复磨砺，成三万字。本拟全文刊载，但限于篇幅，只能容纳一万八千字。最后，以《风格美举隅》为题，发表于《清明》1982年第4期，中国人民大学报刊复印资料《中国古代近代文学研究》1983年第二期予以转载。据说，此期《清明》出版后，需求量较大，故又加印了八万册。此文发表后，读者纷纷来函，鼓励多多。成都一位读者说，阅读时仿佛在沙漠上看到一片绿洲。此后，中华书局《文史知识》编辑部经常来函约稿，从1983年起，在《文史知识》上共登过21篇谈风格的文章。他们还把《诗风格谈》一文收入《诗文鉴赏方法二十讲》一书，由中华书局于1986年出版，1990年台湾国文天地出版社推出繁体字版。上海文艺出版社1983年出版的《文艺论丛》第18辑，收入我的《风格四题》一文，此文以较长篇幅对于风格的概念、特征等问题进行了详细的论述。此外，在高校学报、《星星》诗刊和《美育》杂志上也发表了多篇谈风格的文章。我统计了一下，约四十多篇。我以论文为基础，进行加工、修改、充实、提高，成《文学风格论》书稿，投给广东花城出版社，因质量符合要求，所以过了责编关、编辑室关、社务会议关，经严格审查，一致通过。但由于是理论专著，怕难以销售，故书稿一直压着。于是，我将读者阅读《风格美举隅》一文后的部分来信，寄给花城出版社。说也奇怪，过了不久，《文学风格论》居然于1990年出版了，1995年获安徽省高等学校人文社会科学研究优秀成果二等奖。这与1992年获得安徽省首届高校优秀教材一等奖的《唐诗风格美新探》（中国文联出版公司1987年版）可以相互比较了。我正由于有这样的一点底子，所以才敢接受北京大学哲学系叶朗教授的邀请，于1992年3至4月间，在北京大学参加《中国历代美学文库》编纂研讨会，并被聘为隋唐五代卷主编。经过12年艰辛的努力，此书终于由高等教育出版社在2004年一次性出版，共19册，其中，隋唐五代卷分上下两册。此前，我在《唐诗风格美新探》的基础上，经加工、修改、提高，成《唐诗风格论》二十多万字，由安徽大学出版社于2001年出版。此后，《唐代美学》四十万字，由安徽大学出版社于2005年出版。唐代美学，尤其是其中的诗文美学，是中国美学史上的高峰，她昂然屹立于世界美学高峰之林毫不逊色。她承先启后，源远流长。为了探讨其传统文化之源，我对《周易》经、传进行开掘，著《叩寂寞而求音——〈周易〉符号美学》一书，由安徽大学出版社于1999年推出。此外，《孔孟老庄美学》书稿，已于近年完成。为了扩大自己的视野，寻找美学参照系，以便对中西美学进行比较研究，我花了四个多月时间，到国外旅行，成《国外旅游寻美记》初稿，深感中西美学互补的重要性。此外，为了凸显安徽特色，我与王木林合著《徽派建筑艺术》一书，由安徽科学技术出版社于2000年出版。

康德认为，美是不可言传的。我觉得，美也是可以言传的。康德的话当然是对的。正由于“美是难的”（柏拉图引苏格拉底语），美是不确定的，模糊的，因而不好给她一个确定的定义。但是，在恍兮惚兮之中；美又往往显隐着她的倩影，出没在人的眼前，可望而不可即，在不确定性中又显示出某种确定性，因而可以激起人对美的向心力和美感活动，并出现对于美的评价，所以，美也是可以言传的。正因如此，千百年来，无数美学家，穷尽毕生精力，追求美，永不停步，都企图破解美学上的“哥德巴赫猜想”之谜。

［原载《美与时代》（下）2010年第7期］

附录：王明居论著目录

一、专　著

1.《王明居文集》（第六卷）

文化艺术出版社2015年版。

2.《王明居文集》（第一卷至第五卷）

文化艺术出版社2012年版。

3.《模糊美学》

中国文联出版公司1992年版，1998年再版。获1995年安徽省高等学校人文社会科学研究优秀成果二等奖。国学大师、北京大学资深教授季羡林先生在高等教育出版社1997年出版的《比较文学》一书的序言中说："特别值得一提的是80年代才出世的模糊美学，更与比较文学有紧密相连的关系。谈比较中西文论而不顾模糊美学的存在，那是绝对行不通的。……我现在正在读王明居教授的《模糊美学》，觉得颇有收获。"

4.《模糊艺术论》

安徽教育出版社1991年版，1998年第3次印刷。获1992年华东地区（六省一市）优秀教育图书一等奖。此书出版后，季羡林先生和《文学评论》杂志主编钱中文教授在一次对话录中曾予以肯定，见《中外文化与文论》杂志，中国中外文艺理论学会、四川大学中文系主办。

5.《唐诗风格美新探》

中国文联出版公司1987年版，获1992安徽省首届高校优秀教材一等奖。

6.《唐诗风格论》

安徽大学出版社2001年版。

7.《文学风格论》

花城出版社1990年版。获1995年安徽省高等学校人文社会科学研究优秀成果二等奖。

8.《唐代美学》

安徽大学出版社2005年版。

9.《周易符号美学》

安徽大学出版社1999年版。

10.《通俗美学》

安徽教育出版社1985年初版，连续三次印刷，印数达四万多册。2005年再版。1987年在北京获得全国优秀畅销书奖，1988年在承德获全国首届优秀教育图书奖。

11.《先秦儒道美学》

文化艺术出版社2012年版。收入《王明居文集》第四卷。

12.《徽派建筑艺术》（与王木林合著）

安徽科学技术出版社2000年版。

13.《审美教育》（合著）

光明日报出版社1978年版。书名由南京大学校长匡亚明先生题签。

14.《小学美育浅谈》（合著）

上海教育出版社1982年版。获1986年安徽省哲学社会科学优秀成果三等奖。

二、论　文

1.《韩非的文艺观》

《安徽文学》1974年2月号。

2.《论文艺的人民性》

《安徽师大学报》（哲学社会科学版）1979年第1期。

3.《含蓄》

《星星》诗刊1980年1月。

4.《政治并不等于艺术》

《安徽文学》1980年3月号。

5.《咏风格》

《东海月刊》1980年4月号。

6.《风格新探》

《安徽师大学报》（哲学社会科学版）1980年第4期。

7.《动和静》

《希望》1980年第6期。

8.《老虎美不美——略谈美的相对性》

《中国青年》1980年第8期。

此文经美学家王朝闻审定。

9.《豪放》

《星星》诗刊1980年8月。

10.《婉约》

《星星》诗刊1980年9月。

11.《想象——作家的"翅膀"》

《东海月刊》1980年9月号。

12.《〈儒林外史〉艺术美新探》

《艺谭》1981年第3期。

中国人民大学报刊复印资料《中国古代、近代文学研究》1982年第2期转载。

13.《论心灵美》

《安徽大学学报》(哲学社会科学版)1981年第3期。

14.《论心灵美》

《安徽大学学报》(哲学社会科学版)1981年第3期。

人民日报出版社《文摘报》1981年10月13日摘登。

15.《论典型的共性和阶级性》

《北方论丛》1981年第6期。

16.《武松打虎的雕塑美》

《江淮文艺》1981年第8期。

17.《关于感伤主义》

《辽宁大学学报》(哲学社会科学版)1982年第1期。

18.《漫谈美的特征》(上)

《阜阳师院学报》(社会科学版)1982年第2期。

19.《试论忠于生活》

《学习与探索》1982年第2期。

20.《风格美举隅》

《清明》1982年第4期。

中国人民大学报刊复印资料《中国古代、近代文学研究》1983年第2期转载。

21.《情节漫谈》

《江淮文艺》1982年第10期。

22.《漫说文学中的发誓》

《西湖》(文学月刊)1983年第1期。

23.《漫谈美的特征》(下)

《阜阳师院学报》(社会科学版)1983年第1期。

24. 《审美主客体要和谐结合》

《学语文》1983年第3期。

25. 《矫情与审美》

《美育》1983年第4期。

26. 《文学流派论》

《四川大学学报》（哲学社会科学版）1983年第4期。

《高等学校文科学报文摘》1984年第2期摘登。

27. 《曲线与优美》

《文艺研究》1983年第4期。

28. 《何为“隽永”》

《文史知识》1983年第10期。

29. 《风格四题》

《文艺论丛》（第18辑），上海文艺出版社1983年版。

30. 《现代派浅评》

《江淮文艺》1984年第2期。

31. 《大海之美》

《学语文》1984年第3期。

32. 《数学的崇高与力学的崇高》

《文艺研究》1984年第3期。

33. 《风格和信息》

《学术研究》1984年第4期。

34. 《论行为美》

《阜阳师院学报》（社会科学版）1984年第4期。

35. 《沉郁》

《文史知识》1984年第5期。

36. 《诗风一格——通俗》

《文史知识》1984年第9期。

37. 《纤秾与冲淡》

《文史知识》1985年第1期。

38.《一见倾心》

《美育》1985年第2期。

39.《浅谈风格形成的原因》

《安徽大学学报》(哲学社会科学版)1985年第2期。

40.《王朝闻谈美琐记》

《艺术世界》1985年第3期。

41.《王勃的诗歌风格》

《艺谭》1985年第4期

42.《风格浅谈》

《中文自学指导》1985年第5期

43.《典雅·自然》

《文史知识》1985年第8期。

44.《简论雨果的浪漫主义文艺思想》

《安徽师大学报》(哲学社会科学版)1986年第2期。

45.《人才问题》

《管理与教学》1986年第2期。

46.《诗风格谈》

《诗文鉴赏方法二十讲》,中华书局1986年版。

47.《月色之美》

《艺谭》1987年第1期。

48.《简约》

《学语文》1987年第1期。

49.《美学讲坛争鸣记》

《美育》1987年第1期。

50.《恋人为什么爱在月下散步?》

《美育》1987年第2期。

《青年文摘》1988年10月号转载。

51.《张家界与黄山，孰美?》

《美育》1987年第3期。

52.《岳阳楼寻美记——谈美感心理空间场》

《美育》1987年第4期。

53.《爱情审美心理的哲学探讨》

《美育》1987年第5期。

54.《艺术美的最高境界——风格》

《美育》1987年第6期

55.《艺术审美二题》

《艺术研究》1987年冬季号。

56.《儒林外史艺术美初探》

《儒林外史研究论文集》，中华书局1987年版。

57.《自然美和人的社会实践》

中国社会科学院文学所蔡仪主编，《美学讲坛》（第一辑），广西人民出版社1987年版。

58.《信息·风格·创作》

《南通师专学报》（社会科学版）1988年第2期。

59.《诗风三品》

《文史知识》1988年第7期。

60.《论崇高与优美》

《东西南北》（精华本第五集）1988年5月。

61.《唐代诗人张打油的雪诗》

《龙之渊》1988年第8期。

62.《文学的风格和流派》

《居巢学刊》1988年12月。

63.《象外之象——无中生有》

《文艺理论研究》1989年第1期。

64.《缜密·疏朗·静谧》

《文史知识》1989年第1期。

65. 《豪放沉郁》

《中文自修》1989年第2期。

66. 《粗犷婉约》

《中文自修》1989年第3期。

67. 《雄浑清新》

《中文自修》1989年第4期。

68. 《冲淡纤秾》

《中文自修》1989年第5期。

69. 《优美与模糊》

《文艺研究》1989年第5期。

70. 《朴素绮丽》

《中文自修》1989年第7期。

71. 《含蓄直率》

《中文自修》1989年第8期。

72. 《流动・新巧》

《文史知识》1989年第7期。

73. 《谨严・直率》

《文史知识》1989年第8期。

74. 《古拙・洗炼》

《文史知识》1989年第9期。

75. 《空灵平实》

《中文自修》1989年第9期。

76. 《流动静谧》

《中文自修》1989年第10期。

77. 《通俗典雅》

《中文自修》1990年第1期。

78. 《审美活动中的信息相似块》

《文艺理论研究》1990年第1期。

79.《平淡》

《文史知识》1990年第1期。

80.《绚烂》

《文史知识》1990年第2期。

81.《刚健》

《文史知识》1990年第3期。

82.《崇高与模糊》

《文艺研究》1990年第3期。

83.《论风格美》

《安徽师大学报》（哲学社会科学版）1990年第3期。

84.《悲慨诙谐》

《中文自修》1990年第3期。

85.《论风格的要素》

《安庆师范学院学报》（社会科学版）1990年第4期。

86.《文学风格特征简论》

《西南民族学院学报》1990年第5期。

87.《简约繁缛》

《中文自修》1990年第5期。

88.《“江上值水如海势聊短述”赏析》

《中文自修》1990年第9期。

89.《江畔独步寻花七绝句（其五）》赏析

《中文自修》1990年第9期。

90.《文艺批评的标准》

《中文自学指导》1990年10月号。

91.《崇高美和崇高感》

《美与时代》1990年第10期。

92.《含蓄》

《文史知识》1990年第12期。

93. 孟浩然《万山潭作》等数首唐诗鉴赏

见周啸天主编，《唐诗鉴赏辞典补编》，四川文艺出版社1990年版。

94. 《一诗千改始心安》

《中文自修》1991年第1期。

95. 《明快》

《文史知识》1991年第1期。

96. 《繁丰》

《文史知识》1991年第1期。

97. 《简约》

《文史知识》1991年第2期。

98. 《审美中的模糊思维》

《文艺研究》1991年第2期。

季羡林教授对此文有肯定的评价，在使用“模糊”“分析”“综合”的概念时，引征了此文，认为“从中可以看到‘模糊’的科学含义。在分析东方文化和西方文化使用这个词儿时，我们不能偏离这个含义。”此外，他还肯定了“除了这个经典分析以外，还有更科学的模糊分析，它是与模糊思维相联系的。”在最后谈“综合”的概念时，他斩钉截铁地指出：《审美中的模糊思维》“说法既简明，又扼要，用不着我再画蛇添足了。”（《季羡林自选集·谈读书治学》当代中国出版社2009年版，第265—266页）

99. 《模糊美学和模糊数学》

《文艺理论研究》1991年第2期。

100. 《风格·流派·文艺思潮·创作方法》

《中文自修》1991年第3期。

101. 《知白守黑之美》

《浙江大学学报》（社会科学版）1991年第4期。

102. 《论方圆》

《江海学刊》1991年第6期。

中国人民大学复印报刊资料《美学》1992年第2期转载。

103.《妙在含糊》

《文史知识》1991年第7期。

104.《柔婉》

《文史知识》1991年第8期。

105.《创作个性决定文学风格》

《中文自修》1991年第12期。

106.《模糊艺术试论》

《文艺研究》1992年第2期。

中国人民大学复印报刊资料《文艺理论》1992年第5期转载。

107.《老子美学的哲学内涵》

《文艺理论研究》1992年第2期。

108.《说“朦胧”》

《文史知识》1992年第3期。

109.《崇高美与优美的佳篇》

《池州师专学报》1992年第4期。

110.《武松打虎的美》

台湾《国文天地》第8卷第12期，1992年5月。

111.《谈崇高与优美》

《张家界游记》，湖南地图出版社1992年9月版。

112.《审美判断的四大契机》

《文艺理论研究》1993年第1期。

113.《模糊美学四题》

《南通师专学报》（社会科学版）1993年第1期。

114.《评康德的崇高论》

《文艺理论研究》1993年第5期。

中国人民大学复印报刊资料《美学》1993年第12期转载。

115.《模糊美学与美学的模糊》

《文艺研究》1994年第2期。

中国人民大学复印报刊资料《美学》1994年第12期转载

116.《模糊美简论》

《国画家》1994年第2期。

117.《评康德的自然美论与艺术美论》

《文艺理论研究》1994年第3期。

118.《风格的稳定性与变易性》

《中文自修》1994年第11期。

119.《徽派建筑马头墙美的魅力》

《哲学大视野》1995年第4期。

120.《中国画的模糊美》

《安徽大学学报》(哲学社会科学版)1995年第5期。

121.《易经的隐形美学范畴》

《文艺研究》1995年第6期。

122.《简论优美》

《中文自修》1995年第10期。

123.《易经生命美学密码研究》

《江海学刊》1996年第1期。

124.《简论崇高》

《中文自修》1996年第1期。

125.《易传美学阴阳刚柔论》

《文艺理论研究》1996年第2期。

中国人民大学复印报刊资料《美学》1996年第7期转载。

126.《豪放》

《文史知识》1997年第1期。

127.《中和与和谐的中西比较研究》

《文艺理论研究》1997年第1期。

128.《太极之美》

《周易研究》1997年第1期。

129.《周易方圆论》

《周易研究》1997年第4期。

130.《李商隐的美学思想》

《芜湖师专学报》1998年第1期。

131.《体育教学艺术的美学透视》

《安徽师大学报》(哲学社会科学版)1998年第2期。

132.《徽州园林艺术初论》

《安徽师大学报》(哲学社会科学版)1998年第2期。

133.《徽派建筑的儒雅风韵》

《东方世纪》1999年第2期。

134.《徽州园林艺术再论》

《安徽师范大学学报》(人文社会科学版)1999年第3期。

135.《康德的艺术论》

《淮南师专学报》1999年第3期。

136.《宗白华先生的周易美学研究》

《美学的双峰——朱光潜、宗白华与中国现代美学》,北京大学哲学系美学室编,安徽教育出版社1999年版,第442—457页。

137.《谈模糊美学与模糊美》

《文学评论》2000年第4期。

应《文学评论》主编钱中文教授特约撰写。

138.《走向二十一世纪的美学——模糊美学研究》

《学术界》2000年第4期。

139.《唐代美学简论》

《安徽师范大学学报》(人文社会科学版)2001年第3期。

中国人民大学复印报刊资料《美学》2001年第11期转载。

140.《袁枚诗鉴》

《西施》

《咏雪》

《陇上作》

《雨过湖州》

《独秀峰》

《遣兴》（录二）

周啸天主编，《元明清名诗鉴赏》，四川人民出版社2001年版。

141.《韩愈美学智慧五题》

《安徽师范大学学报》（人文社会科学版）2003年第4期。

中国人民大学复印报刊资料《美学》2003年第10期转载。

142.《柳宗元的美丑观》

《佛山科学技术学院学报》2004年第1期

143.《唐代美学管窥》

《四川师范大学学报》（社会科学版）2004年第6期。

144.《唐代绘画美学中的心目妙悟说》

《艺术探索》（广西艺术学院学报）2005年第2期。

145.《纪念启功（元白）师》

《启功先生追思录》，北京师范大学出版社2005年版。

146.《论漓江画派的奠基之作——黄格胜教授的漓江百里图长卷》

《艺术探索》2006年第2期。

147.《徽派建筑木雕上的唐诗美》

朱志荣主编，《中国美学研究》（第一辑），上海三联书店2006年版。

148.《美与和谐》

《佛山科学技术学院学报》（社会科学版）2007年第1期。

149.《庄子美学思想》

朱志荣主编，《中国美学研究》（第二辑），上海三联书店2007年版。

150.《剑桥大学、牛津大学寻美记》

《美与时代》（上），2009年第9期。

151.《我的美学追求》

《美与时代》2010年第7期。

152.《孔子生活美观照》

《美与时代》2011年第2期。

153.《孔子的审美教育思想》

《美与时代》2011年第6期。

154.《缅怀先师黄药眠教授》

《美与时代》2011年第12期。

155.《孔子诗论管窥》

《美与时代》(下),2012年第11期。

156.《孔子诗论蠡测》

《美与时代》(下),2012年第12期。

157.《石头情思·序》

朱典淼著,《石头情思》,中国展望出版社1990年版。

158.《模糊思维·序》

孙连仲,朱志勇,田盛静,李建军著,《模糊思维》,三秦出版社1994年版。

159.《审美理论·序》

朱志荣著,《审美理论》,敦煌文艺出版社1997年版。

160.《远游集·序》

梁仲华著,《远游集》,中国戏剧出版社2004年版。

161.《爱国诗人潘仲骞先生》(代序)

潘仲骞著,《泥尘集》,作家出版社2005年版。

162.《学诗札记·序》

何庆善著,《学诗札记》,安徽大学出版社2007年版。

参与叶朗教授任总主编的《中国历代美学文库》(共十九册)的编写,我任“隋唐五代”卷(上、下册)主编。高等教育出版社2003年版。

此外，在二十世纪初《展望》《皖北文教》等杂志上发表的十多篇文章，没有计入。在《合肥师范学院学报》上刊登的论文也未计入。

多年来，由于我在教学科研上比较努力，故获得国务院颁发的政府特殊津贴和曾宪梓教育基金会颁发的1997年高等师范院校教师奖。

最后要说明的是，以上所列专著与论文两个部分是既有联系又有区别的。就多数情况而言，是先成论文，积累多了，再经过加工，然后成为有体系的专著；也有少数先成就书稿、然后抽取某些篇章交给刊物发表的。故专著与论文不乏互见之处。目下只能存其原貌而无法改动了。

王明居二〇一三年一月五日于芜湖

安徽师范大学赭山校区文学院　时年八十有三